| 认知殡葬 | 学习殡葬 | 研究殡葬 | 指导殡葬 |

殡葬环境保护
理论与实务

杨宝祥　著

中国社会出版社

国家一级出版社·全国百佳图书出版单位

图书在版编目（CIP）数据

殡葬环境保护理论与实务／杨宝祥著．—北京：中国社会出版社，2015.11

ISBN 978 - 7 - 5087 - 5188 - 7

Ⅰ.①殡… Ⅱ.①杨… Ⅲ.①葬礼—服务业—环境保护—教材 Ⅳ.①X799

中国版本图书馆 CIP 数据核字（2015）第 262928 号

书　　名：殡葬环境保护理论与实务
著　　者：杨宝祥

出 版 人：浦善新
终 审 人：李　浩
责任编辑：张　杰　　　　　　　　　　　　　　　责任校对：潘　瑜

出版发行：中国社会出版社　　邮政编码：100032
通联方法：北京市西城区二龙路甲 33 号
电　　话：编辑室：（010）58124839
　　　　　销售部：（010）58124841
　　　　　　　　　（010）58124842
网　　址：www.shcbs.com.cn
　　　　　shcbs.mca.gov.cn
经　　销：各地新华书店

中国社会出版社天猫旗舰店

印刷装订：中国电影出版社印刷厂
开　　本：170mm×240mm　1/16
印　　张：24.75
字　　数：450 千字
版　　次：2015 年 12 月第 1 版
印　　次：2015 年 12 月第 1 次印刷
定　　价：55.00 元

中国社会出版社微信公众号

前　言

　　人类与环境是一个相互影响、相互制约、相互依存的统一体。保护环境已经成为人类社会的共识。随着社会的发展、人口的增长、资源的锐减和环境的恶化，中国作为世界上人口最多的发展中国家，又是一个殡葬大国，殡葬与资源和环境的矛盾日益突出。近年来，年均死亡人口900多万，只有采取科学的殡葬手段，才能减少和消除其潜在的危害。殡葬改革的目标就是减少殡葬对自然资源的浪费和对自然环境的污染与破坏，正确处理殡葬与自然环境之间的关系，建立可持续发展的殡葬体系并保持与之相适应的可持续利用资源和环境基础。

　　本书在介绍环境科学、环境管理、环境保护等理论的基础上，系统地介绍了殡葬环境保护的专业知识，内容包括殡葬环境与资源及其殡葬环境保护知识，重点分析了殡葬大气、水体、噪声污染及其防治以及殡葬固体废物的处置，对殡葬环境管理与环境法规、殡葬环境监测与评价进行了阐述。本书在编写过程中兼顾知识性、趣味性和系统性，致力于把握以下原则并体现出本书理论与实务相结合的特色。

　　一是针对性原则。以培养环境保护道德、创新精神和殡葬环境保护实践能力为主线，综合考虑环境保护理论知识、态度观念和实践能力三者之间的关系，不局限于基本知识和基本技能的掌握，而立足于全面提高素质。通过新颖全面的内容，揭示了当今社会共同面临的环境问题以及环境问题的发生、发展，力求把人类关注的环境问题的焦点和可持续发展的意义与每个人联系在一起，以期激发人们关注自然、保护环境的热情。

　　二是适用性原则。殡葬环境保护作为一门边缘学科，涉及面十分广博，内容繁复，特别是殡葬涉及社会的每个家庭，是公众关注的热点和焦点，本书具有的较为实用的教育功能，既是人们获得环境保护知识的重要源泉，强调提高人们的科学知识和水平；又是一种重要的教育手段，培养人们科学发展和自觉的环境保护意识。

三是新颖性原则。鉴于环境保护和殡葬领域的理念与科学技术发展迅速，本书力求把最新的知识奉献给读者。现代学科发展的根本特点是趋向综合和学科交叉，尤其与环境的联系更加紧密。为了适应现代学科交叉发展特点，启发读者多向思维，进一步提高本书的科学性、系统性和完整性，综合考虑知识体系、个人与社会之间的关系，本书精选对各学科必备的环境基础知识与技术，注意环境与经济、社会、文化和生活的联系与其在各学科的应用，对殡葬环境保护的任务、内容与全球环境以及可持续发展等作系统性和完整性的论述。在内容选择上，突出贴近生活实际和殡葬改革与社会发展热点问题，建立学习主体与知识的联系。

作者具有多年殡葬基层工作经历和丰富环境保护工作经验且在高职院校从事一线教学科研实践工作，本书系作者任北京社会管理职业学院社会管理系主任、现代殡仪技术与管理专业带头人期间，在主编的高职教育社会管理和社会服务类专业系列教材《殡葬环境保护概论》的基础上，结合在民政部培训中心从事民政继续教育培训的经验而编写的，不仅适用于高等职业院校现代殡仪技术与管理专业教学，而且适合于作为殡葬管理和服务工作者以及环境保护工作者的阅读参考资料以及关心环境问题读者的科普读物，也可供从事殡葬管理和服务以及环境保护工作的技术人员、管理干部和社会有识之士参考使用。

由于作者水平所限，错误之处在所难免，希望广大读者不吝指正。

杨宝祥

2015 年 9 月

目　　录

第一章　殡葬科学基础理论

环境科学（environmental science）是一门研究人类社会发展活动与环境演化规律之间相互作用关系，寻求人类社会与环境协同演化、持续发展途径与方法的科学。

第一节　环境科学的主要理论

环境科学作为研究人类活动与其环境质量关系的科学，主要研究"人类－环境"系统对立统一关系的发生与发展、调节与控制，以及利用与改造。环境科学作为一门研究环境的地理、物理、化学、生物的综合学科，提供了综合、定量和跨学科的方法来研究环境系统。

一、环境科学的主要概念

环境科学是在人们面临且要解决一系列环境问题的需求下，逐渐形成并发展起来的、由多学科到跨学科的科学体系，也是一个介于自然科学、社会科学、技术科学和人文科学之间的科学体系。

（一）环境科学的基本内涵

1. 环境的概念

环境（environment）是人类赖以生存的物质基础和制约因素。人类生存于环境之中，人类的一切活动无不受环境的影响，也无不影响着环境。《中国大百科全书·环境科学（2002 年修订版）》给出的环境的定义是指人类及其周围的自然世界和人文社会的综合体，包括人类赖以生存和发展的各种自然要素（如大气、水、土壤、岩石、太阳光和各种生物），还包括经人类改造的物质和景观（如农作物、家畜家禽、耕地、矿山、工厂、农村、城市、公园和其他人工景观等）。

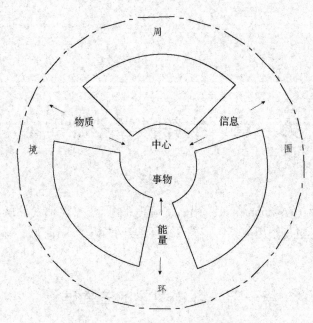

图 1 – 1   中心事物与环境的关系

（1）环境的哲学概念

就"环境"的词义而言，是指周围的事物。环境总是因中心事物的不同而不同，随中心事物的变化而变化，中心事物与周围环境之间通过信息、物质和能量进行联系与交换（如图 1 – 1 所示）。对于环境科学来说，中心事物是人，环境主要是指人类的生存环境。环境是人类进行生产和生活的活动场所，是人类生存和发展的物质基础。环境是作用在"人"这一中心客体的一切外界事物和力量的总和，既包括自然因素，也包括社会和经济因素。

环境是相对于中心项而言的背景，不同的中心项对应着不同的环境。作为一个哲学范畴的环境是相对于中心项来说的，没有中心项，也就无所谓环境；没有环境也无所谓中心项。两者是一对矛盾的两个方面，它们既相互对立，又相互依存、相互制约、相互作用和相互转化。通常把人类作为中心项，与之相对的全部背景就是环境。

（2）环境的法学概念

环境的法学概念是一个实用而具体的定义，从环境的科学含义出发所规定的法律适用对象或适用范围，目的是保证法律的准确实施。作为法律保护的对象，其概念和范畴必须明确和具体，因此法学往往把主要的环境因素作为法律保护对象，必须是人类的行为和活动（利用经济和科学技术手段）所能影响、调节和支配的那些环境要素和环境条件，人类环境中纳入人类法律

2

保护的环境要素取决于人类的认识和主观意志。

《中华人民共和国环境保护法》明确规定："本法所称环境，是指影响人类生存和发展的各种天然的和经过人工改造的自然因素的总体，包括大气、水、海洋、土地、矿藏、森林、草原、野生生物、自然遗迹、人文遗迹、自然保护区、风景名胜区、城市和乡村等。"主要包括两层含义：一是"自然因素的总体"，包括了各种天然的和经过人工改造的，并不泛指人类周围的所有自然因素（整个太阳系甚至整个银河系的），而是指对人类的生存和发展有明显影响的自然因素的总体；二是环境概念随着人类社会的发展而发展，要用发展的、辩证的观点来认识环境。

（3）环境的自然科学概念

一般来讲，环境是相对于某一个中心事物而言的，指围绕某个中心事物的外部空间、条件和状况，包括经济、政治、人文（社会性）环境，地理、生态环境，城市、农村（物理性）环境。从环境科学领域来讲，环境是以人类社会为主体的外部世界的总体，环境包括已经为人类所认识的、直接或间接影响人类生存和发展的物理世界的所有事物。

环境要素是指构成人类环境整体的各个独立的、性质不同而又服从整体演化规律的基本因素。环境要素是组成环境的结构单位，环境的结构单位又组成环境整体或环境系统。一般把环境要素分为自然环境要素和社会环境要素两大类。自然环境要素包括水、大气、岩石、生物、阳光和土壤等。社会环境要素是指人类生存及活动范围内的社会物质、精神条件的总和。

大气环境提供给人们呼吸所需要的空气；江河湖泊或地下水成为人们饮用的淡水；人们吃的瓜果蔬菜粮食等都主要从土壤环境中长出来。一旦大自然停止了原料的供给，人类的生活就会变得十分困难，甚至会失去生存条件，所以说"破坏环境就是破坏人类自身的生存基础"。总之，环境是作用于"人"这一主体的所有外界事物与力量的总和。

2. 环境的组成

人类环境即以人类为中心的外部世界，包括自然环境和社会环境。1972年联合国人类环境会议《人类环境宣言》提出"人类环境"专指自然环境，包括天然环境和人工环境。生态环境简称"生境"，是指以整个生物界为中心、为主体，围绕生物界构成生物生存的必要条件的事物，包括无生命物质（如大气、水、土壤、阳光及其他无生命物质）和外层空间等生物的生存环境。总之，环境是由自然环境、人工环境和社会环境组成的。

（1）自然环境（natural environment）

自然环境是在人类出现之前就存在的，是人类赖以生存的自然条件和自然资源的总称，是直接或间接影响到人类的一切自然形成的物质能量和自然现象的总体。自然环境是客观物质世界中与人类发生相互影响的各种自然因素（包括自然条件、自然系统、自然景观、自然资源等）的总和，也就是环绕人们周围的各种自然因素的总和，如大气、水、植物、动物、土壤、岩石矿物、太阳辐射等。自然环境是人类赖以生存的物质基础，通常把这些因素划分为大气圈（atmosphere）、水圈（hydrosphere）、生物圈（biosphere）、土壤圈（pedosphere）、岩石圈（lithosphere）五个自然圈。在自然环境中，按照其主要的环境组成要素可以分为大气环境、水环境（如海洋环境、湖泊环境）、土壤环境、生物环境（如森林环境、草原环境）、地质环境等。

人类是自然的产物，而人类的活动又影响着自然环境。自然环境是社会环境的基础，而社会环境又是自然环境的发展。自然环境按人类对其影响的程度又可分为原生自然环境和次生自然环境。原生自然环境（primary natural environment）是指未受人类影响或只受人类间接影响，景观面貌基本上未发生变化，能按自然规律发展和演变的区域。如极地、高山、人迹罕至的沙漠地区、原始森林、大洋中心区、某些自然保护区等。原生自然环境在地球上越来越少，是生态环境保护的重点。次生自然环境（secondary natural environment）是指受人类发展活动的影响，景观面貌和环境功能发生了某些变化的自然环境。如次生林、天然牧场等。次生自然环境是由于人类社会生产活动改变了原生的自然环境，从而给人类的生产、生活带来一系列不利的因素，甚至造成生态系统的破坏。如因不合理地滥用自然资源而引起环境的退化，以及由于工业发展、"三废"（废气、废水、废渣）处理不当造成环境污染等均属次生环境问题。次生自然环境的发展和演变，虽然受人类影响，但基本上仍受自然规律的支配和制约，所以它仍然属于自然环境的范畴。

（2）人工环境（artificial environment）

人工环境是指人类在开发利用、干预改造自然环境的过程中构造出来的，有别于原有环境的新环境。如农田、水库、林场、牧场、火葬场、墓地等。广义的人工环境是指由于人类活动而形成的环境要素，它包括由人工形成的物质能量和精神产品以及人类活动过程中所形成的人与人的关系。狭义的人工环境是人类根据生产、生活、科研、文化、医疗等需要而创建的环境空间，如各种建筑、园林等。

开发利用、干预改造自然环境的活动，是人类最基本、最主要的生产和消费活动，是人类与自然环境间物质、能量和信息不断交换的过程，这一过程从资源由自然环境中提取出来到以"三废"形式再排向自然环境，一般可分为提取、加工、调配、消费和排放五个阶段，每一阶段都包括许多具体的实践活动。正是通过这些活动原始生物圈导向了技术圈，并在自然环境的基础上创造出了崭新的人工环境。这些人工环境和原有的自然环境融为一体，反过来又成为影响自然环境及人类活动的重要因素和制约条件。

（3）社会环境（social environment）

社会环境是在自然环境的基础上，人类通过长期有意识的社会劳动，加工和改造了的自然物质、创造的物质生产体系、积累的物质文化等所形成的环境体系，是指人类在长期生存和发展的社会劳动中所形成的人与人之间各种社会联系及联系方式的总和，包括社会经济关系、社会道德观念、社会文化风俗、社会意识形态和社会法律关系等。社会环境是与自然环境相对的概念，它是在把环境看成是以人为主体后所对应客体的前提下派生出来的一个概念。

社会环境是人类社会在长期的发展中，经过人类创造或者加工过的物质设施和社会结构，或者说是人类在自然环境基础上为不断提高自己物质、精神生活而创建的环境，是人类物质文明和精神文明发展的标志，它随着经济的发展，特别是现代科学技术的发展而不断地变化。社会环境一方面是人类精神文明和物质文明发展的标志；另一方面又是人类精神文明的演进而不断地丰富和发展，因而把社会环境又称为"文化－社会"环境。按社会环境所包含的要素性质可分为物理社会环境（包括建筑物、道路、工厂等）、生物社会环境（包括驯化、驯养的植物和动物）、心理社会环境（包括人的行为、风俗习惯、法律和语言等）。按环境功能可把社会环境分为聚落环境（包括院落环境、村落环境和城市环境）、工业环境、农业环境、文化环境、医疗休养环境等。

3. 环境的分类

环境是一个非常复杂的体系，根据不同的分类原则，环境可分为许多层次。环境分类一般以空间范围的大小、环境要素的差异、环境的性质等为依据，按照环境的主体、范围、要素、人类对环境的利用、环境的功能进行分类的。

（1）按环境主体划分

一种是以人或人类作为主体，其他的生命和非生命物质都被视为环境要素，即环境指人类生存的氛围。环境科学即采用这种分类方法。另一种是以生物体（界）作为环境的主体，而把生物以外的物质看成环境要素，生态学往往采用这种分类方法。

（2）按空间大小划分

在微观领域和宏观领域，环境都是无限可分的，如在微观领域有物体内环境、分子内环境、原子内环境等，在研究基本粒子时，所对应的环境更小。按照人类生存环境的空间范围，可由近及远、由小到大地分为聚落环境、地理环境、地质环境和星际环境等层次结构，而每一层次均包含各种不同的环境性质和要素，并由自然环境和社会环境共同组成。按空间从小到大可分为：特定的空间环境，如服务于航空、航天的密封环境等；车间环境，如劳动环境等；生活区环境，如居室环境（即室内环境）、院落环境（聚落组成的基本单元，由建筑物及场院组成）；城乡环境，如城市环境（从事工、商、交通等，非农业人口聚居之地）、村落环境（农业人口聚居的地方）；区域环境，包括人工环境在内的占有一定地域空间的环境，如流域环境、行政区域环境；全球环境，包括地球上的气圈、水圈、土壤圈、岩石圈和生物圈；宇宙环境，又称星际环境，即宇宙空间。

（3）按组成要素划分

水环境。通常又可分为地表水环境和地下水环境。地表水环境包括海洋、河流、水库、池塘等；地下水环境包括浅层地下水和深层地下水。水圈是地球表面和接近地球表面的各种形态的水的总称，它包括：海洋、河流、湖泊、沼泽、冰川及土壤和岩石孔隙中的地下水、岩浆水、聚合水、生物圈中的体液、细胞内液、生物聚合水化物等。地球上总水量为 1.36×10^9 立方千米，其中海洋占 97.2%。自然界中的水处于流动和循环状态。地表水不断蒸发、生物水连续蒸腾而进入大气，又在适当情况下转为各种类型的降水落入陆地和海洋。陆地的降水一部分汇集于江河湖泊，另一部分渗入地下，最后都流入海洋，形成了水循环，为生物生长和人类生存提供了适宜的供水条件。水循环是地球上最重要的物质、能量循环之一，是生物生存的必要环境条件。

大气环境。通常泛指包围在地球外部的空气层，又叫大气圈，是指包围地球的空气层总体。经历了几十亿年复杂演化过程的现代大气是以氮气、氧气为主体的多成分均匀混合气体。按大气温度铅直变化特点可分为对流层、平流层、中层、热层。在对流层中氮气、氧气占空气总容积的99.96%；二氧化碳为可变成分，约占 0.033%。大气密度随高度增加而按指数减少。大气总质量的 99.92%，集中于 50 千米以下。大气通过环境、湍流、对流、扩散等方式输送着物质和能量。

土壤环境。又叫土壤圈，平均厚度为 5 米，面积为 1.3×10^8 平方千米，相当于地球陆地总面积减去高山、冰川和地表水所占面积。土壤圈是岩石圈最外面一层疏松的部分，其上面或里面有生物栖息，是与人类关系最为密切的一种环境要素。岩石圈是土地软流圈以上的坚硬岩石部分，包括属于地壳的硅铝层（花岗岩层）、硅镁层（玄武岩层）和属于地幔最上部的超基性岩层（橄榄岩层）。岩石圈是一个力学性质基本一致的刚性整体，厚 60~120 千米，是震波高速带。板块是由岩石圈划分而成的不同块体。

生物环境。由地球上一切有生命的物体所构成的环境系统，它是地球演化的产物。生物圈是地球上生命物质及其生命活动产物所集中的范围。广义的生物圈包括平流层的下层、整个对流层以及沉积岩圈和水圈。它在地面以上达到 23 千米高处，在地下延伸到 12 千米深处。狭义的生物圈指地球上存在着大量生命部分的圈，它在地面之上和海洋表面之下各 100 米厚。因为树木高度一般不超过 100 米，其根系进入地下不过几十米。水中光的穿透层通常为 30 米，最深也不过 100 米。所以这一圈是有机界的发展及其进化、人类生活的最基本环境。它是由许多生态系统结合在一起构成的。

（4）按性质和功能划分

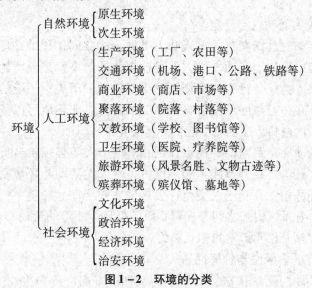

图 1-2 环境的分类

4. 环境的特性

环境对于人类的生存和发展具有根本的重要性。环境具有能量流动、物质流动、信息交换功能。环境创造生命，维持生命；环境是人类生存的基本条件，满足着人类的生态需求；环境是人类发展的物质基础，为人类提供生活和生产资料，满足人们的生产、生活、生态。

（1）环境的整体性与区域性

环境的整体性是指环境各要素构成的一个完整体系。即在一定空间内，环境要素（大气、水、土壤、生物等）之间存在着确定的种类数量、空间位置的排布和相互作用关系；通过物质转换和能量流动以及相互关联的变化规律，在不同的时刻，系统会呈现出不同的状态。环境的区域性是指整体特性的区域差异，即不同区域的环境有不同的整体特性。环境的整体性与区域性是同一环境特性在两个不同侧面的表现。

地球的任一部分或任一系统，都是人类环境的组成部分，各部分之间存在着相互依存和互相制约的关系。相应于地球环境的整体性，人类也是一个整体，包括了当代所有的人及其子孙后代。人类的祖先起源于环境并在环境中生存和发展，当代的人类及其子孙后代依然要在同一环境中生存和发展。环境是属于全人类的，任何个人、团体乃至国家和国家集团都无权随意处置环境，当代人类也无权随意处置将留存给后代的环境。

人类本身就是环境的产物，是生物圈、地球系统的一部分，人类是在地球环境演变到一定阶段、在一定的环境条件下产生的。因而，人与自然环境是一个整体。

（2）环境的变动性与稳定性

环境的变动性是指在自然过程和人类社会的共同作用下，环境的内部结构和外在状态始终处于变动之中。人类社会的发展史就是环境的结构与状态在自然过程和人类社会行为相互作用下不断变动的历史。环境的稳定性是指环境系统具有在一定限度范围内自我调节的能力，即环境可以凭借自我调节能力在一定限度内将人类活动引起的环境变化抵消。

环境的变动性是绝对的，稳定性是相对的。人类必须将自身活动对环境的影响控制在环境自我调节能力的限度内，使人类活动与环境变化的规律相适应，以使环境朝着有利于人类生存发展的方向变动。环境系统是一个开放的复杂系统，各系统内外之间存在着物质的循环、能量的流动和信息的交流，各部分之间存在着相互影响和相互制约。

（3）环境的资源性与价值性

环境的资源性表现在物质性和非物质性两方面，其物质性（如水资源、土地资源、矿产资源等）是人类生存发展不可缺少的物质资源和能量资源；非物质性同样可以是资源，如某一地区的环境状况直接决定其适宜的产业模式。因而，环境状态就是一种非物质性资源。

　　环境的价值性源于环境的资源性，是由其生态价值和存在价值组成的。环境是人类社会生存和发展所不可缺少的，具有不可估量的价值。

　　（4）环境的多样性与有限性

　　自然环境的多样性主要体现在：物质与物质需求，环境过程、环境形态、环境功能、人类需求与人类创造、精神需求，人类与环境相互作用、作用界面、作用方式、作用过程、作用效果的多样性。到目前为止，地球是人类唯一的家园，其时空是有限的，物质是有限的，环境容量也是有限的。人类对环境的认识也是有局限的。例如，生物资源是自然资源的有机组成部分，是指生物圈中对人类具有一定价值的动物、植物、微生物以及它们所组成的生物群落，是生物圈中一切动物、植物和微生物组成的生物群落的总和。1992年，联合国环境发展大会《生物多样性公约》（convention on biological diversity）指出："生物资源指对人类具有实际或潜在用途或价值的遗传资源，生物体或其部分、生物群体或生态系统中任何其他生物组成部分。"生物资源具有一定的稳定性和变动性。相对稳定的生物资源系统能较长时间保持能量流动和物质循环平衡，并对来自内外部干扰具有反馈机制，使之不破坏系统的稳定性。但当干扰超过其所能忍受的极限时，资源系统即会崩溃。不同的资源系统的稳定性不同。资源系统的组成种类和结构越复杂，抗干扰能力越强，稳定性也越大。生物资源的分布有很强的地域性，不同地区生物资源的组成种类和结构特点不同。随着生产发展和科技进步，生物资源作为人类生活和生产的物质基础，已越来越为人们所了解和重视，同时生物资源的承载能力与人类需求间的矛盾也日益尖锐，其研究已成为当今世界上最受关注和充满活力的领域之一。

　　5. 环境科学的定义

　　环境科学是一门关系到人类生死存亡的科学，是研究在人类活动的影响下，环境质量变化规律以及环境保护与改善的科学，也就是研究人类与环境相互关系及其规律、研究环境结构与环境状态变化规律及其与人类社会活动之间的关系的科学。随着环境保护工作的迅速扩展和环境科学理论研究的不断深入，环境科学概念和内涵日益丰富和完善。广义的环境科学是对人类生活的自然环境进行综合研究的科学；狭义的环境科学是研究由人类活动所引起的环境质量的变化，以及保护和改善环境质量的科学。

　　由人类与环境组成的对立统一体，称之为"人类－环境"系统，它是以人类为中心的生态系统。环境科学就是以这个系统为对象，研究其发生和发展、调节和控制以及利用和改造的。环境科学以"人类与环境"这对矛盾为对象，研究它们对立统一关系的发生与发展、调节与控制以及利用改造。环境科学涉及的学科面广，具有自然科学、社会科学、技术科学交叉渗透的广泛基础，几乎涉及现代科学的各个领域；同时，它的研究范围涉及人类经济活动和社会行为的各个领域，包括管理部门、经济部门、科技部门、文化教育及军事部门等人类社会的各个方面。环境系统本身是一个多层次相互交错的网络结构系统，每个子系统都可能自成一个环境分支，从不同的角度可提出各种不同的分科方法和多种学科。

环境科学起源于环境问题的出现和人类解决环境问题的需要。环境科学兼有社会科学和技术科学的内容和性质。人是环境演化到一定历史阶段的产物，人类活动带来了许许多多的环境问题。为了解决这些问题，各行各业的专家学者纷纷从不同的传统学科、不同侧面来寻求解决环境问题的途径和方法，于是就产生了不同的边缘性的交叉环境学科。这些新兴学科所构成的体系就是环境科学。

环境科学也是研究环境结构、环境状态及其运动变化规律，研究环境与人类社会活动间的关系，寻求正确解决环境问题，确保人类社会与环境之间协调演化、持续发展的具体途径的科学。在环境科学中，人和社会因素占有主导地位，决定环境状况的因素是人而不是物。它不仅要研究和认识环境中的自然因素及其变化规律，而且要认识和了解社会经济因素及其技术因素与规律以及人与环境的辩证关系等。

（二）环境科学的相关概念

人类活动对整个环境的影响是综合性的，而环境系统也是从各个方面反作用于人类，其效应也是综合性的。人类与其他的生物不同，不仅仅以自己的生存为目的来影响环境、使自己的身体适应环境，而且是为了提高生存质量，通过自己的劳动来改造环境，把自然环境转变为新的生存环境。人类的生存环境逐渐形成一个庞大的、结构复杂的、多层次、多组元相互交融的动态环境体系（hierarchical system）。

1. 环境要素

环境要素也称环境基质，是环境系统的基本结构、环境结构的基本单元。主要指水圈、大气圈、土壤圈、岩石圈、生物圈等。它们通过物质转换和能量传递两种方式密切联系，构成了自然环境的统一整体。环境要素都有着自身的演化规律，同时又共同遵守着整体演化规律，在不同区域，环境要素的组成不同，因此环境结构和环境状态也就不同。在现实生活中，通常人们都习惯于从环境要素的组成状况来考察和表示环境质量的优劣。

2. 环境结构

环境结构是指自然环境中各个独立组成部分（即环境要素）在数量上的

配比、空间位置上的分布、相互间的联系内容与方式。总体环境（包括自然环境和社会环境）的各个独立组成部分在空间上的配置，是描述总体环境的有序性和基本格局的宏观概念。环境结构直接制约着环境要素间物质交换和能量流动的方向、方式和数量，并且始终处于不断的运动变化之中，从而对人类社会活动的支持作用和制约作用也不同。

自然环境的整体性所构成的系统称为环境系统，常指由围绕人群的各种环境因素所构成的整体。它是一个动态系统，一直处于演变过程中。地球环境经过物理演化、化学演化、生态演化三个阶段的演化，特别在人类活动下，环境系统的组成和结构在生态演化（主要包括群落更替、环境变迁、生物与环境相互关系的变化）过程中使环境结构的配置及其相互关系具有圈层性、地带性、节律性、等级性、稳定性和变异性的特点。

（1）圈层性

在垂直方向上，整个地球环境的结构具有同心圆状的圈层性。在地壳表面分布着土壤－岩石圈、水圈、生物圈、大气圈。在这种格局的支配下，地球上的环境系统与这种圈层性相适应。地球表面是土壤－岩石圈、水圈、大气圈和生物圈的交会之处。这个无机界和有机界交互作用的最集中的区域，为人类的生存和发展提供了最适宜的环境。由于地球表面各处的重力作用相差无几，所获得的能量以及向外释放的能量处于同一数量级，因此使地球表面处于能量流动和物质循环被耦合在一处的特殊位置上。这对于植物的引种和传播，动物的活动和迁徙，环境系统的稳定和发展，均产生积极的作用。

（2）地带性

在水平方向上，从赤道到两极，整个地球表面具有过渡状的分带性。太阳辐射能量到达地球表面，由于球面各处的位置、曲率和方向的不同，造成能量密度在地表分布的差异，因而产生了与纬线相平行的地带性结构格局。

（3）节律性

在时间上，地球表面任何环境结构都具有谐波状的节律性。地球上的各个环境系统，由于地球形状和运动的固有性质，随着时间变化都具有明显的周期节律性，这是环境结构叠加上时间因素的四维空间的表现。太阳辐射能、空气温度、水分蒸发、土壤呼吸强度、生物活动、风化强度、成土作用的日变化等，都受昼夜交替节律性的控制。在较大的时间尺度上，有一年四季的交替变化。对于更长时段而言，如太阳黑子活动周期、海平面的升降变化、地球自转速度的快慢交替等，都隐含着环境结构的节律性。

（4）等级性

在有机界的组成中，依照食物摄取关系，在生物群落的结构中具有阶梯状的等级性。地球表面的绿色植物利用环境中的光、热、水、气、土、矿物元素等无机成分，通过复杂的光合作用过程形成碳水化合物；这种有机物质的生产者被高一级的消费者草食动物所取食；而草食动物又被更高一级的消费者肉食动物所取食；动植物死亡后，又由数量众多的各类微生物分解成为无机成分，形成了一条严格有序的食物链结构。这种结构制约并调节生物的数量和品种，影响生物的进化以及环境结构的形态和组成方式。这种在非同一水平上进行的物质能量的统一传递过程，使环境结构表现出等级性的特点。

（5）稳定性和变异性

环境结构具有相对的稳定性、永久的变异性以及有限的调节能力。任何一个地区的环境结构，都处于不断的变化之中。人类出现以后，尤其是在现代生产活动日益发展，人口压力急剧增长的条件下，对于环境结构的变动，无论在深度、广度上，还是在速度、强度上，都是空前的。从环境结构本身来看，虽然具有自发的趋稳性，但是环境结构总是处于变化之中。

3. 环境状态

环境状态是环境结构及其运动变化的外在表现形式。环境状态因该环境所处的空间位置及时间的不同而不同。环境状态所表现的环境结构及宏观特性用环境状态参数来刻画。在环境科学发展的现阶段，人们对环境系统、环境结构还没有给出一套完整的状态参数，只能根据不同的工作需要和可能具体选用不同的变量作为参数。例如：从环境污染角度表现环境状态时，常采用环境污染要素的污染物含量作为环境参数；从生态破坏程度的角度表现环境状态时，常采用森林覆盖率和水土流失量作为环境参数；从保护物种多样性方面，常采用自然保护区的面积为环境参数。

环境异常是自然环境的某个或多个环境要素发生变化，破坏了自然生态的相对平衡，使人类及其他生命体受到威胁或被灭绝的现象。通常是因环境要素的改变，使生态系统产生了不可逆转的变化，即靠自然能力不能使环境恢复原有状态或达到新的生态平衡。按照其发生的范围，可分为全球环境异常、区域环境异常和局部性环境异常。例如：世界范围内温度增高，就是全球异常；又如我国西南地区 pH 值普遍降低，酸雨问题严重，就是区域异常。环境异常在程度上有别于环境灾害，但是环境异常现象的加剧，可能导致环境灾害的发生。

4. 环境功能

环境功能是指环境要素所构成的环境结构和状态对人类生活及生产所

承担的职能和作用。环境对人类的主要功能有三个方面：一是环境是人类的栖息地。各种环境要素（如空气、水、土地、阳光等）都是人类生存和发展的必要条件。二是环境是人类社会生存和发展的依托。环境是人类生产劳动的对象，也是人类保护和改造的对象，且具有净化污染物及自我调节的能力。三是环境对人类社会的生存和发展有约束作用，且具有相对的稳定性。

环境功能的发挥受环境质量的影响。环境质量一般是指一处具体环境的总体或某些要素，对于人群的生存和繁衍以及社会发展的适宜程度。环境质量是表示环境品质优劣的一个抽象的概念。环境质量的优劣要用环境参数来表示，用环境质量标准来衡量。环境质量通常要通过选择一定的指标（环境指标）并对其量化来表达。自然灾害、资源利用、废物排放以及人群的规模和文化状态都会改变或影响一个区域的环境。

（三）环境科学的主要特点

在宏观上，环境科学研究人与环境之间的相互作用、相互制约的关系，要力图发现社会经济发展和环境保护之间协调的规律；在微观上，环境科学研究环境中的物质在有机体内迁移、转化、蓄积的过程以及其运动规律，对生命的影响和作用机理，尤其是人类活动排放出来的污染物质。环境科学是解决环境问题的交叉学科群，涉及自然科学与社会科学的结合，以人类环境系统（人类生态系统）为特定的研究对象，具有综合性、整体性和实践性特点。

1. 综合性

环境科学的建立主要是以从旧有经典学科中分化、重组、综合、创新的方式进行的，其学科体系的形成不同于旧有的经典学科。在萌发阶段，是多种经典学科运用本学科的理论和方法研究相应的环境问题，经分化、重组而形成环境化学、环境物理学等交叉的分支学科，经过综合形成由多个交叉的分支学科组成的环境科学。而后，以"人类－环境"系统为特定研究对象，进行自然科学、社会科学、技术科学跨学科的综合研究，创立人类生态学、理论环境学的理论体系，逐渐形成环境科学特有的学科体系。

环境科学的形成过程、特定的研究对象，以及非常广泛的学科基础和研究领域，决定了它是一门综合性很强的重要的新兴学科。环境科学包含了影响人类和其他有机体的周边环境的学科。环境科学为跨学科领域专业，既包含像物理、化学、生物、地质学、地理、资源技术和工程等的物理科学，也含像资源管理和保护、人口统计学、经济学、政治和伦理学等的社会科学。现阶段，环境科学主要是运用自然科学和社会科学的有关学科的理论、技术和方法来研究环境问题，形成与有关学科相互渗透、交叉的许多分支学科，属于自然科学方面的有环境地学、环境生物学、环境化学、环境物理学、环境医学、环境工程学，属于社会科学方面的有环境管理学、环境经济学、环境法学等。

环境科学研究的对象是地球上人与自然相互依存和相互作用关系的环境。自然环境和社会环境的多样性和统一性，决定了环境科学理论和实践的多样性和统一性。环境自然科学的科学与技术理论，来源于化学、物理学、生物学、生态学等众多学科在环境问题中的应用，没有这些学科的发展和提供的研究手段就不可能建立起环境自然科学。环境人文社会科学的基本原理和原则来源于环境自然科学和其他自然科学与人文社会科学的交叉和整合。没有各门自然科学、人文和社会科学的发展和提供的研究方法，就不可能建立起环境人文科学和环境社会科学。但是，环境人文科学和环境社会科学的各个学科门类是统一在生态学提供的人与自然有机整体图景下建构的革命性的环境理论（环境哲学和环境伦理学）的指导下，并且本质上是为了人与自然的协同进化而进行的创造性的有机整合。因此，只有自然科学、人文社会科学等学科密切联系，才能协调解决问题。总之，环境科学是一门综合性很强的学科。

2. 整体性

人类关于环境认识发展的历史十分明显地表明了环境问题的研究从一开始就涉及自然科学、社会科学的多门学科，直至涉及哲学，这些不同的学科和学说以自己的途径产生出一个共同的观点，即关于环境与环境问题的研究必须把环境作为一个整体，进而把人类活动、人类社会的物质结构与经济结构同环境演化看成一个整体的运动状况，由此作为出发点和基本方法。关于人类生存环境的研究，不仅要求涉及多学科的广泛知识，还要求这些知识本身要构成有机统一的整体，以整体性的逻辑系统再现人与环境构成的整体系统，而不能只是知识的聚集，也不能只是在逻辑结构上缺乏关联的多学科集合态①。它要求科学研究的方向集中于对象本质的揭示，由此产生的基本原理与基本理论，把一切有关的科学内容与经验材料贯穿和统一起来，成为一门整体化的学科，从而形成环境科学自己的理论特色。目前，从世界各国来看，

---

① 陈贻安. 环境科学思想史初探——人类对环境发展史的认识及其过程 [J]. 环境保护科学，1984 (2).

环境科学的整体研究，充分注意人类活动与环境之间的相互作用，开展人口、资源、环境与发展之间的整体战略研究。

3. 实践性

环境科学是以解决环境问题为核心，以研究环境建设，寻求社会、经济与环境协调发展的途径为中心，以争取人类社会与自然界的和谐为目标的一门新学科。其学科形态是整体化，它将建立起自己的理论思想、主导原则、概念体系、逻辑框架、价值目标和方法论①。环境科学的研究内容决定了它是一门融自然科学和人文社会科学于一体的应用性很强的新科学。就我国环境科学研究的领域和内容来看，都是与实际生产、生活中需要解决的问题紧密联系的。例如：我国大气环境质量中的光化学烟雾污染、酸雨、大气污染对居民健康影响等问题；我国河流污染的防治，湖泊富营养化问题，水土流失与水土保持问题；海洋的油污染和重金属污染等问题；城市生态问题；环境污染与恶性肿瘤关系问题；自然资源的合理利用和保护等问题，都是环境科学研究的范畴②。开展环境科学技术的应用研究，可以更好地解决国民经济发展中的环境问题。

（四）环境科学的基本原理

环境科学研究者大多是从其他相关学科转变过来，按照原有的学科背景进行环境问题研究，形成众多环境科学的分支学科，分支学科是相关学科的理论、方法与环境问题的结合，相关学科的理论是比较完善的，因而分支学科的理论也相对比较完善。环境科学作为一门独立的学科，其基本原理是整个学科的基础理论，是解决环境问题应该遵循的一般规律。Boersema③等把环境科学原理分为普适性原理和特殊原理，普适性原理包括可持续发展原理、能量守恒定律、质能守恒定律、物质守恒原理、熵原理、进化原理、系统观念、生态学原理、人口学原理和恶性循环原理。特殊原理包括独立分析法、非独立分析法、经济思想起源指导原则、法学及其原理的指导原则、社会科学起源的指导原则、未来重要性原则、全球变化原则。昝廷全等④认为，极限协同原理是环境科学的一条基本原理，只有当环

---

① 杨震，薛原. 环境科学：一个新的研究范式的建立 [J]. 中国环境科学，1994 (3).

② 方如康. 环境科学的特点与研究方法 [J]. 环境科学，1988.10 (4).

③ Boersema J J, Reijnders L. Prindplesof environmental sciences [M]. Boston：Springer, 2009.

④ 昝廷全，艾南山. 环境科学的一个新原理——极限协同原理初探 [J]. 甘肃环境研究与监测，1985 (2).

境变化速度超过人体结构的适应调节速度最大极限，或人体结构的适应调节过程超出人体结构的最大正常范围时，环境的变化才对人体产生显著的影响。李长生[1]认为，环境科学基础理论研究就是要揭示蕴藏在环境系统内部的客观规律，即环境系统内部结构及其运动变化规律。杨志峰等[2]认为环境各个分支学科（如环境物理、环境化学、环境生态、环境地学、环境经济学、环境伦理学等）的基本理论即组成环境科学的基本理论。左玉辉等[3]认为，环境多样性原理、人与环境协调原理、规律规则原理和五律协同原理构成了环境学的基本原理。

1. 环境系统性原理

环境系统内部包括众多的子系统，不论什么级别的环境系统，都具有相同的性质和原理，即环境系统性原理。

（1）环境系统的整体性

环境系统的整体性是指该系统内部各要素之间通过物质流、能量流和信息流相互发生联系，某种要素的变化会引起其他要素乃至整个系统变化的性质。环境系统包括水体、大气、土壤、生物四个圈层，这四个圈层相互联系、相互制约，缺少任何圈层都不能构成一个完整的环境系统。同时，任一圈层发生变化，都会影响其他圈层的改变，从而导致整个系统的变化，例如水质发生变化，必然影响土壤环境质量，继而影响生物的生存环境和生物量，同时水和大气之间发生物质交换，对大气环境质量产生不利影响。

（2）环境系统的多样性

环境系统的多样性首先表现为物质组成的多样性，环境系统由生物和非生物组成，生物又有植物、动物、微生物等不同类型；非生物的物质又有各种天然物质（大气、水体、土壤和岩石等）和人工合成物质；等等。其次表现为环境系统结构多样性，例如，环境系统中有高山、河谷、平原不同的地貌结构，也有森林、草原、荒漠等不同的生物结构，还有城市、乡村、郊区等不同的人居结构。最后表现为环境系统功能的多样性，由于系统结构决定功能，所以环境系统结构的多样性必然伴随着功能的多样性。

（3）环境系统的开放性

人类不停地从环境系统中取得有用物质和能量，同时又将人类生产和生活过程中的废弃物质和多余能量不停地向环境排放，故环境系统是人类生存与发展的原料库，同时也是人类生产和生活的废物排放库。例如：人类从环

---

① 李长生. 环境科学理论研究的兴起 [J]. 自然辩证法通讯, 1981 (3).

② 杨志峰, 刘静玲. 环境科学概论 [M]. 北京：高等教育出版社, 2010.

③ 左玉辉, 华新. 环境学原理 [M]. 北京：科学出版社, 2010.

境系统的河流等水体获得水资源，经过净化后，通过城市的配水系统供给居民的生活和工业用水等；人类生产和生活排放的废（污）水又通过城市的排水系统进入河流。再如，人类在利用环境系统中的煤炭资源作为人类生活和生产的能量来源，在煤炭燃烧过程中，不断向环境系统排放废气和固体废弃物。

（4）环境系统的动态性

环境系统的动态性是指环境系统状态随着时间不断变化的性质。环境系统的变化多种多样，有周期性变化也有随机性变化，有非线性变化也有线性变化，有渐进型变化也有突变型变化。例如，在某地区工业化过程中，最初工业化水平低，人类活动向环境系统排放的废水较少，且主要是生活污水，水环境质量较好；随着工业化进程的加快，工业废水排放量增加，生活污水量增加，水环境质量开始出现恶化。当排放的废（污）水量在某个临界值之内的时候，环境系统的变化是渐变（量变）过程，水环境质量不会发生明显下降；一旦废（污）水量达到临界值以后，水环境质量就会急剧恶化，发生突变（质变）。

环境系统性原理的整体性、多样性、开放性和动态性相互联系，从不同方面刻画了环境系统特征。一般来说，多样性明显的环境系统，由于系统内部各要素之间，以及系统与环境之间的物质、能量和信息联系广泛，抗干扰能力强大，所以系统就表现出明显的整体性和开放性，而其动态性则不明显。

2. 环境容量原理

狭义环境问题的实质，是人类活动的干扰使环境系统结构或功能发生改变，当改变量超出了环境系统所能承受的界限，环境系统发生突变，最终对人类造成了危害，即环境问题的出现都是由于人类活动使环境系统的改变突破了环境容量造成的。环境系统在不发生质变（突变）的前提下，接纳外来物质（污染物）的最大能力或者为外界供应物质或能量（资源）的最大能力定义为环境容量（environmental capacity），即在不改变环境质量的前提下，人类活动向环境系统排放外来物质或者从环境中开发某种物质的最大量。环境容量是指某一环境区域内对人类活动造成影响的最大容纳量。大气、水、土地、动植物等都有承受污染物的最高限值，就环境污染而言，污染物存在的数量超过最大容纳量，这一环境的生态平衡和正常功能就会遭到破坏。环境容量的大小是由该环境系统的组成和结构决定的，是环境系统功能的一个表现形式，环境系统组成和结构越复杂、多样性越大、开放度越大，那么其容量就越大。环境容量具有有限性、变化性、可调控性等特点。环境容量是在环境管理中实行污染物浓度控制时提出的，环境容量包括绝对容量和年容量两个方面。前者是指某一环境所能容纳某种污染物的最大负荷量。后者是指某一环境在污染物的积累浓度不超过环境标准规定的最大容许值的情况下，每年所能容纳的某污染物的最大负荷量。

一般的环境系统都具有一定的自净能力。如一条流量较大的河流被排入一定数量的污染物，由于河中各种物理、化学和生物因素作用，进入河中的污染物浓度可迅速降低，保持在环境标准以下。这就是环境的自净作用使污染物稀释或转化为非污染物的过程。环境的自净作用越强，环境容量就越大。一个特定环境的环境容量的大小，取决于环境本身的状况，如流量大的河流比流量小的河流环境容量大一些。污染物不同，环境对它的净化能力也不同，如同样数量的重金属和有机污染物排入河道，重金属容易在河底积累，有机污染物可很快被分解，河流所能容纳的重金属和有机污染物的数量不同，这表明环境容量因物而异。

（1）环境容量的有限性

任何环境系统的容量都是有限的，在这个上限之下，人类活动对环境系统的干扰（向环境排放某种物质或从环境提取某种物质）是不会导致环境系统的质量改变的。环境容量的有限性是环境立法、环境评价、环境管理的基础。

（2）环境容量的变化性

环境系统的容量在特定条件下是一个定值，但随着时空的变化，环境容量是变化的。环境容量不仅随着环境系统周围条件的变化而变化，而且还随着环境系统内部组成和结构的变化而变化。环境容量的变化性，要求环境管理不能形而上学、死搬硬套，要随着时间和空间的变化而对环境法规和环境评价的标准进行相应的修正，以适应环境容量的变化。

（3）环境容量的可控性

环境容量的可控性是人们在研究环境容量的影响因素（环境系统内部结构和功能，外部条件等）、变化规律基础上，通过改变环境因素，对环境容量进行调控，让环境系统向着有利于人类的方向转变。例如，水污染控制技术就是在水环境容量研究的基础上，通过改变水温、pH 值、溶解氧、氧化还原电位、生物量、搅拌程度等影响因素，增加水环境容量，提高水环境质量，达到水污染控制目的。水污染的微生物处理单元（活性污泥处理系统）是通过人工充氧、强化搅拌、加大生物量等工程措施，来实现有机污染物的净化，实质也就是增大了人工环境系统（生物处理单元）的环境容量。

3. 人与环境的共生原理

"共生"概念最早由德国生物学家德贝里（Heinrich Anton de Bary,

1831—1888）提出，指两个或者多个生物在生理上相互依存度达到平衡的状态，后来这一概念被引申到其他的自然学科和社会学科中。自然界是一个共生体，动物、植物、人类之间需要相互和谐，才能共生共荣。共生理论的哲学含义就是双方共存、互利共赢①。

按照马克思唯物主义世界观，人类本身就是自然界的一部分，人类与环境之间的物质与能量交换是不可避免的。人类是自然环境发展的产物，环境是人类发展的物质基础，人类发展又对环境系统造成影响。左玉辉等②提出的人与环境和谐原理只是人与环境共生的一个方面，人与环境的和谐的判断标准是人类的可持续发展，带有很大的主观性，人与环境共生是把人与环境平等对待，双方共存，互利共赢。人类与环境的共生理论要求人类在决策的时候，不但要追求人类利益的最大化，同时还要使环境系统可持续发展，也就是最后追求人类的发展与环境可持续的双方共存、互利共赢。

人类与环境的共生理论包括两个方面：一方面，人类和环境系统的共同发展以人与环境系统的共生为前提。人类的发展规划不但要考虑人类自身的利益，还要考虑环境系统的可持续性，要慎重审视人类的发展规划是否改变了环境系统的稳定性和多样性，是否突破了环境容量，是否有利于环境系统的可持续发展，是否对环境系统造成危害，等等。如果人类活动对环境系统造成了危害，那么通过环境系统的一系列的反馈机制，最后一定会反作用于人类，对人类的健康与发展造成危害。另一方面，人类与环境系统的共生以人类和环境系统共同发展为目的。人与环境系统的共生是人类在环境问题发生、发展与治理的过程中逐渐认识到的一条基本规律，人与环境的共生最终目的就是达到人类和环境系统的共同发展。

二、环境科学的基本任务

环境科学是研究人类生存的环境质量及其保护与改善的科学。环境科学研究的环境，是以人类为主体的外部世界，即人类赖以生存和发展的物质条件的综合体，也就是狭义的环境问题（人为引起的任何不利于人类生存和发展的自然环境结构和状态变化）所涉及的各自然要素（大气、水体、土壤、生物等）彼此相互联系、相互制约所构成的环境系统，包括自然环境和社会环境。环境科学的基本任务就是揭示"人类－环境"系统的实质，研究"人类－环境"系统之间的协调关系，掌握它的发展规律，调控人类与环境之间的物质和能量交换过程，以改善环境质量，促进人类与环境之间的协调发展。

---

① 杨玲丽. 共生理论在社会科学领域的应用［J］. 社会科学论坛，2010（16）.
② 左玉辉，华新. 环境学原理［M］. 北京：科学出版社，2010.

环境科学研究人类活动对环境所引起的较近期的直接影响，并预测较长期的间接影响。在研究中，不仅要考虑人类对环境的利用、改造与生产力发展水平的关系，也要考虑生产关系的制约作用。

（一）研究全球范围内环境演化的规律

环境总是不断地演化，环境变异也随时随环境科学地发生。在人类改造自然的过程中，为使环境向有利于人类的方向发展，避免向不利于人类的方向发展，就必须了解环境变化的过程，包括环境的基本特性、环境结构的形式和演化机理等。通过研究由自然因素引起的各种原生环境问题，了解自然环境的特性、结构、演化机理和变化过程等，以便应用这些认识使环境质量向有利于人类的方向发展，避免对人类不利的变化。

（二）研究人类与环境的相互依存关系

环境为人类提供生存条件，人类通过生产和消费活动，不断影响环境的质量。在人类与环境的矛盾中，人类作为矛盾的主体，从环境中获取生产和生活所必需的物质和能量，又把生产和生活所产生的废弃物排放到环境中去。人类生产和消费系统中物质和能量的迁移、转化过程，必须使物质和能量的输入同输出之间保持相对平衡。一是排入环境的废弃物不能超过环境自净能力，以免造成环境污染，损害环境质量；二是从环境中获取可更新资源不能超过它的再生增殖能力，以保障永续利用。环境作为矛盾的客体，虽然消极地承受人类对资源的开采与废弃物的污染，但这种承受是有一定限度的，这就是环境容量。它对人类发展起到制约作用，超过这个容量就会造成环境污染，给人类带来意想不到的灾难。环境科学就要研究生物圈的结构和功能，要探索人类的经济活动对生物圈的影响，要研究生物圈发生不良变化时对人类的生存和发展造成的影响以及应对的措施。揭示人类活动同自然环境之间的关系，旨在协调社会经济发展与环境保护之间的关系，使人类社会和环境协调发展。

（三）研究环境变化对人类生存的影响

环境变化是由物理的、化学的、生物的和社会的因素以及它们的相互作用所引起的。因此，必须研究污染物在生态系统中迁移转化的机理，以及进入人体后发生的各种作用，旨在发挥环境科学的社会功能，探索污染物对人体健康的危害机理及环境毒理学研究，为保护人类生存环境、制定各项环境标准、控制污染物的排放量提供依据，为人类正常、健康的生活服务。

（四）研究人类活动影响下环境的变化

这是环境科学研究的长远目标。环境是一个由多要素组成的复杂系统，其中有许多正、负反馈机制。人类活动造成的一些暂时性、局部性的影响，常常会通过这些已知的和未知的反馈机制积累、放大或抵消，其中必然有一部分转化为长期的和全球化的影响。如大气中二氧化碳浓度增加引起气候变暖的问题。因此，关于全球环境变化的研究已经成为环境科学的热点之一。

（五）研究环境污染的综合性防治途径

环境污染的综合性防治要考虑社会管理措施、经济发展规律以及工程技术手段等各方面，利用系统分析及系统工程的方法，寻求解决区域环境问题的最佳方案。一是以生态理论为指导，研究制定区域（或国家）的环境保护和经济发展规划，作为环境保护工作的基本保障；二是通过采取防治环境污染破坏的科学技术措施和应用环境政策法规，确保人类改造自然活动对环境的影响在生态系统的调控能力之内。尤其是要研究物质、能量在人工利用中的流动过程和规律，寻求物流和能流的合理结构和布局，以及对资源利用的最佳方案，这也是工程技术要解决的重要问题之一。

三、环境科学的体系划分

按科学领域划分，环境科学可以分为环境自然科学、环境社会科学、环境技术科学三大类。按性质划分，可把环境科学分为环境学、基础环境学、应用环境学。根据 1991 年中国环境科学出版社出版的《环境科学大辞典》，环境科学已经从 20 世纪 60 年代的分支学科阶段进入了独立的学科阶段。钱学森[①]站在人类认知事物的一般规律和科学技术发展轨迹的高度，提出任何一门发展完善的科学都应该包括哲学、基础理论、技术（应用）理论和工程技术四个学科层次，彼此联系为一个完整的学科体系。

按学科划分，环境科学现有比较成熟的学科达 50 多个。其中主要的学科如图 1-3 所示。

---

① 钱学森. 论地理科学 ［M］. 杭州：浙江教育出版社，1994.

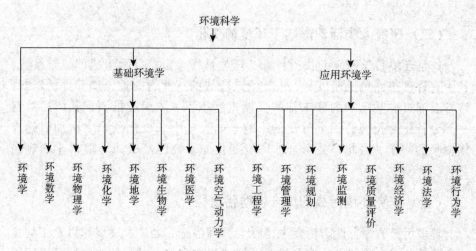

图1-3 环境科学分科体系示意图

（一）环境自然科学

环境自然科学主要是指自然科学在环境领域的生长点。其研究内容包括数学、物理学、化学、天文学、地理学、生物学等自然科学在环境问题中的应用。自然科学的各学科在环境领域的应用中产生出了环境化学、环境物理学、环境地学、环境生物学、环境医学等分支学科，这些学科分支都是环境科学的有机组成部分，是环境自然科学体系的分支学科。

环境化学主要是利用化学的理论和方法，研究污染物在环境中存在形态及其迁移和转化规律，主要包括环境分析化学、环境控制化学和环境污染化学等次级分支学科。环境物理学研究物理环境和人类之间的相互作用，主要包括环境声学、环境光学、环境热学、环境电磁学和环境空气动力学等分支学科。环境地学以与人类产生和生活息息相关的自然实体为研究对象，研究其组成、结构、功能和发展变化规律。根据环境地学的研究对象又可将其细分为环境地理学、环境地质学、环境海洋学、环境土壤学、环境气象学、环境水文学、环境地貌学等次级分支学科。环境生物学以受人为胁迫的生物系统为研究对象，运用生物学的理论和方法，维护生态系统健康和人类生命保障系统稳定，主要包括污染生态学、环境生态学、污染微生物学、污染水生生物学、污染生理学、环境植物学和环境动物学等。环境医学以环境和健康的关系为研究对象，揭示环境有害因素对人体健康状况的影响及其机制，促进人体健康，主要包括环境流行病学、环境毒理学和环境卫生学等①。

（二）环境社会科学

环境社会科学主要是指社会科学各学科在环境领域的应用。经济学、政治学、社会学、法学、管理学、文学、艺术学等学科在环境问题中的应用，出现了环境经济学、环境政治学、环境社会学、环境法学、环境管理学、环境文学和环境艺术学等学科。

环境经济学运用经济科学的理论与方法，研究经济发展与环境保护的相互关系，探索合理调节人与自然之间的物质交换，使社会经济活动符合自然生态平衡和物质循环规律，从而使经济活动取得最佳的社会经济效果。环境社会学以环境和社会之间的相互关系为研究对象，以环境和社会之间的各种相互作用为研究核心。环境法学是从法学角度探讨环境保护需要的一系列强制性法律、法规和条例的科学。环境管理学是一门以研究环境管理的规律、特点和方法为基本内容的科学。

第二节　环境科学的主要学科

环境科学是一门具有广泛领域、丰富内容的综合性边缘学科。它涉及自然科学和社会科学的许多分支学科，既有基础理论研究，还有更多的应用研究和技术开发研究。

一、环境物理学

环境物理学是研究物理环境与人类之间相互作用的科学。主要研究声、光、热、振动、电磁场和放射性等物理因素对人类的不良影响，并研究消除其不良影响的技术途径和措施。其目的是保护并创造出适宜人类生存和发展的物理环境。

（一）环境声学

20 世纪 50 年代以来，随着工业生产，交通运输的迅猛发展，城市人口的急剧增加，噪声源越来越多，强度也越来越大，普遍影响着人们的学习、工作和休息，危害人体健康。这些问题的研究涉及物理学、生理学、心理学、生物学、医学、建筑学、音乐、通信、法学、管理科学等许多学科，经过长期的研究，

---

① 朱玉涛，马建华，陈沛云．再论环境科学体系［J］．河南科学，2006（1）．

成果逐渐汇聚，形成了一门综合性的科学——环境声学。在 1974 年召开的第八届国际声学会议上，环境声学这一术语被正式使用。

环境声学是环境物理学的一个分支学科。它是研究声环境及其同人类活动的相互作用的学科。

1. 环境声学的基本概念

（1）声波

人类生活的环境中有各种各样的声波，其频率为 $10^{-4} \sim 10^{12}$ Hz：次声波（$10^{-4} \sim 20$Hz）、可听声波（$20 \sim 2 \times 10^4$Hz）、超声波（$2 \times 10^4 \sim 5 \times 10^8$Hz）、特超声波（$5 \times 10^8 \sim 10^{12}$Hz）。

（2）噪声

人类生活的环境里有各种声波，其中有的是用来传递信息和进行社会活动的，是人们需要的；有的会影响人的工作和休息，甚至危害人体的健康，是人们不需要的，称为噪声。因此，不仅要在建筑物内改善音质，而且要在建筑物内和在建筑物外的一定的空间范围内控制噪声，防止噪声的危害。

世界上噪声源很多，可分为自然噪声源和人为噪声源。自然噪声源有地震、火山爆发、山崩、雪崩、泥石流等地质及地貌变化，能产生很强的空气声、地声、水声、湖泊声、洪水声、雷声、瀑布声和风声等。此外自然噪声源还有鸟鸣、蝉鸣、昆虫飞行声等。人为噪声源按发生场所可分为室内噪声和室外噪声。室内噪声源有群众集会、文娱活动、上下楼梯、高声说话、游戏、婴儿啼哭、家电噪声及各种行业室内工作和设备的噪声等。室外噪声源主要有交通、建筑、工业、社会生活噪声等。其中交通噪声最为严重，交通噪声主要包括飞机、火车、轮船、汽车、拖拉机、摩托车等噪声。

噪声对人而言是不需要的声音。一种声音是否需要，其评价标准主要看这种声音是否给人带来烦躁、言语干扰、听力损伤和工效降低等现象。

2. 环境声学的主要内容

环境声学主要研究声音的产生、传播和接收，及其对人体产生的生理、心理效应，研究改善和控制声环境质量的技术和管理措施。

（1）噪声控制

声是一种波动现象，它在传播过程中遇到障碍物会产生反射和衍射现象，在不均匀的媒质中或由一种媒质进入另一种媒质时，也会发生折射和透射现象。声波在媒质中传播，由于媒质的吸收作用等，会随传播距离增加而衰减。对于声的这些认识，是改善和控制声环境的理论基础。一是降低噪声源的辐射。工业、交通运输业可选用低噪声的生产设备和生产工艺，或是改变噪声源的运动方式（如用阻尼隔振等措施降低固体发声体的振动，用减少涡流、降低流速等措施降低液体和气体声源辐射）。二是控制噪声的传播，改变声源已经发出的噪声的传播途径，如采用吸声降噪、隔声等措施。三是采取防护措施，如处在噪声环境中的工人可戴耳塞、耳罩或头盔等护耳器。近年来，噪声控制研究受到普遍重视，对声源的发声机理、发声部位和特性，以及振动体和声场的分析和计算，无论在理论方法或实验技术方面都有重大发展，因而有力地促进了噪声控制技术的发展。

噪声控制在技术上虽然已经相当成熟，但是由于现代工业、交通运输业规模很大，需要采取噪声控制的企业和场所为数甚多，因此，在处理噪声问题时，要综合权衡技术、经济、效果等问题。

（2）音质设计

剧场、电影院、音乐厅、会议厅等建筑物，是人群聚集进行文化娱乐和社会活动的场所。这些建筑物中的音质问题，既同混响时间有关，也同所谓"声场扩散"有关。音质控制一方面要加强声音传播途径中有效的声反射，使声能量在建筑物内均匀分布和扩散，以保证接收者所收听的直达声有适当的响度；另一方面要采用各种吸声材料或吸声结构，消除建筑物内的不利的声反射、声能集中等现象，并控制混响时间。此外还要降低内部和外部的噪声干扰。

（3）噪声影响

噪声对人的影响同噪声的声级、频率、连续性、发出的时间有关，而且同收听者的听觉特性、心理、生理状态等因素有关。所以，研究噪声对人的影响，既要研究一般影响，也要研究各种特殊的情况，为制定噪声标准提供依据。

（4）噪声标准

环境噪声标准（the standard for the environment noise）是为保护人群健康和生存环境，对噪声容许范围所作的规定。噪声标准的制定，应具有先进性、科学性和现实性。环境噪声基本标准是环境噪声标准的基本依据。各国大都参照国际标准化组织（ISO）推荐的基数，并根据本国和地方的具体情况而制定。制定环境噪声标准的目的是控制噪声对人的影响，为合理采用噪声控制技术和实施噪声控制立法提供依据。

（二）环境光学

环境光学是研究人与光环境相互作用的科学，是环境物理学的一个分支。环境光学是在光度学、色度学、生理光学、建筑光学等基础上发展起来的。环境光学的定量分析以光度学、色度学为基础，在研究光与视觉的关系上主要借助于生理光学及心理物理学的实验和评价方法。

1. 天然光环境及其控制

在世界不同的地区，由于气象因素（日照率、云、雾等）和大气污染程度的差异，光环境特性也不相同。因此，需要对一个国家和地区的天然光环境进行常年连续的观测、统计和分析，取得区域性的天然光数据。为了利用天然光创造美好舒适的光环境，环境光学还要研究天然光的控制方法、光学材料和光学系统。这方面的成果已为建筑采光普遍应用。近年又发展了通过定日镜、反射镜和透镜系统，或是用光导纤维将日光远距离输送的设备，使建筑物的深处以至地下、水下都能得到天然光照明。

2. 光对人类生活的影响

在人的各种感官和知觉中，眼睛和视觉至关重要，人靠眼睛获得75%以上的外界信息。光源发出的光照射在物体上，被物体表面反射，因物体形状、质地、颜色的差异造成入射光在强弱、方向和光谱组成上的不同变化。这些光信号进入眼睛，在视网膜上形成图像。图像传至大脑，经过分析、识别、联想，最后形成视知觉。由此可见，没有光，就不存在视觉，人类也无法认识和改造环境。人借助视觉器官完成一定视觉任务的能力叫作视觉功能。眼睛区分识别对象细节的能力和辨认对比的能力，是表述视觉功能的常用指标。两者都受照明量的影响而且彼此相关。研究视觉功能与照明条件之间的定量关系，为制定照明标准提供依据，是环境光学的重要任务。

研究光对人的生理和心理的影响，可以明确适宜于人的光线及其变动范围，控制和改善人类需要的光环境，消除光污染的危害和影响，获取良好的视觉功效，并保护眼睛和皮肤等器官免受光辐射的伤害。

3. 人工光环境及其利用

随着科学技术的发展，人类使用光源照明和营造艺术环境越来越多样化。光环境设计成为现代建筑设计的重要组成部分，目的是追求合理的设计标准和照明设备、节约能源，满足使用者的生理、心理、人体功效学及美学等方面的要求，使科学与艺术融为一体。室外人工光环境设计主要有居住类建筑室外人工光环境设计、街道广场类人工光环境设计、纪念性建筑室外人工光环境设计、古建筑室外人工光环境设计、公园人工光环境设计、公共绿地人工光环境设计及水面人工光环境设计等。建筑物的室外人工光环境设计方法包括从外部用光来表现，即泛光照明、灯具照明以及室内透射照明，即用室内空间光向外部显露来表现。

4. 光污染及其防治方法

光污染是指人类活动对光环境所产生的不利影响。光污染的结果是损害人的视觉功能，危及身体健康或干扰人类正常的生产或生活。例如，城市大气污染严重，空气混浊，云雾凝聚，造成天然光照度减低，能见度下降，致使航空、测量、交通等室外作业难以顺利进行。又如城市灯光不加控制，夜间天空亮度增加，影响天文观测；路灯控制不当，照进住宅，影响居民休息；等等。另外，大功率光源造成的强烈眩光，某些气体放电灯发射过量的紫外线，以及像焊接一类生产作业发出的强光，对人体和视觉都有危害。为了防治光污染，需要弄清形成光污染的原因和条件，提出相应的防护措施和方法，并制定必要的法律和规定。

（三）环境热学

环境热学是环境物理学的一个分支，它主要研究热环境及其对人体的影响，以及人类活动对热环境的影响的学科。人类的一切生活和生产实践活动都要求在一定的热环境下进行。热环境有天然热环境和人工热环境之分。环境的天然热源是太阳，环境的热特性取决于环境接收太阳辐射的情况，并与环境中大气同地表（指地壳和地面以上的一切物体）之间的热交换有关。

1. 研究热环境

研究自然环境、城市环境与建筑环境的热特性。自然环境热源是太阳，太阳以电磁波的形式向地球传送能量，其中35%被云层反射回宇宙，18%为大气所吸收，其余47%为地球所吸收。陆地和水面吸收太阳辐射后向外发射红外辐射，晴天60%～70%为大气中水汽和二氧化碳吸收，大气又向地面和天空发射红外辐射，其中大部分返回地面，使地表面温度升高，平均温度为288K，形成人类可以生存的热环境。城市环境与建筑环境的热特性除自然因素外还有人工因素的影响与作用。

2. 热环境对人体的影响

自然环境的温度变化大，满足人体舒适要求的温度范围较窄。过冷过热环境会影响人的工作效率、身体健康以至生命安全。由于人体不能完全适应天然环境剧烈的寒暑变化，人类创造了房屋、火炉等设施，以防御、缓和外界气候变化的影响，形成了人工热环境。舒适的热环境使人身心健康并提高工作效率。环境热学主要从物理学、心理学、生理学、建筑学等方面研究，创造适于人类活动的舒适热环境。

3. 人类活动对热环境的影响

除太阳辐射的热能外，人类生存还需要其他热能。热污染是人类活动危害热环境的现象。

（1）温室效应

工业生产排放出大量的二氧化碳是主要的温室效应气体。二氧化碳能吸收太阳和地表面的红外辐射，使地面平均温度升高，此现象为温室效应。1978年，大气中二氧化碳含量为335ppm，近年来大气中二氧化碳平均增长率不断地提高。

（2）热岛效应

人类需要各种燃料来产生热能。工业生产消费大量燃料，排出二氧化碳、飘尘和热量，使城市受到热污染。同时城市人口的高度集中，大量的城市建设和工业生产，使大城市出现明显的"热岛效应"。如美国纽约市所排放的热能大约为该城市所接收到太阳能的40%。

（3）水体热污染

城市排放的废水，可使纳污江河等水域的水温升高、水中的溶解氧下降，造成鱼类等水生动物死亡的事故。城市排放的废热水在排水管道中能加速管道的腐蚀和氧化，造成经济损失。如火力发电厂的冷却水就带来水体热污染，目前火力发电厂平均热效率仅为38%，废热排放率高达62%，其中约有50%的废热排放到水中。

【扩展阅读】

为了环保　英国火葬场计划烧尸取暖[①]

英国大曼彻斯特郡的塔姆塞德议会计划利用火葬场焚烧尸体产生的热力，推动锅炉及教堂照明系统，令葬礼更环保。

据《每日邮报》报道，议会认为，与其将葬礼排出的气体流失于大气中，倒不如将气体用为暖气装置加热或发电。议会承认，焚烧至亲的遗体为前来吊唁的亲人供暖，想法令人毛骨悚然，但不违背宗教原则，而收紧的排污监控措施，意味此系统会变得更普及。

死者遗体如有补牙，火化时会释出有害水银毒，为配合严格排污目标，会在火葬场加装过滤装置。尸体火化要高达1000℃的高温，但为除掉水银，温度会减至160℃，并需在烟囱装上热交换器。热烟经冷水暖气装置，吸取大部分热力后循环再用，产生暖气。

议会正计划把杜金菲尔德火葬场的热交换器，连接锅炉系统进行发电。政府要求全国半数火葬场于2012年前加装水银过滤装置，越来越多火葬场会跟随这种做法。

二、环境化学

环境化学是研究化学物质（包括人为污染物和天然排放物）在环境中所发生迁移、转化、降解等化学现象的规律及其对环境影响与生态效应的

---

① http://www.stnn.cc/society_focus/200801/t20080109_709507.html.

科学，是环境科学的重要分支学科之一。按所研究的学术内容分，环境化学可分为环境污染化学、环境分析化学、环境工程化学等。按环境要素被化学污染来分，环境化学可分为大气污染化学、水污染化学、土壤污染化学等。

（一）环境化学概述

1. 研究特点

造成环境污染的因素可分为物理的、化学的及生物学的三方面，而其中化学物质引起的污染占 80% ~ 90% 。环境化学就是从化学的角度出发，探讨由于人类活动而引起的环境质量的变化规律及其保护和治理环境的方法原理。从学科任务讲，环境化学从微观的原子、分子水平上研究宏观的环境现象与变化的化学机制及其防治途径，其核心是研究化学污染物在环境中的化学转化和效应。

2. 研究内容

环境化学主要应用化学的基本原理和方法，研究大气、水、土壤等环境介质中化学物质的特性、存在状态、化学转化过程及其变化规律、化学行为与化学效应的科学。

（1）研究污染物

主要是化学污染物在环境（包括大气圈、水圈、土壤－岩石圈和生物圈）中的迁移、转化的基本规律，形成环境污染化学这一介于环境科学与化学。

（2）环境分析

研究环境污染物的检测方法和原理，即研究环境中污染物的种类和成分及其定量分析方法，形成环境分析化学（简称环境分析）。

（3）化学性质

研究环境中天然的和人为释放的化学性质的迁移、转化规律及其与环境质量和人类健康的关系，形成环境地球化学。

3. 研究方法

主要运用现代科学技术对化学物质在环境中的发生、分布、理化性质、存在状态（或形态）及其滞留与迁移过程中的变化等进行化学表征，阐明化学物质的化学拓性与环境效应的关系；运用化学动态学（chemical dynamics）、化学动力学（chemical kinetics）和化学热力学（chemical thermodynamics）等原理研究化学物质在环境中（包括界面上）的化学反应、转化过程以及消除的途径，阐明化学物质的反应机制及源与汇的关系；用化学的原理与技术控制污染源，减少污染排放，进行污染预防；"三废"综合利用，合理使用资源，实现清洁生产，促进经济建设与环境保护持续地协调发展。

除探讨环境污染和治理技术中的化学、化工原理和化学过程等问题外，需进一步在原子及分子水平上，用物理化学等方法研究环境中化学污染物的发生起源、迁移分布、相互反应、转化机制、状态结构的变化、污染效应和最终归宿。

（二）大气污染化学

大气污染化学是环境化学的分支学科，也是大气化学的组成部分。它主要研究大气环境污染物质的化学组成、性质、存在状态等特性及如何转化、消除等化学过程，探讨大气污染的影响和效应，研究防治大气污染的化学原理等。

大气环境主要是指对流层，其化学现象包括污染物来源、分布、迁移、转化、积累与清除等过程及现象。大气从外观上各个组成部分似乎是固定的，然而实际上是个流动的体系。一方面，由于生物活动、放射性衰变、火山活动、人类的活动等不断地产生各种气体进入大气层中；另一方面，大气内部的化学反应、生物活动、物理过程、海洋与陆地的吸收不断地消减气体，由大气层迁出，如此构成了一个循环的体系。自然源或人为源的污染物进入大气层，参与了大气的循环过程，通过大气中的生物活动、化学反应、物理沉降等过程，使大气的组成和性质发生了变化，而当这个循环过程失衡，污染物在大气中相对累积，大气中的污染物及次污染物浓度升高，就形成了大气污染。大气污染影响主要是指对自然环境的影响，大气污染效应是指对生态环境的效应。大气污染化学目前的主要分支学科有降水化学、气溶胶（颗粒物）化学及大气光化学。

1. 降水化学

降水指从空中降到地面上的各种固态水和液态水。降水化学是研究降水（包括雨、雪、冰、霜、雾、雹、露等）的化学组成，降水过程中的化学特性及其化学变化规律的学科，是大气化学的重要组成部分。

降水过程对空气的净化和酸雨对地球生态系统产生影响。大气中的气体和微粒的化学组成，对水蒸气的成核过程有影响，对降水的化学也有影响。降水到达地表时，其中所含的化学物质，将参与地表的物质平衡，对地球的化学现象也会产生影响。降水过程可使空气净化。但大气污染物中的硫氧化物、氮氧化物等酸性气体及颗粒物以湿沉降的形式降到地面形成酸雨。酸雨这一广域性的跨国界的全球性污染被列为全球的重大环境问题。

2. 大气气溶胶化学

大气气溶胶化学是研究大气中气溶胶（颗粒物）的来源、形成、分布、传输、消除过程中的物理和化学行为、组成的变化、性质及其与大气现象的一门学科。

气溶胶是指固体或液体的微粒（分散相）均匀地分散在气体介质（分散媒）中所形成的分散体系，它属于胶体溶液。大气气溶胶是由大气介质和混合丁其中的固体或液体颗粒物组成的体系。由丁它是由不同相态物体组成，虽然其含量很少，但对大气中发生的许多物理化学过程都有重要的影响。例如，气溶胶对太阳辐射的吸收和散射会改变地球大气系统的行星反照率，从而影响到地气系统的能量平衡；大气气溶胶还起到云凝结核的作用；大量的气溶胶颗粒有可能使云滴的数密度增加，云滴的平均半径变小，这有可能使云对太阳辐射的反射率增加或使云的维持时间加长，甚至使降水减少。这些都会影响到地气系统的能量平衡，从而对气候变化产生影响。

许多大气污染现象都与大气颗粒物有关。颗粒物是指悬浮在大气中的微粒。气溶胶中的分散相与颗粒物是同义词。一次气溶胶由排放源直接排放到大气中的颗粒物。二次气溶胶通过与气体组分的化学反应生成的颗粒物。大气气溶胶的来源复杂，按照产生的过程分为自然源和人为源。自然源主要来自于洋面气泡的破裂、土壤的风蚀、生物的孢子花粉以及火山爆发、森林火灾等。人为源主要来自化石燃料燃烧、工农业生产活动等；人为排放气态污染物在一定条件下的气－粒转化过程也是大气气溶胶的一个重要来源。

大气气溶胶的清除途径有干沉降和湿沉降两大类。干沉降是指通过重力对颗粒物的作用，使之落到土壤、水体的表面或植物、建筑物等物体上的过程。干沉降的沉降速率主要与颗粒的粒径、密度、空气黏滞系数有关。粒径在 0.1 微米以下的小颗粒，能通过"布朗运动"的互相碰撞作用而凝集成较大的颗粒后沉降。通过大气湍流扩散到地面或水平碰撞时也能去除大气中的颗粒物。湿沉降是指随着降水的作用将颗粒物去除的过程。湿沉降有雨除和洗脱两种形式。雨除是在云中进行的。云中粒子起了凝结核的作用后，凝结水蒸气变成雨滴而落于地面。对半径小于 1 微米的气溶胶，雨除的沉降效率较高。人工降雨过程中使用的碘化银就为降水提供了凝结核。洗脱是在云下降水过程中使颗粒吸附于雨滴中而去除。洗脱对半径 4~5 微米以上的粒子沉降效率高。在一般情况下，大气中颗粒物的消除，湿沉降占 80%~90%，干沉降占 10%~20%。无论是雨除还是洗脱，对半径为 2~3 微米粒子均无明显的去除作用，该粒径范围的颗粒物又不易发生干沉降，气流可把它们输送到很远的距离，并且能飘浮很长一段时间。这类颗粒物又是可吸入颗粒物，所以它们更具有危险性。

（三）土壤污染化学

土壤污染化学是研究各种污染物质进入土壤后的积累、形态转化、迁移、积累和降解过程中的污染化学行为、反应机制、归宿和生态环境效应，以及消除污染化学措施的一门学科。

土壤是地球表面的疏松层，是人类和生物繁衍生息的场所，是不可替代的资源和重要的生态因素之一，在消除自然界污染物的危害方面起着很重要的作用。它既能为作物源源不断地提供其生长必要的水分和养料，再经作物叶片的光合作用形成各种有机物质，为人类及其他动物提供充足的食物和饲料，又能承受、容纳和转化人类从事各种活动所产生的废物。土壤是由矿物质、有机质、微生物、水分和空气五个部分组成的，其中固体（前三个组分）占土壤的 90% ~ 95%。由大气或水体进入土壤中的污染物有相当一部分在土中经生物等降解吸附而解毒，仅有一小部分又从土壤中重新进入大气和水体中。

土壤污染是指人类活动产生的污染物进入土壤并积累到一定程度，引起土壤环境质量恶化，对生物、水体、空气或人体健康产生危害的现象。土壤环境质量标准是国家为防止土壤污染、保护生态系统、维护人体健康所制定的土壤中污染物在一定的时间和空间范围内的容许含量值。

1. 土壤化学污染

污染源是指那些可产生物理性（光、热、辐射、声等）、化学性（有机物、无机物）、生物性（细菌、病毒等）有害因素的设备、装置、场所和单位等。土壤污染源主要有施用农药、施用化肥、污水灌溉、城市固体废弃物的任意堆放、工矿企业废渣的排放、大气污染物迁移进入土壤、某些天然矿物经自然风化而进入土壤等。

土壤化学污染可分为无机污染和有机污染。土壤无机污染主要是酸、碱、盐和重金属（汞、铅、镉、铬、砷等）污染。它们主要存在于废水、污泥、大气沉降等。镉、汞等在作物籽实中富集系数最高，有些粮食中的重金属含量就不符合食品卫生标准。砷能抑制土壤中硝化和铵化细菌的活动，影响氮素供应和作物的生长。过量的重金属还可引起植物生理功能紊乱、营养失调等。土壤中主要有机污染物是农药，其种类繁多。全世界从 20 世纪 40 年代至今，向自然界投放的农药已累积多达几千万吨，其中绝大部分进入了土壤。

2. 土壤生物污染

有害生物种群侵入土壤而大量繁衍，对生物系统造成的不良影响就是土壤的生物污染。

未经处理的粪便、垃圾、污水，饲养场和屠宰场的污物等，一般都含有大量的病原微生物、寄生虫卵，尤其是未经处理的医院污水，经常含有大量传染性细菌、病毒，排入土壤后都能引起生物污染，使作物和人类都深受其害。

3. 土壤自净能力

土壤中有土壤气体里的氧做氧化剂，有水做溶剂，有各种各样的微生物存在，所以在土壤中能发生一系列的化学和生化反应，从而使土壤具有较强的自身更新和净化能力。土壤自净能力与土壤物质的组成、土温等特性及污染物性质有关。

（四）水污染化学

水污染化学是研究污染物在水体中的存在形式、反应机理、迁移转换及归宿的规律的一门学科，是环境化学的分支学科之一。水污染化学的研究能直接为水质评价、环境容量及综合防治提供科学依据。最终目的是保护水质，去除污染。

水体中含有许多天然物质，构成了污染存在的环境背景。不同水域所含的天然物质也不相同。水体中有许多天然物质，构成污染物存在的环境背景，它们与人为化学污染物发生物理的、化学的和生物效应等变化产生直接或间接的影响。水污染化学主要包括污染物在河口、湖泊、河流、地下水等天然水体中的水质污染的化学问题。当今国内外对水污染的主要污染物重金属、耗氧有机物、难降解有毒化学物质及氮、磷营养物质，以及饮用水中的致癌、致畸、致突变的化学行为和痕量卤代烃等尤为重视。

1. 重金属的水污染化学

重金属在自然界中不能降解，而且能通过食物链被富集。重金属是指那些比重大于 5 的金属，通常指毒性比较大的铜、铅、锌、镉、汞、铬、类金属砷等。重金属进入水体，大部分沉入底层，一部分随水流向下游，一部分通过水生生物，经食物链进入人体，危害人体健康。它们在水中以离子、原子或其他化合态、络合态形式存在。对于不同形态的重金属，其生物毒性也不同。如汞可以有元素汞（Hg）、有机汞、无机汞化合物等形态。

2. 有机物的水污染化学

有机污染物进入水体，危害较大的主要为农药、酚、石油、卤代烃、多环芳烃、多氯苯等。它们不同于重金属，可以发生一系列反应。因为水中有机物种类繁多，一般用生物需氧量（BOD）和化学需氧量（COD）来表示水中有机物的综合污染水平。

美国环保局（EPA）于 1977 年曾公布了 129 种首要监测的水中污染物，其中有机物占 114 种。这些都是毒性较大并难于降解的有机物。有机物在水体中主要发生氧化还原反应、水解反应、吸附反应（被吸附到悬浮物或沉积物中）、光化学反应、微生物降解反应（矿化反应）五种反应。

除重金属和有机物污染外，水体还存在着酸污染、碱污染、热污染、放射性污染及生物污染等。

三、环境医学

环境医学是研究环境与人群健康的关系，特别是研究环境污染对人群健康的有害影响及其预防的一门科学，是环境科学也是预防医学的一个重要组成部分。环境医学可分为环境流行病学、环境毒理学、环境医学监测、环境卫生基准、公害病及其预防等分支学科。

人类活动不断地影响自然环境，引起环境质量的变化，这种变化又反过来影响着人类正常的生活和健康。影响人体健康的环境因素大致可分为三类：化学性因素，如有毒气体、重金属、农药等；物理性因素，如噪声和振动、放射性物质和射频辐射等；生物性因素，如细菌、病毒、寄生虫等。其中以化学性因素影响最大。当这些有害因素进入大气、水体和土壤造成污染时，就能对人体产生危害。

（一）环境流行病学

环境流行病学（environmental epidemiology）是应用流行病学的基本理论的方法，研究环境因素对人群健康的影响及其规律，探索环境病因及预防对策的科学。环境流行病学的主要任务是结合环境与人群健康关系的特点，从宏观上研究外环境因素与人群健康关系，对群体进行回顾性或前瞻性调查，分析疾病发病率、死亡率同环境污染物的关系，研究环境因素和人体健康之间的相关关系和因果关系，即阐明"暴露－效应"关系（又称"接触－效应"关系），阐明环境污染物对人群健康的影响，为找出某些疾病的环境病因提供线索或建立假说，为制定环境卫生标准和采取预防措施提供依据。

1. 环境流行病学研究内容

一是研究有害因素在环境中的分布及变化规律，探索已知的环境暴露因素对人群的健康效应。

二是暴露人群健康状况的构成及分布，探索引起健康异常的环境有害因素。暴露是指人对环境因子的接触，如儿童暴露于富铅环境中可影响智力发育，暴露于缺硒环境中可引起克山病，等等。人群暴露水平和暴露条件是环境流行病学研究的重要内容。

三是研究环境有害因素与人群健康状况的联系，探索"暴露－效应"关系，主要是人群暴露剂量的大小与群体中特定效应的出现频率间的关系。

2. 环境流行病学基本方法

环境流行病学主要采用描述性研究（包括生态研究和现况研究）、分析性研究（包括病例对照研究和定群研究）和实验性流行病学研究。根据在环境流行病学研究的内容选用不同的流行病学方法。如已知环境暴露因素对人群健康的危害及程度，可采用现况研究和定群研究及实验研究。出现健康异常或临床表现后探索环境致病因素，可以先进行现况研究和病例对照研究，获得暴露与健康的效应之间的关系，找出导致异常和临床表现的主要危险因素后，再选用定群研究或实验研究加以证实。

环境传染病途径主要有空气传播、水线传播、土壤传播、食物传播、接触传播、节肢动物传播、医源性传播等。对健康危害的环境污染的特征主要表现在：影响范围大，作用时间长，污染物浓度低，污染容易治理难，多种因素共同作用的结果，对健康的危害后果多种多样，急性和慢性中毒，引起致癌、致畸、致突变作用，感官、精神愉悦的影响。人体和环境在长期的历史发展进程中形成了一种相互作用的统一关系，人体与环境之间保持一种动态平衡的关系。环境如果遭受污染，致使环境中某些化学元素或物质增多，如果污染物质通过新陈代谢侵入人体，在人体内累计达到一定剂量时，就会破坏体内原有的平衡状态，以致引起疾病，甚至贻害子孙后代。保护环境，防止有毒、有害物质进入人体，是预防疾病、保障人体健康的关键。如因地壳表面的局部地区出现化学元素分布不均，使人体从环境摄入的元素量过多或过少，超出人体所能适应的变动范围，从而引发某些"地球化学性疾病"，也称"地方病"。

（二）环境毒理学

环境毒理学是环境科学和毒理学的一个分支。它是从医学及生物学的角度，利用毒理学方法研究环境中有害因素对人体健康影响的学科。

1. 研究任务

环境毒理学通过研究毒物与机体的作用机理，揭示"剂量－效应"关系及其规律，主要研究环境污染物及其在环境中的降解和转化产物在动植物体内的吸收、分布、排泄等生物转运过程和代谢转化等生物转化过程，阐明环境污染物对人体毒作用的发生、发展和消除的各种条件和机理以及早期损害的检测指标，为制定环境卫生标准、做好环境保护工作提供科学依据。一是研究环境污染物及其在环境中的降解和转化产物对机体造成的损害和作用机理，即研究环境污染物的急性、亚急性和慢性毒性，包括致畸、致突变和致癌作用的实验和鉴定；二是探索环境污染物对人体健康损害的早期观察指标，即用最灵敏的探测手段，找出环境污染物作用于机体后最初出现的生物学变化，以便及早发现并设法排除；三是定量评定有毒环境污染物对机体的影响，确定其剂量与效应或"剂量－效应"关系，即研究毒作用的特点和"剂量－效应"关系（特别是确定毒作用的阈浓度）和毒作用的机理；四是研究多种毒物的联合毒作用，为制定卫生标准、环境质量标准以及预防环境污染物对人体健康的损害提供毒理学依据。

2. 研究方法

环境毒理学主要通过动物实验来研究环境污染物的毒作用。观察实验动物通过各种方式和途径，接触不同剂量的环境污染物后出现的各种生物学变化。实验动物一般为哺乳动物，也可利用其他的脊椎动物、昆虫以及微生物和动物细胞株等。

环境污染物对机体的作用特点主要表现在：接触剂量较小；长时间内反复接触甚至终身接触；多种环境污染物同时作用于机体；接触的人群既有青少年和成年人，又有老幼病弱，易感性差异极大。

环境污染物对机体毒作用的评定，主要通过以下几种动物实验方法进行。

急性毒性试验：其目的是探明环境污染物与机体做短时间接触后所引起的损害作用，找出污染物的作用途径、剂量与效应的关系，并为进行各种动物实验提供设计依据。一般用半数致死量、半数致死浓度或半数有效量来表示急性毒作用的程度。

亚急性毒性试验：研究环境污染物反复多次作用于机体引起的损害。通过这种试验，可以初步估计环境污染物的最大无作用剂量和中毒阈剂量，了解有无蓄积作用，确定作用的靶器官（化学物质被吸收后可随血流分布到全身各个组织器官，但其直接发挥毒作用的部位往往只限于一个或几个组织器官，这样的组织器官称为靶器官，也叫目标器官），并为设计慢性毒性试验提供依据。

慢性毒性试验：探查低剂量环境污染物长期作用于机体所引起的损害，确定一种环境污染物对机体的最大无作用剂量和中毒阈剂量，为制定环境卫生标准提供依据。

环境毒理学通过动物实验、生物化学研究和流行病调查等研究方法，从质和量上揭示毒物对人体的危害。为了探明环境污染物对机体是否有蓄积毒作用，致畸、致突变、致癌等作用，随着毒理学的不断进展，人们又建立了蓄积试验、致突变试验、致畸试验和致癌试验等特殊的试验方法。一种环境污染物经过系统的动物毒性试验后，还必须结合环境流行病学对人群的调查研究结果进行综合分析才能作出比较全面和正确的估价。

随着人类对环境污染物认识的不断深入，环境毒理学将在多个方向发展：探讨多种环境污染物同时对机体产生的相加、协同或颉颃等联合作用；深入研究环境污染物在环境中的降解和转化产物以及各种环境污染物在环境因素影响下，相互反应形成的各种转化产物所引起的生物学变化；进一步研究致畸作用的机理，完善致突变作用的试验方法，找出致癌作用与致突变作用的确切关系；深入研究环境污染物对动物神经功能、行为表现以及免疫机能的早期敏感指标；深入研究环境污染物的化学结构同它们的毒性作用的性质和强度的密切关系，以便根据化学结构，作出毒性的估计，减少动物毒性试验，并为合成某些低毒化合物提供依据。

（三）环境卫生学

环境卫生学（environmental hygiene）是研究自然环境（natural environment）和生活环境（living environment）与人群健康的关系，揭示环境因素对人群健康影响的发生、发展规律，为充分利用环境有益因素和控制有害环境因素提出卫生要求和预防对策，增进人体健康，提高整体人群健康水平的科学。环境卫生学是预防医学的一个重要分支学科，也已成为环境科学不可缺少的重要组成部分。

1. 主要研究内容

环境卫生学以人类及其周围的环境为研究对象，阐明人类赖以生存的环境对人体健康的影响及人体对环境的作用所产生的反应，即环境与机体间的相互作用。环境卫生学的主要研究内容概括为以下几个方面。

（1）基础理论研究

通过环境与健康关系的基础研究，解决环境卫生学中的重大理论问题。基础理论所取得的进展和突破，都会为揭示环境因素与机体相互作用的奥秘提供重要的理论基础。采用先进的细胞生物学和分子生物学技术，研究环境污染物在细胞水平（如细胞行为和功能、细胞信息传递和调控等）、蛋白质水平（如应激蛋白的形成、蛋白质的功能、代谢酶的多态性等）及基因水平（如基因的应答、损伤、修复与调控、基因的多态性等）上的相互作用，有助于揭示某些环境相关疾病的发病原因和多种环境因素的致病机制及人群易感性或耐受性的差异，极大地丰富环境卫生学的基础理论知识，对环境卫生学的发展起到不可估量的推动作用。

（2）确认关系研究

各种环境介质中存在着诸多环境因素，其对人体健康影响的模式十分复杂。有些环境因素由于对机体作用的强度和频率不同而呈现出其生物学效应的双重性，在浓度适宜时对健康有益，浓度过高则对健康有害。各种污染物的生物学效应多种多样，同一污染物对不同个体可产生不同的效应，而不同污染物对同一个体有时也可产生相同或类似的效应。由于环境中的污染物种类繁多，对人体健康的影响极其复杂，且涉及面广，其与人体健康之间的关系远未阐明，在研究污染物对人体健康的影响时，既要考虑单一环境因素的作用，也要考虑多因素的联合作用；既要重视污染物的急性作用，又要重视其慢性影响；既要揭示污染物的早期效应，又要揭示其远期效应。同时，在确证环境因素与健康的关系时，还应及时发现反映机体接触污染物的暴露生物标志（biomarker of exposure），反映污染物对机体影响的效应标志（biomarker of effect）和反映机体对污染物反应差异的易感性生物标志（biomarker of susceptibility）。这些生物标志对于早期发现和预防污染物的健康危害，保护敏感人群具有重要价值，并可通过对一系列生物标志有效组合构筑污染物健康影响的预警体系，可显著提高预防和控制环境污染危害的水平和效益。因此，努力探索和及时确认极其复杂的环境因素对机体健康的影响、作用模式、相互关系和影响因素等，对于阐明环境因素与健康的关系具有十分重要的意义。

（3）创新技术方法

随着生命科学和环境科学的发展及适应环境与健康关系研究的深入，环境卫生学领域内仍有不少方面有待创建和引进新的研究方法。例如，研究环境因素对机体的基因，蛋白质及细胞结构和功能的作用，建立环境污染对人体健康危害的预警体系，对机体内外环境中的环境污染物和致病菌的快速、灵敏、准确的检测等，都需要应用新的研究技术和方法，或借助学科间的交叉、渗透。在环境卫生学领域内应用传统的流行病学方法为阐明环境因素与健康的相互关系提供了重要的宏观指导，但是由于其敏感性较低，很难在诸多复杂的因素中识别出微量有害因素的潜在健康效应。因此，借助以现代细胞生物学和分子生物学技术为基础建立起来的分子流行病学研究方法，可大大提高人们对环境因素与健康关系认识的水平，更有效地预防和控制环境污染对人类的健康危害。

2. 环境医学监测

环境医学监测是通过对人体生物材料（血、尿、粪、头发和唾液等）中环境污染物及其代谢产物浓度的测定，利用生理学、生物化学、免疫学等手段，研究人群体内污染物负荷及其对健康的影响，对环境质量进行环境医学评价。环境医学监测是环境质量评价的一个重要方面，它从人体健康的角度来评价环境的影响。

环境医学监测可分为人群健康监测和环境质量监测。人群健康监测一般有日常疾病报告登记、污染时健康影响调查、不明原因疾病及病因研究三方面的主要内容。常用的医学监测方法有临床医学检查、流行病学调查和毒理学实验。临床医学检查是在人群中进行定期体格检查，除了检查污染物对人体器官和系统的影响外，并为鉴别污染物的种类提供线索。在人群中进行流行病学调查，是监测污染物对发病率影响的范围和程度。在污染与疾病相关性的调查中，通过回归分析、定群调查或病例对照研究等调查，进行病因多因素分析，可以确定一些疾病发病率增高与污染的关系。毒理学实验是用于确定"剂量－效应"关系和分析因果关系的方法。临床医学检查往往难以反映出低浓度污染的损害和亚临床变化，流行病学调查难以确定出新污染物的"剂量－效应"关系和因果关系，毒理学实验数据又是要以人体和人群流行病学调查资料为依据进行修正。环境医学监测通常用上述三个方面的资料进行综合评定。

3. 环境卫生基准

环境卫生基准的概念属于环境卫生学范畴，指环境中污染物对人群不产生不良或有害影响的最大剂量或浓度。环境卫生基准是由污染物同人之间的"剂量－效应"关系确定的。环境卫生基准是制定环境卫生标准的主要技术依据，环境卫生基准的确定是要经过一系列的毒理试验和测定等确定的。按环境要素可分为大气质量基准、水质量基准和土壤质量基准等；按保护对象可分为环境卫生基准、水生生物基准、植物基准等。

（1）毒物

毒物是能对机体产生有害作用的化学物质。毒物的概念是相对的、有条件的。因此，毒物通常是指较小剂量就能引起机体功能性或器质性损害的化学物质。

（2）毒性

毒性是指化学物质对机体产生损害的能力，是化学物质与机体相互作用的结果。以化学物质产生某种毒作用所需的剂量来衡量毒性的高低，所需剂量越小，毒性就越高。利用急性毒性指标，对外来化学物质毒性分为不同等级，以表示其毒性的高低，世界卫生组织将毒性分为极毒、剧毒、高毒、中毒、低毒五级。

公害病及其预防是综合应用临床医学、毒理学和流行病学的方法，研究公害病的病因、致病条件和对健康损害的早期表现以及公害病的临床特征和转归，为防治公害病提供医学依据。

第三节　殡葬环境科学的基础

环境是人类赖以生存的基础，环境也是殡葬的基础，殡葬作为人类社会活动的重要组成部分，同样也离不开环境。殡葬环境管理需要殡葬环境科学的支撑。

一、殡葬与环境

（一）殡葬的基本概念

1. 殡葬的定义

殡葬又称丧葬，是指人们对死者遗体的处理方法和对死者的哀悼形式。殡葬是殡仪活动和丧葬方法的简称。殡是指生者对死者的哀悼形式，多为礼仪活动。葬是指人们对死者遗体的处理，不同地区、不同民族盛行不同的葬法。殡葬是人类自然的淘汰，是对死者遗体进行处理的文明形式，是社会发展的产物，也是文化传统的组成部分。殡葬作为一种社会活动，它起源于人类文明，又将永远与人类结伴而行。

殡葬原是土葬的文言用词。"殡"一作停柩解，如《礼记》"殷人殡于两楹之间""周人殡于两阶之上"；二作葬解，如《荀子》"三月之殡。""葬"原意指土葬，后来引申为处理尸体的方式，如土葬、火葬、水葬，等等。"国子高曰：葬也者，藏也。藏也者，欲人之弗得见也。是故，衣足以饰身，棺周于衣，椁周于棺，土周于椁。"（《礼记》）"死在棺，将迁葬柩，宾遇之。"（《说文》）即置死者于棺中，待以宾客之礼。《说文解字》把"葬"字解释为"藏也"，并分析其字从"死"，即把尸体放在草垫或用树枝捆扎而成的木床上，然后用乱草覆盖掩藏。上古时期生产力发展水平极低，死后之葬极为简朴。《易·系辞下》称"古之葬者，厚衣之以薪，藏之中野，不封不树"，也就是以柴草裹尸体，置于荒野，不积土做坟，不做标记，丧期也没有规定。新石器时代，人们已经能够深掘土坑，把尸体埋到地下。原始社会末期，土坑葬已经相当普遍。

葬是人生落幕时必经的一道手续。在生产力发展水平低下的上古时代，生前和死后的物质享受都很贫乏。据《韩非子·五蠹》记载，尧做君王时，住在简陋茅屋，吃粗粮野菜，穿兽皮粗布。据《墨子·节葬》说，古代君王制定的殡葬法规是：棺材只要三寸厚，就足以储藏腐朽的尸体；衣服只要三套，就足以遮盖尸体难看的模样；至于下葬，只要下面不挖到泉水，上面不透出臭气，坟墓有三尺大小就够了。

随着生产力的发展，物质财富增多了，殡葬的条件也有所改善。一些特权人物、富贵人家，"棺椁必重，葬埋必厚，衣衾必多，文绣必繁，丘陇必巨，使金玉满乎身，车马藏于圹"，以显示权威。春秋齐桓公的墓中"水银池，金蚕数十箔，珠襦玉匣，缯彩不可胜数"。秦始皇征调七十余万劳工，用了40年的时间，在骊山修建规模惊人的陵墓。如"葬始皇于骊山，下锢三泉，奇器珍怪，徙（从库府搬迁到墓穴）藏满之。令匠作机弩，有穿近者辄射之。……后宫无子者，皆令从死。葬既已下，或言工匠为机藏，藏重即泄。大事尽，闭之墓中"（《资治通鉴》）。

由于人死后并非立即一埋了之，而是要进行一系列的社会性活动和相应的礼仪，诸如表彰死者的德行、功绩，让亲友故旧前来吊唁、祭奠等仪式，以此表达人们对死者的感情。所以，殡葬就引申为丧事活动及其礼仪规范。此外，对死者的祭祀也属操作形态范畴，如清明上坟祭祖、祭扫烈士公墓等。现在的殡葬指的是处理死者遗体的方法和对死者进行的哀悼，包括发讣告、向遗体告别、送花圈挽联、送葬安放或安葬骨灰盒以及安葬后的祭奠等一系列的丧葬事项。

2. 遗体的处置

根据殡葬环境的不同，殡葬主要分为土葬和火葬两种。

（1）土葬

土葬就是把尸体或尸骨埋入地下的一种方法。土葬在中国始自旧石器时代，距今已有3万多年。当时人们主要是怀着对已故亲人的朴素情感，以为亲人入土能回避人间烦恼与不幸，以便安息，即入土为安。死葬祖坟是我国人民的传统。即使客死他乡，也要将遗体运归故里，称为归葬。墓葬的形式、形制结构、规格等级、布局和装饰、随葬品的内容等，无不折射出人们在殡葬上的价值观念，也反映了不同时代社会的宗教信仰、伦理道德、政治和经济制度。

按照空间划分，土葬可分为两类：一是地下葬，是将人的遗体葬于地表以下的各种葬法的统称。该类葬法是最古老、最普遍的殡葬方式，其形式多种多样，包括直埋式、埋棺式、埋骨式和墓室式等。二是地面葬，相对于地下葬而言，地面葬是将人的遗体或骨灰葬于地表之上的一类葬法的统称，如楼葬、塔葬、墙葬等。

（2）火葬

火葬就是使用燃料焚烧尸体使之氧化成灰的葬法。火葬是较科学、文明、卫生的葬法。现阶段我国大力提倡火葬。对火葬后的骨灰有撒灰、存灰和葬灰三种处置办法。

由于社会的发展、环境的变迁和文化的交流，水葬、天葬、树葬等遗体处理方法已不多见。

【扩展阅读】

瑞典发明环保殡葬方法①

一种既有利于环境保护，又不失人文关怀的新型殡葬方法，最近由瑞典女科学家苏珊娜·维洛梅萨克发明成功。由于这种方法能使死者遗体得到彻底的生态利用，并使其转化为植物的一部分，因而受到当事人及其亲属的欢迎，并且在10多个国家申请了专利。

由于传统习俗的束缚，人的身体无法得到再利用。通常的处理方法是将尸体火化，同时会释放大量的有害物质。土葬法使传染病可能通过地下水传播，尸体腐烂会产生有毒气体，维洛梅萨克认为："人是大自然的一部分。人生于土地，也应死于土地。人的遗体不应该给大自然造成任何危害，而应造福后代。死也应当是美丽的。"

经过调查研究，维洛梅萨克提出了殡葬改革新方法：先把死者遗体浸入零下196℃的液氮中，待其冻脆后轻微摇晃，使之变成粉末，然后将粉末放入真空容器进行干燥处理。最后，把干粉装进由泥炭或玉米淀粉制成的骨灰盒中埋进土里。这样，6个月之后，它们就会变成肥沃的土壤。在把骨灰盒埋入地下的同时，亲属们可以在墓地上选种一二种多年生植物。一年后，死者躯体的分子将进入植物的躯干和枝叶中，变成植物的一部分。枝叶随风起舞、沙沙作响，好像在问候亲人。当地政府对这项改革十分支持。随着新殡葬方法的推行，瑞典延雷平市将修建第一座这样的新型公墓。以后还会相继出现一座座枝叶繁茂、花木飘香的新公园。如今，每个瑞典人都可以在自己的遗嘱上写明，他希望变成哪一种植物。

3. 骨灰的安置

自1956年毛泽东主席等老一辈无产阶级革命家在中央工作会议上联名签字倡导火葬以来，我国殡葬管理与服务主要围绕"遗体处理"和"骨灰安置"两项基本内容而展开。我国现阶段殡葬改革的核心内容就是实行火葬，改革土葬，大力推行少占或不占土地的骨灰处理方式，引导人们由保留骨灰向不保留骨灰转变。

现阶段的骨灰处理方式，按节约土地程度可分三个层次：一是骨灰安

---

① http://www.tsingming.com/bzkx/show/166805714727，2013-3-13.

放，是目前骨灰处理的主要方式。依建筑形式可分为以下几种：室内骨灰架寄存的骨灰堂（塔、楼）；将骨灰盒嵌在亭、廊、墙等建筑形式的墙壁内并用石板或其他建筑材料封闭的壁葬；将骨灰存入地下室封闭，地上为亭、雕塑等园林建筑景观的骨灰深葬。二是骨灰安葬。属于有规划的相对集中安葬，地下构筑墓穴，地上树碑，园区向绿化、美化、生态化发展。三是骨灰撒散。是不保留骨灰的一种先进的骨灰处理方式，如植树葬、草坪葬、海葬等。

实行火葬而直接产生骨灰处置问题并形成骨灰数量的大量累积，出现了"骨灰占地"的新问题，增加了骨灰安置设施（骨灰寄存、骨灰公墓等）的压力，而火化后骨灰土葬仍占用耕地，还增加了殡葬费用等负担，这有悖于实行火葬政策的初衷，尤其是受传统殡葬习俗的影响，集中祭奠引发的交通、安全、环境等社会问题也日趋明显，所有这些都严重影响了火葬政策所预期的实施效果。

（二）殡葬活动与环境

无论采取何种殡葬形式，都要在相应的环境中进行。如土葬离不开土地；水葬要有水体；火葬需要固定的场所和必备的设施。所以，殡葬和环境是密不可分的。中国是环境和资源大国，也是人口和殡葬大国，殡葬环境问题复杂而严重。葬前、葬中和葬后都存在许多环境污染和环境破坏问题，充分了解殡葬与环境的关系，有利于对殡葬与环境进行系统地探索并采取相应的对策。

1. 殡葬与自然环境

殡葬与自然环境有着密切的关系，不同的殡葬方式对自然环境产生不同的影响。正确选择殡葬方式对保护人类赖以生存的自然环境和人类社会的进步与发展有着积极的意义。

（1）殡葬对自然环境的污染

遗体是一种特殊的有毒有害固体废物。每具遗体既是一座小型的化学毒品库，又是一个病菌病毒库。无论怎样处理，都不同程度地污染着各主要环境要素。

一是对土壤环境的污染。土葬是任尸体自然腐败的过程。有害化学物质会直接污染土壤。火葬是将尸体高温焚化的过程，形成的骨灰也间接地污染着土壤。其他殡葬方法也不例外，尸体的固体残留物都会进入土地。殡葬对土壤环境的污染是非常普遍的，而且作用时间也很长。

二是对大气环境的污染。尸体的腐烂或火化过程都将产生多种有害气体。如硫化氢、氨气、二氧化硫、一氧化碳、氮化物、烟尘和众多的有机气态污染物质。这些气体排入大气，会造成大气污染，危害着人类的身心健康。

三是对水体环境的污染。水葬是将尸体置于水中，任其腐败的过程。会严重污染江、河、湖、海这些地表水源。而土葬能污染地下水。甚至火化产生的骨灰也能通过雨水的淋溶作用产生重金属类化合物，污染地表和地下水体。如任其自然，最终将污染人类宝贵的饮用水源。

四是对声学环境的污染。火化设备存在着不同程度的噪声污染。殡仪车辆存在着交通噪声污染，甚至一些陈规陋习（如燃放爆竹、哭丧等）也能使正常的声学环境遭到破坏。

五是对生物环境的污染。遗体在存放、运输时，尤其是土葬等自然腐败的情况下，会逸放出致病菌和病毒，产生生物污染，传播疾病甚至导致瘟疫。历史上大的瘟疫迅速蔓延很多都是尸体对生物环境污染的结果。现代特大自然灾害后也出现过不同程度的尸体生物污染事件。所以，在地震、洪水过后，灾区都要将遗体妥善处理，消灭带菌的蚊蝇、老鼠，等等。另外，焚烧纸钱和随葬品等活动也能产生大气污染，并伴有火灾隐患。

（2）殡葬对自然环境的破坏

自然环境中的自然资源有史以来就遭到了人类殡葬活动的破坏。有些自然环境被破坏后是不可能或很难再生的。我国年死亡人口900万，约火化450万具遗体，绝大部分都采取土葬和火化后葬灰或存灰的具体殡葬方式，每年不得不破坏大量的土地资源。土葬和火化后的复葬需要棺木，有些地区火化时也用棺木，全国每年浪费掉至少二三百万立方米的木材。殡葬不但破坏森林环境，还破坏草地等植被环境及石油矿产等资源。这一切不能不唤醒人们的环保意识，去努力寻求更科学、更健康的殡葬方式，保护自然环境，维护生态平衡。

【扩展阅读】

瑞典环保新规定：遗体火化前应先拔汞合金牙①

瑞典19日公布的一份政府报告提议：在对死者遗体进行火化处理前，应先行把他们口腔中的汞合金牙齿拔掉，以减少这种毒性物质对环境造成危害。

汞是一种毒性相当高的金属，它常常会给人带来神经方面的问题，而其对儿童和胎儿的伤害尤其巨大。但是由于银、锡、铜和汞混合而成的合金具

---

① http://news.163.com/2004w05/12560/2004w05＿1085212735185.html，2004－5－22.

有坚固、不易耗损、容易使用等优点，所以它常被用作补牙物料，这已有150年的历史。

据统计，有3/4的瑞典人都装有汞合金牙齿，也就是说这一人群的嘴里含有2.8吨汞。在瑞典，70%的人死后都会实行火葬，大概会有1.9吨汞在焚烧时会散发到空气中或是进入火葬场的气休净化系统。（陈妮）

2. 殡葬与人工环境

随着社会的进步和发展，殡葬的专业化水平也在不断地提高。不管是对自然环境的科学改造，还是对自然环境的野蛮破坏，最终必将形成专用的殡葬环境。

从几千年封建帝王的陵寝，到现代普通百姓的公墓；从医院的太平间到殡仪服务中心、火葬场和殡仪馆；从生产殡葬专用设备的工厂到骨灰盒等殡葬用品的个体作坊都是殡葬所创造的人工环境。

殡葬人工环境共分下列几种：一是殡葬生产环境。生产殡葬设备和殡葬用品以及殡葬服务过程中遗体存放、防腐、整容、火化等环节的环境。二是殡葬商业环境。销售殡葬设备、用品及洽谈殡葬服务事宜的人工环境。三是殡葬交通环境。殡葬交通环境包括殡仪场所的停车场、殡仪车辆和通往殡仪场所的专用道路等专项设施。四是殡葬旅游环境。历代殡葬文化所创造的旅游景观。如北京的明十三陵、南京的明孝陵和中山陵、西安的秦皇陵、曲阜的孔林、西藏的班禅寺和佛祖塔等都是风格不同的殡葬旅游环境。

【扩展阅读】

殡葬过程与病原微生物[①]

对人体死亡所在的场所一直到遗体火化、埋葬的整个过程所处的环境在宏观调查的基础上进行病原微生物学调查，分别用空气沉降法和涂抹法对停尸房、火化厅等内部的空气及其物体表面进行监测。结果发现：殡葬场所空气中细菌总数及物体表面病原微生物阳性率均大大超过现有任何一种公共场所的卫生标准。

监测点空气中细菌情况是：火化厅、停尸房细菌总数均大大超过了任何一种公共场所的污染标准，均是候诊室和殡葬商店污染标准（＜7000）的2倍之多。而遗体告别厅夏季空气污染明显，其余季节各自的污染对比差别不大。

---

① http://www.wlzlw.cn/jiankang/HTML/27995.html, 2010 – 1 – 8.

调查结果显示微生物污染情况除尸体担架与医用担架对比无显著性差异外，停尸台面、尸体车与各自的对照组比较，微生物污染均非常严重。其中个体客尸两用车其车内地板与公交车内地板比较尤为显著，停尸房地面与尸体冷藏室地面的细菌总数均多得难以计数。

微生物学调查结果证实了宏观调查的初步印象，停尸房、火化间等殡葬环境中，微生物密度较大，其污染来源是尸体及其被污染的用品，而空气中细菌总数普遍较高。门把手、尸体台面、尸体担架、运尸车等的微生物污染，均与医院的直接或间接接触有关；而被尸体及其排泄物、分泌物甚至血水污染的地面和用具通过空气播散微生物。停尸房等内地面细菌总数多不可计，而它们的卫生状况直接影响着空气及公共用具的清洁，其结果给参加殡葬的人们带来接触这些病原微生物的机会。调查还发现个体的客尸两用车污染非常严重，车内环境极差，这与个体户缺乏卫生意识，同时也受经济利益驱动相关。

殡葬是人生的最后一站，也是生者寄托哀思的场所。其场所的文明、卫生直接关系到人群的身心健康。有关部门应重视殡葬的基础设施建设，建立健全卫生制度，制定相应卫生标准，对这些特殊场所进行专门化管理，进行经常性的卫生监督监测。

3. 殡葬与社会环境

殡葬不仅要在一定的自然条件下进行，也一定要在当时的社会环境下进行。殡葬受社会环境的制约，社会环境也受殡葬的影响。不同的社会文化环境作用于殡葬领域就产生了不同的殡葬文化。不同的社会经济作用于殡葬就产生了不同的殡葬经济。不同的社会心理作用于殡葬就产生了不同的殡葬心理。什么样的社会风俗与殡葬结合就产生什么样的殡葬习俗。

殡葬与社会环境中的各要素相互作用和渗透就形成了殡葬社会环境。自古以来，始终存在着唯心主义和唯物主义殡葬观的斗争。

加强殡葬宣传教育，提高科学殡葬意识，树立唯物主义的殡葬观，大兴文明的殡葬新风，破除殡葬陋习，加强殡葬科学研究，大力发展殡葬经济，都是摆在人们面前的殡葬社会问题。

二、殡葬与资源

人类的生存和发展离不开资源。生老病死，是人生的必经阶段。在人类的殡葬活动中，不可避免地要与自然环境和资源发生各种各样的联系。

（一）资源的内涵与分类

资源是一切可被人类开发和利用的客观存在，是一切可被人类开发和利用的物质、能量和信息的总称，它广泛地存在于自然界和人类社会中，是一种自然存在物或能够给人类带来财富的财富。

1. 资源的定义

资源是一个国家或一定地区内拥有的物力、财力、人力等各种物质要素的总称，是指自然界和人类社会中一种可以用以创造物质财富和精神财富的具有一定量的积累的客观存在形态，如土地资源、矿产资源、森林资源、海洋资源、石油资源、人力资源、信息资源等。分为自然资源和社会资源两大类。前者如阳光、空气、水、土地、森林、草原、动物、矿藏等；后者包括人力资源、信息资源以及经过劳动创造的各种物质财富。

对自然资源的看法，历来都是以对人与自然关系的认识为基础的。从技术进步和生产力发展的角度来看，经济发展可以分为三个阶段：劳力经济阶段、自然经济阶段和知识经济阶段。在经济社会发展的这三个阶段中，人与自然的关系经历了天命论、决定论、或然论、征服论等多种认识阶段与相应的处理方式，才进入协调论的现代，即人、自然和技术这个大系统应该处于动态平衡状态。在工业时代，人类对资源采取耗竭式的占有和使用方式，不断使人与自然这个大系统产生强大震动。人与自然不能协调发展，使得经济不能持续发展，不断出现能源危机，导致人类生活不能稳步提高，时常出现巨幅涨落。进入现代，人们逐渐悟出人类只不过是人与自然这个大系统中的一个要素，实现可持续发展的关键在于协调人与自然的关系。

2. 新的资源观

资源观是解决资源问题的认识基础。在知识经济条件下对某种资源利用的时候，必须充分利用科学技术知识来考虑利用资源的层次问题，在对不同种类的资源进行不同层次的利用时，又必须考虑地区配置和综合利用问题。

(1) 资源系统观

资源系统观是资源观中最核心的观点。只有当人类充分认识到自己是人与自然大系统的一部分的时候，才可能真正实现与自然协调发展。而且，也只有当人类把各种资源都看成人与自然这个大系统中的一个子系统，并正确处理这个资源子系统与其他子系统之间的关系时，人类才能高效利用这种资源。

(2) 资源辩证观

以新的资源观看待资源问题时，应当正确处理几个重要的资源矛盾关系：一是资源的有限性与无限性问题。自然资源就其物质性而言是有限的，然而人类认识、利用资源的潜在能力是无限的，片面悲观和盲目乐观都是不正确的。二是资源大国与资源小国问题。分析一国的资源情况既要看到宏观上综合经济潜力巨大的因素，又要清醒地认识到在微观上人均可利用资源限度的现实问题。三是资源的有用性与有害性问题。四是资源的量与质问题。

（3）资源层次观

资源是相对于人类认识和利用的水平来区分层次的，"材料－能源－信息"是现实世界三项可供利用的宝贵资源，而整个人类的文明又可根据人类对这三项资源的开发和利用划分层次。人类社会的发展是由生产力和生产关系的矛盾运动发展决定的。到了现代，人类逐渐学会开发和利用信息资源，并把材料和能量同信息有机地结合起来，创造了不仅具有动力驱逐而且具有智能控制的先进工具系统，为社会生产力的发展开辟了无限广阔的前景。人类从学会利用材料资源再到能量资源到信息资源，推动了人类社会从农业时代向工业时代再向信息时代的不断迈进，材料、能源和信息"三位一体"成为现代社会不可或缺的宝贵资源，只有全面地开发和综合利用三大资源，才能不断地推动社会进步和发展。

（4）资源开放观

知识经济是世界一体化的经济，资源的开放观是从地区到全球，从微观到宏观，从局部到整体，在不同层次上都要确立的一种基本观点。我国地区差别很大，地区间的资源具有很强的互补性和动态交流的必然性。以资源开放观为指导，就是要打破地区经济封锁，以实现产业结构动态优化，合理配置资源。

（5）资源平衡观

在人与自然大系统中，人的发展变化要依靠开发利用自然资源，而自然资源系统由于自身动因和人的作用也在发展变化，在发展过程中人与自然要达到动态平衡，同时也需要地区间的资源互补和动态交流，防止资源组合错位的差距。

以智力资源为主要依托的知识经济是世界经济发展的必然趋势，以信息技术、生物技术、新能源技术及新材料技术为核心的高技术将极大地改变世界面貌和人类生活。

3. 资源的分类

在人类经济活动中，各种各样的资源之间相互联系、相互制约，形成一个结构复杂的资源系统。资源系统可从性质、用途等不同角度进行不同的分类。

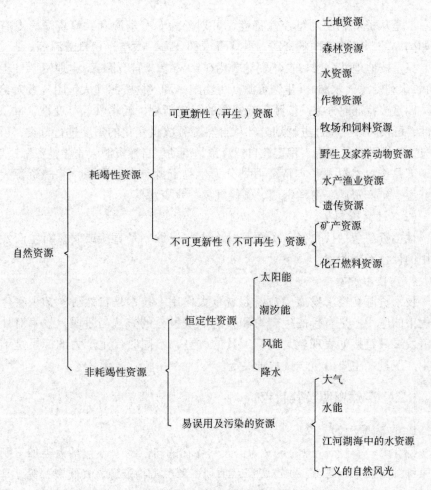

图 1-4 自然资源的分类系统

按资源性质分类，自然资源、社会资源、技术资源通常被称为人类社会的三大资源。

（1）自然资源

自然资源可从不同的角度进行分类。

是从资源的再生性角度可划分为再生资源和非再生资源。再生资源是在人类参与下可以重新产生的资源，如农田，如果耕作得当，可以使地力常新，不断为人类提供新的农产品。再生资源有两类：一类是可以循环利用的资源，如太阳能、空气、雨水、风和水能、潮汐能等；另一类是生物资源。非再生资源又称耗竭性资源，这类资源的储量、体积可以测算出来，其质量也可以通过化学成分的百分比来反映，如矿产资源。

二是从资源利用的可控性程度，可划分为专有资源和共享资源。专有资源如国家控制、管辖内的资源。共享资源如公海、太空、信息资源等。

三是按地理性分类，自然资源分为矿产资源（岩石圈）、土地资源（土壤圈）、水利资源（水圈）、生物资源（生物圈）和气候资源（大气圈）五大类。

四是按特征性分类，按照自然资源的可更新性、耗竭性、可变性、重新使用性、可权属性等特征进行划分。从自然资源数量变化的角度进行分类，可以划分为耗竭性自然资源、稳定性自然资源、流动性自然资源（再生性资源）等。

五是按自然资源基本特征可划分为生物资源、农业资源、森林资源、国土资源、矿产资源、海洋资源、气候气象、水资源等。

（2）社会资源

社会资源包括社会经济资源和社会人文资源，是直接或间接对生产发生作用的社会经济因素。

（3）技术资源

技术资源在经济发展中愈益起着重大作用。技术是自然科学知识在生产过程中的应用，是直接的生产力和改造客观世界的方法与手段。技术对社会经济发展最直接的表现就是生产工具的改进，不同时代生产力的标尺是不同的生产工具，主要由科学技术来决定。

（二）自然资源及其特点

1. 自然资源的定义

《辞海》对自然资源的定义为：天然存在的自然物（不包括人类加工制造的原材料）如土地资源、矿产资源、水利资源、生物资源、气候资源等，是生产的原料来源和布局场所。联合国环境规划署定义为：在一定的时间和技术条件下，能够产生经济价值，提高人类当前和未来福利的自然环境因素的总称。

自然资源通常指在一定技术经济环境条件下对人类有益的资源。自然资源是在一定社会的经济条件下，能够满足人类生存和发展需要的、自然界中存在或形成的物质或能量的总称。它们是支持人类生存、支持社会可持续发展所不可缺少的物质基础。狭义的自然资源只包括实物性资源，即在一定社会经济技术条件下能够产生生态价值或经济价值，从而提高人类当前或可预见未来生存质量的天然物质和自然能量的总和。广义的自然资源则包括实物性自然资源和舒适性自然资源的总和。

环境资源是指各种自然资源的总和，包括土地、水、气候、动植物、矿产等。环境资源是人类生活和经济发展的物质基础。在一定技术经济条件下，环境资源是在自然界中对人类有用的一切物质和能量。环境资源按照它们的属性可以分为土地资源、水资源、生物资源和矿产资源等。随着科学技术的发展，人类对环境资源开发利用的能力不断增强，但环境作为一种资源已遭到日益严重的破坏。

2. 自然资源的属性

自然资源是人类生存和发展的物质基础和社会物质财富的源泉，是可持续发展的重要依据之一，具有如下特点。

（1）稀缺性

自然资源的稀缺性是指在一定的时间和空间内，自然资源可供人类开发利用的数量是有限的。当人类对其开发利用超过资源更新能力时，就会导致资源量的逐渐枯竭。不可更新资源的稀缺性是很明显的，而可更新资源由于自然再生、补充能力有限，同样具有稀缺性。即使像太阳能、风能等资源，也同样具有稀缺性。原因在于科学技术的水平制约了人类对这些资源的有限利用，地球在一定时间内接收、产生这些资源的量是一定的。

（2）区域性

自然资源的区域性是指自然资源不是均匀地分布在任意空间范围，它们总是相对集中于某一区域，而且其结构、数量、质量和特性都有显著不同。如我国的煤、石油和天然气等能源资源主要分布在北方，而南方则蕴含丰富的水资源。自然资源的地域性对区域经济的发展起到很大的作用。因此，人们在开发利用自然资源时，必须结合区域特点，联系当地的具体经济条件，全面评价资源的结构、数量和质量，因地制宜地规划和安排各种产业的生产，充分发挥当地资源的优势和潜力。

（3）多用性

自然资源的多用性是指各种自然资源具有提供多种用途的可能性。如森林资源既能向人们提供各种林特产品和木材，同时又具有防风固沙、保持水土、涵养水源和绿化环境的作用，还可以作为人类观光旅游的场所。水资源不仅用于工业和生活，还兼有航运、发电、灌溉、养殖、调节气候等功能。自然资源的多用性为开发利用资源提供了选择的可能性，人们应从经济效益、生态效益和社会效益等方面进行综合研究，统筹开发利用自然资源。

（4）整体性

自然资源的整体性是指自然资源本身是一个庞大的生态系统。自然资源中的水资源、土地资源、矿产资源、森林资源、海洋资源和草原资源等在生态系统中既相互联系，又相互制约，共同构成一个有机的统一体。人类活动对其中任何一个组分的干扰都有可能引起其他组分的连锁反应，并导致整个系统结构的变化。如森林资源的破坏会造成水土流失，从而引起河流泛滥，最终导致农业、渔业等的减产。因此，在开发利用的过程中，必须统筹安排，合理规划，以保持生态系统的整体平衡。

（5）两重性

对人类生存和发展来说，自然资源是人类的生产资料和劳动对象，又是人类赖以生存的生态环境，具有两重性。如森林作为一种自然资源，向人类提供木材和林产品，同时还是自然生态环境的一部分，具有涵养水源、保持水土和绿化环境的功能。对待自然资源既要重视开发利用，又要重视保护和管理。

我国资源总量丰富，但人均占有量少，总体质量不高，分布不均，开发程度和利用率低，因使用不当造成浪费和环境污染，从而导致多种资源濒临危机。

（三）社会资源及其特点

1. 社会资源的定义

社会资源是在一定时空条件下，人类通过自身劳动在开发利用自然资源过程中所提供的物质与精神财富统称，是指一个社会在其运行、发展进程中，以及生活在这个社会中的人们在其活动中为了实现自身目的所需要具备或可资利用的一切条件。社会资源包括的范围十分广泛，在当前的技术经济条件下，主要是指构成社会生产力要素的劳动力资源、教育资源、资本资源、科技资源等非实物形态的资源。为了应对需要，满足需求，所有能提供而足以转化为具体服务内涵的客体，皆可称为社会资源。

2. 社会资源的特点

（1）社会性

人类本身的生存、劳动、发展都是在一定的社会形态、社会交往、社会活动中实现的。劳动力、技术、经济、信息等社会资源无一例外。社会资源的社会性主要表现在不同的社会生产方式产生不同的种类、不同的数量、不同的质量的社会资源。社会资源是可超越国界、超越种族关系的，谁都可以掌握和利用它创造社会财富。

（2）继承性

社会资源的继承性特点使得社会资源不断积累、扩充、发展。知识经济时代就是人类社会知识积累到一定阶段和一定程度的产物，社会经济发展以知识为基础，这种积累使人类经济时代发生了一种质变，即从传统的经济时代（包括农业经济、工业经济，农业经济到工业经济有局部质变）飞跃到知识经济时代，这是信息革命、知识共享的必然结果。社会资源的继承性，使人类社会的每一代人在开始社会生活的时候都不是从零开始，而是从前人创造的基础上迈步的。在社会经济活动中，人类一方面把前人创造的财富继承下来，另一方面又创造了新的财富。也正因为这样，科技知识不断发展并向生产要素中渗透，使劳动者素质不断提高，生产设备不断更新，科研设备得到改进并提高经营管理水平。社会财富的积累反过来又加速了科技的发展。

（3）主导性

社会资源的主导性主要表现在社会资源决定资源的利用、发展的方向，把社会资源变为社会财富的过程中，它表现、贯彻了社会资源的主体——人的愿望、意志和目的。

（4）流动性

劳动力可以从甲地迁到乙地，技术可以传播到各地，资料可以交换，学术可以交流，商品可以贸易。不发达国家可以通过相应的政策和手段，把他国的技术、人才、资金引进到自己的国家。

（5）不均衡性

社会资源的不均衡性是由自然资源分布的不平衡性，经济政治发展的不平衡性，管理体制、经营方式的差异性，社会制度对人才、智力、科技发展的影响作用的不同等原因而形成的。

（四）殡葬对资源的影响

1. 殡葬对自然环境的消耗

（1）占用大量土地

据统计，全国每年死亡人数约 900 万，以土葬每穴墓地占地 4 平方米计算，占用土地资源 3600 万平方米。而我国虽有 14.4 亿亩土地，居世界第三位，但由于人口众多，人均面积仅 1.11 亩左右，不足世界人均土地的 1/3，特别是东南沿海省份人均耕地只有 0.6 亩，因此，现在我国是在用占世界不到 9% 的耕地，养活着占世界 21% 的人口，土地资源十分匮乏。而人为的土葬造成"死人"与"活人"争地的现象至今未止，甚至有些地方相当严重，这种人增地减的逆向趋势，正在不断地威胁着人类的生存。

【扩展阅读】

丧葬用地不足　英"绿色水葬"水煮遗体化"灰"①

地球上绝大多数人面临着"尘归尘、土归土"的宿命，不过最近英国一家公司推出了一种把人的遗体通过用水加热变为液体和粉末的新型"水葬"，

---

① http://news.china.com.cn/txt/2007-08/07/content_8639266.htm.

它比传统土葬、火葬等方式更为环保。目前这种"绿色水葬"正等待英国政府批准,有望作为合法丧葬方式在全英国推广,解决丧葬用地不足的问题。

费用与火葬基本相同

这种"绿色水葬"由英国苏格兰格拉斯哥一家公司推出,名为"生命轮回",目前已经注册商标。从化学角度来看,"生命轮回"过程与自然分解原理类似,只是分解速度被人为加快。火葬场装备一个"水葬"密闭舱需要约30万英镑。一次"生命轮回"所需费用为300英镑,基本与火葬费用相同。

比传统方式更环保

比起传统火葬,"生命轮回"虽然在程序和费用上相差无几,但更加节能环保。火葬一般需要1200℃高温,还会释放有害气体,其中汞含量很高,对环境造成污染。而"生命轮回"原理与自然分解类似,只需加热到150℃,因而消耗能源较少。而且,这种方式不会释放任何有害化学物质,也无须木质棺材。英国目前面临地皮紧张、丧葬用地不足的问题,英国内阁因此倡导各地政府寻找更好的遗体处理方法,"生命轮回"正符合英国国情需要。

英内阁有意批准

在美国已经有1100多人采取类似"生命轮回"的方式处理遗体。"生命轮回"公司目前正在英国各地火葬场推广这种全新的"绿色水葬"。他们也希望这种"水葬"方式得到政府批准,成为像火葬一样的合法丧葬方式。英国内阁已经表态说,只要"生命轮回"公司提出申请,他们就会考虑予以批准。
(郐婕)

(2)浪费大量森林资源

我国森林覆盖率仅有21.63%,不足世界人均面积的15%。特别是我国每年的用材林生长量为1.8亿立方米,而每年实际消耗高达2.9亿立方米,每年平均缺口1.1亿立方米。照这样的速度,最多有30年,我国森林资源将濒临枯竭。加上死人埋在地下,不但破坏草地等植被环境,而且破坏石油矿产资源和污染地下水源,使我国本身贫乏的自然资源问题雪上加霜。

【扩展阅读】

树葬、海葬等绿色殡葬方式得到越来越多认同①

清明将至,眼下正是人们祭奠故人的日子。和往年相比,如今越来越多的人开始在绿树花草间追思亲人友人。从传统的土葬到如今的树葬、海葬,我国殡葬制度与文化一起历经几千年,正向着更绿色、更人性化的方向变革。

---

① 《中国环境报》,2006-03-30.

树葬方兴未艾

走入北京八达岭陵园树葬园区，与传统墓葬区一排排黑色或白色的墓碑相比，这里只有一棵棵青松、白杨，以及树下的小草和灌木。这座于去年正式开园的北京首个树葬陵园已迎来了不少客人。陵园工作人员介绍说，树葬就是将逝者的骨灰埋在树下，不形成坟头，有真正回归自然的感觉，也让人感觉到亲人的生命通过一棵树延续下去。

从20世纪80年代末起，认养一棵树、让生命与树千古，这一观念被越来越多的人认同和青睐，有关部门也将这种先进文明的殡葬方式看作我国殡葬事业的第二次改革。树葬所占用土地仅为传统墓穴的1/10，而且树葬所占的土地，实际上养育着一棵树，完全可以视为绿化面积。

专家称，树葬的安葬、管护费用相对较低，安葬时不使用水泥和难以降解的防水盒，骨灰入土后将被分解为养分被树木吸收，也有利于保护、美化环境。同时，与此类似的草坪葬也开始出现在不少殡葬公司的服务项目中。目前，树葬、草坪葬等形式以其节约、文明、环保的形象已被越来越多环保理念发达的国家民众所接受，也将成为我国未来殡葬改革的一个方向。

业内人士表示，相对于传统的土葬，树葬实质上就是一场用大树取代坟头的革命。但这种相对绿色的殡葬方式还是未能发挥作用，除了老百姓观念陈旧、丧事大办、墓穴豪华等观念限制外，没有为老百姓提供方便的信息和措施也是让其无法亲民的重要原因。

殡葬呼唤绿色变革

人们已认识到以往传统殡葬形式大量占用土地的弊端，在我国的一些大城市里，不少绿色墓园已悄然而生，纷纷开始试行树葬、花葬、草坪葬等服务。据统计，截至2004年年底，上海市室内葬、壁葬安置骨灰16万个，植树葬、草坪葬、花坛葬3678穴，1万余人通过骨灰撒海实现了魂归大海的夙愿。按照每个墓穴占地1.5平方米的标准估算，"节地葬"约为上海节约了26万平方米的土地。

中国殡葬协会副会长朱金龙说，树葬是近年来"绿色殡葬"的一种形式。而"绿色殡葬"的范围很广，包括严格限制墓地的占地面积和规定使用年限，推广小型墓，以减缓墓地扩展速度和形成墓地的循环使用机制；倡导立体存放骨灰、提高土地效率的室内葬，鼓励采用海葬、草坪葬、植树葬等生态葬式。

朱金龙分析说，人类的遗体从土葬到火化被认为是社会的一次重大进步，而从骨灰墓到绿色殡葬是对人们观念的又一次更新与挑战。对先者的追念，应该体现在情感的绵延上，而不是造一座豪华的坟墓。植树葬、草葬、花坛葬等以绿色植物取代墓碑，象征着生命常青、精神永存，既增加城市绿化面积，也符合国人"入土为安"的传统。

据了解，由于保护耕地等原因，我国殡葬改革的最终方向是取消骨灰安葬，不保留骨灰。但考虑到习俗，一下子难以直接到位，所以作为过渡性办法，允许骨灰安葬，同时鼓励不保留骨灰，或深埋不留坟头。因此，草坪葬和树葬等都属于很好的形式。

生态殡葬顺应民意

如今，树葬等绿色殡葬方式、各种生态墓园的设计体现了"生者为重、环保为重"的思想，力求妥善解决骨灰安置等问题，在让逝者入土为安的同时，还能给生者留下绿色。但不少专家表示，这种方式还是以火化遗体为前提，火葬的各种弊端并没有得到解决。对此，陕西省政协副主席刘石民建议国家可以在一些地方率先试点生态殡葬。据他介绍，目前，传统的土葬是我国第一大殡葬形式，其在耗用木材、占用耕地方面的弊端非常明显。而火葬作为我国第二大殡葬形式，其对环境的破坏作用却也在逐步被人重视。以每年400万具遗体火葬计，需要消耗6万吨柴油，并产生30多万吨有害气体排放到大气中。同时还要修建大量墓园进行埋葬。

刘石民建议，实施生态殡葬，即将逝者遗体用可降解的环保棺材装殓后深埋地下，通过地面植树、修建园林作为纪念。遗体同时进入自然界物质流动的良性循环，达到土地立体使用，绿化成林。这种方式不但符合人们传统意义上的"入土为安"的理念，顺应了民俗民意，老百姓从感情上容易接受；也切合了国家大力倡导的以人为本的精神。（本报记者 陈湘静）

2. 殡葬对社会资源的影响

殡葬活动作为社会生活领域的组成部分，必然会随着时代的进步、经济社会的发展而前进，这就要求人们不断摈弃殡葬活动中原有的愚昧、落后因素，不断学习先进、科学的东西，也就是要科学文明节俭办丧事。由于我国封建社会的历史较长，旧的殡葬习俗在部分群众中根深蒂固，古时"事死如事生"的儒家殡葬伦理观的影响沿袭至今，认为在殡葬活动中只有厚葬、大操大办才能体现对逝者的敬重和孝心；"入土为安、入木为贵"的传统思想也使一些人对火葬不理解，认为实行火葬不孝不义。这些观念经过千年的沿袭，成为一种社会习俗和习惯势力。虽然随着社会的发展与进步，人们对这些陋习越来越反感，但受习惯势力所迫，欲罢不能、欲办无力，给群众带来了精神上、经济上的压力，影响生活和生产，妨碍社会安定，污染社会风气，腐蚀人们的灵魂，严重阻碍着社会的文明与进步。因此，必须通过殡葬改革实现殡葬活动的科学与文明。

殡葬活动中为执行一定的功能以满足人们一定的需要而产生了殡葬礼仪。原始人对待死者，与动物没什么区别，只是对死者尸体随意弃置，没有形成人们共同遵守的行为规范。随着人类文明进步，人的自我意识逐渐觉醒，明确认识到生与死的对立，重生惜死的情感日益强烈，并且对灵魂与躯体的关系有了某种理解，于是便开始有意识地处置死者尸体，逐渐形成一系列共同遵守的行为规范。殡葬活动开始比较简单，但随着人类社会的发展和人与人之间的等级分化日益明显，便日益变得复杂繁缛。进入现代社会后，由于人人平等日渐成为人际关系的准则，则殡葬活动又有回归简单的趋势。

殡葬的主体功能可表达或满足生者对逝者的爱恋心理、哀伤心理、报恩心理、希冀永恒心理及自身的宣泄心理、求福避祸心理等多种心理。如殡葬活动中的哭泣、默哀、播放哀乐等活动便表达了对亲人去世的哀伤，并使自己的宣泄心理得到满足，因哀伤情感需要宣泄，一直压抑在心头会使人焦灼不安，甚至精神崩溃，通过哭泣及哭泣中的捶胸顿足、真情诉说等行为，便使宣泄心理得到满足，使人恢复心理平衡。对逝者以酒肉祭奠、陪葬各种器物、焚化纸钱等行为则是希望死者能在另一个世界过上富裕美满的生活，表达了为死者求福避祸的心理。为逝者开追悼会、致悼词、介绍已逝亲人的生平事迹及撰写回忆录、发表纪念文章等活动，可追念已逝亲人的生平业绩，启迪和激发生者继承和发扬逝者的优良品质及完成其未竟之志。当然，传统殡葬礼仪的功能中，"争荣显""明身份"等功能是殡葬文化的糟粕，应予摒弃。

所有这些都唤醒人们要提高环境保护意识，维护生态平衡，努力寻求更科学、更文明、更健康、更卫生的殡葬方式。

三、殡葬与发展

面对环境污染、生态破坏、气候变暖、酸雨蔓延、光化学污染等日益严重的严峻现实，全球环境保护问题成为摆在世界各国面前的一个重大命题。人类开始重新审视自己，深刻反思传统的发展观、价值观和环境观，力图寻找一条既能保证经济增长和社会发展，又能保护环境的全面发展道路。可持续发展作为一种既满足当代人的需要，又不对后代人满足其需要的能力构成危害的发展方式，立即受到世界各国的广泛关注，并被广大人民群众所接纳。环境是实现可持续发展的前提，控制环境污染，改善生态环境，保持可持续发展的资源基础，才能谋求经济、社会与自然环境的协调发展。

殡葬行业主要为社会提供殡葬服务，在殡葬服务过程中也带来对环境的污染。从可持续发展的角度来看，我国在殡葬管理政策和殡葬行业的殡葬服务经营追求的正是环境的保护和生态的平衡，因而应把环保因素作为行业进步的重要考虑内容，用可持续发展的理论指导殡葬的各项实践活动。

（一）殡葬活动与资源环境的现状

殡葬是因环境保护的需要而产生和发展的。中国是一个人口大国，每年死亡人口约900万，以每具遗体平均70千克来计算，每年需要处理遗体约63万吨，其中约有31.5万吨火化，如果不对遗体进行无害化处理，将会对环境产生较大的影响。只有控制环境污染，加强环境保护，才能推进殡葬行业的可持续发展。殡葬行业在处理遗体的过程中由于技术条件的局限等原因，常常对环境造成污染，需要加快实行污染控制和治理的措施，在发展中保护环境，以环境保护为目标，推进殡葬行业的可持续发展。

1. 殡葬业正沿着生态环保型目标推进

新中国成立以来，在我国推行的殡葬改革推动了葬式葬法的进步。目前，在全国的平原地区和交通便利的地区，火葬得到大面积的推广，全国火化率已近50%，许多大中城市的火化率高达95%以上。交通不便、人口密度较低的地区，土葬的改革已经展开，一些地区选择荒山瘠地建立公墓集中埋葬遗体，滥建坟墓的现象得到遏制。主要面向城市居民的公墓和骨灰堂，为骨灰的安置提供了必要的场所。在沿江沿海的城市，骨灰撒江撒海的活动，在政府的倡导下已经在部分人群中得到积极地参与。这些都表明，随着殡葬方式的改革，保护环境，给人类留下宝贵的生存空间的意识已经得到社会和殡葬工作者的重视，殡葬事业正在走向可持续发展的道路。

2. 殡葬业对资源环境的保护有待提高

由于传统观念的积淀和环保意识的淡薄，为数不少的人并未意识到作为人类一分子对环境保护应尽的义务和责任，对遗体火化中的烟尘排放，对遗体整理中的污水处理，对建筑坟墓的土地占用，对殡葬用品制作的材料选择等这些对人类的生存空间和生存质量造成一定影响的活动，能够在可持续发展思想指导下给予关注和采取正确举措的人并不是很多。目前，在殡葬服务行业中忽视资源和环境保护的现象表现如下。

（1）遗体处理的无害化程度较低

许多遗体在保存过程中不采取防腐措施，不能有效地防止遗体的腐败和残留病菌的传播；有的能够采用传统防腐措施的殡仪馆，却对防腐作业时产生的污水的处理重视不够；在遗体火化的过程中，由于设备除尘能力低下和操作的不规范，火化烟尘得不到控制，对大气和水体环境造成的污染非常令人担忧。

（2）遗体处理过程中资源消耗高

由于科技含量较低的火化设备燃烧效能偏低，火化时对燃料油气的消耗相对较高；在骨灰安葬方面，仍有一些地区建造大墓，对墓地的面积缺少限制，对墓区的建设缺少环境绿化的考虑，造成区域的环境破坏和土地资源的浪费。

（3）殡葬相关资源利用不尽合理

在现行的殡葬运营体制下，由于大部分殡葬单位的非企业化运营，在经济核算中往往不考虑某些资源（如国家无偿拨给的土地和建设资金、国家给予的免税政策等）使用的因素，人财物等资源的利用效率很低。因而需要通过加强殡葬管理部门和其他相关部门的政府协调管理，实行以市场为导向的殡葬业发展战略，建立以可持续发展理论为指导的新的殡葬管理体制。

（二）殡葬服务经营与可持续发展

殡葬服务的经营者应该在环境保护和持续发展的高度来定位自己的认识和责任，遵循国家新的殡葬改革目标，在殡葬事业的发展中实现经济、社会、生态三个方面的协调，使得社会经济发展以及殡葬方式的改进与长期确保人类生活的自然基础相吻合。殡葬服务行业应该积极地发展以环境无害化技术、资源回收利用技术和清洁生产技术为主要载体的循环经济，以环境友好方式利用资源、保护环境和发展经济，逐步实现以最小的代价、更高的效率和效益，实现污染排放减量化、资源化和无害化，通过实现殡葬改革更高层次的目标，为实现可持续发展战略作出贡献。

1. 殡葬服务推广清洁生产的环节

清洁生产作为目前国际上最先进的一种新型生产方式，其概念最早是1989 年联合国环境规划署提出来的，之后逐渐成为世界各国关注的热点问题之一。《中华人民共和国清洁生产促进法》对清洁生产定义为"不断采取改进设计、使用清洁的能源和原料、采用先进的工艺技术与设备、改善管理、综合利用等措施，从源头消减污染，提高资源利用效率，减少或者避免生产、服务和产品使用过程中污染物的产生和排放，以减轻或者消除对人类健康和环境的危害"。清洁生产是用来进行无废、少废生产的一种技术，通过这些技术实现生产过程的零排放和制造产品的绿色化。

殡葬业作为一个既古老又新兴的产业，从生产角度讲，它是对死亡遗体的处理过程，在市场化、产业化过程中，殡葬业应承担起社会的责任，对环境负责。殡葬服务是一种相对比较复杂的服务，在治丧和遗体处置的过程中，实现过程的无污染或者少污染，实现服务产品的无害化，也可以通过清洁生产技术来实现。殡葬业要取得持续长远的发展，就要通过推广清洁生产，实现殡葬过程和殡葬产品的无害化，并以此来保持较强的市场竞争能力。

殡葬服务的清洁生产涉及面非常广泛。保持治丧环境和操作场所的清洁，使用无毒无害的遗体消毒防腐液，污水排放前进行的生化处理，花圈祭品焚烧的烟尘处理，选用绿色遗体火化系统并按规范操作，操作人员的卫生保健措施和职业病防范，等等，都可以运用清洁生产的技术。如新型的绿色火化系统通过计算机控制和科学的燃烧技术，实现了火化无烟、无尘、无害化，为殡葬服务的清洁生产提供了关键的设备和用品。

殡葬服务开展清洁生产，旨在提高服务单位全员的环境意识，实施清洁生产的战略意图，将清洁生产的思想贯穿服务过程、材料消耗、产品生产、经营管理、技术研究的各个领域，将清洁生产伦理灌输到程序设计和产品开发及企业经营等各个层面。如广东、上海等地的一些殡仪馆引进 ISO14000 环境质量管理认证体系，在服务过程的各个环节着手实施清洁措施，减少资源消耗，减轻末端治理的压力和降低污染物排放。

2. 殡葬行业推行清洁生产的要点

（1）着力提高员工环保意识

要不断提高员工的环保意识，从根本上使清洁生产成为殡葬行业的自觉行动。必须注重在提高员工环保意识方面下功夫，通过组织观看环保录像片、邀请环境保护专家授课、开展以环保为主题的演讲比赛和征文活动等形式，使大家了解环境恶化带给人类的惨痛后果和严重灾难。殡葬服务单位导入 ISO14000 环境管理体系，通过体系认证等管理一系列活动，可增强员工环保意识，强化员工在整个殡葬服务过程中开展清洁生产的自觉性。

（2）努力完善有关法规制度

殡葬行业的清洁生产既要依靠科学，又要依靠法规制度。人类面临着自然环境恶化带来的种种危机，这也成为相关规章制度更趋成熟的契机。殡葬行业具体业务操作方面的法规制度比较少，许多业务环节没有按照环保要求和标准制定的操作规范和卫生环保的指标，一定程度上造成了业务操作上的随意性，给清洁生产的推行带来了难度。通过对遗体收殓、运输、防腐、清洁、整容化妆、悼念活动、火化、骨灰处理等各个业务环节制定符合环保要求、操作性强的工作标准和业务制度，用以规范各个业务操作环节的程序，让操作人员有章可循，严格按章办事，从而推动殡葬行业清洁生产迈向制度化、规范化的轨道。

（3）大力改善基础设施设备

没有先进优良的设施设备，服务质量很难保证，清洁生产更无从谈起。

加强基础设施设备建设，首先，在整个殡仪馆的建筑布局上要充分考虑环保因素。要做到人流与车流、业务区与办公区、生活区与办公区的相对分离。如长沙明阳山殡仪馆就专门开辟了"遗体通道"，真正实现了遗体与人群的分离。其次，业务操作区域建设要充分考虑环保要求。业务操作区域是遗体处理的中心区域，也是实施清洁生产的重点区域，环保要求更高。此区域要注重体现清洁生产的要求，切实减少病菌传播和环境污染。如为了实现遗体告别过程中的清洁生产，悼念礼堂可以采用提高人均占用空间面积的标准、定期对设施进行消毒、安装强行排风设施、选择健康涂料装饰悼念礼堂等多种方法。长沙明阳山殡仪馆的火化车间专门安装了焚烧腐臭遗体的火化机，并为此单独设置了一个封闭的空间和专用通道。深圳市殡仪馆新建成的防腐间把正常遗体和腐臭遗体分开，专门设置了腐臭遗体防腐间及专用防腐冰箱。使用的设备设施要充分考虑环保需要。如遗体火化机要使用环保低噪、环保燃料的火化机，防腐冰箱要选用对臭氧层破坏少的无氟冰箱，把直接焚烧遗物的焚烧炉改造为有消烟除尘设备的新型自动化控制遗物环保焚烧炉。目前，殡葬行业普遍采用轻型柴油作为火化燃料，柴油燃烧产生大量的污染，控制污染的有效措施是使用清洁能源，加快环境污染由末端治理向全过程控制的根本转变，走低能耗、物耗、少排污的清洁生产发展道路。

（4）全面加强业务沟通交流

清洁生产作为一种先进的生产方式，涉及的行业领域很多，技术含量也很高。殡葬行业一定要注意全面加强沟通，以此推动清洁生产在殡葬行业的实施。可以通过专题论坛、互相参观学习、共同研究开发新设备、殡葬设备用品展销等方式，交流在清洁生产方面取得的成功经验，取长补短，互通有无，相互借鉴，实现资源共享；同时，殡葬行业在人才、技术等方面，相对其他技术行业来说比较缺乏和薄弱，要注意加强与环境保护、卫生防疫、疾病预防控制、医疗科研、机械制造等行业的相互沟通交流，充分学习利用他们的科研成果，大力推进殡葬行业清洁生产的进程。

（5）积极运用全新技术和产品

殡葬行业要有效推行清洁生产，就一定要高度重视环保新技术、新产品的价值和作用，并积极引进运用到服务中来。如绿色遗体包装盒的运用，既能满足人们的治丧需求，又减少了遗体裸露传播病菌的可能，更重要的是大大减少了在焚化过程中的烟尘。现在很多国家的殡葬改革已经把改革创新殡葬方式提上日程，很多科学家致力于新型葬式的研究。瑞典科学家发明多种新式环保殡葬方式，它主要是利用液氮和振动波技术冷冻并粉碎遗体，最后用泥炭或玉米淀粉制成的骨灰盒埋进土里。埋入地下的遗体碎末分解后将成为滋养土壤的肥料。这些环保技术和产品的运用，对殡葬行业的清洁生产无疑起到了很大的推动作用。

3. 减少殡葬消费中对资源的消耗

可持续发展要求在经济发展过程中，实现资源的减量化、产品的反复使用和废弃物的资源化，形成"资源—产品—再资源化"的闭环式经济流程。根据这个要求，在殡葬消费中要注意节省资源的消耗、再生资源的综合利用与废弃物的资源化。

在殡葬服务的过程中，通过选用新型设备降低能源的消耗。选择节能高效的火化系统，节省燃用油气；选择密封制冷效果好的遗体冷藏柜，节省电能。在新建、改建和扩建殡葬设施时量力而行，克服片面追求奢华，不讲投入产出的盲目投资，审慎地用好建设资金。既为社会资源的减量化作出贡献，也为自身节省经济支出。

丧事简办，提倡理性消费，对减轻社会资源的压力和消费者的经济负担都是必要的。应该抑制丧事过程中的过度包装现象。包裹盛殓遗体的衣袋棺木，避免繁文缛节的传统习俗影响，尽量采用省材的产品和再生材料的产品，比如棺木，可以选用木屑、芦苇、柴草、秸秆的再生材料和竹子、泡桐等经济林木制作，实现绿色包装和节俭包装。

倡导开展殡葬用品的租赁业务，回收可以重复使用的物品。一些物品由于运输需要包装，如骨灰盒的包装盒，可以回收整理后重复使用。

【扩展阅读】

英国推出植物造"生态棺材"①

随着绿色环保理念风潮的到来，不用棺椁、不建墓室和不用化学品进行防腐处理的天然殡葬方法正在全世界流行开来。英国一家殡仪馆最近推出各种各样的"绿色生态棺材"，它们是用菠萝叶、柳条以及竹子等材料编成的。

为了葬礼上瞻仰遗容，殡仪馆要为死者做防腐处理，但防腐处理却会对环保造成极大负担，致癌物质、有毒化学品、防腐液以及牙齿填充物汞等，都会污染大气、土壤和河流。英国诺威奇附近威蒙汉姆小镇上的罗斯戴尔殡仪馆推出的绿色环保棺材非常受追捧。经理安妮·贝克特·艾伦称，棺材原料采用竹子、柳条和菠萝叶，既环保又有新意，深受顾客喜爱。殡仪馆司仪马里恩·贝恩顿说："随着普通人对环保理念的了解，要求实施环保殡葬的人越来越多。他们可以选择自己喜欢的殡葬方式，同时又不对环境造成污染。

---

① http：//www. china. com. cn/news/txt/2008－02/29/content＿11102220. htm.

近年来，人们对于生态环保棺材的需求日益增加。"

这些生态棺材的原材料来自于世界各地。贝克特·艾伦说："竹制棺材的原材料来自中国，这些竹子都是大熊猫不喜欢吃的。菠萝叶棺材的原材料是露兜树叶，因其果实的外形与菠萝甚为相似，所以又名'假菠萝'，其叶片可长达 1 米，叶质厚而坚硬。手工编制的柳条棺材原材料则来自波兰。"

其实，绿色环保棺材早已经在各国悄悄兴起。比如，非洲国家肯尼亚，每年仅死于艾滋病的就达 700 人之多，安葬他们用去了数量可观的林木。因此，专家呼吁停止使用木质棺材，改用水信子和芦苇等草本植物编织的"绿色棺材"。而美国一家殡葬公司则推出以再循环报纸制成的独木舟形状棺材、自然纤维制成的寿衣和竹编棺材等。(沈姝华)

第四节　殡葬环境科学的发展

殡葬科学是研究殡葬对自然界和人类社会的影响、作用及有关规律的一门综合性很强的新兴科学。殡葬科学是介于自然科学、社会科学和技术科学之间的边缘科学，也是一门既非常古老又比较稚嫩的科学。殡葬环境科学的发展是在环境科学和殡葬科学发展的基础上而发展的。

一、环境科学的发展

环境科学于 20 世纪 60 年代诞生后获得了迅速的发展，其发展历程大致可以分为两个阶段。

(一) 环境科学发展的初级阶段

自 20 世纪 50 年代以来，由于经济的恢复和发展，生产和消费规模日益扩大，在许多工业发达国家对环境造成严重的污染和破坏后，明确提出了"环境问题"或"公害"的概念，用以概括和反映人类与环境系统关系的失调，并且在历史上第一次把人为活动所引起的"环境问题"同自然因素所造成的"灾害"区分开来，开辟为专门的科学研究领域，作为确定的科学研究任务。而首先承担这一学科研究任务的，还是一些有关的先导科学，它们在已有涉及环境问题研究的基础上，适应当代环境问题发展的新形式，进一步发展了环境科学，在其内部逐渐形成了一些独立的新分支科学并明确提出"环境科学"这一新词，用以概括这些新的分支学科。

由于环境科学是不同学科内部分化的产物，具有一定的继承性，因而它们用不同理论和方法研究解决不同性质的环境问题，属于多学科性的。

殡葬环境保护理论与实务

这一阶段也称为多学科发展阶段，它的特点是一系列环境科学分支分别发展，大大促进了各项专门课题的研究，但在某种程度上还处于各自分别研究状态，环境科学也只是一个多学科的集合概念，还没有形成一个较完整的统一体系。但它的发展，为适应全面贯彻环境保护方针的需要，统筹兼顾，更好地处理人类与环境系统的关系，使环境科学向更高层次发展奠定了坚实的基础。

（二）环境科学整体化发展阶段

环境科学在分别发展阶段已初步形成的分化状态和它所研究对象的整体性越来越不相适应，这就促进了环境科学向整体化方向发展。它的特点是强调研究对象的整体性，把人类与环境系统看作具有特定结构和功能的有机整体。运用系统分析和系统组合的方法，对人类与环境系统进行全面的研究，从而把环境科学发展推进到与当代科学技术水平和社会实践需要相适应的新阶段。

自 1978 年联合国环境与发展世界委员会发表《我们共同的未来》一书以来，特别是 1992 年巴西里约热内卢召开了"联合国环境与发展大会"以后，全世界掀起了研究"可持续发展"的热潮，世界各国普遍接受了"可持续发展"思想，重视在经济和社会发展过程中合理利用资源及防治环境污染问题，走经济、社会和环境协调发展的道路。

为了人类社会的持久生存和发展，人们必须建立新的资源观、价值观和道德观。以人类社会与自然环境的和谐发展为目标，以经济与社会、环境之间协调发展为途径，不断充实环境科学研究内容的理论和实践，将为实现人类新的文明时代——人类社会经济与环境协调发展的时代作出应有的贡献。

二、殡葬科学的发展

（一）古代殡葬科学

自从有了人类也就有了殡葬，就逐渐形成了社会的殡葬风俗和殡葬心理。人类最先掌握的是原始的殡葬技术和一些自然的殡葬知识。殡葬科学作为一门学科还没有正式形成，其萌芽只孕育在这些原始的殡葬技术之中。

古代的殡葬科学虽然处于萌芽状态，还没有形成一套知识体系，但个别学科已经达到了相当水平。古代殡葬建筑科技含量很高，这集中体现在帝王将相的陵寝古墓中。如古埃及的金字塔、中国的秦皇陵等，无论地面还是地

64

下建筑技术都堪称当时一绝，有些方面令现代人也为之叹服。

（二）近代殡葬科学

与其他学科一样，殡葬科学以天文学家哥白尼在 1543 年发表的《天体运行论》为标志进入了近代阶段。太阳中心说推翻了教会支持的地球中心说后，各门科学都有了较快的发展。

在人类的发展史上，始终存在着科学与迷信的斗争，两者互不相容，尤其在殡葬领域表现更为突出。天文学家们的胜利，间接地给殡葬科学松了绑。这一时期，殡葬医学（包括死亡学、尸体解剖学、尸体防腐学等）发展迅猛。殡葬化学、殡葬工程学、殡葬生物学、殡葬心理学、殡葬天文学、殡葬地理学、殡葬考古学都相对地独立出来。

（三）现代殡葬科学

1905 年，物理学家爱因斯坦创立了相对论，否定了牛顿的绝对时空观，物理学发生了一场重大革命，从此人类进入了现代科学时代。现代科技在殡葬领域中得到了越来越多的应用，交叉派生出了许多殡葬学科或专业。如殡葬环保、殡葬卫生、殡葬系统工程、殡葬管理、殡葬规划、殡葬教育、殡葬经济等等。

新中国成立前，我国受几千年传统习俗的束缚，殡葬陋俗风行，行业偏见严重，殡葬科研不可能纳入各级政府的议事日程。新中国的成立，使殡葬科学获得了新生。在殡葬社会科学领域开始有了科学的殡葬管理、殡葬教育和殡葬文化，消除了大量殡葬陋习，大力推行文明节俭办丧事。

在自然科学领域，随着殡葬考古学的发展，大量的殡葬建筑技术、古代尸体防腐技术，都像殡葬文物一样被挖掘出来，极大地丰富了殡葬科研的内容。西医疗法的引入，促进了尸体解剖学向深度和广度的发展，带来了一系列殡葬消毒、殡葬卫生、殡葬防腐技术等的进步。

《全国民政科技中长期发展规划纲要（2009—2020 年）》中指出的"随着殡葬行业可持续发展需求不断增强，迫切需要大力推进殡葬污染控制技术研究，促进节能减排和污染治理，建立适合我国实际的殡葬技术体系"，给现代殡葬科学指明了发展方向。

三、殡葬科学的分类

殡葬科学与三大科学（自然科学、社会科学及技术科学）领域渗透产生了殡葬自然科学、殡葬社会科学和殡葬技术科学。

$$\text{殡葬科学} \begin{cases} \text{殡葬自然科学} \begin{cases} \text{殡葬医学(包括死亡学、尸体解剖学、尸体防腐学、} \\ \text{殡葬卫生、殡葬消毒、殡葬防疫学等)、} \\ \text{殡葬化学、殡葬环保学、殡葬生物学、} \\ \text{殡葬物理学等} \end{cases} \\ \text{殡葬社会科学} \begin{cases} \text{殡葬管理(包括行政管理、技术管理、人力资源} \\ \text{管理等)、殡葬法学、殡葬心理学、殡葬文化学、} \\ \text{殡葬伦理学、殡葬历史学、} \\ \text{殡葬教育学、殡葬经济学、殡葬风俗学等} \end{cases} \\ \text{殡葬技术科学} \begin{cases} \text{殡葬建筑工程、殡葬环境建设、殡葬机械制造、} \\ \text{殡葬环境工程、殡葬环境监测、殡葬产品质量} \\ \text{检验技术等} \end{cases} \end{cases}$$

图 1 - 5　殡葬科学的分类

殡葬研究内容具有丰富性和多样性的特点,涉及学科十分广泛,因此殡葬研究有一个自成体系的学科群。它包括殡葬学、殡葬史、殡葬社会学、殡葬伦理学、殡葬心理学、死亡学、殡葬法律、殡葬文化学、殡葬经济学、殡葬经营管理学、殡葬市场营销学、殡葬信息管理学、殡葬公共关系学、殡葬传播学、殡葬环境保护学、殡葬设施规划设计,以及专从技术角度研究殡葬服务的遗体防腐保存、遗体整容美容、遗体火化技术等。

【扩展阅读】

生化火葬节电环保,势促殡葬业大变革[①]

研究数据显示,火化尸体是一个既浪费能源,又增加污染的做法。多伦多一家公司推出以生化技术分解尸体的方法,并已获得业者支持。投资者预期该技术将给殡葬业带来变革。

今天,加拿大超过半数的人口选择死后进行火化,而50年前这个比例只有3%。火化一具尸体所耗费的天然气及电力,足够将一辆燃气汽车从加拿大的最东端开到最西端。不仅如此,火葬场排放的除了有温室气体外,还有多种污染物质,尤其是带有假牙填充物和心律起搏器(pacemaker)者,更能排放出水银雾。

多伦多的一些投资者成立了 Transition Science Inc.,旨在减少火葬行业给自然留下的环境足迹。该公司授权使用一种技术,能够将尸体分解成类似肥皂水的东西,排入城市的污水系统。在多伦多拥有 6 个公墓和 4 间火化场的 Park Lawn Income Trust,已经签约成为该新系统的加国首个用户。该系统是由

_____

① http://news.yorkbbs.ca/local/2009 - 11/348441.html.

苏格兰格拉斯哥的 Resomation Ltd. 研发的。

　　Transition Science 的 30 名投资者包括投资银行家、风能企业行政人员，以及殡葬专业人士。公司总裁贝塞尔（Allen Bessel）表示，该技术将给殡葬行业带来一个巨大创新。

　　贝塞尔引业界数据称，传统的火化需要保持1000℃以上的高温2~4个小时，燃烧天然气92立方米，耗电29千瓦时，并向大气排放出约400千克的二氧化碳。

　　生化"火葬"则利用生物化学技术，使用不到 1/10 的天然气和 1/3 的电。尸体的蛋白质及软组织完全分解后，只剩下骨骼。与火化之后一样，骨骼也被碾成碎末。所不同的是，它没有通过烟囱排放任何气体，所有的残留金属部分，均可移除，可能的话还可以回收。

　　Park Lawn 希望明春正式推出这个系统，并对获得市府和省府的批复满怀信心。该公司目前每年火化的数量约为 4000 次，开支为 450 加元左右。公司首席财务总监博兰（Larry Boland）表示，生化"火葬"的价格预期将保持不变，并预测这个新方法将日益受到欢迎。Transition Science 计划在全国范围推广该项技术。

第二章　殡葬环境保护理论

任何不利于人类生存和发展的环境结构和环境状态的变化都称为环境问题。殡葬作为人类社会活动，对环境产生一定的影响，因而殡葬管理和服务需要运用环境保护理论。

第一节　环境问题及其发展

由于人类活动或自然原因使环境条件发生不利于人类的变化，使环境质量下降或生态系统失调，对人类的社会经济发展、健康和生命产生有害影响，给人类带来灾害，这就是环境问题。

一、环境问题的基本理论

环境问题是指由于人类活动作用于周围环境所引起的环境质量变化，以及这种变化对人类的生产、生活和健康造成的影响。人类与环境矛盾的激化状态，表现为矛盾双方趋于互相对抗、互相排斥、互相否定、互不适应，因而由于自然变化或人类的活动影响人类生产、生活，甚至威胁人类生存，成为人类必须解决的重大问题。

（一）环境问题的产生

人类在改造自然环境和创建社会环境的过程中，自然环境仍以其固有的自然规律变化着。社会环境一方面受自然环境的制约，另一方面也以其固有的规律运动着。人类与环境不断地相互影响和作用，产生环境问题。环境问题是指全球环境或区域环境中出现的不利于人类生存和发展的各种现象。

环境问题是随着人类社会和经济的发展而发展的。随着人类生产力的提高，人口数量也迅速增长。人口的增长又反过来要求生产力的进一步提高，如此循环作用。环境问题是目前世界人类面临的主要问题之一。到目前为此已经威胁人类生存并已被人类认识到的环境问题主要有：全球变暖、臭氧层破坏、酸雨、淡水资源危机、能源短缺、森林资源锐减、土地荒漠化、物种加速灭绝、垃圾成灾、有毒化学品污染等众多方面。

环境问题产生原因包括自然和人为的因素。环境问题是多方面的，按照发生机制（起因）可将环境问题分为原生环境问题和次生环境问题两大类。

1. 原生环境问题

由自然力（自然演变和自然灾害）引起的环境问题称为原生环境问题，也称第一环境问题，这类由自然界的运动而引起的环境问题，是环境演化的产物。近年来新兴的"灾害学"就是专门研究原生环境问题的学科。自然灾害是人们无法避免的客观事实。但是人为的作用可以加速或延缓灾害的发生，加大或减轻灾害的影响和损失。

（1）自然灾害的成因

主要有地质灾害（包括地震、火山爆发、崩塌、滑坡、泥石流、水土流失、地面塌陷、地裂缝、土地沙漠化等）、灾害性天气（如台风、飓风、龙卷风、雷击、冰雹、暴雨、旱灾等）、水文灾害（如洪、涝灾害等）、生物灾害（如病、虫、草、鼠害，区域自然环境质量恶劣所引起的地方病等）。

（2）自然灾害的方式

主要有突发性自然灾害（如地震、火山爆发、龙卷风、飓风等，其特点是猛烈地突然发生、持续时间很短、灾害影响和危害巨大、灾区地理位置容易确认），长期性自然灾害（如沙漠化、水土流失等，其特点是缓慢发生、持续时间长、潜在危害大）。不同的地区自然灾害的类型、发生频率、持续时间、影响范围、危害后果等存在差异。各种自然灾害既可能单独发生，也可能与其他灾害连锁反应，进而形成群发性灾害，其影响和危害更为惨重。

2. 次生环境问题

由于人类的生产和生活活动引起生态系统破坏和环境污染，反过来又危及人类自身的生存和发展的现象，称为次生环境问题，也叫第二环境问题。人类在社会经济发展中，利用自然资源和改造环境，同时也干扰甚至破坏自然生态过程，影响了生物生产力和生物多样性，使环境产生了不利于人类生存和发展的变化，从而出现环境问题。次生环境问题包括生态破坏、环境污染和资源浪费等方面。人类活动作用于周边环境而引起的此类环境问题，是环境科学研究的主要对象。

（1）环境污染

环境污染是指人类把在生产和消费活动中产生的废弃物和有害因素大量排入环境，对生态系统产生的一系列扰乱和侵害，使环境质量恶化，影响了人体健康、生命安全，或影响其他生物的生存和发展以至生态系统的良性循环，从而危害人类生存和发展的现象，包括化学污染和生物污染。具体地说，环境污染是由于人为因素使环境的构成或状态发生了变化，导致环境质量恶化，扰乱和破坏了生态系统和人们正常的生产和生活环境。环境污染不仅包括物质造成的直接污染，如工业和生活"三废"对大气、水体、土壤和生物的污染，也包括由物质的物理性质和运动性质引起的污染，如热污染、噪声污染、电磁污染和放射性污染。环境污染是人类与环境物质交换的结果，环境污染包括大气污染、水体污染、土壤污染、生物污染等由物质引起的污染和噪声污染、热污染、放射性污染或电磁辐射污染等由物理性因素引起的污染。从全国总的情况来看，我国环境污染在加剧，生态恶化积重难返，环境形势不容乐观。

（2）环境干扰

环境干扰属于物理问题。它是人类与环境进行能量交换引起的，是人类活动所排出的能量进入环境后对人类产生的不良影响。其特点是来得快，去得也快，只要停止能量排放，干扰就能很快消除，但已经造成的后果依然存在。

（3）环境破坏

环境破坏是指由于人们不合理的开发利用活动（主要是开发利用环境资源和建设人工环境）所造成的环境破坏和自然资源浪费，是人类活动直接作用于自然生态系统，造成生态系统的生产能力显著减少和结构显著改变，从而引起的环境问题，如植被破坏引起的水土流失、过度放牧引起的草原退化、大面积开垦草原引起的土壤沙化、乱采滥捕使珍稀物种灭绝和生态系统生产力下降等，其后果往往需要很长时间才能恢复，有的甚至不可逆转。生态系统的基础与核心是植被，植被破坏不仅损害一个地区的景观，而且引起生物多样性受损害、环境质量下降、水土流失、土地荒漠化等，严重的使这些地区的居民丧失基本的生存条件。

环境污染、环境干扰和环境破坏往往相互作用，同时发生，形成所谓的"复合效应"，使原本比较复杂的环境问题变得更加复杂，比较严重的有害影响和作用变得更加严重。由环境污染还会衍生出许多环境效应，例如二氧化硫造成的大气污染，除了使大气环境质量下降，还会造成酸雨。原生环境问题和次生环境问题往往难以截然分开，它们之间常常存在着某种程度的因果关系和相互作用。

（二）环境问题的特点

环境问题早已成为全人类共同关注的重大世界性的生存与发展问题，并呈现出以下特点。

1. 广泛性

环境问题存在的范围很广。有些环境问题是全球性的，例如全球气候变暖问题、臭氧层破坏问题、酸雨问题、生物多样性锐减问题和海洋污染问题等。自然环境、人工环境和社会环境的每个要素和方面都充满着环境问题。可以说，环境问题无处不在，无时不有，就连太空都有垃圾存在，南极洲的冰雪中发现了农药 DDT 踪影。

2. 综合性

环境问题的产生是综合性的，其影响和作用也是综合性的，解决环境问题的方法也是综合性的。如大气污染可以通过酸雨污染水体和土壤、杀灭生物、腐蚀建筑物。解决这一问题要采取行政、技术、法律和经济等综合性措施。

3. 社会性

环境问题不仅是经济和技术问题，而且是重大的社会性问题。它是社会发展的必然产物。它的影响和作用是社会性的，有时甚至是社会生存、发展或毁灭的基础。解决环境问题也有赖于全社会的共同行动。如《人类环境宣言》《21 世纪议程》都是全世界携手解决环境问题的共同纲领。

4. 经济性

环境问题肯定会带来直接或间接的经济损失。环境问题直接影响社会可持继续发展的进程。破坏了环境就等于破坏了创造财富的基础，而且解决环境问题也需要直接的经济投入。

5. 区域性

环境问题的产生和发展都是在一定的区域内进行的，其后果也表现在一定的区域内。不同区域的环境问题要因地制宜地解决。有些环境问题是局部的，只影响一个流域、一个地区，或少数国家。

6. 历史性

不同的历史阶段产生不同的环境问题，环境问题的解决又推动了历史的进程。因为环境问题的产生有其历史的根源，其影响比较深远，所以解决环境问题也需要有一个历史的过程。

此外，由于环境变化是一个规模极大、时间很长的过程，难以在实验室中模拟，因而具有危害的不可预见性。由于科学与技术的进步，人类具有了大规模干预环境的能力，使环境中经长期演化形成的物理、化学、生物过程发生改变，而其中有些过程是不可逆的。

（三）环境问题的发展

从人类开始诞生就存在着人与环境的对立关系，就出现了环境问题。环境问题主要是指由于人类不合理地开发和利用自然资源而造成的生态环境的破坏，以及工农业生产发展和人类生活所造成的环境污染。从古至今随着人类社会的发展，环境问题也在发展变化，大体上经历了三个阶段。

1. 环境问题的萌芽形成阶段

人类在诞生以后很长的岁月里，只是天然食物的采集者和捕食者，人类对自然环境的依赖十分突出，主要是以生活活动、以新陈代谢过程与环境进行物质和能量转换，因而对环境的影响不大。当时环境问题主要是由于人口的自然增长和盲目的乱采乱捕、滥用资源，造成的生活资源缺乏和饥荒。为了解除这种环境威胁，人类就被迫扩大和丰富自己的食谱或是被迫扩大自己的生活领域，学会适应在新的环境中生活的本领。随后，人类学会了培育植物和驯化动物，开始了农业和畜牧业。人类经历了从以采集狩猎为生的游牧生活到以耕种和养殖为生的定居生活的转变之后，随着农业和畜牧业的发展，人类从完全依赖大自然的恩赐转变到自觉利用土地、生物、陆地水体和海洋等自然资源，人类改造环境的作用也越来越明显地显示出来，人类社会需要更多的资源来扩大物质生产规模，如大量砍伐森林、破坏草原，刀耕火种、盲目开荒，往往引起严重水土流失、水旱灾害频繁和沙漠化；兴修水利，不合理灌溉，往往引起土壤的盐渍化、沼泽化，以及引起某些传染病的流行。在工业革命以前虽然已出现了城市化和手工业作坊，但工业生产并不发达，由此引起的环境污染问题并不突出。因而原始农业时期的环境质量良好，传统农业时期环境质量较好。

2. 环境问题的发展恶化阶段

随着生产力的发展，18世纪60年代至19世纪中叶，工业革命（从农业占优势的经济向工业占优势的经济的迅速过渡称为工业革命）大幅度地提高了劳动生产率，增强了人类利用和改造环境的能力，大规模地改变了环境的组成和结构，从而也改变了环境中的物质循环系统，扩大了人类的活动领域，但与此同时也带来了新的环境问题。如果说农业生产主要是生活资料的生产，它在生产和消费中所排放的"三废"是可以纳入物质的生物循环，而能迅速净化、重复利用的话，那么工业生产除生活资料外，它大规模地进行生产资料的生产，把大量深埋地下的矿物资源开采出来，加工利用投入环境之中，许多工业产品在生产和消费过程中排放的"三废"，都是生物和人类所不熟悉、难以降解、同化和忍受的。总之，蒸汽机的发明和广泛使用以后，大工业日益发展，生产力有了很大的提高，环境问题也随之发展且逐步恶化。

3. 环境问题的急剧恶化阶段

随着环境问题更加突出，20 世纪五六十年代出现了环境问题的第一次高潮（20 世纪 50 年代至 80 年代以前），震惊世界的公害事件接连不断。如1952 年 12 月伦敦的烟雾事件，1953～1957 年日本的水俣病事件，等等。其主要原因在于：人口迅猛增加，城市化迅速发展；工业不断集中和扩大，能源的消耗大增。工业发达国家因环境污染而达到严重程度，直接威胁到人们的生命和安全，成为重大的社会问题且影响了经济的顺利发展。1972 年的斯德哥尔摩人类环境会议召开，人类开始把环境问题摆上议事日程，发达国家率先制定法律、建立机构、加强管理、采用新技术，70 年代中期环境污染得到有效的控制，城市和工业区的环境质量有明显改善。

伴随环境污染和大范围生态破坏，80 年代初开始出现了第二次高潮。这一阶段环境问题的特征是，在全球范围内出现了不利于人类生存和发展的征兆，人们共同关心的影响范围大和危害严重的环境问题有三类：一是全球性的大气污染，如"温室效应"、臭氧层破坏；二是大面积生态破坏，如大面积森林被毁、草场退化、土壤侵蚀和沙漠化；三是突发性的严重污染事件迭起，如1984 年 12 月印度博帕尔农药泄漏事件，1986 年 4 月苏联切尔诺贝利核电站泄漏事故，1988 年 1 月美国内河（俄亥俄州）出现的特大油泄漏事故等。在1979～1988 年这类突发性的严重污染事故就发生了 10 多起。目前，这些征兆集中在酸雨、臭氧层破坏和全球变暖三大全球性大气环境问题上，这些全球性大范围的环境问题严重威胁着人类的生存和发展。1992 年，里约热内卢环境与发展大会召开，这是人类认识的一大飞跃，是环境保护事业发展的又一里程碑。

前后两次环境问题高潮在影响范围、危害后果、污染来源等方面有很大的不同，具有明显的阶段性。

近现代工业阶段的工业污染迅速发展，环境质量急剧恶化，而现代工业时期的环境质量严重恶化，特别是第二次高潮的突发性严重污染事件带有突发性且事故污染范围大、危害严重、经济损失巨大。

纵观历史上这三个时期，环境与人类的关系随着社会的演变也在发生着变化。

远古时期人类面临着猛兽和饥饿的威胁。农牧时期人类面临的主要威胁是大自然的恶劣环境，洪水、干旱、虫灾等时刻威胁着人类的生存。人类修筑房屋，种植庄稼，兴修水利，极大地提高了农业生产能力，满足了生活的需求。此外，人类还发明了文字、纸张和印刷术，掌握了冶炼金属的本领，为进入工业时期打下了坚实的基础。随着蒸汽机的应用，人类迎来了工业时期。仅仅有200多年工业革命，却产生了人类未曾取得的巨大成就。人类几乎彻底征服了自然，地球上成片的原始森林被砍伐，河流被改道，山脉被削平，跨海修建了隧道和桥梁。

科学技术的发展过程就是征服自然的过程，人类在这方面的成就已硕果累累。生物技术能创造和修饰生命，爆破技术能移山填海，核技术能在顷刻间毁灭大量生灵。科学技术使人类从大自然的"奴仆"变成了大自然的"主人"，使人类对未来的陶醉感蔓延，认为对自然的征服可以永无止境地进行下去，并带来越来越好的生活质量。

以计算机为代表的信息时代到来的时候，人类终于认识到大自然并不是可以任意征服的对象。随着工业化进程的发展，人类生存的环境遭受到巨大的破坏，自然环境变得越来越严酷。人类的生存受到了自然环境的威胁。人类经过不断反思，逐渐认识到人与自然的关系不应该是征服与被征服的关系，人类必须善待地球，必须学会与自然和谐共处。

在人类文明发展史中，环境问题发展的几个阶段和特征见表2-1。

表2-1 人类文明发展史中环境问题的几个阶段和特征

文明类型	采猎文明	农业文明	工业文明	现代文明
社会形态	原始社会	农业社会	工业社会	知识社会
对自然的态度	依赖自然	改造自然	征服自然	善待自然
生产特点	生产力低下，活动范围很小	用比较简单的劳动工具，活动范围较小	广泛应用机械设备，生产力提高，活动范围扩大	信息技术促进生产力水平极大提高
主要活动	天然食物的采集和捕食	从事农业和畜牧业生产，开始改造自然	工业化大生产大量使用化石燃料	工农业生产不断扩大，能源需求猛增
环境破坏程度	萌芽	严重	恶化	缓解
环境问题	生产资料缺乏，滥用资源	生态平衡失调，出现局部环境污染	从地区性公害到全球性灾难	环境污染，人口爆炸，资源枯竭，能源短缺，粮食不足
人类对策	听天由命	牧童经济	环境保护	可持续发展

二、中国当代的环境问题

2000 年 11 月 26 日，我国颁布了《全国生态环境保护纲要》，高度概括和总结了我国生态环境保护与建设的成绩，客观地反映了当前我国生态环境保护与建设中存在的 系列问题，明确了生态保护的指导思想、目标和任务，要求开展全国生态功能区划工作，为经济社会持续、健康发展和环境保护提供科学支持，这是全面实施生态保护与污染防治并重、生态保护与生态建设并举方针的一个具有全局性、指导性和可操作性的纲领性文件，为进一步加强生态环境保护工作作出了明确的政策规定。

中国面临的环境问题复杂多样，是在特定的历史条件和社会背景下产生，长期积累的结果。在自然生态环境破坏问题上主要包括土壤环境破坏、水环境破坏、草原退化、森林锐减、生物多样性减少等；在以城市为中心的环境污染问题上主要包括水污染、大气污染、固体废弃物污染。两类环境问题互相交叉，相互影响，交织在一起，使得中国面临的环境问题十分严峻。当前，生态破坏的范围和程度也在扩大和加深；以城市为中心的环境污染仍在发展，并向农村蔓延，一些经济发达、人口稠密地区的环境污染问题尤为严重。环境污染和生态破坏已经成为制约国民经济发展和影响社会稳定的重要因素。

（一）生态破坏问题

生态环境直接关系到经济的可持续发展、社会的稳定和人类的生存。生态环境问题是伴随着人类社会产生并不断发展的。广义的环境问题是指由自然或人为原因引起生态系统破坏，直接或间接影响人类生存和发展的一切现实的或潜在的问题。狭义的环境问题是指由于人类的生产和生活方式所导致的各种环境污染、资源破坏和生态系统失调。生态破坏是指人类活动直接作用于自然生态系统，造成生态系统的生产能力显著减少和结构显著改变，从而引起的环境问题。我国因开发活动造成的自然生态环境破坏问题十分突出。我国以水土流失、土地沙漠化、土壤盐渍化、耕地肥力下降为标志的土壤环境破坏日趋严重；以河流断流、湖泊萎缩、湿地面积骤减、地下水位下降、水质恶化、生态功能退化为主的水环境破坏不断加剧；同时，草原退化、森林锐减、生物多样性减少等生物资源破坏问题也非常严重。因生态环境恶化给国民经济和人民生活造成巨大损失。生态环境的保护和恢复已成为关系到我国经济、社会的可持续发展，关系到国家安全和民族生存的紧迫任务。

1. 土壤环境破坏日趋严重

一是水土流失。长期以来，由于无休止的滥垦乱伐，陡坡开荒，过度放牧等违背自然规律的掠夺性开发，导致我国严重的水土流失，造成土地资源的严重破坏，洪水肆虐，河床淤高，湖泊水库淤积，导致山区滑坡或泥石流频频发生，直接威胁人民生命财产的安全。水土流失又致使土壤跑水、跑土、跑肥，作物减产，恶化了生产、生活环境，动摇了农业基础。

二是土地退化。随着森林和植被的破坏，水土大量流失，土地发生沙化，农田和庄稼被流沙吞没。土地沙漠化是土地荒废的最终形态。自然的沙漠化现象是一种以数百年到 1000 年为单位的漫长的地表变化，而现在发生的人为的沙漠化则是以 10 年为单位，成为看得见的土地荒废。中国是沙漠化极其严重的国家。我国的土地退化较为突出，主要表现在土壤盐渍化和土壤肥力下降。由于不合理灌溉，我国耕地中的次生盐碱化土壤面积迅速增加，每年因次生盐渍化废弃的灌溉土地达 20 万~30 万公顷。因此，我国的耕地面积在不断减少。

2. 水环境破坏不断加剧

中国的水资源人均占有量少，加上水资源在时间和空间上分布的不均匀性，水资源短缺的矛盾十分突出。近年来，由于水资源分配不适当，引起一些河流断流，不仅严重影响两岸城乡生产和人民生活的正常进行，而且加剧了流域的生态环境恶化和各方面用水的紧张状况，导致日益严重的经济、社会问题，显著改变了河流泥沙冲淤规律，使河道趋于萎缩，行洪能力降低，极大地增加了洪涝灾害险情。

3. 生物资源破坏十分严重

生物资源是生态环境中最活跃的因素，对生态环境的影响也是最大的，我国生物资源破坏问题十分严重。

一是森林资源遭受严重破坏。中国属于森林资源较少的国家，森林覆盖率远低于世界平均水平。人均森林面积仅相当于世界人均森林面积的 1/9。由于一些地方森林资源的过量采伐、乱砍滥伐、集体盗伐，随意侵占、破坏林地资源，加上森林火灾和病虫害等原因，使森林面积大量减少，森林资源尤其是对于保护生态环境至关重要的天然林破坏严重。

二是生物多样性受到严重破坏。生物多样性是可持续发展基本的自然基础，但随着科学技术的进步和工业建设的发展，人类对动植物资源的破坏与日俱增。在中国，森林减少，荒地开垦、草原退化，农药、杀虫剂的大量使用，尤其是人为对动植物资源的滥捕、滥捞、滥采、滥伐，使大量动植物的生存环境不断缩小，造成种群减少甚至消失，生物多样性损失严重。

三是草原退化导致沙尘暴频发。由于自然因素和人为原因，中国的草原遭到了空前的破坏，已有 90% 的草原存在着不同程度的退化，草原沙尘暴频繁发生且波及的范围越来越广，造成的损失愈来愈严重。

通过上述对中国环境问题的分析，让人们意识到了保护中国环境迫在眉睫，因此，要采取有效措施，正确处理经济建设与人口、资源、环境的关系，把控制人口增长、节约资源、保护环境纳入经济和社会发展战略之中，实现经济社会长期持续的发展。

（二）环境污染问题

环境污染指人类活动的副产品和废弃物进入物理环境后，对生态系统产生的一系列扰乱和侵害。从整体上看，近年来，我国的环境污染仍在加剧，环境质量呈恶化趋势，固体废弃物污染量大面广，噪声扰民严重，环境污染事故时有发生。随着中国工业化进程的加快、化肥农药用量急增、城市化水平提高、机动车大幅度增加等原因，向环境中排放的污染物逐年增加，导致严重的环境污染。中国环境污染的规模居世界前列，尤其是水污染、大气污染、固体废弃物污染较为严重。

1. 水污染

我国是世界上缺水严重的国家，虽然水资源总量为世界总量的第六位，但人均淡水资源占有量只有世界平均水平的1/4，是世界缺水国之一。随着城市发展和人民生活提高、城市人口增加，缺水势将扩大；由于缺水得不到充足灌溉，造成粮食产量降低。从水资源质量看，我国的水环境局部有所改善，但水环境整体上呈恶化趋势。许多化学废弃水随意排放，甚至污水混杂在清洁的水质中使清水变污水，这也使人们的饮用水受到很大的影响。水污染已成为水资源利用中的一大障碍，成为威胁人民健康和制约社会经济发展的重要因素之一，大量未经处理的废水排入江、河、湖、海、水库等水体，造成了严重的水环境污染。

2. 大气污染

目前，中国能源结构以煤为主，占一次能源消费总量的75%，中国大气污染主要是由燃煤造成的，属于能源结构性的煤烟型污染。主要污染物是烟尘和二氧化硫，以烟尘和酸雨污染危害最大并呈发展趋势。随着中国经济社会的高速发展，以煤炭为主的能源消耗大幅度上升，最终导致由烟煤燃烧向大气排放的烟尘量增加，大气污染程度随能源消耗的增加而不断加重。

城市大气污染的主要来源是工业排放和机动车尾气排放，随着城市机动车数量的迅速增加，汽车尾气污染呈发展趋势，城市大气中的氮氧化物浓度逐年递增。因此，交通污染也成为大气污染的原因之一。

3. 固体废弃物污染

固体废弃物包括城市垃圾和工业固体废弃物，是随着人口增长和工业的发展而日益增加的，近年来，全国工业固体废物的产生量、排放量、累计堆存量一直呈上升趋势。由于生活垃圾综合利用和无害化处理率低，露天简单堆放的垃圾不仅影响城市景观，同时污染了大气、水和土壤，对城镇居民的健康构成很大威胁，垃圾已成为城市发展中棘手的环境问题之一。化学工程的大力发展，而污染物、废弃物的肆意放置严重地影响了土质问题，研究发现，在土壤中重金属的含量十分高，而大部分土壤又是经过大量的污水灌溉，使土质问题受到影响，甚至一些植物是受到污染成长的，给人们的饮食带来很大的隐患。

4. 城市噪声污染

随着中国城市交通运输和城市建设事业的不断发展，城市噪声已成为扰乱人民生活和身心健康的重要问题。全国的城市道路交通噪声大部分超过70dB 限值，生活噪声大部分超过55dB 限值，全国约 2/3 的城市人口暴露在较高的噪声环境中。

【扩展阅读】

地球上还有干净的地方吗？[①]

地球上还有干净的地方吗？回答只能是否定的。这里所说的干净，系指没有受到人类生活与生产污染的地方，它完全处于一种纯净的自然状态。

人类居住的地方，污染天天在发生，污染的程度在日趋加重。当人们发现污染已经危及自身生存的时候，决心去治理，一个意味深长的口号便是"可持续发展"。环境保护和环境治理之所以越来越受到重视，大家都觉得要加强，就是因为污染问题太严重了。究竟有多么严重？不妨看看人迹罕至的南极、北极、珠峰的污染状况。

南极污染

研究人员发现，在南极半岛，澳大利亚戴维斯站，美国的麦克默多站附近，均发现有"滴滴涕"与"六六六"的存在。他们还分析采集了麦克默多站以北 600 多千米的哈利特角，也发现有"滴滴涕"。巢居在帕尔默站附近的黄蹼海燕体内同样含有"滴滴涕"。可以说，南极越是接近人类长期生产和生活的地方，污染就越严重。

如果将南极的污染与人类世居的环境作对比，会更让人感到吃惊。有关研究人员把从南极采集的样品与采自青岛的样品作了对比分析后，认为南极半岛海藻内的"六六六""滴滴涕"的含量均要比青岛太平角的海藻低一个

---

① 张继民. 地球上还有干净的地方吗 [J]. 生态环境与保护，2002（7）.

数量级。戴维斯站的海藻的"六六六"的含量是青岛太平角海藻的1/20。渤海湾的毛蚶体内"滴滴涕"浓度比戴维斯站蛤和海胆高20多倍。

在南极这块不毛之地，从无农业耕作，这些农药是怎样来的呢？研究人员认为，一种是携带而入。例如20世纪70年代中期，新西兰一直在开往南极的船上喷洒"滴滴涕"，包括运往多梅·卡莱尔建立雪样采集设备的包装箱上。农药在南极更大范围的污染则是通过大气环流实现的。农民及其相关人员在使用"六六六"和"滴滴涕"时，往往采用喷洒式。其中相当部分的微粒随气流飘入南极上空，然后通过大气沉降作用和降雪等途径落在南极大陆以及周围海域。研究人员指出，有机氯沾污物在南极还会继续增加，这是由于南极气压比污染源国家的要低，使得有机氯化合物一旦到达南极，就很可能滞留下来。其中相当部分的微粒随风飘入南极上空，然后通过大气沉降作用和降雪等途径落在南极大陆以及周围海域。

南极考察人员对南极的污染同样感到触目惊心。最为典型的例证是1989年1月阿根廷补给船"马希亚·帕雷索"号在美国帕尔默附近海域触礁，漏油高达72.75万升。这次漏油事故"使得南极臭氧耗竭和商业性磷虾渔业的生态影响研究项目的进展严重受阻"。其实，关键是对邻近海区海洋环境的破坏，至今也难以作出准确的评估。

美国环境防护基金会的小布鲁斯·S.曼海姆曾指责美国国家基金会在保护南极环境上所做的种种不负责任的行为。如麦克默多站上的考察人员就在罗斯岛上用1814.4千克的炸药起爆31.8千克的有毒化学废物，爆炸后留下一个12.2米宽、3米深的大坑。有毒化学品被起爆后升上高空，然后四散飞扬。这种做法所造成的不仅仅是化学污染，还有物理污染。有一点是可以肯定的，即世界各国在南极设立的各考察站，只要在南极存在一天，就是一个污染源。南极的污染程度相对来说，还是比较轻微的，它体现了人类的自觉行为。人们永远不能忘记1959年12月1日订立于华盛顿、1961年6月23日生效的《南极条约》。倘若没有它来约束各个相关国家，南极的污染要比现在严重得多。

不可否认，这些条款对于保护南极环境发挥了至关重要的作用。武器试验特别是核武器试验，其放射性污染、化学污染和物理噪声污染是最为强烈的。不允许缔约国对南极提出主权要求，从而消除了一些国家移民南极所造成的生活污染。任何对南极动植物的危害，只要被发现，无不受到世界舆论的谴责。在南极矿产资源开发上，前些年相关国家也取得共识，即50年内不对南极的煤、石油等矿产资源实施开采，这又大大减少了对南极的污染。

北极污染

北极污染要比南极污染严重得多，主要是由以下原因造成的。

一是不少国家多年来在北极肆无忌惮地开采煤、天然气和石油等矿产资源，出于生产的需要，还要修筑铁路、铺架管网、修建机场等，从而导致了北极的污染。北极工业发展还带来了另一恶果即北极烟雾。烟雾由悬浮在空中的颗粒组成，其中的二氧化硫占30%。这些污染是俄罗斯西部地区和欧洲国家共同造成的。从格陵兰岛采集到的冰芯已经明确地显示出，从1952年到1977年的25年间，由于欧洲二氧化硫排放量剧增，导致北极的污染增加75%。

二是意外事故污染。"爱克森·瓦尔迪兹"号油轮撞在布赖礁上，造成1090加仑的原油泄漏。1984年12月和1986年2月，苏联和美国的各一艘巡洋舰在北极冰海沉没，在核污染方面，北极也没有免灾。苏联"宇宙954号"卫星返回地面时坠落，大量放射性碎片坠落在加拿大北部地区。1986年4月26日，苏联切尔诺贝利核电站发生的震惊世界的核泄漏，同样污染了北极。

三是芬兰、挪威、瑞典、加拿大、美国、冰岛等多个国家的人口深入北极，有的还延展到北极圈内。在挪威的北部小城特罗姆瑟就能看到，这个位于北纬68度的地方，竟然居住着6万多人口。既然北极有大量的人口居住，严重的污染就不可避免。

北极污染是立体的。天上有二氧化硫等有害物质组成的烟雾，冰雪表面是工业与生活垃圾，水下是化学与重金属污染。就北极的污染而言，主要是北半球工业发达国家从20世纪30年代到70年代干的。环境问题是世界上最不公平的问题。例如北半球工业发达国家早年污染了包括北极在内的北方地区的环境，承受者却是国际社会，就是说穷国和富国都要去接受环境污染。处于自然经济的国家，它们对于环境的破坏总是十分有限的，这是由它们落后的生产力决定的。

珠峰污染

除了南极、北极，地球三极还包括青藏高原。以珠穆朗玛峰为例，经科学家对珠峰取得的环境样品测试，这个地球第一高峰污染也在加重。

俗称"砒霜"的砷，多存在于火山灰硫黄中和煤的燃烧中。1975年，珠峰砷的污染平均值是每升水中含砷1.33微克；1992年已上升到14.9微克。而南极冰海中砷的含量，每升水中仅为3.7微克。

产生于电解铜阳极泥和硫酸厂烟道灰中的硒，1975年珠峰每升水中的含量小于0.05微克，到了1994年则小于0.2微克，上升了4倍。

汞的含量，珠峰每升水中为0.17微克，长江、黄河则小于0.2微克。

科学家测定酸度的大小，以 pH 值来表示。按相关规定如果降水中的 pH 值小于 5.6，就被视为有害的酸雨。采自海拔 6000 米珠峰的积雪样 pH 值竟然为 5.85。

研究人员认为，珠峰的污染来自两方面：一是人为活动。海湾战争中，科威特油田燃起大火，其滚滚的浓烟在西风的作用下，飘向珠峰，作部分沉降。二是自然灾害。菲律宾皮纳图博火山的喷发，其火山灰在东南风的作用下也飘向珠峰，并随着降雪过程污染珠峰。频繁的登山活动同样给珠峰带来污染，主要是登山者往往将多余的食品、油料、救护用具等随手扔掉。

由于寒冷，南极、北极和珠峰的自净能力是十分有限的。在炎热的大陆夏季，一个香蕉皮四五天就可被微生物所分解。而在南极冰原上，则需要 180 年。总之，环境污染已成为悬在人们头上的达摩克利斯剑，再不加以控制，人类就会毁掉自己。

三、解决环境问题的思想

当前，中国已进入环境污染事故高发期，正以历史上最为脆弱的生态系统，养育着最多的人口，承受着前所未有的发展压力。中国环境问题的要害主要在于四个方面：一是人口基数大，净增人口多；二是城市化进程快，使汽车使用量、城市污水量和垃圾量也大大增加；三是经济增长快，而产业结构中重化工型产业比重大，能源需求多，污染排放量大，能源结构中对煤的依赖程度又高，这些结构性污染要花很大力气才能逐步克服；四是综合决策的机制尚未建立完善。我国的环境还在继续恶化，很多政策得不到落实，出现这些问题的根源在于体制，而解决环境问题的基本思想是完善体制的前提。

（一）正确把握人与自然的关系

环境问题产生的根源在于人类思想或人类哲学深处的不正确的自然观和人地关系观。环境管理就是通过对人们自身思想观念和行为进行调整，以求达到人类社会发展与自然环境的承载能力相协调。它是人类有意识的自我约束，主要通过行政、经济、法律、科学技术和宣传教育等手段的综合运用来实现。

人与自然关系的发展是一个辩证的历史过程。人类对人与自然关系的认识经历了古代的以对自然的敬畏崇拜服从为特征的"自然中心主义"思想、近代的以对自然的征服控制支配为特征的"人类中心主义"思想之后，正走向当代的以对自然的友好共生发展为特征的"人与自然和谐"

思想。人与自然关系的变化发展不断改变着人与人的关系，同时也不断加深人对自己主体性的理解和自身本质的把握，不断调整人与人、人与社会、人与自我的关系，将人之为人的认识提高到新的境界。

人类摆正了人与自然的关系，以人性的方式和人道的方式认识人、对待人、教育人，真正促进人的自由而全面的发展和社会的和谐进步，使人性之自然属性与社会属性真正在实践中得到具体历史的统一。人类的环境观也称自然观或人地关系论，是指人类在长期与环境的共存与斗争中逐渐认识环境而形成的，人类对与其赖以生存的环境相互关系的基本认识。

表2－2　两种不同的环境观

	传统的环境观	新的环境观
人地关系	人地对立	天人合一，人地归一
基本观点	征服自然。砍伐森林、开垦草原、开发矿山、拦河筑坝、移山填海	人类只有保持同自然界（环境）的平衡与协调，才能生存与发展
后　果	资源枯竭和环境破坏向人们发出警告，公害病频发就是对人类的报复。人们不得不对自己"征服自然"的行为进行反思	良性方向发展

当代环境管理的实质，是将人与自然的关系协调到有利于人类生存发展的和谐状态。目前，我国正在通过加快推进生态文明建设，通过节能减排、防治污染、建立资源节约型技术体系和生产体系、实施生态工程等措施，推动整个社会走上生产发展、生活富裕、生态良好的文明发展道路。环境管理在这一社会发展进程中扮演着重要角色，发挥着重要作用。

生态文明是环境管理的价值内涵。生态文明是人类在改造客观世界的同时，又主动保护客观世界，通过自觉遵循生态规律来优化人与自然的关系，实现人与自然相和谐、经济社会发展与生态环境保护相协调所取得的物质与精神成果的总和。生态文明是一种继农业文明、工业文明之后的新型人类文明形态，具体体现在经济建设、政治建设、文化建设和社会建设当中，成为经济建设、政治建设、文化建设和社会建设的价值基础。

人们通过对自身的生产方式、生活方式和科学技术进行生态化改造，使之符合生态规律，优化了人与自然的关系，增强了自然生态系统自身的生产能力、自净能力和稳态反应能力，为人类经济社会的可持续发展提供了自然基础。例如，在政府主导下制定和实施集"污水治理""资源保护"与"水景绿化"于一体的湿地生态工程，构建与自然环境相适应的绿色风景线和生态走廊，就是通过环境管理将污水处理技术进行符合湿地生态规律的生态化改造的过程。人们的思维方式、行为模式和社会管理制度符合生态规律，实现了思维方式、行为模式和社会管理制度的生态化。例如，运用生态系统方法和理念来设计环境管理体制，在谋求经济社会发展的同时充分尊重生态演变规律并付诸实践，就是环境管理制度生态化的具体表现。人们的知识结构与水平充实和丰富了生态化内涵，生态哲学、生态伦理学、生态政治学、生态经济学、生态工程技术等新兴学科领域崛起，推动了人类知识和技术领域的全面进步。

（二）解决环境问题的主要路径

中国环境问题的产生原因很多，例如环保法律与体制不得力、地方保护主义、技术落后等，但其根源是扭曲的发展观。

1. 通过政策法规解决环境问题

要加强对环境资源整体性综合法律调整的立法，针对资源环境法律存在规定"软"、权力"小"、手段"弱"等问题，及时修订相关资源环境法律，明确落实地方政府在地方环境保护工作中应负的责任。同时，政府应让非政府组织和媒体获得更大的言论自由，检举那些违反环境法律的企业和机构，从而给公民保护清洁环境的权利以更多的支持。

2. 通过科学发展解决环境问题

可持续发展是一个涉及经济、社会、文化技术和自然环境的综合概念。其基本思想是鼓励经济增长，保证资源的可持续利用和良好的生态环境，谋求社会的全面进步。1987年世界环境和发展委员会在《我们共同的未来》中提出"可持续发展是既满足当代人需求，又不损害满足下一代人需求能力的一种发展"。可持续发展在代际和代内公平方面是一个综合的概念，它不仅涉及当代的或一国的人口、资源、环境与发展的协调，还涉及同后代的和国家或地区之间的人口、资源、环境与发展之间矛盾的冲突。可持续发展并不是要求某一种经济活动永远运行下去，而是要求不断地进行内部的和外部的变革，即利用现行经济活动剩余利润中的适当部分再投资于其他生产活动，而不是被盲目地消耗掉。可持续发展的实施是一项综合的系统工程，包含了"政府调控行为、科技能力建设和社会公众参与"三位一体的复杂过程，实施可持续发展战略就意味着一个国家或地区的经济发展和社会发展进程要从现在正在运行中的传统模式转变到一个变化很大的新的模式中去。

（1）大力发展循环经济

循环经济要求遵循自然生态规律，运用工业生态学理论建立生态工业运作模式，促进大量生产、大量消耗和大量废弃的传统工业经济体系转轨到物质的合理使用和不断循环利用的生态经济体系，为传统经济转向可持续发展的经济提供了新的理论模式和操作路径。循环经济最基本的要求就是遵循生态学规律，合理利用自然资源和环境容量，在物质不断循环利用的基础上发展经济，使经济系统和谐地纳入自然生态系统的物质循环过程中，实现经济活动的生态化。发展循环经济是实现经济、社会和环境"共赢"的重要措施，是建设环境友好型社会的经济基础。

（2）加快生态文明建设

要通过各种渠道和形式广泛宣传普及生态知识、可持续发展理念和环保知识，引导社会公众树立现代生态价值观，倡导文明的生活方式和绿色消费理念，大力倡导适度消费、公平消费和绿色消费，反对和限制盲目消费、过度消费、奢侈浪费和不利于环境保护的消费。生态文明建设表现在环境方面就是"环境友好型社会"的建设：一是指全社会都采取有利于环境保护的生产方式、生活方式和消费方式，建立人与环境良性互动的关系；二是指良好的环境也会促进生产、改善生活，实现人与自然和谐。建设环境友好型社会就是要以环境承载力为基础，以遵循自然规律为准则，以绿色科技为动力，倡导环境文化和生态文明，构建经济社会环境协调发展的社会体系，实现可持续发展。

（3）完善绿色核算体系

以绿色产品和环境标志为引导，大力提升我国产品的质量。调整产业结构，使污染少的高新技术产业和绿色产业的成本优势得到强化。通过自主创新实现经济社会持续和协调发展，发展高附加值、高技术含量的产品。要建立适合自己的绿色国民经济核算体系和绿色会计体系，把不可再生资源的损耗、可更新再生资源的消耗、环境的破坏与修复改善、污染的治理作为社会成本列入核算体系。使资源与环境商品化、价格量化逐步实现消耗资源和破坏环境的有偿化，实现资源的有效管理和节约利用，走经济的可持续发展之路。这就需要搭建统一的工作平台，选择合适的目标模式，确定研究的重点与范围，构建科学完整的环境资源统计指标体系。

3. 通过科学技术解决环境问题

环境问题，必须采用科学技术有针对性地解决。例如，大气环境污染，可以大力发展清洁能源，改善能源消费结构，减少煤炭的直接消费，提高燃气、电力等清洁能源消费的比例；淘汰落后生产工艺，淘汰效率低下的设备，采用环保的清洁工艺，最大限度地减少能源和资源的浪费，从根本上减少污染物的产生和排放，加强大气污染防治实用技术的推广，开发推广技术可靠、经济合理、配套设备过关的大气污染防治技术。

第二节　环境保护发展历程

人类是环境的产物，人类要依赖自然环境才能生存和发展；人类又是环境的改造者，通过社会生产活动来利用和改造环境，使其更适合人类的生存和发展。殡葬离不开环境，殡葬活动带来许多环境问题，它的解决有赖于人们采取一系列的具体行动，这些具体行动也是殡葬环境保护的内容。

环境保护（environmental protection）是人类为解决现实的或潜在的环境问题，维持自身的存在和发展而进行的各种具体实践活动的总称。环境保护涉及范围广（自然科学和社会科学的许多领域）、综合性强，有其独特的研究对象。这些实践活动是利用环境科学的理论和方法，协调人类与环境的关系，解决各种问题，保护和改善环境的一切人类活动的总称。环境保护主要采取行政的、法律的、经济的、科学技术的多方面的措施，合理地利用自然资源，防止环境污染和破坏，以求保持和发展生态平衡，扩大有用自然资源的再生产，保证人类社会的发展。根据《中华人民共和国环境保护法》的规定，环境保护的内容包括保护自然环境和防治污染及其他公害两个方面。也就是说，要运用现代环境科学的理论和方法，在更好地利用自然资源的同时，深入认识、掌握污染和破坏环境的根源和危害，有计划地保护环境，恢复生态，预防环境质量的恶化，控制环境污染，促进人类与环境的协调发展。

中国的人口众多，人均资源少，大气污染、水污染、土地退化和生态破坏等问题都很突出。中国面临着比其他国家更为严峻的资源匮乏与经济增长的压力，中国在改革开放中面临着人口、资源、环境与粮食的四大困境，应实行以"低度消耗资源的生产体系；适度消费的生活体系；使经济持续稳定增长、经济效益不断提高的经济体系；保证效率与公平的社会体系；不断创新、充分吸收新技术、新工艺、新方法的适用技术体系；促进与世界市场紧密联系的、更加开放的贸易与非贸易的国际经济体系；合理开发利用资源、防止污染、保护生态平衡"等方面为特征的发展战略。

一、人类环境保护的总体发展

环境保护，就是人类根据现在的环境污染问题，制定一定的预防和治理措施，协调人类生存发展和自然环境的关系，以谋求自然环境与人类社会的和谐发展。同时，环境保护又是人类自觉寻求对自然环境的合理利用的过程，尽可能地防止在资源利用的过程中破坏生态环境，为人类的生存营造更加适宜的自然环境，此外，还要对已污染的环境做好综合治理工作，利用多种途径和手段实现对现在已经污染的环境改造和恢复。

（一）人类环境保护的历史阶段

环境问题贯穿于人类发展的整个历程。依据环境问题产生的先后和轻重程度，环境问题的发生与发展可大致分为三个阶段：自人类出现直至工业革命为止，是早期环境问题阶段；从工业革命到1984年发现并于1985年证实南极臭氧空洞为止，是近现代环境问题阶段；从1985年证实南极臭氧空洞，引起第二次世界环境问题高潮至今，是当代环境问题阶段。

1. 环境保护的萌芽

环境问题可以追溯到遥远的农业革命以前。在农业革命以前，人与自然的关系曾经历了一次以能够利用"制造工具用的工具"为标志的历史性大转折。人类从大约在170万年前就开始利用火，人类由被动适应环境转向主动改造环境，开始了征服自然、驾驭自然的艰难而漫长的历程。伴随着火的利用和工具的制造，人类征服自然能力的提高，人类对环境的破坏也就出现了。在农业革命以前，人类活动的范围只占地球表面的极小部分，人类对自然的影响力很低，还只能依赖自然环境，以采集和猎取天然动植物为生。此时的环境问题，地球生态系统还有足够的能力自行恢复平衡。所以，在农业革命以前，环境基本上是按照自然规律运动变化的，人在很大程度上仍然依附于自然环境。

农业革命以后，情况有了很大变化。一是人口出现了历史上第一次爆发性增长，由距今1万年前的旧石器时代末期的532万人增加到距今2000年前后的1.33亿人。人口数量大大增加，对地球环境的影响范围和程度也随之增大。二是人们学会了驯化野生动植物，有目的地耕种和驯养成为人们获取食物的主要手段，使人类的食物来源有了保障。随着耕种作业的发展，人类利用和改造环境的力量与作用越来越大，与此同时也产生了相应的环境问题。由于生产力水平低，人们主要是通过大面积砍伐森林、开垦草原来扩大耕种面积，增加粮食收成，加上刀耕火种等落后生产方式，导致大量已开垦的土地生产力下降，水土流失加剧，大片肥沃的土地逐渐变成了不毛之地。为了农业灌溉的需要，水利事业得到了发展，但又往往引起土壤盐渍化和沼泽化等。生态环境的不断恶化，不仅直接影响到人们的生活，而且在很大程度上影响到人类文明的进程。

在农业社会，生态破坏已经到了相当的规模，并产生了严重的社会后果。特别是农业社会末期，还出现过污染问题。在农业文明时代，主要的环境问题是生态破坏，污染问题仅在一些人口集中的城市比较突出，并引起人们的重视，采取了一些防治措施。例如，公元前18世纪巴比伦奴隶王国的《汉谟拉比法典》就禁止鞋匠住在城内，以免对城市生活环境造成污染；14世纪初，英国议会颁布法令，禁止伦敦制造业在国会会议期间烧煤，以保持大气的清洁。

2. 环境保护的兴起

18世纪兴起的工业革命，促进了城市化的发展和科学技术的进步，使人类的生活水平大为提高，人类文明进入一个前所未有的高度。

随着工业化的不断深入，生态破坏和污染问题加速发展，形成了大面积乃至全球性公害。西方国家首先步入工业化进程，最早享受到工业化带来的繁荣，也最早品尝到工业化带来的苦果。在工业发达国家，20世纪五六十年代开始，"公害事件"层出不穷，导致成千上万人生病，甚至有不少人在"公害事件"中丧生。人们虽然从工业化中得到了一些物质利益，却破坏了大量宝贵的自然资源和人类赖以生存的环境，使发展中国家面临发展与环境的双重压力。

污染问题之所以在工业社会迅速发展，甚至形成公害，与工业社会的生产方式、生活方式等有着直接的关系。工业社会是建立在大量消耗能源、尤其是化石燃料基础上的，工业产品的原料构成主要是自然资源，特别是矿产资源。环境污染还与工业社会的生活方式、尤其是消费方式有直接关系。环境污染的产生与发展还与人类对自然的认识水平和技术能力直接相关。

由于公害事件不断发生，范围和规模不断扩大，越来越多的人感觉到自己是处在一种不安全、不健康的环境中，加上社会舆论的广泛宣传，公众环境意识的不断提高，人们已不再满足于单纯物质上的享受，而开始渴望更高的有利于身心健康的生活环境和生活方式。于是，自20世纪60年代以来，先是在西方发达国家，人们要求政府采取有力措施治理和控制环境污染，逐渐掀起了一场声势浩大的群众性的反污染反公害的"环境运动"，不仅广泛唤起民众环境意识的觉醒，而且为斯德哥尔摩联合国人类环境会议做了舆论上的准备。

3. 环境保护的发展

1984年英国科学家研究提出"臭氧层空洞"问题，1985年英国南极考察队在南纬60度地区观测发现臭氧层空洞，引起世界各国极大关注，引发新一轮世界环境问题高潮，其核心是与人类生存休戚相关的"全球变暖、臭氧层破坏和酸雨沉降"三大全球性环境问题。这一轮环境问题不仅是小范围（如城市、河流、农田等）的环境污染问题，而且是大范围的乃至全球性的环境问题；不仅对某个国家、某个地区造成危害，而且对人类赖以生存的整个地球环境造成危害。无论是发达国家还是发展中国家，环境恶化都已成为制约经济和社会发展的重大问题，人类的生存与发展正面临着前所未有的严峻挑战。

（二）人类环境保护的三个路标

1962 年，美国海洋生物学家雷切尔·卡尔逊（Rachel Carson，1907—1964）出版了引人注目的《寂静的春天》（Silent Spring），向人们展示了过度喷洒滴滴涕、六六六等合成化学药品所带来的环境后果，首次由一位科学权威人士向世界揭示：无限制地滥用化学制品将对人们的生活质量造成危害。

1. 斯德哥尔摩人类环境会议（1972 年）

高速的经济增长，不仅加剧了通货膨胀、失业等固有的社会矛盾，而且加剧了南北差距、能源危机、环境污染和生态破坏等更为广泛而严重的问题。1972 年 6 月 5 日，联合国在瑞典斯德哥尔摩召开的人类环境会议，就是在这种背景下召开的，这是国际社会就环境问题召开的一次世界性会议，标志着全人类对环境问题的觉醒，是世界环境保护史上的一个路标，又被称为世界环境保护史上第一个里程碑。这次会议共有 113 个国家和一些国际机构的1300 多名代表参加，会议的目的是寻求人类未来的发展道路。出席会议的代表广泛研讨并总结了有关保护人类环境的理论和现实问题，制定了对策和措施，提出了"只有一个地球"的口号，并呼吁各国政府和人民为维护和改善人类环境，造福全体人民，造福子孙后代而共同努力。

联合国人类环境会议对推动世界各国保护和改善人类环境发挥了重要作用和影响。会议主要成果集中在两个文件中，其一是受联合国人类环境会议秘书长委托，为大会提供的一份非正式报告《只有一个地球》；其二是大会通过的《人类环境宣言》。

《只有一个地球》是在 58 个国家 152 位成员组成的通讯顾问委员会的协助下，由生物学家巴巴拉·沃德和雷内·杜博斯主编完成的，该书作为人类环境会议的背景材料，提出环境问题不仅是工程技术问题，更主要的是社会经济问题；不是局部问题，而是全球性问题。这是第一本关于人类环境问题的最完整的报告。书中不仅论及最明显的污染问题，而且还将污染问题与人口问题、资源问题、工艺技术影响、发展不平衡，以及世界范围的城市化困境等联系起来，作为一个整体来研究和探讨。

考虑到需要取得共同的看法和制定共同的原则以鼓舞和指导世界各国人民保持和改善人类环境，这次会议通过了著名的《人类环境宣言》，强调了"保护和改善人类环境是关系到全世界各国人民的幸福和经济发展的重要问题，也是全世界各国人民的迫切希望和各国政府的责任"。《人类环境宣言》警告说："在现代，人类改造其环境的能力，如果明智地加以使用的话，就可以给各国人民带来开发的利益和提高生活质量的机会。如果使用不当或轻率地使用，这种能力就会给人类和人类环境造成无法估量的损害。"《人类环境宣言》规定的在保护和改善人类环境保护方面所应采用的共同观点和共同原则，成为世界各国在环境保护方面的权利和义务的总宣言，成为世界各国制定环境法的重要根据和国际环境保护的重要指导原则。

斯德哥尔摩人类环境会议的历史功绩在于，将环境问题严肃地摆在了人类的面前，唤醒了世人的警觉，引起了世界各国的广泛关注，使环境问题开始摆上各国政府的议事日程，并与人口、经济和社会发展联系起来，统一审视，寻求一条健康、协调的发展道路。为了纪念大会的召开，当年联合国大会作出决议，把 6 月 5 日定为"世界环境日"。

2. 里约热内卢环境与发展大会（1992 年）

1992 年 6 月 5 日在巴西里约热内卢召开联合国环境与发展大会（United Nations Conference on Environment and Development，简称 UNCED），183 个国家的代表团和联合国及其下属机构等 70 个国际组织的代表出席了会议，102 位国家元首或政府首脑亲自与会。这次会议是 1972 年联合国人类环境会议之后举行的讨论世界环境与发展问题的最高级别的一次国际会议，堪称人类环境与发展史上影响深远的一次盛会。会议期间，许多国家元首、政府首脑、政府代表团、国际组织代表、民间机构人士和新闻记者在讲话、发言或文章中，要求采取有效措施，解决日趋严重的全球环境问题，如大气污染加剧、酸雨范围扩大、淡水资源短缺、水土流失和沙漠化扩展、森林资源遭到破坏、野生动植物物种锐减、臭氧层耗损、危险废物扩散和全球变暖等。这些问题对人类生存与发展构成了现实的威胁，特别是使发展中国家处于贫穷和环境恶化的双重困境。这次会议的召开，标志着人类对环境问题的认识上升到了一个新的高度，是环境保护思想的又一次革命。

会议通过并签署了《里约环境与发展宣言》《21 世纪议程》《关于所有类型森林问题的不具法律约束的权威性原则声明》《气候变化框架公约》和《生物多样性公约》五个重要文件，这些文件充分体现了当今人类社会可持续发展的新思想，反映了关于环境与发展领域合作的全球共识和最高级别的政治承诺，为今后在环发领域开展国际合作确定了指导原则和行动纲领，也是对建立新的国际关系的一次积极探索。

《里约环境与发展宣言》重申了 1972 年斯德哥尔摩通过的联合国《人类环境宣言》，并"怀着在各国、在社会各个关键性阶层和在人民之间开辟新的合作层面，从而建立一种新的、公平的全球伙伴关系的目标"，为"致力于达成既尊重所有各方面的利益，又保护全球环境与发展体系的国际协定，认识到我们的家园——地球的整体性和相互依存性"，就加强国际合作，实行可持续发展，解决全球性环境与发展问题，提出了有关国际合作、公众参与、环境管理的实施等 27 项原则，成为环境发展领域开展国际合作的指导原则。

《21 世纪议程》是在全球、区域和各范围内实现持续发展的行动纲领，涉及国民经济和社会发展的各个领域。《关于森林问题的原则声明》提出了保护和合理利用森林资源的指导原则，维护了发展中国家的主权。《气候变化框架公约》的核心是控制人为温室气体的排放，主要是指燃烧矿物燃料产生的二氧化碳。《生物多样性公约》旨在保护和合理利用生物资源。《气候变化框架公约》和《生物多样性公约》在会议期间开放签字，这些会议文件和公约对保护全球生态环境和生物资源起到了重要作用。

里约会议的历史功绩在于，让世界各国接受了可持续发展（sustainable development）战略方针，并在发展中开始付诸实施，这是人类发展方式的大转变，是人类历史的新纪元。各国在环发大会上形成对可持续发展的共识，它既是人类在长期与自然相互作用中得出的理性认识和经验总结，也是代表不同利益的各国之间既有斗争又有合作的政治性谈判的产物。为此，环发大会倡导在这个共识的基础上，以新型的全球合作伙伴关系开展世界范围内的合作，为最终实现可持续发展的远大目标而共同努力。

3. 约翰内斯堡可持续发展首脑会议（2002 年）

联合国环境规划署（United Nations Environment Program，1973 年 1 月正式成立，是联合国统筹全世界环保工作的一个业务性的辅助机构，它每年通过联合国经济和社会理事会向大会报告自己的活动）发表的 2000 年环境报告指出，尽管一些国家在控制污染方面取得了进展，环境退化速度放慢，总体上全球环境恶化的趋势仍没有得到扭转。

2002 年 8 月 26 日至 9 月 4 日，由联合国组织召开的 21 世纪迄今级别最高、规模最大的一次国际盛会——约翰内斯堡可持续发展首脑会议在南非约翰内斯堡桑顿会议中心举行。会议涉及政治、经济、环境与社会等广泛的问题，全面审议了 1992 年联合国环境与发展大会通过的《里约宣言》《21 世纪议程》等重要文件和其他一些主要环境公约的执行情况，并在此基础上就今后工作提出具体的行动战略与措施，积极推进全球的可持续发展。9 月 3 日，中国国家领导人在约翰内斯堡可持续发展世界首脑会议上宣布，中国已经核准《〈联合国气候变化框架公约〉京都议定书》，这表明中国参与国际环境合作、促进世界可持续发展的积极姿态。

二、中国古代的环境保护思想

中国历史上的环境问题主要是人类活动特别是农牧业生产活动引起的对森林、水源及动植物等自然资源和自然环境的破坏。从远古时期起，人类的祖先就开始有了保护自然生态环境的思想。例如，上古时代，人们曾把山川与百神一同祭拜。《国语·论语》对《诗经》中"怀柔百川，及河乔岳"作了解释：九州名山川泽，是出产物质资源的地方，所以要祭祀。这说明当时的人们尊崇山川，主要因为山川是资源的产处。

我国早在春秋战国时代，先儒们就有了正确处理人与自然关系的论述。"春三月，山林不登斧斤，以成草木之长；夏三月，川泽不入网罟，以成鱼鳖之长"（《逸周书·大聚解》）和"竭泽而渔，岂不获得？而明年无鱼；焚薮而田，岂不获得？而明年无兽（《吕氏春秋》）"等古代朴素的辩证唯物主义思想至今仍有指导意义。但古代与现代关于人与自然的思想，大多建立在以人为中心和明显的功利主义之上，人与自然关系不是互相尊重、和谐相处的关系，而是索取和盘剥的关系。

从周代开始，人们在利用自然的同时，已开始有意识地保护自然界的生物资源，反对过度利用或肆意破坏。西周时期颁布的《伐崇令》规定："毋坏屋，毋填井，毋伐树木，毋动六畜，有不如者，死无赦。"这是我国古代较早的保护水源、森林和动物的法令，而且极为严厉。西周政府把对人口居住环境的考察和保护列入了西周的朝政范围，《周礼·地官》规定大司徒的职责，除掌管天下舆图与户籍外，还要"以土宜之法，辨十有二土之名物，以相民宅而知其利害，以阜人民，以蕃鸟兽，以毓草木，以任土事"。就是说大司徒的工作职责包括考察动植物的生态状况、分析其同当地居民的关系并对山林川泽和鸟兽等动物加以保护，使之正常繁衍，保持良好状态，最终使人们生活在良好的生态环境之中。

先秦时期，人们对生物资源的保护由不自觉的、模糊的阶段逐渐地发展到自觉的、比较清楚的阶段。到春秋战国时代，对生物资源的保护已具有明确的目的的、具体的规定，范围也相当广泛，并始终同经济发展相联系，达到了前所未有的高水平。当时，诸子百家对生物资源保护的认识也不一样，产生了不同学派之间的争论，从而又促进了资源保护思想的深化和提高。其中以春秋时齐国人管仲的观点最具代表性和影响力，他从发展经济、富国强兵的目标出发，十分注意山林川泽的管理及生物资源的保护，形成了一整套保护思想，认为山林川泽是"天财之所出"，是自然财富的产地，政府应当把山林川泽管起来。"为人君而不能谨守其山林菹泽草莱，不可以立为天下王。"管仲总结了前代帝王处置山林川泽的经验教训，明确提出并实行了保护生物资源的政策。他主张采用法律手段保护生物资源，建立管理山林川泽的机构，"春政不禁则百长不生，夏政不禁则五谷不成"，体现了保护和合理利用生物资源，使之正常增殖的思想认识。他把对生物资源的保护同经济发展和国计民生结合起来，成为富国强兵政策的一个重要组成部分。此外，管仲还十分注意环境卫生，甚至具体到水井的清洁。"公与管仲父而将饮之，掘新井而柴焉。"（《中匡篇》）说明当时人们已经知道用柴木盖井，保护饮用水源的清洁卫生。先秦关于保护生物资源的思想对后世产生了巨大的影响，并在以后的历史进程中得到了一定的发展。到了秦汉时期，保护生物资源的行动已由自发阶段进入了相当自觉的阶段，在理论上也达到了相当高的水平。西汉淮南王刘安的《淮南子》对先秦环境保护政策进行了系统总结，其中关于保护生物资源的一系列具体规定，体现了合理利用和保护生物资源与农业生产密切结合的特点，是古代生物资源保护政策的最完善的论述。

唐代和宋代对环境管理和生物资源的保护仍给予一定程度的重视。唐代不仅把山林川泽、苑圃、打猎作为政府管理的范围，还把城市绿化、郊祠神坛、五岳名山纳入政府管理的职责范畴，同时还把京兆、河南二都四郊300里划为禁伐区或禁猎区，从管理范围上超过了先秦时期。宋代也相当重视生物资源的保护，并注重立法保护，甚至以皇帝下诏令的方式，一再重申保护禁令；同时，还命令州县官吏以至乡长里长之类的基层官吏侦查捕拿违犯禁令的人，可见其认真程度及执法之严。从宋代起，人们对围湖造田导致蓄泄两误、乱砍滥伐导致水土流失的问题已经有所觉察，表明当时的有识之士对新出现的环境问题相当敏感。

明代对山林川泽的保护一直到仁宗（1378—1425）时期都承袭前代的有关规定进行管制，而且范围相当广泛。为了缓和"工役繁兴，征取稍急"的困难局面，减轻人民负担，仁宗朝廷就开始放弃或部分放弃了管制措施。"山场、园林、湖池、坑冶、果树、蜂蜜官设守禁者，悉予民"。由于弛禁湖泊，使许多湖泊被盗为田，破坏了生态平衡，造成了一些人为的自然灾害。据《明史·河渠志》记载，明英宗时巡抚周忱曾指出围湖造田的恶果："故山溪水涨，有所宣泄，近者富豪筑圩田，遏湖水，每遏泛滥，害即及民。"明代弛禁山林河泊，虽有某种不得已的原因，但确实是保护方面的倒退，对环境的损害很大。

清代人口猛增，又开放了东北、西北及江南许多草原或山地垦为农田，造成草原退化、沙漠扩展及林木破坏与水土流失，环境遭到进一步破坏。当时的一些有识之士已经看到了问题的所在，并提出了切中时弊的警告。清代散文家梅曾亮记述并分析了安徽宣城水土流失的状况及原因，指出开垦山地造成了水土流失并殃及平地农田。但是，所有这些警告并未引起清王朝的重视，不合理的垦殖仍在继续进行，对中国的环境带了巨大的灾难。

在对生态环境进行保护的同时，我国古代早就对生活环境进行管理，以防止人口集中造成的局部环境污染。殷商时期就有禁止在街道上倾倒生活垃圾的规定，而且视其为犯罪。《韩非子·内储说上》载："殷之法，弃灰于公道者断其手。"可见，当时人们已经严禁乱抛废物损害环境。战国时，商鞅在秦国实行法治，也规定了"步过六尺者有罚，弃灰于道者被刑"的法律。

在我国历史上，许多朝代都建立过管理山林川泽政令的机构，如虞、虞衡、虞衡清吏司等，还配备一定级别的官员，如虞部下大夫、虞部郎中、虞部员外郎、虞部承务郎等。这些机构和官员的职责还常常包括打猎、伐木、管理范围、负责某些物资的供应等。

【扩展阅读】

中国古代的自然观①

自古以来，中国人民追求人和自然的统一。中国古代关于人与自然关系的思想是相当丰富的，最具广泛影响的自然观是适应自然，认为人与自然可以相感相通，和谐相处。

古代最有代表性的天人关系学说就是"天人合一"，强调天道与人道，自然与人为的相通、相类和统一。天人合一思想源于战国时子思、孟子的学说，到宋代有了比较明确的理论意义。

天人合一的思想包括以下几个命题：人是自然界的一部分；自然界有普遍规律，人也服从这一普遍规律；人性即是天道，道德原则与自然规律是一致的；人生的理想是天人的协调与和谐。

中国古代的"天人合一"思想，在中国传统文化中占有很重要的地位。了解"天人合一"思想的内涵及其发展演变，对于今天构建和谐社会、实现人与自然和谐相处，都是有意义的。

先秦的"天人合一"思想

从历史上看，中国古代的"天人合一"思想大致经历了三个发展阶段：

---

① http://theory.people.com.cn/GB/49157/49164/5552887.html.

先秦、西汉初年和宋明时期。"天人合一"是中国文化史上长期占主导地位的思想,虽然中国古代也有"天人相分"的观念,但远不及"天人合一"思想的影响深远。

"天人合一"的思想可以溯源于商代的占卜。《礼记·表记》中说:"殷人尊神,率民以事神。"殷人把有意志的神("帝"或"天帝")看成是天地万物的主宰,万事求卜,凡遇征战、田猎、疾病、行止等,都要求卜于神,以测吉凶祸福。这种天人关系实际上是神人关系,由于殷人心目中的神的道德属性并不明显,所以殷人与神之间基本上采取了一种无所作为、盲目屈从于神的形式。

西周继承了商代的思想,天人关系还是一种神人关系,但有了新的发展。西周时期的天命观明显地赋予神(即周人的"天")以"敬德保民"的道德属性:"天"之好恶与人之好恶一致,"天命"与"人事"息息相通。"皇天无亲,惟德是辅。"(《左传·僖公五年》)道德规范是有人格意志的"天"为"保民"而赐予人间的。人服从天命,是一种道德行为,天就会赏赐人,否则,天就会降罚于人。这就说明,"天人合一"的思想在西周的天命观中已有了比较明显的萌芽。周公提出的"以德配天",更是"天人合一"思想的明确表达。中国传统的"天人合一"思想,从开始起就与道德的问题紧密联系在一起。

春秋时期,出现了一种人为"神之主"(《左传·桓公六年》)的观点。周内史叔兴说过:"吉凶由人。"这意味着先前的具有人格神意义的"天"遭到了质疑。到后来,郑国子产更进一步说:"天道远,人道迩,非所及也,何以知之?"(《左传·昭公十八年》)这显然是一种贬天命、重人生的思想,但讲得极其朴素简单。这就说明,大体上从春秋时期起,天人关系的重心已不是讲人与有意志的人格神之间的关系,"天"已经开始从超验的神的地位下降到了现实世界。这种由"远"及"迩"的转化,在中国传统的本土文化中表现为儒家和道家两种不同的"天人合一"观。儒家所讲的"天"一直保存了西周时期"天"的道德含义,具有道德属性;道家所讲的"天"则是指自然,不具有道德含义。这样,儒家的"天人合一"大体上就是讲的人与义理之天、道德之天的合一;道家的"天人合一"就是讲人与自然之天的合一。

儒家的"天人合一"说从根源上看还是应该从孔子谈起。孔子很少谈天道,但还是认为唯天为大。"天生德于予,桓魋其如予何?""天之未丧斯文也,匡人其如予何?"道德文章皆天之所予我者,我受命于天,任何大难都无可奈何于我。这里的"天"是道德权威性的最终根据。孔子的"天"似乎仍然保留了有意志的人格神的意义,孔子这些言论中所包含的"天人合一"思想显然还有西周人神关系的遗迹。但孔子所讲的道德的核心是"仁"，他很少把"仁"的根源归之于人格神意义的"天"。他所强调的是孝悌之类的自然感情是"为仁之本"（《论语·学而》）。他认为"仁"出自人天生的"直"，亦即一种自然的本性。孔子的"天人合一"思想由"远"及"迩"，为孟子的"天人合一"观开辟了道路。

孟子的"天"极少有人格神的含义，它有时指人力所无可奈何的命运，但主要是指道德之天。他的"天人合一"思想讲的是人与义理之天的合一。"尽其心者，知其性也；知其性则知天矣。"（《孟子·尽心上》）人性在于人心，故尽心则能知性，而人性乃"天之所与我者"（《孟子·告子上》），所以天人是合一的。"天人合一"在孟子这里就是指人性、人心以天为本。"恻隐之心，仁也；羞恶之心，义也；恭敬之心，礼也；是非之心，智也。"仁义礼智四者，人皆有之，他把它们称为"四端"，人心有四端，所以人性本善。人之善性既"天之所与我者"，是天给的，又是"我固有之"者，是我本身固有的，所以天与人合一。这样孟子就明确地奠定了儒家"天人合一"思想的核心。

孟子还对人之善性的这种根据作了本体论的说明。孟子说："夫君子所过者化，所存者神，上下与天地同流，岂曰小补之哉？""万物皆备于我矣。反身而诚，乐莫大焉。"（《孟子·尽心上》）"上下与天地同流"和"万物皆备于我"，就是指人与万物一体的含义，就是说，"恻隐之心"或"仁"的本体论根据在于"万物皆备于我""上下与天地同流"。当然，孟子的这种"万物一体"观还是隐含的、模糊的，只是到了宋明时期，这种思想观点才有了明确的界定。另外，如果说孔子强调"爱有差等"，那么，孟子则主张人性中皆有仁义、人皆可以为圣人。"舜何人也，予何人也，有为者亦若是。"（《孟子·滕文公上》）也就是说，作为一种道德主体，人人都是平等的。孟子从道德层面上肯定人格上的平等，这是儒家伦理道德思想中的进步因素。

老庄的"天人合一"思想不同于孔孟。孟子是把人的道德意识赋予天，然后又以这种有道德意识的天作为人伦道德的本体论根据。老庄思想中的天，无论是指自然而然之"道"还是指自然本身，都没有人伦道德的含义，故老庄的"天人合一"思想所强调的是贬抑人为，提倡不要以人灭天。老子说："人法地，地法天，天法道，道法自然。"这里的"自然"就是自然而然、究竟至极的意思。"道"是最高的原则，是自己如此，以自己为法，别无遵循，不受制于任何他物。"天人合一"思想在老子这里表现为与"道"为一，与道为一则"无为"，"无为"即听任万物之自然。人能顺乎"道"，顺乎自然之常就是"无为"，而"无为"就能做到"无不为"。庄子在老子道论的基础上，更多地讲人的精神境界。他在《庄子·齐物论》中所说的"天地与我并生，而万物与我为一"的精神境界，就是他所明确界定的一种"天人合一"境界。这里的"天"就是指自然，人与天地万物之自然合为一体，人与我、人与物的分别，都已经不存在。庄子的"天人合一"境界比起老子的"复归于婴儿"的境界来，更多地具有审美意义。中国传统文化中深厚的审美意蕴主要源于庄子的"天人合一"思想。

董仲舒的"天人合一"思想

孟子的"天人合一"，虽有人伦道德的内涵，但其中的"天"还没有主宰人间吉凶赏罚的含义。到了汉代的董仲舒，则在当时阴阳五行学说的浓厚氛围下，把孟子的"义理之天"的"义理"向宗教神学的方向推进，认为天有意志、有主宰人间吉凶赏罚的属性。"人之（为）人本于天。"（《春秋繁露·为人者天》）所以人的一切言行都应当遵循"天"意，凡有不合天意而异常者，则"天出灾害以谴告之"（《春秋繁露·必仁且智》）。

不过董仲舒的"天"，也不是基督教的"上帝"。"天、地、阴、阳、木、水、土、金、火，九，与人而十者，天之数毕也。"（《春秋繁露·天地阴阴》）这句话的最后一个"天"字，即"人本于天"之"天"，是包含"天、地、阴、阳、木、水、土、金、火和人""十者"在内的自然万物之全体，人就是本于这个全体。董仲舒认为"天"也有"喜怒之气，哀乐之心，与人相副。以类合之，天人一也"（《春秋繁露·阳明义》）。所以，这种以人为副本之"天"，不过是具有人的意志的自然全体。

董仲舒认为，天与人交相感应，所以人的道德或不道德都会从天那里得到赏或罚。从天人相副说出发，董仲舒还提出了"性三品"说。"圣人之性"与"斗筲之性"没有办法改变，唯"中民之性"可以教化而为善。（《春秋繁露·实性》）董仲舒的这种人性论与孔子所谓"上智与下愚不移"非常接近，而与孟子所讲的"人皆可以为尧舜"则相去甚远。董仲舒还以天人相副为根据，提出"三纲"之说："君臣父子夫妇之义，皆取诸阴阳之道。""王道之三纲，可求于天。"（《春秋繁露·基义》）这样，君为臣纲，父为子纲，夫为妻纲，君与臣、父与子、夫与妻就完全成了一种极不平等的主从关系。

董仲舒的"天人合一"思想，明显地给儒家伦理道德学说打上了人天生不平等的烙印，把孔孟的伦理道德思想变成了贵贱主从的人伦关系学说。

宋明道学的"天人合一"思想

儒家的"天人合一"思想到宋明时期发展到了顶峰。宋代道学的"天人合一"说对孟子的"天人合一"思想作了重大发展：一是把孔孟的"上下与天地同流""万物皆备于我"的简单朴素的论断，发展为人与天地万物为一体的思想学说。二是把孔孟的差等之爱的观点，向着博爱思想的方向推进。

张载《西铭》中写道："乾称父，坤称母，予兹藐焉，乃浑然中处。故天地之塞，吾其体；天地之帅，吾其性。民吾同胞，物吾与也。"（《正蒙·乾称》）这实际说的就是人与天地万物为一体。张载还说："大其心则能体天下之物。物有未体，则心为有外……圣人尽性，不能闻见梏其心，其视天下无一物非我。孟子谓尽心则知性知天以此。"（《正蒙·大心》）所谓"能体天下之物"之"大心"，也就是一种能破除人与人、人与物之间的隔阂而能体悟人与天地万物为一体的境界。张载在《正蒙·诚明》篇中明确提出了"天人合一"的命题："儒者则因明致诚，因诚致明，故天人合一。"由此出发，凡能体悟到人与人之间、人与物之间有息息相通、血肉相连的内在关系的人，便必然能达到"民吾同胞""物吾与也"的境界。张载的"民胞物与"之爱，显然不是从血缘亲情推出来的，而是以万物一体为其本体论根源。张载的这种伦理道德思想，既与孟子的"万物皆备于我"有渊源关系，而且还受道家思想的影响。当然，张载思想中还有差等之爱和等级之分的成分，不过，张载的"民胞物与"之爱，其重点在于强调爱及他人以至爱及于物。我把张载的"民胞物与"之爱称之为"博爱"，博爱较之孔子血缘亲情之爱，堪称儒家伦理道德思想发展史上的一个重大突破。

在宋代道学家中，程颢第一个明确提出了"仁者以天地万物为一体"的论断。"医学言手足痿痹为不仁，此言最善名状。仁者以天地万物为一体，莫非己也……如手足不仁，气已不贯，皆不属己。故博施济众，乃圣人之功用。"（《二程遗书》卷二上）生动形象地说明了"仁"与"万物一体"之间的密切关系。凡保有"仁"之天性者，皆能与天地万物密切相干而为一体，故能爱人爱物，如同爱己。"仁者浑然与物同体。"（《二程遗书》卷二上）程颢关于"仁"源于"万物一体"之说，显然是对孟子的"万物皆备于我"和张载所谓"天地之塞，吾其体"的更具体而生动的申述和发挥。他的"仁者以天地万物为一体"的命题足以代表宋明道学关于"仁"的本体论根源的观点。

与程颢不同的是，程颐认为，万物的本根为"理"，而理在事先，人禀受形而上的理以为性，所以理与人相通。这样，"天人合一"思想就具体地表现为"与理为一"。

与程朱理学不同的是，陆王心学强调理不在心外，心即是理。王阳明继承和发展了程颢的"仁者以天地万物为一体"的思想，成为中国哲学史上"天人合一"说之集大成者。他认为人与天地万物一气流通，"原是一体"，天地万物的"发窍之最精处"即是"人心一点灵明"（《传习录》下），人心即是天地万物之心，是人心使天地万物"发窍"而具有意义，离开了人心，天地万物虽然存在，却没有开窍，没有意义。王阳明的"天人合一"思想使人与天地万物之间达到更加融合无间的地步。

王阳明还对人心与万物一体相通的内涵作了进一步的说明。在他看来，这"天地万物与人原是一体"之"一体"，是靠"心之仁"联系起来的有机整体。王阳明所说的"一体之仁"使"大人者"能"视天下犹一家，中国犹一人焉"。此"一体之仁也，虽小人之心，亦必有之"，故一般的人也能"见孺子之入井，而必有怵惕恻隐之心"，甚至见自然之物，也"必有不忍之心""悯恤之心""顾惜之心"（《大学问》）。王阳明正是根据这种"一体之仁"的基本观点，强调了"天下之人无外内远近，皆其昆弟赤子之亲"（《答顾东桥书》）和"满街都是圣人"（《传习录》下）的道德思想。当然，王阳明在大力主张"一体之仁"的博爱思想的同时，也在一定程度上承认"差等之爱"，在对人之爱与对物之爱之间、在至亲之爱与对路人之爱之间都有厚薄之分。这都是"良知上自然的条理，不可逾越"（《传习录》下）。

明清之际，"天人合一"的思想式微，王夫之虽多有"天人合一"之说，但他的"能所"的观点已包含了浓厚的类似西方主客二分的思想。

古代"天人合一"思想的现代意义

"天人合一"思想是中华传统文化的重要内容，对传统文化的方方面面诸如科学、伦理道德、审美意识等，都有深远的影响。

孔子的"爱人"讲的是差等之爱。几千年来，儒家的道德观始终打上了"差等之爱"的烙印。但孔子的"差等之爱"经孟子发展到宋明道学特别是王阳明的"万物一体"之"仁"的思想，使差等之爱与博爱相结合，从而大大发展了孔子的思想，把儒家的道德观提升到了一个新的高度。这是儒家"天人合一"思想发展的顶峰，也最能代表儒家道德思想的精华。弘扬古代的优秀道德传统，就应该弘扬这种"万物一体"之"仁"的思想。人之所以爱人，在于人与人之间的"同类感"。人与人同类"一体"，才能产生人与人之间的"一体之仁"。当前人们都在谈论道德意识薄弱的话题，针对这种现状，应该多提倡一点儒家"天人合一"思想中的"一体之仁"的观念：人与人之间能多一分一体同类之感，就会多一分爱。

"万物一体"之"仁"的思想，不但为人伦道德找到了深远的根源，提高了中华文化的道德意蕴，而且为人与自然的和谐相处提供了理论根据。"万物一体"远不止于人与人"为一体"，而且人与禽兽、草木、瓦石都"为一体"，从而见其"哀鸣""摧残""毁坏"，也必有"不忍""悯恤""顾惜"之心。显然，"万物一体"乃人对自然万物产生"仁爱"的根源。今天，人们所热衷讨论的人与自然和谐相处的话题，可以从"万物一体"中找到哲学本体论方面的根据。同时，"万物一体"的思想并没有抹杀人与自然的区别。王阳明特别强调"宰禽兽以养亲"是"良知上自然的条理，不可逾越"。这就与当代西方的一些非人类中心主义区别开来。在当代西方，一些人完全抹杀人与自然物的区别，认为两者同样具有神圣性，具有同等价值。对于这种非人类中心主义来说，王阳明的宰禽兽以养人乃是自然条理的思想，显得更合情合理，更切合实际。而中国儒家传统所强调的"人有义"而"最为天下贵"的思想，更是对非人类中心主义的"批判"。

中国传统的"万物一体""天人合一"思想对于人与自然的关系问题，只是一般性地为二者间的和谐相处提供了本体论上的根据，为人与自然和谐相处追寻到了一种人所必须具有的精神境界，却还没有为如何做到人与自然和谐相处找到一种具体途径及其理论依据。这主要是由于传统的"万物一体""天人合一"思想，其重点不在讲人与自然的关系，而重在讲"合一""一体"，而不注重主客之分，不重视认识论。自然物不同于人，它不可能约束自己，主动使自己适应人、与人和谐相处。人要想与自然和谐相处，除了必须具有高远的"天人合一"境界外，还必须依靠人自己的认识、实践，掌握自然物本身的规律，以改造自然物，征服自然物，使自然物为人所用。这些道理就是用西方哲学的语言来说，就是讲的"主体－客体"关系的思维方式，类似中国的"天人相分"，它是科学的理论依据。中国传统的"天人合一"思想，无论是儒家的还是道家的，都不重人与我、人与物、内与外之分，不注重考虑人如何作为主体来认识外在之物的规律以及人如何改造自然，其结果必然是人受制于自然，难以摆脱自然对人的奴役。这样一来，又何谈人与自然间的和谐相处？

西方近代的"主－客"思维方式，是产生诸如生态危机、环境污染之类流弊的重要原因之一，但这些流弊只是把这种思维方式过分地抬到至高无上地位的结果。正是根据这种思路，把"天人合一"思想与"主－客"思维方式结合起来。一方面让中国传统的"天人合一"思想具有较多地区分主客的内涵，而不致流于玄远；另一方面把"主－客"思维方式包摄在"天人合一"思想指导下而不致走向片面和极端。

三、中国环境保护的发展阶段

中华民族在保护自然环境和开发利用自然资源的过程中，逐步形成了一些环境保护的意识，在《周礼》《左传》《韩非子》《史记》等书中均有记载和反映。在近代，中国经济和社会发展相对落后。从清末李鸿章、张之洞的洋务运动到 1949 年的 80 多年里，中国现代工业发展极为缓慢，因此环境污染（除局部地区外）并不严重。中国在 20 世纪 50 年代以前，人们虽然对环境污染也采取过治理措施，并以法律、行政等手段限制污染物的排放，但尚未明确提出环境保护的概念。50 年代以后，污染日趋严重，在一些发达国家出现了反污染运动，人们对环境保护的概念有了一些初步的理解。

中国环境保护工作大体经历了五个阶段。

（一）萌芽阶段（1949～1972 年）

新中国成立初期，由于当时人口相对较少，生产规模不大，所产生的环境问题大多是局部性的生态破坏和环境污染。经济建设与环境保护之间的矛盾尚不突出。

在 20 世纪 50 年代末至 60 年代初"大跃进"时期，特别是全民大炼钢铁和国家大办重工业时，造成了比较严重的环境污染和生态破坏。在 1966 年开始的"文化大革命"时期，国家政治、经济和社会生活处于动乱之中，环境污染和生态破坏明显加剧。在此期间，经济建设强调数量、忽视质量，片面追求产值，不注意经济效益，导致浪费资源和污染环境；一些新建项目布局不合理；一些城市不从实际出发，盲目发展，加剧了城市的污染；为了解决吃饭问题，一些地区片面强调"以粮为纲"，毁林毁草、围湖围海造田等问题相当突出。

1972 年 6 月 5～16 日，联合国在瑞典首都斯德哥尔摩召开了第一次人类环境会议。通过这次会议，我国高层的决策者开始认识到中国也同样存在着严重的环境问题，需要认真对待。

（二）起步阶段（1973～1978 年）

中国正处于极为混乱的"文化大革命"劫难时期，也是环境问题开始暴露，环境保护意识萌生、传播和普及的时期。1972 年，中国发生了多起环境污染事件，引起了国家的重视。同年，中国派代表团参加了在斯德哥尔摩召开的人类环境会议，使中国代表团的成员比较深刻地了解到环境问题对经济社会发展的重大影响。1973 年 8 月 5～20 日，在北京召开了第一次全国环境保护会议，标志着中国环境保护事业的开端，为中国的环保事业作出了应有的历史贡献。这次会议主要取得了三项成果：一是向全国人民、也向全世界表明了中国不仅存在环境污染，且已到了比较严重的程度，而且有决心去治理污染。二是审议通过了"全面规划、合理布局、综合利用、化害为利、依靠群众、大家动手、保护环境、造福人民"的环境保护方针。三是会议审议

通过了中国第一个全国性环境保护文件《关于保护和改善环境的若干规定
（试行）》，后经国务院以"国发〔1973〕158号"文件批转全国，成为中国
历史上第一个由国务院批转的具有法规性质的文件。1974年5月，国务院批
准成立国务院环境保护领导小组及其办公室。随后，各省、自治区、直辖市
和国务院也相应设立了环境保护管理机构。

这一时期主要做了四项重要工作：一是进行全国重点区域的污染源调查、
环境质量评价及污染防治途径的研究。二是开展了以水、气污染治理和"三
废"综合利用为重点的环保工作。三是制订环境保护规划和计划。四是逐步
形成一些环境管理制度，制定了"三废"排放标准。1973年，"三同时"制
度逐步形成并要求企事业单位执行，为了使加强工业企业污染管理做到有章
可循，1973年11月17日，由国家计委、国家建委、卫生部联合颁布了中国
第一个环境标准《工业"三废"排放试行标准》（GB/J 4—73）。1978年2
月，五届人大一次会议通过的《中华人民共和国宪法》规定："国家保护环境
和自然资源，防治污染和其他公害。"这是新中国历史上第一次在宪法中对环
境保护作出明确规定，为我国环境法制建设和环境保护事业开展奠定了坚实
的基础。

（三）发展阶段（1979～1992年）

这个阶段是中国环境保护事业第二个历史时期，是环境污染蔓延和环境
保护制度建设阶段。

1978年12月31日，中共中央批准了国务院环境保护领导小组的《环境
保护工作汇报要点》，指出："消除污染，保护环境，是进行社会主义建设，
实现四个现代化的一个重要组成部分……我们决不能走先建设、后治理的弯
路。我们要在建设的同时就解决环境污染的问题。"这是第一次以党中央的名
义对环境保护作出的指示，它引起了各级党组织的重视，推动了中国环保事
业的发展。

1979年，《中华人民共和国环境保护法》正式颁布，标志着中国环境保
护开始迈上法制轨道。1983年12月31日至1984年1月7日，在北京召开了
第二次全国环境保护会议，这次会议是中国环境保护工作的一个转折点，为
中国环境保护事业作出了重要的历史贡献。主要工作有四点：一是宣布明确
了环境保护是中国现代化建设中的一项战略任务，是一项基本国策。二是会
议制定了环境保护工作的重要战略方针，提出"经济建设、城乡建设和环境
建设同步规划、同步实施、同步发展"，实现"经济效益、社会效益与环境效
益的统一"的"三同步"和"三统一"战略方针。三是确定了符合国情的

"预防为主、防治结合、综合治理""谁污染、谁治理"和"强化环境管理"的三大环境保护政策。四是提出 20 世纪末的环保战略目标：到 2000 年力争全国环境污染问题基本得到解决，自然生态基本达到良性循环，城乡生产生活环境优美、安静，全国环境状况基本上同国民经济和人民物质文化生活水平的提高相适应。1989 年 4 月底至 5 月初在北京召开了第三次全国环境保护会议，明确提出"向环境污染宣战"，总结确立了中国特色的环境管理制度体系。

这一期间，中国环境保护的理论体系、制度政策体系、法律法规体系和管理体制开始形成，初步确立了中国特色的环境保护道路。一是确立了环境保护的基本国策地位。20 世纪 80 年代初，通过对国情的分析，明确了环境保护事关自然资源合理开发利用，事关国家的长久发展，事关群众的身体健康，是强国富民安天下的大事。在 1983 年第二次全国环境保护会议上，确定了环境保护是中国的一项基本国策，使环境保护从经济建设的边缘地位转移到中心位置，为环保工作的开展打下了一个坚实基础。同时，国务院制定出台了"同步发展"方针，即"经济建设、城乡建设、环境建设同步规划、同步实施、同步发展，实现经济效益、社会效益、环境效益相统一"的战略方针，摒弃了"先污染后治理"的老路，体现了走有中国特色环保之路的要求。二是制定了环境保护的政策制度体系。1989 年，在第三次全国环境保护会议上，提出了"预防为主、防治结合，谁污染、谁治理和强化环境管理"的环境保护三大政策，还出台了包括"三同时"制度、环境影响评价制度、排污收费制度、城市环境综合整治定量考核制度、环境目标责任制度、排污申报登记和排污许可证制度、限期治理制度和污染集中控制制度。三是构筑了环境保护法律法规和标准体系。1979 年，《中华人民共和国环境保护法（试行）》首次颁布，还陆续制定并颁布了污染防治方面的各单项法律和标准，包括《中华人民共和国水污染防治法》《中华人民共和国大气污染防治法》《中华人民共和国海洋环境保护法》；同时又相继出台了《中华人民共和国森林法》《中华人民共和国草原法》《中华人民共和国水法》《中华人民共和国水土保持法》《中华人民共和国野生动物保护法》等资源保护方面的法律，初步构成了一个环境保护的法律框架。四是确立了可持续发展国家战略地位。1992 年，联合国在里约热内卢召开了环境与发展大会，会后，中共中央、国务院颁布了《环境与发展十大对策》，首次在中国提出实施可持续发展战略。五是环境管理机构由临时状态转入国家编制序列。1982 年，国家设立"城乡建设环境保护部"，内设环保局，从而结束了"国环办"10 年的临时状态。1988 年，环保局从城乡建设环境保护部分离出来，建立了直属国务院的"国家环保局"。至此，"环境管理"才成为国家的一个独立工作部门。以后的环境保护总局、环境保护部是在这个基础上的延伸和发展。

（四）治理阶段（1993～2004 年）

1993 年是我国由计划经济向市场经济转轨的一年，也是中国环保历程中环境污染加剧和规模治理时期，是以总量控制为核心的环境保护制度开始落实和完善的时期。1993 年，全国人大设立"环境与资源委员会"，全国政协也相应设立了"环境与人口委员会"，各省、区、市也都相继建起这种机构，在国家各级管理层面上环境保护得到了重视。1995 年，国家"九五"规划中明确将科教兴国和可持续发展战略作为国家战略。同时还颁布了《中国二十一世纪议程》，制订了中国实施可持续发展战略的国家行动计划和措施。

1996 年 7 月在北京召开了第四次全国环境保护会议，提出"保护环境的实质就是保护生产力"，把实施主要污染物排放总量控制作为确保环境安全的重要措施，开展重点流域、区域污染治理。2002 年 1 月 8 日，第五次全国环境保护会议在北京召开，要求把环境保护工作摆到同发展生产力同样重要的位置，按照经济规律发展环保事业，走市场化和产业化的路子。2003 年 1 月，新的《排污费征收使用管理条例》由国务院第 369 号令公布，于 2003 年 7 月 1 日起正式实行。

（五）创新阶段（2005 年至今）

2005 年 10 月 8 日，党的十六届五中全会首次提出要全面贯彻落实科学发展观，加快建设资源节约型、环境友好型社会，大力发展循环经济，加大环境保护力度，切实保护好自然生态，认真解决影响经济社会发展特别是严重危害人民健康的突出的环境问题，在全社会形成资源节约的增长方式和健康文明的消费模式。

2005 年 12 月，国务院发布了《关于落实科学发展观 加强环境保护的决定》，明确了环保工作的目标、任务和一系列重大政策措施，提出七项重点任务：以饮水安全和重点流域治理为重点，加强水污染防治；以强化污染防治为重点，加强城市环境保护；以降低二氧化硫排放总量为重点，推进大气污染防治；以防治土壤污染为重点，加强农村环境保护；以促进人与自然和谐为重点，强化生态保护；以核设施和放射源监管为重点，确保核与辐射环境安全；以实施国家环保工程为重点，推动解决当前突出的环境问题。

以"全面落实科学发展观，加快建设环境友好型社会"为主题的第六次全国环境保护大会于 2006 年 4 月 17 日在北京召开。会议提出要加快实现三个转变：一是从重经济增长、轻环境保护转变为环境保护与经济增长并重，在保护环境中求发展。二是从环境保护滞后于经济发展转变为环境保护和经济发展同步，改变先污染后治理、边治理边破坏的状况。三是从主要用行政办法保护环境转变为综合运用法律、经济、技术和必要的行政办法解决环境问题，自觉遵循经济规律和自然规律，提高环境保护工作水平。当前和今后一个时期，需要着力做好四个方面工作：一是加大污染治理力度，切实解决突出的环境问题。重点是加强水污染、大气污染、土壤污染防治。二是加强自然生态保护，努力扭转生态恶化趋势，控制不合理的资源开发活动，坚持不懈地开展生态工程建设。三是加快经济结构调整，从源头上减少对环境的破坏，大力推动产业结构优化升级，形成一个有利于资源节约和环境保护的产业体系。四是加快发展环境科技和环保产业，提高环境保护的能力。

第三节　殡葬环境保护管理

当今人类面临全球生态恶化、资源危机、人口膨胀等威胁人类存续的外部环境灾难带来的严重挑战，当代人类社会必须十分理智地应对生态环境危机挑战和反省自身行为结果并作出修正和选择。殡葬活动以尊重自然规律、顺应自然为前提，以实现和谐、共生为原则的生存哲学和人类价值观为基础，其目的是更好地保护人类生存空间。

一、殡葬环境问题的分析

殡葬环境问题就是人类的殡葬活动给环境直接带来的和间接引发的环境问题（次生环境问题），殡葬领域的环境问题可分为殡葬环境污染、殡葬环境破坏和殡葬环境干扰三方面，其中殡葬环境污染问题尤为突出，其污染、破坏和干扰的程度取决于殡葬方式和殡葬过程。

（一）殡葬环境污染

殡葬环境污染就是人们在开展殡葬活动中向环境排放有害物质的不良现象，也是人类与环境进行物质交换的结果。通常把殡葬领域的环境污染简称为殡葬污染。殡葬环境污染按污染物包括大气污染、土壤污染、水体污染、生物污染、废渣污染等方面。

1. 殡葬污染类型

殡葬污染的种类很多，按不同的分类方法可从不同的角度将殡葬污染划分为不同的类型。

（1）污染性质分类法

按污染性质可将殡葬污染划分为三类。

一是殡葬物理污染。殡葬场所的物理污染是由有害的物理因素的不当传播引起的，包括火化设备噪声、殡仪车辆噪声、哭丧人群噪声、燃放鞭炮噪声、火化间高温和电磁辐射等，严格说来，殡葬物理污染属于环境干扰，但是通常情况下人们都把这类干扰问题列入环境污染。

二是殡葬化学污染。殡葬化学污染是由有害的化学因素——无生命的有毒有害化学物质的传播扩散引起的，如遗体火化、遗物祭品焚烧等过程中排放的烟尘、二氧化硫、氮氧化物、一氧化碳、二氧化碳、氨气、硫化氢、氯化氢、多环芳烃和二噁英，遗体清洗、消毒、整容、整形、解剖废水中排放的 COD、油等污染，遗体防腐过程中的甲醛等污染，骨灰粉碎的粉尘和废渣污染等。殡葬化学污染，特别是遗体火化产生的二噁英污染已经引起了社会的广泛关注。

三是殡葬生物污染。殡葬领域的生物污染是由有害的生物因素——有生命的活物质，即微生物的传播引起的。包括：遗体携带的各类传染病菌；遗体处置用房（遗体整容室、遗体防腐室、遗体解剖室、遗体停放间）室内的致病菌；殡葬设备、用具、用品黏附的大肠杆菌等。

（2）污染要素分类法

按照被污染的环境要素或污染物自身形态划分，殡葬污染又可以分为废气污染、废水污染和固体废弃物污染等，其中废气污染还可以细分为颗粒物、无机废气污染、有机废气污染等。

一是对大气环境的污染。无论采用何种殡葬方式都将产生大气污染。葬前的停尸、运尸、吊丧、殡仪活动，遗体不同程度地暴露于大气中，大多数非防腐遗体在各种发酵苗和水解酶时综合作用下将发生腐败变质现象，释放出氨气、硫化氢、尸胺、吲哚、硫醚等有毒化学物质。葬中是大气污染的重点，传统土葬是任遗体自然氧化分解、腐败发臭的缓慢过程，对大气环境存在长期的恶臭污染。主要污染物除少量的元机气体外，大多为脂肪、蛋白质等生物降解产生的小分子有机气态污染物。现代火葬是将遗体在高温给氧条件下快速焚化的过程，虽然能消除细菌病毒等生物污染，但会产生严重的大气污染。我国现阶段火化及消烟除臭设备还比较落后，大多数火化机没有净化设备，直接危害殡仪职工。葬后的祭悼活动也给大气环境带来了一系列污染。特别在清明期间，焚香、烧纸、点蜡等现象比比皆是，其污染和浪费都是触目惊心的。

二是对水环境的污染。土葬后的遗体在微生物作用下分解，遗体内有毒重金属元素会随降水的地下渗透作用溶入地下水。露天存放的骨灰在降水的淋洗作用下，不但能溶出重金属污染地下水，还能随地表径流污染地表水。遗体在防腐过程中的引流、洗涤和湿法处理火化废气都能产生高浓度的有毒有害废水，污染着殡仪馆周围的水体。

三是噪声污染。噪声污染主要来自于火葬过程中的机电等设备。火化机的鼓风机、引风机、燃烧器和骨灰粉碎机都是噪声和振动的固定污染源，殡仪车、送葬哭丧的人群也能产生噪声污染，把本该宁静的殡仪场所变成了轰鸣喧闹的地方。

四是固体废物污染。遗体火化后的骨灰和土葬尸解后剩余的残渣均属于有害废渣。骨灰堆放场、骨灰寄存堂、坟墓、骨灰墙都是这些殡葬废物污染的见证。在一定条件下可迁移到水体和土壤中，进而产生水体和土壤污染。遗物祭品焚烧的残灰等也属于殡葬领域的固体废弃物。

五是土壤污染。土壤污染不仅来自于殡葬废渣，也来自于殡葬废水和废气。废水要流经并渗入土壤，废气中有害物质最终要以干沉淀或湿沉降的形式归于地表。

六是有害微生物污染。可分为直接污染和间接污染，直接污染主要来自于遗体本身向环境散发出的细菌、病毒等，直接危害人体健康；间接污染是指已受殡葬活动污染了的各环境要素或物体对人类的不良影响。

2. 殡葬污染分析

造成环境污染的污染物的发生源称之为污染源，通常是指向环境排放有害物质或对环境产生有害影响的场所、设备和装置的总称。污染物是指进入环境后能使环境的组成、结构、性质、状态乃至功能发生直接或间接有害于人类生存和发展的物质，是造成环境污染的重要物质。污染物由污染源直接排入环境所引起的污染，如 SO_2、CO_2、CO 等，一次污染物是相对二次污染物而言的，是环境污染中的主要污染类型。一般由那些进入环境后物理、化学性质不发生变化的污染物造成的。排入环境中的一次污染物在物理、化学或生物等因素作用下发生变化，或与环境中的其他物质发生反应形成的物理、化学性状与一次污染物不同的新物质，如 SO_3、H_2SO_4、HNO_3 等。

殡仪馆存在的环境污染问题日益受到公众和环保工作者的重视，其中以空气中存在的致病菌和遗体火化产生的废气为主。监测殡仪馆环境中存在的细菌总数以及遗体火化所排放的 NO_x、SO_2、CO 等污染物，并对采取控制措施前后的监测值进行对比，可以为治理殡仪馆环境污染，保护殡葬职工和死者家属的健康提供科学依据。火化废气是殡仪馆造成大气污染的主要污染源，因而，火化机烟道气的无害排放被列为研究的重点。近年来，遗体焚烧技术发展较快，我国目前所使用的火化机主要以柴油为燃料，根据燃料和人体的成分分析，烟道气中主要含有固体颗粒物、硫氧化物、氮氧化物、碳氧化合物和碳氢化合物等污染物。火化过程大量的耗费煤油、柴油和其他可燃性液体，火化对能源消耗是作为处理尸体的消耗，它借助电力以及煤油柴油将尸体焚化，除保留极少量骨灰外，把尸体变成以碳氧化合物、氮氧化合物、含硫化合物、含卤化合物、颗粒物等有害气体和可溶性胶排入大气中，形成温室效应，最终导致严重的环境污染和气候变暖。它不但是对煤炭和石油的无效消耗，还是对其他财力、物力和人力的无效消耗，甚至是尸体这一资源的浪费。

（二）殡葬环境破坏

人类的环境破坏主要指个体或组织在生产、生活中影响环境的消极行为，也就是人类不合理地开发、利用自然资源和兴建工程项目而引起的生态环境的退化及由此而衍生的有关环境效应，从而对人类的生存环境产生不利影响的现象。如水土流失、土壤沙化、盐碱化、资源枯竭、气候变异、生态平衡失调等。环境（生态）破坏的实质是生态环境的破坏，其主体是人。环境破坏造成的后果往往需要很长的时间才能恢复，有些甚至是不可逆的。殡葬环境破坏按被破坏的对象分为包括土地的破坏、森林的破坏、矿产的破坏、生态环境的破坏等方面。

（三）殡葬环境干扰

人类活动排出的能量作用于环境而产生的不良影响，其特点是干扰源停止排出能量以后，干扰立即或很快消失。殡葬环境干扰主要有噪声干扰、振动干扰、电磁干扰、光波干扰、热干扰等。此外，还有社会环境污染，特别是心理污染。由于殡葬是一种具有广泛社会影响的特殊活动。它对逝者处理的同时，对生者又是一种安慰。千百年来留下了许多陈规陋习和观念，在不同的地域、不同的时期都对人们的心理产生不同的影响。

二、科学殡葬与环境保护

殡葬源于人类祖先依赖自然、敬畏自然，为了保障人类生存环境而选择的遗体处理方式和一系列的礼仪。殡葬就是环境保护，现代殡葬属于环境保护的范畴；环境保护能促进殡葬事业的健康发展。没有环境保护就没有现代科学的殡葬方式，科学的殡葬是为当代环境保护服务的。两者相辅相成、相互促进、共同提高。殡葬改革的目标是减少殡葬对自然资源的浪费和对自然环境的污染及破坏，正确处理与分析殡葬与自然环境之间的关系，建立可持续发展的殡葬体系和保持与之相适应的可持续利用资源和环境基础。

殡葬过程中会不可避免地出现一系列的环境问题，这些环境问题的解决，需要采取相应的环保措施，消除其二次污染，以达到人类开展殡葬活动的根本目的，所以殡葬又离不开环境保护。殡葬活动本身就属于环境保护的范畴。遗体是特殊的有毒有害固体废弃物，殡葬的主要内容是妥善处理这种固体废弃物，通过各种不同的殡葬手段将遗体减害化、无害化。例如，遗体火化废气的治理通常采用二次燃烧法，即在烟道上对没有彻底燃烧的火化废气进行二次燃烧，减少污染物的排放。在二次燃烧前烟尘、硫氧化物、氮氧化物和碳氧化物排放浓度往往超过国家二级标准的相应限值。在二次燃烧后烟尘、硫氧化物、氮氧化物和碳氧化物排放浓度可均低于国家二级标准的限值。国内火化机生产厂家主要采用二次燃烧或多次燃烧技术处理遗体。根据现状调查结果显示，台车型燃油式火化机污染物排放情况较其他炉型燃油式火化机污染物排放情况好。为了控制燃油式火化机污染物排放效果，生产厂家在设计火化机时，必须将燃烧温度、烟气在燃烧室的滞留时间、湍流度作为主要的技术参数进行最佳设计。另外，操作人员的操作水平、随葬品的组分、遗体的自身情况等诸多因素都直接影响污染物排放结果，尤其影响烟尘和碳氧化物的排放。在土葬尸体时，可采用高科技手段来处理遗体，可以有效地防止疾病的传播，严防水体、土壤等环境侵蚀，更重要的是使骨骼在土壤中能较快分解并以有机物的形式溶入土壤。

科学的殡葬不但能消除遗体这种特殊的有毒有害固体废弃物的污染，还能化害为利，变废为宝。从有害化和减害化，到无害化和资源化，将是殡葬环保领域的一场革命，要进行这场革命，除了依靠科技进步外，还有待于全体国民科学殡葬意识的不断提高。

【扩展阅读】

遗体水解　化作黏液回归尘土①

人辞世后，怎样"离开"更好？火葬、土葬还是水葬？如今，更为环保的新选择面市：人们可以"碱水解"遗体，让它化作咖啡色黏稠液体，经由下水道"绿色"地离开。

---

① http://press.idoican.com.cn/detail/articles/2009112031421610/.

这种葬法更为环保

与传统火葬相比，碱水解法显然更环保。如今，1/3 的美国人、超过一半加拿大人选择火葬。路透社说，一次火葬释放二氧化碳约 400 千克，可产生二噁英等污染物。如果逝者生前补过牙，火葬还可能造成汞蒸汽飘散。另外，火葬耗用的燃气或电力将相当于汽车行驶 800 千米的能耗。相比之下，碱水解法可使二氧化碳排放量减少 90%，降低能耗 30% 至 90%，污染物也会明显减少。贝塞尔说："这种方法操作过程安静，不会产生明显气味也不排放（污染）气体。安装碱水解设备地区的居民不必像建造火葬场那样担心。"马修斯国际公司总裁保罗·拉希勒说，碱水解法将对环保人士具有吸引力。这一说法得到贝塞尔认同。他说，公众正对这一技术给出积极反应。

价格太高或成阻力

不过，碱水解法在商业推广上也存在现实阻力。首先，它的费用将高于火葬。碱水解设备的费用是传统火葬设备的 4 倍。其次，有人听到碱水解法的具体操作方式后会被"吓倒"。贝塞尔说，他们会觉得这样对待自己或亲人的遗体有点"恶心"。

另外，教会不认可这种处理遗体的方式。宗教神职人员认为，碱水解遗体的做法"不是处理人类遗体的体面方式"。路透社说，正是由于受到教会和其他方面的压力，美国纽约州几年前叫停了一起引进碱水解法的法案。

三、殡葬环境保护的手段

环境资源与人类的生存和发展息息相关，人类从一开始就与环境资源存在着互动关系。科学有效地应用环境管理手段，是解决环境问题和搞好环境保护工作的有效途径之一。环境管理是协调社会经济发展与环境保护关系的重要方式和有效途径，而环境管理作用的有效发挥，是依据环境管理的各种手段的有效实施来实现的。

环境管理的目标是调控人类社会与环境保护的关系，组织并管理人类社会的生产和生产活动，限制人类损害环境质量、破坏自然资源的行为，保证环境的良性循环和可持续发展。环境管理涉及自然科学和社会科学的许多领域，与价值工程、管理工程、行为科学、预测学、规划学、人类生态学、环境工程学、环境经济学、环境法学的关系尤为密切。环境管理的实施又涉及政府的各个行政部门和企事业单位，主要是各级环保部门和具体排污单位。这样，环境管理就成为一个涉及范围极广、运作难度极高的系统工程。20 世纪 40 年代，随着大机器工业和石油化学工业的兴起和发展，环境问题变得非常突出，人们意识到必须设法解决好经济发展和环境保护之间的关系，开始设立各种法律、法规来保证在发展经济的同时保护环境免受污染的危害，并逐步形成了环境管理的概念。

环境管理手段的作用不同，功能各异，在环境保护的各个阶段所产生的效果也不同，但是环境管理手段之间是相互联系而综合作用于环境保护的，共同构成一个科学的、完善的环境管理手段体系。环境管理手段体系，是一个以协调经济发展与环境保护为目标，通过环境管理手段的合理有序的综合作用形成的整体，不仅促进环境管理手段在不同的状况下科学而有效地应用，更以环境管理手段体系的综合作用获取良好的环境效益、经济效益和社会效益。

（一）环境管理的主要手段

随着社会经济的飞速发展，我国在不断完善环境管理体系的进程中建立起一套完整的管理制度和管理手段。我国环境主要的管理手段有行政强制手段、经济激励手段、行政指导手段。行政强制手段是国家（主要由行政机关代表）通过单向的命令与制裁方式来调节不同法律主体利用环境的行为模式，它是以国家的主导和相对人的服从为特征的作用过程与运行原理，以此为轴心对环境保护的一系列问题，形成以国家权力为本位以环境公共利益为基础，以环境公共秩序的实现为目标的系统认识。经济激励手段是国家通过经济上的增益与抑损（利益与不利益）的方式调节不同法律主体利用环境的行为模式。它是以经济利益为中介所形成的国家与相对人之间的作用过程与运行原理，以此为轴心对环境保护的一系列问题，形成了以环境经济学为基础，以经济增长与环境改善的共同实现为目标的系统认识。行政指导手段是国家通过指导性的行政活动方式来调节不同法律主体利用环境的行为模式，它是以利益为中介所形成的不同主体之间相互联系、相互制约、相互推动的作用过程与运行原理，以此为轴心对环境保护的一系列问题，形成了以国家权力为基础，以公益与私益的最佳均衡为目标的系统认识。

1. 行政手段

行政手段是指政府在法治的框架下，根据国家法律、法规所赋予的组织和指挥权力，以法规条例或行政命令方式，对环境资源保护工作实施行政决策和管理，要求破坏环境的企业具体的污染物排放控制标准，或采用先进的生产技术标准来减少污染物的排放，达到限制污染产生，保护环境的目的。在我国的环境管理工作中，行政手段通常包括推行环境政策、颁布和实施环境标准等，因而，行政手段也就是根据国家的有关环境保护方针、政策、法律、法规和标准实施环境管理措施。

（1）环境管理行政手段的特点

一是权威性。行政手段有效性的大小在很大程度上取决于管理者的权威。行政机构的权威越高，行政手段的效力越强，管理者权威的高低主要取决于管理者所具有的行政权限的大小，与管理者自身在管理工作中所表现的良好管理素质及管理才能相关。因此，环境管理行政机构权威的高低，对提高政府环境管理的效果有很大影响。

二是强制性。行政手段是通过行政命令、指示、规定或指令性计划等对管理对象进行指挥控制的，因而必然具有强制性，但与法律手段相比，其强制性稍弱，控制范围更为具体。行政机构发出的命令、指示、规定等将通过国家机器强制执行，管理对象必须绝对服从，否则将受到相应的制裁和惩罚。

三是规范性。行政机构发出的命令、指示、规定等必须以文件或法规的形式予以公布和下达，环境管理的具体性表现在从行政命令发布的对象到命令的内容都是具体的。行政手段在实施的具体方式、方法上因对象、目的和时间的变化而变化。因此，它对某一特定时间和对象起到规范作用。

四是针对性。行政手段是由管理者根据既定的环境目标而对排污行为作出各种安排，对污染控制具有事先性。运用行政手段是直接控制经济当事人的行为。对管理者而言，运用行政手段控制污染物的排放量更具有确定性，且管理效果直接明确。

（2）环境管理行政手段的分析

在环境问题产生初期，环境矛盾还不突出，环境管理行政手段对推动实施国家环境保护战略、改善总体环境质量以及完善市场运行机制等方面能够发挥积极的作用。环境问题的外部性使市场在资源最优配置方面的失灵，这就必须借助于以政府为主导的强制性管理手段，从我国国情看，对环境的直接管制也发挥了积极作用。但是随着市场经济体制的完善，这种环境管理手段的弊端也逐渐显现出来，主要表现在：首先，环境管理的灵活性差。随着社会的发展，生产工艺、排污技术等都有了新突破，新的环境问题也越来越多，但由于法律或政令本身的滞后性，在短期内难以适应环境管理的需求。其次，由于环境管理成本过高，政府的环境管理职能的执行难度较大。最后，我国对违反环境法律的惩罚力度不够，尤其是罚款设定的数额不高，违法成本过低，起不到应有的威慑作用等。

行政手段的局限性主要表现在以下几个方面：一是运行成本高，需要极大的信息量。为了控制各种类型的污染物排放，管理部门必须了解数以万计的产生污染的产品和活动的控制信息，而企业又没有向政府提供排污及防治信息的主动性，这往往造成一项行政手段的实施需要大量的人力、物力和财力的支持，从而使得手段的效率降低。二是用来解决新出现的环境问题时反应迟缓。为使环境政策对新的环境状况和变化作出反应，管理者需要根据生产工艺或产品逐个制定详细的规定，一般需要数年时间，因而造成政策上的滞后。三是在执行过程中缺乏公平性的考虑。行政手段在执行过程中经常会出现"一刀切"的现象，较少考虑不同经济状况、不同技术水平企业在执行政策方面的差异，造成手段效果的低效性。四是缺少效益－费用的核算和比较。由于政府也是理性的"经济人"，政府经常会偏向于运用强制性的行政力量来从事环境保护，使得政府行政行为在经济上效率低下。

（3）殡葬环境保护的行政手段

各级殡葬管理部门积极协助环境管理部门根据行政法规所赋予的组织、指挥权力，制定方针、政策，建立法规，颁布标准，做好监督协调，进行计划指导和必要的行政干预，以及对各项管理事项进行决策。环境管理部门依法对一些严重危害环境的殡葬服务机构采取限期治理、停止运行以至搬迁等行政措施。

2. 法律手段

环境管理法律手段是指政府通过立法、执法对环境保护进行的社会规范，对社会各组成单位自身的环境行为进行监督和约束。法律手段依据法律把社会对环境保护的要求以法律的形式作出规定，对破坏环境的企业所造成影响的范围和程度的直接管制，为社会提供了经济和技术上减少污染物产生的管理手段，保证了实施的强制性。中国已初步形成了由国家宪法、环境保护基本法、环境保护单行法、环境保护相关法、环保行政法规、地方环境法律法规、环境保护标准以及环境保护国际公约协定等组成的环境保护法律体系。

（1）环境管理法律手段的特点

一是权威性。法律法规对人们的约束大于任何社会行为规范，法律法规所确立的行为准则是最高的行为准则，当法律与其他社会行为规范发生矛盾时，人们必须服从法律法规的要求，因此，法律手段作为环境管理的手段之一，其权威性最高，任何经济行为都要严格按照国家环境法律法规的要求来调整和规范自己的行为。

二是强制性。环境管理法律手段的强制性表现为由国家权力机关或各级政府管理机构根据国家的环境法律法规将人们的各种行为强制纳入法制化轨道，使环境法律、法规成为人们必须遵守的有利于环境保护的行为准则，具有普遍的约束力，任何部门、单位和个人都必须遵守。

三是共同性。环境管理法律手段的共同性表现为在法律面前人人平等，没有特殊的公民。不论是国家机关，还是社会团体，不论是政府官员，还是普通公民，都不能超越法律之上，都应在法律的范围内实施自己的行为。

四是持续性。环境管理法律手段的持续性表现为法律法规具有较强的时间稳定性和持续的有效性，它不同于一般的行政管理规定和规章制度，也不因为领导人的更换或政府权力的交替而发生变化。

（2）环境管理法律手段的分析

依法管理环境是防治污染、保障自然资源合理利用并维护生态平衡的重要措施。法律手段是环境管理的一个最基本的手段，是环境管理的强制性手段，更是为保护环境，管理主体代表国家和政府，依据国家环境法律法规所赋予的、并受国家强制力保证实施的、对人们的行为进行管理的手段。环境立法是将国家对环境保护的要求、做法，全部以法律形式固定下来强制执行。在依法治国的基本原则下，环境管理就是依据环境法的规定，对与环境资源的开发、利用、保护与改善等有关事项进行监管和调控的活动。环境执法是环境管理部门与司法部门之间的协调配合。

法律作为一种社会行为规范，是凌驾于其他社会行为规范之上的，具有最高的权威，法律手段是环境管理的一个最根本的手段，是其他手段的保障和支撑，也称为"最终手段"。法律手段是环境管理的一种强制性措施，它直接对企业的开发建设进行监管，在管理方面效果明显。利用法律的强制性和权威性可对欲犯法者起到威慑的作用，使其自主悔改，预防犯罪。环境管理一方面要靠立法，即把国家对环境保护的要求以法律的形式固定下来，强制执行；另一方面要靠执法，管理部门和司法部门要以法律的手段来制止破坏环境的违法行为，追究违反环境法律者的责任。司法部门和管理部门要以法律的手段来切实地保护好环境，追究违反环境保护法的责任人的责任。法律的不可侵犯性让保护环境的要求不会受到利益的影响，通过对事件的调查审批作出正确的判决。

法律手段是其他管理手段能够成功运用的前提之一。如果没有法律手段作保证，灵活高效的经济手段就不能发挥其效果，教育手段也会失去其能用，行政手段变成无法可依。但法律手段往往只对原被告的法律责任关系进行考虑，没有考虑到判决结果在经济方面的可行性。环境受到破坏很多时候要相当长的时间之后才会显现，并且无法补救，法律手段只能对当前造成的污染作出判决，有时难以全面客观地分析真正应当承担的责任，同时，惩罚治标不治本，不能够真正从起点激励企业保护环境减少污染的理念，削减了企业自身保护环境的积极主动性。

（3）殡葬环境保护的法律手段

各级殡葬管理部门积极协助各级环境管理部门按照环境法规处理环境污

染问题，对违反环境法规的单位和个人给予批评、警告、罚款或责令赔偿损失，甚至协助和配合司法机关，对违法者进行仲裁，追究法律责任等。

3. 经济手段

环境管理的经济手段是指为了达到环境保护和经济发展相协调的目标，利用生态规律和经济利益的关系，影响和调节社会经济活动的政策措施。狭义的经济手段是指根据价值规律，运用价格、税收、信贷、投资、成本和利润等经济杠杆，影响或调节有关当事人经济活动的政策措施；广义的经济手段是指在所有有利于环境保护的政策和法规中，利用经济手段进行调节的措施。例如，国家实行的排污收费制度、废物综合利用的经济优惠政策、污染损失赔偿、生态资源补偿等就属于环境管理中的经济手段。宏观管理的经济手段指国家运用价格、税收、信贷、保险等经济政策来引导和规范各种经济行为主体的微观经济活动，以满足环境保护要求，把微观经济活动纳入国家宏观经济可持续发展的轨道上来的手段。微观管理的经济手段指行政机构运用征收排污费、污染赔款和罚款、押金制等经济措施来规范经济行为主体的经济活动，强化企业内部的环境管理，以防治污染和保护生态的手段。

（1）环境管理经济手段的特点

经济手段就是从改变成本和效益入手，利用收费、补贴、税收等手段，转变企业在发展过程所需承担的环境成本和自身经济效益的关系，改变经济当事人的行为选择，通过行为人自身选择校正经济系统对环境的影响，让企业负起应负的环境保护责任，激励人们保护环境和资源，从而实现改善环境质量和持续利用自然资源的目标。

一是利益性。利益性是经济手段的根本特征，它是指经济手段应顺应物质利益原则。利用经济手段开展环境管理，其核心是把经济行为主体的环境责任和经济利益结合起来，运用激励原则充分调动企业环境保护的积极性，让企业既主动承担环境保护的责任和义务，又能从中获得经济利益。环境管理经济手段的基本特征是贯彻经济利益原则，从经济利益上来处理国家和个人、污染者和被污染者、代际之间等的各种经济关系，达到控制不利于环境保护的活动，调动各方面保护环境的积极性的目的。经济手段的核心作用是贯彻物质利益原则，把各种经济行为的外部不经济性内化到生产成本中，在国家宏观指导下，通过各种具体的经济措施不断调整各方面的经济利益关系，限制损害环境的经济行为，奖励保护环境的经济活动，把企业的局部利益同全社会的共同利益有机地结合起来。市场经济要求一切活动都要符合市场的内在要求，同样在市场经济条件下，环境管理工作必须依照市场规律行事。基于污染者付费原则（即PPP原则）的经济手段是近年来在发达国家环境管理工作领域内兴起的一种工具，环境管理经济手段在20世纪70年代以后受到了政府决策者、环境管理部门、企业、经济学家、公众等的极大关注，而且已经在各个领域进行了广泛的实践。

二是间接性。它是指环境管理部门运用经济手段对各方面经济利益进行调节，来间接控制和干预各经济行为主体的排污行为、生产方式、资源开发与利用方式。促进各经济行为主体自主选择既有利于环境保护，又有利于经济发展的资源开发、生产和经营的策略。

三是激励性。环境经济政策是指根据价值规律，利用价格、财政、税收、信贷、投资和宏观经济调节等经济杠杆，通过影响当事人的经济利益来调整或影响其产生和消除污染行为的一类政策。这类政策一般通过将当事人的经济活动产生的外部效应（影响环境或其他人或组织的但不体现在经济活动当事人的生产成本中）内部化，迫使生产者和消费者把它们产生的外部效果纳入经济决策之中，以达到保护和改善环境目标的手段，因此环境经济手段具有明显的利益刺激因素。经济手段对有关主体具有刺激性，且主体对刺激的反应具有灵活性。与强制手段相比，运用经济手段，把当事人的环境经济行为同自身经济利益联系在一起，并提供给当事人两种或两种以上的选择。在综合考虑成本、利润、环境代价、市场等各种因素的情况下，促使当事人选择对自身最为有利的一种方式来对特定的刺激作出反应。这一过程是通过市场信号的刺激，而不是政府权利直接干预来实现的。

四是效益性。运用经济手段，可以筹集资金，缓解环保资金紧张的局面。我国目前实施的排污收费制度，就是将排污费纳入财政预算，作为环境保护专项资金。此外，政府也可以利用经济手段来体现国家的环保政策，鼓励污染者削减污染，使自发治污成为可能，从而降低环境保护的社会成本。经济手段具有较高的经济效率。在市场体系和市场机制较为完善、企业和政府的行为较为合理的条件下，经济手段的运用使环境管理与企业的成本与效益联系在一起，运用市场机制，要求企业要用更加低的成本实现保护环境，节约资源的市场平衡，污染者能够通过经济手段确定其环境成本，并选择最佳的减少污染的方式，以获得最佳经济效益。同时，经济手段为政府提供了新的管理手段的选择，对管理机构而言，修改或调整一项收费标准比调整一项法律或规章制度更加容易和迅速。

（2）环境管理经济手段的分析

经济手段是利用价值规律的作用，通过采取鼓励性限制措施，促使排污单位减少，消除污染，达到改善和保护环境的目的。通常采用的传统方式是税收调节、信贷调节、征收排污费、污染赔偿、污染罚款、奖励治污等措施。

20世纪90年代推广的排污许可证制度和排污权交易制度两种新型的环境管理手段的应用，对提高环境管理的成效起到了关键性的作用。环境经济政策的本质主要体现了"污染者付费原则（PPP原则）"。而环境经济手段具体包括收费政策（排污收费、产品收费、使用者收费、管理收费、税收优惠）、环境税收政策、价格政策、补贴政策、环保投资与信贷政策、押金制度和排污权交易等。

环境经济手段与强制手段相比，能以更低的费用实现相同的环境目标。这也就是各国政府在环境管理中越来越多地引入环境经济手段的主要原因。与强制手段相比，环境经济手段有很多其他的优势。首先，通过环境经济手段具有激励当事人消减污染和筹集污染治理资金功能。环境经济使污染治理成为一项具有经济利益的行为，这与排污或者消费这些经济行为的性质统一起来，从而可以经济行为本身自发调整治污。另外，通过税收、收费等经济手段，政府可以筹集环境保护资金，用于污染治理。其次，与强制手段相比，经济手段具有很强的弹性，当事企业可以根据自身条件作出相应的反应，具有刺激企业自觉控制污染的动力，从而使企业降低了治污的社会成本，促进了市场资源配置职能的发挥。再次，经济手段能够提供一种动态的效率和革新的刺激。由于污染者对他们所造成的任何单位的污染都要继续支付费用，所以，为了减少污染行为，经济手段便可持续不断地刺激技术革新。经济手段还可以减少污染物排放成为一种营利行为，因此可以刺激企业减排，有些减排甚至会大大超过法律规定的标准。最后，经济手段可以提高灵活性。对政府机构来说，修改或调整一项收费标准总比调整一项法律或规章制度更加容易和迅速。对污染者来说，他们则能够在一个规定的财政预算范围内，自由选择污染控制手段。

经济手段作为环境政策的重要组成部分，能够对微观主体的行为产生刺激，使微观主体的决策能够考虑到费用与效益的对比。经济手段主要特点是作为直接管制的有益补充，经济手段与直接管制相互支持、相互促进。经济手段通过为减少污染提供额外的刺激，为污水处理、废气物收集和处理等环境措施提供资金来源，使直接管制得以完善。环境经济手段的选择应遵循如下原则：一是效率优先原则。即根据经济手段对资源的节约程度来选择。增加一项经济手段，就相应增加了用于操作这项政策的人力、物力、时间的总和，即为操作成本或管理成本。二是环境效果原则。依据手段在减少环境影响方面的成功程度，以及达到相应的政策目标方面的成功程度来选择。三是可接受性原则。当考察手段与现行的规章制度、原则、政策不一致，或者受到手段作用对象、受间接影响的团体的反对时，该手段能够被有效实施的程度。

（3）殡葬环境保护的经济手段

各级环境管理部门对积极防治环境污染，而在经济上有困难的殡葬企事业单位发放环境保护补助资金；对超过国家规定排放污染物标准的单位征收排污费；对违反规定、造成严重污染的单位和个人处以罚款；对积极开展"三废"综合利用、减少排污量的给予减免税和利润留成的激励；推行开发利用自然资源的征税制度等。

4. 技术手段

环境管理的技术手段是指管理者为实现环境保护目标所采取的科学技术方法，主要指提高促进人与自然和谐、环境与经济协调的决策和管理科技，提高发展既能高度满足人类消费需要又与自然环境不冲突的新材料、新工艺的科学技术，提高整治生态环境破坏、治理环境污染、提高环境承载力的科学技术等。宏观管理技术手段指管理者为开展宏观管理所采用的各种定量化、半定量化以及程序化的分析技术，属于决策技术的范畴，是一类"软技术"，包括环境预测技术、环境评价技术和环境决策技术等。微观管理技术手段指管理者运用各种具体的环境保护技术来规范各类经济行为主体的生产与开发活动，对企业生产和资源开发过程中的污染防治和生态保护活动实施全过程控制和监督管理的手段，属于应用技术的范畴，是一类"硬技术"，包括污染防治技术、生态保护技术和环境监测技术三类。

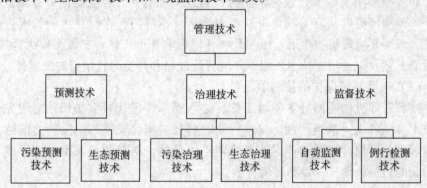

图2-1　环境管理的技术手段

（1）环境管理技术手段的特点

技术手段是要求环境管理部门运用科学的管理技术的同时，要求排污企业建设先进的治理设施和技术，预防和解决环境污染问题，最终做到预防和控制环境污染。环境管理的技术手段是指采取环保工程、环境规划、环境评价等技术，以此达到保护环境的目的。环境管理的技术手段可分为预测技术、治理技术和监督技术。

技术手段的主要类型包括制定进行污染状况调查、环境质量标准、编写环境公报与环境报告书、推广先进工艺、环境科技信息和环境科研成果等。环境管理技术手段的主要特点：一是定量性。环境管理技术手段能够将诸多环境保护、污染物排放进行定量化，有利于更好地促进环境管理。二是规范性。环境管理技术手段要求必须严格遵循所规定的技术规程和技术要求来进行操作和应用。

（2）环境管理技术手段的分析

技术手段是指管理者为实现环境保护目标所采取的科学技术方法，包括环境管理和环境治理的科学技术。技术手段借助既能提高生产率，又能把对环境的污染和生态的破坏控制到最小限度的管理技术、生产技术、消费技术及先进的污染治理技术等，达到保护环境的目的。技术手段的有效性要依靠先进的科学技术和人才的支持。现实的科学技术和管理科学是环境管理技术的主要手段。法律法规、环境政策的制定和实施包含了各方面的管理科学问题，而环保新材料、新生产技术的研发应用则属于现实科学技术的范畴。

技术手段要求环境管理部门采用最科学的管理技术，排污单位采用最先进的治理技术，不断发现和解决环境污染问题，有效预防和控制环境污染。环境管理技术手段包含管理科学和现实的科学技术，环境政策、法律法规的制定和实施都涉及很多管理科学问题。通过环境监测、环境统计等方法，根据环境监测资料以及有关其他资料对本地区、本部门、本行业污染状况进行调查，编写环境质量报告书；组织开展环境影响评价工作；交流推广无污染、少污染工艺及先进治理技术、组织环境科研成果和环境科技情报的交流等。

（3）殡葬环境保护的技术手段

殡葬管理机构要做好本领域工作，必须要掌握现代科学知识，应用先进的技术方法解决一系列问题，促进行业的科技进步，发挥第一生产力的巨大作用。由此可见，殡葬和环保两者是密不可分的，两者的交叉渗透就形成了一门新的边缘科学——殡葬环境科学。

5. 自律手段

环境管理自律手段是指运用教育、普及环境信息和环境知识，对环保技术人员进行技术培训等方法，以及公众的广泛参与、社会舆论和监督等起到保护环境的目的。宣传教育是指通过基础的、专业的和社会的各种形式开展环境保护的宣传教育，不断提高环保人员的业务水平和公民的环境意识和环境保护知识，使全民爱护环境，实现科学管理环境，提倡社会监督，是环境科学知识普及的思想动员的过程。宣传教育能深入宣传政府为了保护环境制定的各项方针政策，可以利用各种新闻和传播媒介，提高整个社会对环保的认识，是奠定环保思想基础的重要工具。

（1）环境管理自律手段的特点

环境管理自律手段可分为环境管理制度、信息公开制度和私下协议三种类型。环境管理制度与环境标准和环境法律不同，是由信息自愿进行的内部环境管理，包括内部环境规划、环境政策以及执行。环境管理制度不仅可以为企业带来利益而且也会为社会带来效益。环境管理制度给企业带来的内部利益表现在可以节省企业成本，促进企业自身的创新，其内部的制度有可能被采纳为整个社会的管理规则与标准。环境信息公开制度主要是通过各种渠道将环境行为主体的有关信息进行公开，通过社区和公众的舆论，对环境行为主体产生改善其环境行为的压力，从而达到环境保护的目的。环境信息手段的重要作用不仅体现为加强政府对企业的监管和企业的自律，更重要的是通过信息的公开（包括政府环境管理信息的公开和企业内部信息的公开），增强了环境管理的透明度，把公众这一群体纳入环境管理过程中，使其成为一支重要的环境保护力量。信息手段是连接政府、企业和公众的一个重要渠道，它大大拓展了环境管理手段的范畴。随着科学技术的迅猛发展，信息的收集、综合和传播的成本越来越低，信息在环境管理中的重要性逐渐显现出来。环境信息对于政府、企业和公众都具有特殊的意义。对于政府来说，作为政策的制定和执行者，通过信息公开获得了足够的信息，因而可以正确地制定污染控制的优先领域，从而使有限的资源配置得到优化，提高污染控制和环境保护的效率；对于企业来说，由于经济的发展和人民生活水平的提高，公众的环保意识逐渐加强，对环境友好型产品的需求也在增加，不良的环境信誉等级对企业的声誉和形象，对企业的产品市场都有非常大的影响，因而信息公开具有市场导向作用，可促使企业治理污染；对公众而言，开展信息公开工作，使公众了解环境信访和投诉的作用和程序，因而更加关注环保信息，逐步提高自身的环保意识，而公众环保意识的增强又会对环境信息公开提出更高的要求形成环境管理部门与公众社区相互促进的良性循环，最终控制污染。私下协议包括两种形式，一种是谈判达成共同协议，另一种是公共自愿项目。

环境管理自律手段的重点是社会各类主体的参与。环境是全社会人类所共有的，广大民众和非政府组织等参与环境管理不仅可以增强公众对于环境保护的意识，而且促进环境管理决策的科学化、民主化。环境保护要依靠全体公民的力量，通过教育宣传手段培养公众环境意识是环境保护工作的社会基础，有了这个社会基础，才能更好地加强环境管理的职能。畅通公众参与环境保护渠道的基础是公开环境信息，环境信息的获取以及环境参与渠道的畅通是公众参与环境管理的首要条件。公众参与渠道的畅通是公众参与环境保护的前提，也是对公众环境权的保障。公众参与制度是以法规的形式作出的相应规定，是促进公众参与环境管理的保证。建立完善的参与制度是环境管理制度化、规范化的重要组成部分。完善的公众参与制度是政府对公众参与环境管理的认可，也是对于公众参与环境保护的鼓励和支持。公众通过接受环境教育，提高环保意识，增强环境管理参与能力。同时，通过群众之间的互动关系，带动更多人参与环境保护，扩大了环境管理的群众基础，形成强大的环保氛围。由于公众往往对环保决策的指向地区环境状况有广泛细致的了解且涉及自身环境权益，所以公众通过参与环境管理，使决策者充分考虑公众各方面的环境权益，预防公民环境权益损害的发生，促进决策的科学化。公众是环境污染的直接受害者，尤其是生活在污染严重的企业和项目周边的人群，他们通过各种方式维护环境，对污染的项目和企业造成强大的民意和舆论压力，促进了环境管理的有效执行。

（2）环境管理自律手段的分析

自律手段的主要类型有公民环境意识的培养、环保人才的培养和公众环保的自觉参与。要在环保和生态建设方面取得长久的发展，社会公众的环保意识和整体素质的提升才是关键。因此，教育就显现出在环境管理中的重要地位。同时，从收益和成本上讲，发展教育作为公益事业，其产生影响的广泛性和延续持久性是其他手段没有办法做到的，可以让社会在少量投入中得到较大的效果。这种影响深入人心，面对的是整个社会的各个阶层，形成的生态文明的社会风气可以持续地影响整个时代的发展方向，引导大家自觉的保护环境，推动整个环保工作向正确的大方向发展。但是，通过教育方式的自律手段是一种软手段，执行的强制力是它的软肋。环境管理如果单纯依靠自律手段是行不通的。只有在规范的行政手段和健全的法律手段的背景下，结合运用经济手段，才能更好地发挥出自律手段的效果。

（3）殡葬环境保护的自律手段

提高科学殡葬和环境保护两个意识是搞好殡葬环保的前提，通过报刊、电影、电视、广播、展览、报告会、专题讲座、文艺演出等各种形式向全民宣传殡葬改革和环境保护意义，提高全民族的环境意识。组织对环保专业技术干部业务培训，对在殡葬干部和职工进行环境教育，树立科学的世界观、人生观、环境观和殡葬观，使科学殡葬和环境保护成为人们的自觉行动。两个意识的提高离不开教育，教育是搞好殡葬环保工作的基础。环境教育要从小抓起，科学殡葬教育也要从小抓起，两者是相辅相成的。

（二）环境管理的手段体系

环境管理手段体系是一个以协调经济发展与环境保护为目标，通过环境管理手段的合理有序的综合作用形成的整体，不仅促进环境管理手段在不同的状况下科学而有效地应用，更以环境管理手段体系的综合作用获取良好的环境效益、经济效益和社会效益。

1. 环境管理手段体系的框架

环境管理手段体系是为协调环境保护与经济发展，预防、治理、控制环境污染与破坏，按照环境管理手段功能和特点，合理有序、紧密结合、综合应用形成的整体。环境管理手段体系由法律手段、行政手段、经济手段、技术手段、自律手段等组成。

（1）环境管理手段体系的目的

建立和实施环境管理手段体系的目的是协调经济发展与环境保护之间的关系，促进社会、经济与环境和谐发展。环境管理手段体系将多种环境管理手段有机地结合和使用，平衡经济效益、环境效益和社会效益，实现环境保护的目标。

（2）环境管理手段体系的作用

环境管理手段体系中的各手段并不完全独立，而是相互联系的，且每种环境管理手段，都有其主要作用。第一，法律手段是根本。法律是人类社会的规范，是以国家的强制力为其实施的后盾。在环境污染、破坏行为产生之前和之后，法律手段对行为人均会起到一种威慑力。法律手段是环境管理的根本手段。第二，行政手段是关键。行政手段是国家的职能体现。环境管理行政手段由政府主导，通过政府的权威来实施环境管理的具体行政，将环境管理落实到环境保护各方面的工作上，并保证其有效实施。第三，经济手段是杠杆。经济手段是一种利用市场规律，将外部效应内化于经济主体的成本当中，以成本价格来控制经济人的行为。环境管理经济手段以经济利益为杠杆，将环境保护与经济发展协调起来，调节环境资源使用中的费用和效益关系，使环境污染和破坏的外部不经济性内部化。第四，技术手段是工具。技术手段是环境管理的工具。环境管理手段的实施要建立在一定的技术水平上，先进的技术水平是提高环境管理的质量的保证。先进的技术是指既能提高生产率又能把对环境的污染和生态的破坏控制到最小限度的技术。第五，自律手段是基础。教育直接作用于人们的思想，作用于人们的行为。自律手段是增强公民环境意识的直接途径，自律手段通过改变人的认知、心理、态度来改变人的环境行为，增强人们对于环境保护的认同感。参与手段是保障。公众参与环境管理是一种民主监督与保障。通过广泛参与，社会公众不仅对环境管理工作有了了解，而且能够集中多数人的智慧，对环境管理起到指导的作用，有效地监督环保部门的运作。

2. 环境管理手段体系的层次

环境管理手段体系的各种手段，在环境管理手段体系中的作用及承担的角色有所不同。根据环境管理手段的作用不同，手段体系呈现出层次性，其中，法律手段、行政手段和经济手段为内层，技术手段、教育手段、参与手段、投资手段为外层。体系的内层手段是具体实施环境管理的主体手段，是环境管理的核心工作；体系的外层手段，是实施环境管理的基础手段，对体系内层作用的发挥及环境保护目标的实现，起到了保障和支撑作用。

（1）体系内层手段特点

一是直接性。在手段体系的内层中，法律手段和行政手段是通过法律法规和行政命令直接控制环境污染和生态破坏，经济手段是将经济杠杆的作用与控制环境污染和生态破坏紧密联系，发挥直接的作用。二是高效性。直接性也决定了其作用的高效性。法律手段、行政手段和经济手段是各项管理工作所依据的主要手段，其权威性、高效性在环境管理中也得到了充分的体现。三是重要性。法律、行政、经济是支撑一个国家、一个社会的主要因素，法律是维持社会稳定有序的准则，行政是社会体制运行的保证，经济是社会前进的动力，所以法律手段、行政手段和经济手段对于加强环境保护工作具有重要的作用。

（2）体系外层手段特点

一是基础性。体系外层手段具有保障作用。通过教育和参与手段对加强环境管理与提高群众环保意识和自主性有基础性作用，通过技术和投资手段对加强环境管理起到资金保障和技术支持的基础作用。二是间接性。体系外层手段对于具体的环境保护对象能起到直接控制处理的作用有限，它需要通过环境管理内层手段来发挥作用。因此，环境管理外层手段对于实现环境保护的具体工作目标的作用是间接的。三是渐进性。外层手段作用的有效发挥需要相对长时间的积累，它们的作用是渐进的、滞后的。一般来说，对于具体的环保工作，外层手段起不到立竿见影的效果，特别是对于突发性的环境问题一般是没有显著效果的。但是外层手段有基础性的作用，具有提高社会环保整体意识、提高环境管理质量和支持内层手段的作用。

（3）内外层之间的关系

外层对内层的作用主要表现在：一是决策支持和外部监督。社会公众通过参与手段，对环境行政的决策和工作计划提供依据，促进环境管理部门政务的公开。公众通过对环境决策和环境行政等信息的了解，可以对环境管理起到有效的监督作用，促进环境保护行政部门依法行政。二是群众基础和环保氛围。通过普及性环境教育，在社会中形成一个良好的环保氛围和群众基础，有利于促进环境管理各种手段的运用，有利于环境管理各项工作的有效实施。三是技术支撑和经济基础。环境保护的发展依赖于科学技术的发展。行政手段、经济手段的有效执行的关键之一是坏境保护技术水平的提升，这对于内层手段的实施具有重要的支撑作用。另外，通过拓展环保投资主体和资金来源渠道，为环境管理各项工作提供经济基础，保障环境管理人力、物力等条件的落实。

内层对外层的作用主要表现在：手段体系的内层是外层的根据。内层手段可以直接作用于环境管理的任务和目标，但内层手段需要根据自身工作向外层手段提供相应指导，以内层的实践经验引导外层的作用方向，给予外层手段以具体要求。这样，外层就可以按照内层的需要，进行相应的研究与培养。环境管理内层通过环境法规的引导、行政命令的指示以及经济策略的导向，指导环境管理外层的作用方向，使外层的方向更有目的性。

环境保护手段之间关系并非彼此孤立，而是相互渗透、相互交叉、相互依存、互为补充的。行政手段离不开法律，法律法规是行政行为的依据；同时，法律手段也包含行政机关的执法活动、法制建设，同样离不开行政机关的守法和执法，两者互为前提，相互补充。经济手段运用也离不开法制的保障和行政管理系统的配合。在技术水平较低的条件下，法律行政手段的作用效果比经济手段大；在技术水平较高的条件下，采用经济手段，则将对企业起到更为有效的激励作用；但是当那些能带来很高投资回报的污染防治技术实现后，企业将不再有动力去进一步推动污染预防向前发展，这时就需要政府制定新的环境法规来形成新的动力。所以，法律行政手段与经济手段不是相互替代的关系，而是一种互为补充、互为促进的关系，应综合使用，取长补短。环境保护协定可以弥补法规和标准的不足，但同时也依赖于法律法规的完善。教育手段贯穿于环境保护过程之中，对其他手段起导向、推进作用，意在形成可持续发展的环境观念和生态理念，指导管理实践，并成为环境管理深入发展的持久动力。可见，环境保护各种手段之间相互依存、互为补充，形成一个完整的手段体系，共同促进环境问题的解决。行政手段对克服"市场失灵"具有直接作用，经济手段则对弥补"政府失灵"具有直接效果，而法律手段和教育手段则对"政府失灵"和"市场失灵"的克服都发挥重要作用。

3. 环境管理手段的有效实施

（1）考察企业和区域状况

考察状况是环境管理的基础。首先要了解管理对象的状况，对该区域及其所辖企业的具体状况进行全面的了解，包括环境状况、生产状况、经济状况、社会状况、民生情况和相关机构的职能情况。

（2）环境管理方案的制订

方案的制订是进行环境管理的关键。环境管理方案的制订包括：各种状况的具体分析，选择环境管理手段和相关措施，确定环境管理手段的组合应用方式。

（3）实施环境管理的方案

实施方案是环境管理的主要工作。通过有效的环保宣传教育工作和对职工进行环保技能培训，下达具体的环境保护指标，建立落实环境保护的有效机制，确保环境管理方案的贯彻落实。在落实方案过程中，努力促进管理目标的实现。

（4）环境管理信息的反馈

环境管理的一项重要工作是及时进行信息反馈。通过反馈的信息总结环境管理方案实施的难点是什么，还需要采取哪方面的措施和支持，从而进一步优化、完善环境管理方案，同时也为更好地进行后面的环境管理工作汲取经验，避免失误。

（5）环境管理工作的总结

环境管理第一阶段工作完成后，注意收集各方面的信息，总结工作经验，找出不足，进一步修改完善环境管理方案，确立新的管理目标实施。

环境管理手段是实现环境管理目标的重要途径，环境管理手段的扩展研究有助于环境管理手段作用的发挥，促进环境管理目标的实现。在分析现有五种环境管理手段的基础上，进行了环境管理手段的扩展研究，增加了两种新的环境管理手段。充实环境管理手段，是完善环境管理的必然要求，各种环境管理手段必然要形成一个环境管理手段体系。

4. 环境管理手段的优选技术

（1）环境管理手段的选择原则

环境管理手段的选择是一个涉及因素较多、综合性很强的问题，环境管理手段的实施效果要受到各种因素的影响，其实施条件往往不同，环境管理手段的选择要遵循一定的原则。

一是综合性原则。环境管理是一项具有社会性的工作，而影响环境管理手段实施的因素是各式各样的，环境管理不能不考虑其实施的影响因素，要综合评价各种因素，环境管理手段需要与之相应的管理手段的支持，综合运用各种环境管理手段，才能起到良好的效果。环境保护要综合考虑实施环境管理对象的状况及环境管理的条件等综合评价各种因素，选择最佳的环境管理手段组合，综合应用与形成其优势互补的环境管理手段。

二是针对性原则。环境管理手段的运用是在一定的区域背景下，该区域的状况包括目标群体的环境意识、社会制度、法律意识、经济状况、文化水平、产业结构，相关地方环境政策、目标群体的利益等情况的了解，对于确定环境管理手段的可行性与公平性是必不可少的。如果地区较贫困，目标群体的环境意识可能不高，要先考虑在大力普及环境教育的基础上进行环境管理，大力实施环境教育手段；在环保意识较好的地区，目标群体环境意识较好，要重点考虑公众参与手段、法律手段和行政手段；在经济发展好的地区使用经济手段、投资手段；在污染严重的地区使用技术手段，行政手段。环境管理手段的有效运用，首先在于对于管理对象状况的掌握，包括经济状况、文化水平、产业结构、环境政策、群体的环境意识、利益等，根据具体情况有针对性地选择环境管理手段，并且要根据实施情况的变化而不断调整，保证合适的环境管理手段的应用。

三是互补性原则。环境管理手段体系的实施，要根据各环境管理手段的优势和局限性的不同以及作用的特点，选择环境管理手段的组合应用，这样，在互相弥补手段之间的不足的同时，使环境管理手段能够发挥其应有的作用，环境管理手段体系的运行，要补救单一手段使用时引起的效率损失，在组合使用的过程中，实现优势互补。环境管理手段体系的综合运行，可以补救单一手段使用时引起的效率损失，在组合使用的过程中，实现优势互补，更好地实施环境管理手段。

四是成本合理原则。环境管理资金的有限性决定了环境管理手段的实施要合理计划，使环保资金的使用达到最高效率。因此，环境管理手段的选择应当注意成本的合理化运用，争取最小成本获得最大收益，确定最优成本，既对环境污染与破坏或提高环境质量方面起到一定的作用，环境管理手段的成本也要控制在可以接受的范围内，遵循需要与可能的原则。

五是效益均衡原则。环境管理的目标除了优化环境、提高环境质量之外，还要保障经济良性发展、社会和谐稳定，也就是要达到环境效益、经济效益、社会效益的均衡发展，维护整个社会的稳定。如果忽视经济效益，不仅阻碍社会发展、影响人民生活水平的提高，一个国家的整个综合国力也会受到影响。如果忽视社会效益，整个社会的公共秩序就会受到影响，会影响整个国家的和谐稳定。如果忽视环境效益差则违背了环境管理的初衷，环境保护则无从谈起，因此，在环境管理手段选择的时候，环境效益、经济效益、社会效益不可偏废其一。

（2）环境管理手段的重点运用

一是重视强制手段的保障作用。进行规范化环境管理的重要保障就是强制性手段的运用，生态化环境管理模式下，法律和行政手段仍然发挥重要作用。在生态文明的指导理念下，建立健全我国环境保护的相关立法，使政府在环境管理中切实做到有法可依，使行政手段在法律授权的范围内，才能更好地保护环境，实行可持续发展。由于政府在环境管理中的特殊地位，环境管理运用强制性手段有一定优势：首先，强制性手段针对性强。能因事、因地、因时制宜地处理复杂的环境问题，有针对性地发出行政指令。其次，执行力强。行政机关能有效地发挥规划、决策作用，依靠行政权威，形成政府的环境综合决策机制，对各地区、各部门、各行业之间的环境管理活动实行组织、指挥、协调和控制，集中力量办大事，加强生态环境监管力度，从而促使环境管理目标的有效实现，并充分发挥管理的整体效能。最后，运用强制性手段事先控制性强。它可以通过对当事人行为的直接控制，在一定程度上预防污染的发生，或将其限制在一定的范围内，管理效果直接明确。因此，提倡运用多种管理手段进行环境管理的同时，仍旧不能忽视强制性手段在环境管理中的作用。

二是重视经济手段的调节作用。随着市场经济的发展，经济手段在环境保护中的作用也愈加明显。经济手段属于间接性（非强制性）管理手段，与法律手段、行政手段等直接管理手段相比有其自身的优势：首先，有利于节约环境管理成本。环境管理中的经济手段以市场为基础，调整各方利益关系，进而影响各方行为，引导其自觉改变生产生活方式，注重环境资源保护，无须专门设置专门机构、配备大量专业技术人员，同时也大大减少政府推行环境政策的成本。其次，有利于政府展开环境管理工作，减少环境管理中遇到的阻力。经济手段的运用，使政府对企业由原来的直接管理转变为间接调控，通过市场导向，增强了企业保护环境的主动性与积极性，使生态化环境管理模式更具灵活性。最后，透明度高，便于公众对环境管理工作的监督，有利于提高公众参与环境管理的热情。

三是强化技术手段的实际应用。生态化环境管理模式下，应强化环境技术的应用，主动地将生态化因素通过技术的桥梁渗透到环境管理的方方面面。同时，积极开展国际间环境科学技术的交流与合作以及深入的科学技术研究，推动我国环境保护科学技术的发展。要把自主创新和引进消化吸收结合起来，切实提高我国环境保护的科技含量。各级政府要把生态环境保护科学研究纳入科技发展规划体系中，鼓励科技创新，加强对农村生态环境保护、生物多样性保护、生态恢复和水土保持等重点生态环境保护领域的技术开发和推广工作。采取各种激励政策和宣传措施，推动科研成果的转化，提高生态环境保护的科技含量和水平。

四是加强教育手段的导向作用。完善生态化环境管理模式，需要全社会的共同努力，而公众的环境保护意识水平的高低，直接关系到我国环境保护事业的成败。注重宣传教育就是通过广播、报纸、电视、电影、网络等各种媒体宣传环境保护的重要意义和内容，激发广大群众保护环境的热情和积极性，对危害环境的各种行为实行舆论监督。要在社会各界广泛开展环境保护各项宣传工作，全面提高公众环境意识，培养公民环境道德。同时，深化环境生态管理的素质教育，加强各个环境生态管理部门及专业院校环境生态理论及管理的学习和教育，为生态环境管理建设提供优秀的人才，以解决环境管理专业人员匮乏的窘境。

（3）环境管理手段的组合运用

在环境保护手段选择及运用上，应全面考虑各种手段对克服"政府失灵"和"市场失灵"的作用采取合理的组合策略，以达到最佳保护环境的效果。

一是行政手段、法律手段和经济手段组合运用。行政手段与法律手段相互依存、相互促进，又共同作用于经济手段，在环境保护工作中三者必须进行组合，同时加以运用，缺一不可。在继续保持行政手段重要作用的同时，应该重点发展与健全环境保护法律手段，争取尽快完善法律法规体系，以更好地保障其他手段的实行，进一步减小"市场失灵"的风险。与此同时，要大力发展与运用环境保护经济手段，发挥其灵活性、高效率性和公平性，更好地弥补行政、法律手段的不足，进一步克服环境保护体制可能倾向的"政府失灵"的危险。三种环境保护手段的组合使用是环境保护效果实现的关键和基础。

二是经济手段中各种手段的组合运用。环境保护各种经济手段各有其优点和不足，其适应范围与对象一般不同，不存在矛盾与冲突；各种经济手段之间同样不是替代性关系，而是互为补充的，应该同时加以组合运用。属于经济手段的税收、收费与补贴手段，在我国已经运用得比较广泛，要继续发挥其重要作用；而押金退款制度由于企业积极性不高，运用得还不多。鉴于押金退款制度对于耐用和可循环使用而具有潜在污染性的物品的污染具有特殊作用，应该加强对企业的激励以促成其被广泛运用。属于科技手段的自愿协商与排污权交易制度，对于实现环境保护效果的重要作用已经被广为验证，应该加以大力发展与推广，促进其在全国范围全面铺开。

三是环境保护协定与自律手段的配套运用。环境保护协定作为第三种调整机制，可以弥补法规和标准的不足，在克服"政府失灵"和"市场失灵"方面都具有重要作用；目前在我国还处在萌芽之中，应该加以肯定与发展，以形成对其他手段的良好补充作用。自律手段既能对其他手段起导向和推进作用，又可以通过"良心效用"和"黄金率"减小"政府失灵"和"市场失灵"，要始终贯穿于环境保护工作之中；同时，由于教育过程周期性较长，自律手段要尽早实施。

第三章　殡葬环境保护实务

随着我国殡葬改革步伐的加快，殡葬业作为一个特殊的国家公益性行业，环境污染问题已逐步引起社会广泛关注。确保殡葬行业的污染治理和环境管理得到同步发展和应有的重视，成为殡葬环境保护的现实问题。

【扩展阅读】

专家邕城探讨殡葬环保①

殡葬如何才能真正做到环保？9月18日，中国西部城市2007南宁殡葬论坛召开，来自全国各地的百余名殡葬行业专家齐聚南宁，以"殡葬·环境"为主题，共同研究和探讨殡葬与保护环境的关系。

火葬也会污染环境

中国的传统殡葬习俗讲究"入土为安"，但土葬因制作棺材消耗大量森林资源，而任遗体自行腐烂的处理方法，会对土壤、地下水和空气造成污染。因此，国家大力提倡火葬。但火葬在一定程度上也污染了环境。

广西钦州市代表说，火葬作为一种生物燃烧方式，是使用电力、柴油、煤炭等能源，将人的遗体在高温给氧条件下快速焚化的过程。相对土葬来说，火葬节约森林和土地资源，却消耗了能源；火葬能消除遗体细菌病毒等生物污染，却又增加了空气污染。

从以下的一组数据不难看出，火葬成为导致气候变暖、造成空气污染的因素之一：2006年全国死亡892万人，430.2万人实行了火葬，按火化一具遗体需30千克柴油计算，耗费柴油12.9万吨。火化遗体排放的二氧化碳和其他废气粉尘，加剧了大气中的温室效应。

新疆乌鲁木齐市代表介绍，火化设备都存在着不同程度的噪声污染，殡葬的一些陈规陋习如燃放烟花爆竹、哭丧等，也能使正常的声学环境遭到破坏。

---

① 唐斯佳. 专家邕城探讨殡葬环保［N］. 南国早报，2007－09－19（5）.

对遗体和骨灰进行消毒

人死亡后，遗体不同程度地向环境散发出细菌、病毒，直接危害人类健康。即使对遗体进行防腐处理，防腐药剂的挥发也会产生醛类有害气体的污染。那么，如何减少遗体对环境的直接污染呢？

针对以上问题，代表提出应强调人死后必须对遗体进行必要的消毒处理，即遗体火化（或安葬）前必须严格消毒，恶性传染病患者必须尽快就近火化。遗体整容防腐过程中的洗涤、引流等，必须进行必要的科学处理，以免造成殡仪馆四周水体和土壤污染。

代表提出殡仪馆应选用先进绿色环保遗体火化机，新型火化机在设计上运用消烟除尘原理，无黑烟，无异味，无粉尘，各污染物的排放达到国家环境检测标准。对于遗物及花圈的焚烧，应使用除尘式焚烧炉。骨灰处理前应使用专用防腐杀菌剂，并通过化学处理将骨灰中残留的重金属淋溶回收，或转化成无公害的无机化合物。采取必要的隔离措施，避免将骨灰直接撒散于土壤或水体中导致污染。对长期存放的骨灰，应实行定期消毒制度。

以植树代替做坟

环境是人类赖以生存的基础，殡葬的实质就是如何处理人类遗体与环境的关系。如何才能避免"死人与活人争地"？众专家的共同意见是：生态化"绿色殡葬"是发展趋势。

甘肃省兰州市代表说，近几年，树葬这种新型的殡葬方式出现，并且这一殡葬新风尚逐渐为广大群众所接受。公民通过自愿、自费认养或栽一棵树，将故人的骨灰撒埋于树根下或撒在树根边。树葬既保持了人们对已故亲人"入土为安"的传统习惯，又净化了环境，绿化了国土，而且随着树木的生长，它又象征着亲人生命的延续。

南宁市代表推陈出新，提出了用骨灰造砖块的方法。他认为如能将骨灰粉碎后与水泥等建筑材料配合制成建筑砌块，并加刻上具有非凡含义的铭文，然后将这种非凡的建筑砌块用在城市中政府指定的一些较有纪念意义的建筑施工上，不仅能很好地解决骨灰安置的占用土地问题，而且纪念意义也很深远。

第一节　殡葬大气污染与防治

殡葬是围绕人类遗体或骨灰而进行的社会活动，不同程度地对环境造成一定的影响，殡葬大气污染与防治是殡葬环境保护的重要内容之一。

一、大气结构组成与污染

大气环境与人类有着千丝万缕的联系。大气是人类赖以生存的主要环境条件,人类每时每刻都离不开空气。

(一) 大气的结构组成

1. 大气圈的结构

大气圈就是指包围着地球的大气层,由于受到地心引力的作用,大气圈中空气质量的分布是不均匀的。海平面处的空气密度最大,随着高度的增加空气密度逐渐变小。当超过 1000～1400 千米的高空时,气体已经非常稀薄。因此,通常把从地球表面到 1000～1400 千米的气层作为大气圈的厚度。大气在垂直方向上不同高度时的温度、组成与物理性质也是不同的。根据大气温度垂直分布的特点,在结构上可以将大气圈分为五个气层。

(1) 对流层

对流层 (troposphere) 是大气圈中最接近地面的一层,平均厚度约为 12千米。对流层中的空气质量约占大气层总质量的 75%,是天气变化最复杂的层次。对流层具有两个特点:一是对流层中的气温随高度增加而降低。二是空气具有强烈的对流运动。人类活动排放的污染物主要是在对流层中聚集,大气污染也主要发生在这一层,对流层的状况对人类生活影响最大,大气污染主要发生在近地表 1～2 千米内,因而对流层与人类关系最密切。

(2) 平流层

对流层层顶之上的大气为平流层 (stratosphere),从地面向上延伸到50～55 千米处。该层的特点是下部的气温随高度变化而变化不大,因而也叫等温层 (isothermal layer)。再向上温度随高度增加而升高,主要是由于它受地面辐射影响小,该层存在着一个厚度为 10～15 千米的臭氧层,臭氧层可以直接吸收太阳的紫外线辐射,造成了气温的增加。臭氧层的存在对地面免受太阳紫外辐射和宇宙辐射起着很好的防护作用,否则地面上所有的生命将会由于这种强烈的辐射而致死。平流层没有对流层中的云、雨、风暴等天气现象,大气透明度好,气流也稳定,由于在平流层中扩散速度较慢,进入平流层中的污染物停留时间较长,有时可达数十年。

(3) 中间层

由平流层顶以上距地面约 85 千米范围内的一层大气叫中间层 (interlayer)。由于该层没有臭氧层这类可直接吸收太阳辐射能量的组分,因此其温度随高度的增加而迅速降低。中间层底部的空气通过热传导接受平流层传递的热量，因而温度最高。这种温度分布下高上低的特点，使得中间层空气再次出现强烈的垂直对流运动。

（4）暖层

暖层（warming layer）位于 85～800 千米的高度之间。该层空气密度很小，气体在宇宙射线作用下处于电离状态，也称作电离层（ionosphere）。由于电离后的氧气能强烈地吸收太阳的短波辐射，使空气温度迅速升高，因此该层气温的分布是随高度的增加而增高。电离层能够反射无线电电波，对远距离通信极为重要。

（5）逸散层

逸散层（fugacious layer）是大气圈的最外层，是从大气圈逐步过渡到星际空间的气层。该层大气极为稀薄，气温高，分子运动速度快，有的高速运动的粒子能克服地球引力的作用而逃逸到太空中去。

如果按照空气组成成分划分大气圈层结构，又可以将其分为均质层和非均质层。均质层其顶部高度可达 90 千米，包括了对流层、平流层和中间层。在均质层中，大气中的主要成分氧和氮的比例基本保持不变，只有水汽及微量成分的含量有较大的变动。非均质层在均质层以上范围的大气统称为非均质层，包括暖层和逸散层，其特点是气体的组成随高度的增加有很大的变化。如果按照大气的电离状态还可以将大气分为电离层和非电离层。

2. 大气组成

直到 19 世纪末人们才知道地球上的大气是由多种气体组成的混合体，并含有水汽和部分杂质。其主要成分是氮、氧、氩等。在 80～100 千米以下的低层大气中，气体成分可分为两部分：一部分是"不可变气体成分"，主要指氮、氧、氩三种气体，这几种气体成分之间维持固定的比例，基本上不随时间、空间而变化；另一部分为"易变气体成分"，以水汽、二氧化碳和臭氧为主，其中变化最大的是水汽。总之，大气这种含有各种物质成分的混合物，可以大致分为干洁空气、水汽、微粒杂质和新的污染物。

（1）干洁空气

干洁空气即干燥清洁空气，其主要成分为氮、氧和氩，在空气的总容积中约占 99.96%，其中氮为 78.09%，氧为 20.95%，氩为 0.93%，二氧化碳为 0.03%。干洁空气中各组分的比例，在地球表面的各个地方几乎是不变的，因此又把它们称为大气的恒定组分。此外，还有少量的其他成分，如氖、氦、氪、氙、氢、臭氧等共占 0.1%（见表 3－1）。

表3-1 干洁空气的组成

气体类别	含量（体积分数）/%	气体类别	含量（体积分数）/%
氮（N_2）	78.09	氪（Kr）	1.0×10^{-4}
氧（O_2）	20.95	氢（H_2）	0.5×10^{-4}
氩（Ar）	0.93	氙（Xe）	0.08×10^{-4}
二氧化碳（CO_2）	0.03	臭氧（O_3）	0.01×10^{-4}
氖（Ne）	18×10^{-4}	甲烷（CH_4）	2.2×10^{-4}
氦（He）	5.24×10^{-4}	干洁空气	100

（2）水汽

大气中的水汽含量（体积分数）比氮、氧等主要成分的含量要低得多，但在大气中的含量随时间、地域、气象条件的不同而变化很大，在干旱地区可低到0.02%，而在温湿地带可高达6%。大气中的水汽含量虽然不大，但对大气变化却起着重要的作用，因而也是大气的主要组分之一。大气中的水汽主要来自水体、土壤和植物中水分的蒸发，大部分集中在低层大气中，其含量随地区、季节和气象等因素而异。水汽是天气现象和大气化学污染现象中的重要角色。大气中的固体悬浮粒主要来自工业烟尘、火山喷尘和海浪飞逸带出的盐质等。

（3）悬浮颗粒

悬浮颗粒是指由于自然因素而生成的颗粒物，如岩石的风化、火山爆发、宇宙落物以及海水溅沫等。无论是它的含量、种类，还是化学成分都是变化的。以上物质可以分为大气恒定成分（气体的组分和含量几乎不变，由地面向上85千米以内的成分，主要有N、O和惰性气体Ar等），可变成分（受自然因素、人为因素影响而变化的成分，主要指CO_2、H_2O，受季节、气候、地区的影响较大），不定成分（由于自然灾害和人类不恰当的行为产生的有害气体排入大气，造成大气污染）。

以上物质的含量称为大气的本底值（background），也就是未受到人类活动影响条件下大气各成分的含量，它可以帮助人们判定大气中的外来污染物。若大气中某种组分的含量远远地超过上述标准含量时，或自然大气中本来不存在的物质在大气中出现时，即可判定它们是大气的外来污染物，但一般不把水分含量的变化看作外来污染物。

（二）大气污染的特点

由于自然或人为的原因，大气圈中的原有成分被改变，而且增加了某些有毒有害的物质，致使大气质量恶化，影响了原有的生态平衡，严重威胁着人体健康和正常的工农业生产，并对建筑物及各种设备设施造成损害，这种现象称为大气污染。大气污染（air pollution）通常系指由于人类活动（生产、生活）和自然过程（火山喷发、山林火灾、海啸、岩石风化）引起某种物质进入大气，呈现出足够的浓度，达到足够的时间，并因此而危害人体的舒适、健康和福利或危害环境的现象。也就是指大气中污染物质的浓度达到了有害程度，以致破坏生态系统和人类正常生存和发展的条件，对人和物造成危害的现象。

1. 产生大气污染的因素

大气污染有自然因素和人为因素。目前，世界上各地的大气污染主要是人为因素造成的。随着人类社会经济活动和生产的迅速发展，大量消耗各类能源，其中化石燃料在燃烧过程中向大气释放大量的烟尘、硫、氮等物质，这些物质影响大气环境的质量，对人和物都可以造成危害，尤其是在人口稠密的城市和工业区域影响更大。

大气污染是人类当前面临的重要环境污染问题之一。形成大气污染的三大要素是污染源、大气状态和受体。大气污染的程度与污染物的性质、污染源的排放、气象条件等有关。由于大气污染的作用，可以使某个或多个环境要素发生变化、生态环境受到冲击或失去平衡、环境系统的结构和功能发生变化。这种因大气污染而引起环境变化的现象，称为大气污染效应。

2. 大气污染源及其特点

从总体上来看，大气污染是由自然界所发生的自然灾害和人类活动所造成的。由自然灾害所造成的污染多为暂时的、局部的，而由人类活动所造成的污染通常延续的时间长、范围广。

（1）大气污染源的分类

大气污染源（air pollution sources）按其性质和排放方式可以分为生活污染源、工业污染源、交通污染源和农业污染源。按源的排放特点可分为固定源、移动源；高架源、地面源；连续源、间断源、瞬时源等。按源的几何形态分为点源（如工厂烟囱）、线源（如公路车流量大时）、面源（如民居烟囱的密集污染）等。

（2）主要的大气污染源

一是生活污染源。人们由于烧饭、取暖、淋浴等生活需要，燃烧化工燃料向大气排放煤烟而造成大气污染的污染源为生活污染源。这类污染源具有分布广、排放量大、排放高度低等特点，是造成城市大气污染不可忽视的污染源。二是工业污染源。火力发电厂、钢铁厂、化工厂及水泥厂等工矿企业在生产和燃料燃烧过程中排放煤烟、粉尘及各类化合物等而造成大气污染的污染源为工业污染源。这类污染源因生产的产品和工艺流程不同，所排放的污染物种类和数量有很大差别，但这些污染源一般较集中，而且浓度较高，对局部地区或工矿的大气污染影响很大。三是交通污染源。由汽车、飞机、火车和船舶等交通工具排放废气而造成的大气污染的污染源为交通污染源，这种污染源称为移动污染源。四是农业污染源。农业机械运行时排放的尾气，或在施用化学农药、化肥、有机肥等物质时的逸散，或从土壤中经过再分解排放到大气中的有毒有害及恶臭气态污染物的劳作场所等为农业污染源。

3. 大气污染物及其特点

由于人类活动或自然过程排入大气，并对人体健康或环境产生危害的物质称为大气污染物（air pollutants）。排入大气的污染物种类很多，根据污染物存在形态可以分为颗粒污染物和气态污染物。根据大气污染与污染源的关系，可将其分为一次污染物（primary pollutant）和二次污染物（secondary pollutant）。若大气污染物是从污染源直接排出的原始物质，进入大气后其性质未发生变化，称为一次污染物；若由污染源排出的一次污染物与大气中原有成分或几种一次污染物之间，发生了一系列的化学变化或光化学反应，形成了与原污染物性质不同的新污染物，则所形成的新污染物称为二次污染物，如硫酸烟雾、光化学烟雾等。

目前，被人们注意到或已经对环境和人类产生危害的大气污染物大约有100多种，其中影响范围广、具有普遍性的污染物主要有以下几类：

（1）颗粒污染物

粉尘（dust）是指煤矿等固体物料在运输、筛分、碾磨、加料和卸料等机械处理过程中所产生的，或者是由风扬起的灰尘等。其粒径一般在 $1 \sim 100 \mu m$，大于 $10 \mu m$ 的粒子在重力作用下能在短时间内降到地面，称为降尘（dust fall）；小于 $10 \mu m$ 的粒子，能长期飘浮在大气中，称为飘尘（suspended dust or particulate matter，PM_{10}）。粉尘因可以进入人体呼吸道，故被称为可吸入颗粒物（inhalable particles，简称 IP）。不同粒径的可吸入颗粒物滞留在呼吸道的部位不同。当颗粒物直径 $d < 2.5 \mu m$ 时称为微粒子（Particulate Matter，简称 $PM_{2.5}$）。粉尘由直接排入空气中的一次微粒和空气中的气态污染物通过化学转化生成的二次微粒组成。一次微粒主要由尘土性微粒、植物和矿物燃料燃烧产生的炭黑粒子组成。二次微粒主要由 $(NH_4)_2SO_4$ 和 NH_4NO_3 组成，

这两种微粒是由大气中的 SO_2 和 NO_x 与 NH_3 反应生成，都是水溶性化合物。所以，在低空湿度大时容易生成 $PM_{2.5}$，能严重降低大气能见度，由于粒径小，更容易被吸入深部呼吸道，再加上它的载体作用，对人体健康危害较其他粒径的可吸入颗粒物更大。

烟是指由固体升华、液体蒸发、化学反应等过程生成的蒸气，在空气或气体中凝结成浮游粒子的气溶胶。黑烟是指固体或液体在燃烧时所产生的细小的粒子，在大气中飘浮出现的气溶胶现象。烟气溶胶粒子的粒径通常小于 $1\mu m$，黑烟微粒的粒径为 $0.05 \sim 1.0\mu m$。

雾（fog）指由蒸气状态凝结成液体的微粒，悬浮在大气中所出现的现象。其粒径小于 $100\mu m$，此时的相对湿度为 100%，影响 1 千米以外的大气水平可见度。

总悬浮颗粒（Total Suspended Particle，简称 TSP）是空气中悬浮着无数固体颗粒的统称，是指大气中粒径小于 $100\mu m$ 的所有固体颗粒。可吸入颗粒物是指总悬浮颗粒物中去掉 $10\mu m$ 以上的那些大颗粒。由于人的鼻毛、分泌物和黏膜可以将大多数大于 $10\mu m$ 的粉尘过滤掉，只有小于 $10\mu m$ 的颗粒物才会随气流进入气管和肺部。所以可吸入颗粒物是空气质量播报中一个重要参数。如果吸入颗粒物过多或颗粒物中含有毒有害成分时，就可能出现免疫功能障碍，危害健康。颗粒物中如果含有较多病菌和病毒时，则可能引发传染病；吸入少许颗粒物并非坏事，它们能刺激并锻炼人的免疫机能，但长期吸入过量颗粒物，积聚在肺部，可能使人患"尘肺病"；有些颗粒物沉积在肺部，还可能引起恶性病变。

我国北方降水量较少，植被覆盖率较低，有些地区土地荒漠化加剧，加上近年来建筑工地遍布，城市汽车数量猛增，尾气排放缺乏标准或不达标，使可吸入颗粒物成为不少城市的主要空气污染物。

（2）气态污染物

硫的化合物主要指 SO_2、SO_3、H_2S 等。其中 SO_2 数量最多，危害最大。硫氧化物 SO_x 是煤烟型污染造成。

$S + O_2 \rightarrow SO_2$ 其中 $1\% \sim 5\%$ 的 SO_2 与 O_2 发生反应：$SO_2 + O_2 \rightarrow SO_3$

SO_2 特点是无色，有刺激性气味的气体，呈酸性，浓度大时可引起中毒；破坏植物，使叶子变黄，翻卷，植物倒伏；腐蚀金属及建筑物；SO_2 是形成酸雨的主要物质。酸雨的形成如下：

$SO_2 + O \rightarrow SO_3$

$SO_3 + H_2O \rightarrow H_2SO_4$

氮的化合物是指 NO_x、NH_3 等。含氮燃料燃烧产生的 NO_x 称为燃料 NO_x，燃烧过程中将空气中部分氮气分解生成的 NO_x 称为热 NO_x。

碳的化合物主要是 CO_2、CO 等。人为的有汽车尾气、燃料的不完全燃烧等，自然的有森林火灾等。

碳氢化合物主要是有机废气，如烃、醇、酮、酯、胺等。

卤氟化合物主要是含氯化合物和含氟化合物，如 HCl、HF、SiF_4 等。

（3）二次污染物

一次污染物经过反应形成二次污染物，气态污染物和由其生成的二次污染物的种类主要有以下几种类型：

硫酸烟雾又称"伦敦烟雾"，$SO_2 + H_2O \xrightarrow{\text{紫外线} + NO_x} H_2SO_4$

SO_2 气体在大气中，由于有蒸汽、氮氧化物的存在，在光照条件下发生化学反应，生成的有腐蚀性刺激性的烟雾。其特点是有强腐蚀性，对动植物危害极大；对皮肤、咽喉有强烈的刺激和损害。

大气中的 HC 和 NO_x 等为一次污染物，在太阳光中紫外线照射下能发生化学反应，衍生种种二次污染物。由一次污染物和二次污染物的混合物（气体和颗粒物）所形成的烟雾污染现象，称为光化学烟雾。NO_x 是这种烟雾的主要成分，又因其 1946 年首次出现在美国洛杉矶，因此又称为洛杉矶型烟雾，以区别于煤烟烟雾（伦敦型烟雾）。

$$NO_x + HC + CO \xrightarrow{\text{紫外线照射}} \text{光化学烟雾}$$

（黄色、白色、浅蓝色）

如 NO_2 吸收 290 ~ 430 纳米的紫外线发生光解，生成白色烟雾。光化学烟雾特点是有特殊气味，刺激眼睛、呼吸道；高峰在中午，夜间消失。

氮氧化物（NO_x）主要是汽车尾气、工厂排放物。人为排放 5.12×10^{10} 千克/年，主要集中在城市，其中 NO_x 有 2/3 来自汽车尾气，1/3 来自固定源（化工厂）。NO_2 特点是棕色或黄色，有刺激性气味，浓度大时引起肺气肿，有生命危险；温室气体，大量排放会增加温室效应；是形成光化学烟雾的主要物质。

汽车尾气和燃烧过程产生一氧化碳（CO）和碳氢化合物（CH）。CO 是大城市排放最多的污染物，其特点是无色、无嗅、无味气体；是形成光化学烟雾的主要物质，是工业发达、交通拥挤的大城市污染的隐患。碳氢化合物（CH）是生成光化学烟雾的主要物质。

4. 大气污染的转归

大气污染物排入大气后，即在大气中运动，它们在大气中通过自净和转移而发生变化并产生影响。

（1）自净

自净作用（self - purification）一般指受污染的物体经自身的作用达到净化或无害化的现象。污染物可以通过大气的自净作用，将浓度降低到无害的程度。大气、土壤或水体等受到污染后能够自然净化的作用，通过物理、化学、生物等自然作用而使污染物总量减少，浓度降低，逐渐恢复到未污染的状态。环境的自净作用是环境的一种重要机能。在正常情况下，受污染的环境经一些自然过程及在生物参与下，都具有恢复原来状态的能力，此能力即为环境的自净作用。进入大气中的污染物，经过自然条件下的物理和化学作用，或是向广阔的空间扩散、稀释，使其浓度大幅度下降；或是受重力作用，使较重粒子沉降到地面；或是在雨水的洗涤作用下返回大地，或是被分解破坏等，从而使空气得以净化。但当大气中的污染物量超过其自净能力时，即出现大气污染。一是扩散作用。当气象因素处于有利于污染物扩散的状态下，而且污染物的排出量并不是很大时，扩散作用的效果很好，一方面能将污染物稀释，另一方面可将一部分污染物转移出去。二是沉降作用。依靠污染物自身的重力，由空气中逐渐降落到其他环境介质（如水体、土壤）中。三是氧化作用。大气中的氧化物或某些自由基可以将某些还原性污染物氧化成毒性低的或无毒的化合物，如将 CO 氧化成 CO_2。四是中和作用。大气中的 SO_2 可以与 NH_3 或碱性灰尘起中和作用。五是植物吸收作用。有些植物能吸收某些污染物，从而净化空气。

（2）转移

当大气对污染物不能充分自净时，污染物就可以转移到其他的环境领域，扩大污染范围。污染物的转移去向主要有以下几个方面：一是向下风侧更远的方向转移。由于大气稀释作用不彻底，污染源周围的局部大气可将污染物转移得更远。二是向地面水体和土壤转移。如酸雨，降落到土壤可使土壤酸化；汽车燃烧了含有四乙基铅的汽油，废气中的铅尘降落到公路两旁。三是向平流层转移。很多气体可以垂直性扩散上升，直至平流层。如氯氟烃、CH_4、CO_2 等都可以进入平流层，或者被超音速飞机带入甚至直接将废气排入平流层，引起平流层的污染。各种从污染源直接排出的一次污染物，在大气中受到化学作用或光化学作用，本身产生化学变化，转变成毒性更大的化学物质，即成为二次污染物。如 SO_2 转变成硫酸雾，NO_2 转变成硝酸雾，烃类和 NO_2 转化成光化学烟雾等，后者的毒性均比前者大。

5. 大气污染的主要类型

从能源利用条件看，我国的主要大气污染物是二氧化硫、煤烟以及氮氧化物、碳氧化物。其中，二氧化硫主要来源于煤和石油的燃烧、金属矿石的冶炼等；煤烟主要来自煤的不完全燃烧（主要成分是没有燃烧的碳粒）；氮氧化物主要来自煤、石油等燃料的燃烧和使用硝酸的工厂及汽车排放的尾气；碳氧化物主要来自环境保护及其措施。

（1）酸雨

大气受到酸性物质的污染后能产生酸性降水，通常将 pH 小于 5.6 的雨雪或其他方式形成的大气降水（如雾、露、霜等）统称为酸雨。产生酸雨的原因主要是煤、石油燃烧后产生的二氧化硫和二氧化氮，在经过一系列反应变成硫酸和硝酸，以雨的形式降落到地面。煤和石油燃烧及工业生产释放到大气中的 SO_2、通过气相或液相氧化反应生成硫酸。高温燃烧生成的一氧化氮（NO），排入大气后大部分转化成二氧化氮（NO_2），遇水生成硝酸和亚硝酸。由于人类活动和自然过程，还有许多气态或固体物质进入大气，对酸雨的形成也产生影响，大气颗粒物中的 Fe 和 Mn 等是成酸反应的催化剂，臭氧（O_3）和过氧化氢（H_2O_2）等是使 SO_2 氧化的氧化剂。飞灰中的氧化钙（CaO）、土壤中的碳酸钙（$CaCO_3$）、天然或人为来源的氨（NH_3）及其他碱性物质可与酸发生中和反应。降水的酸性是降水中的阴阳离子平衡与酸碱反应的综合结果。酸雨已被公认为世界上主要的环境问题之一，我国降水酸度由北向南呈逐渐加重的趋势。酸雨对环境造成多种危害：一是水生生态。使河湖水酸化，破坏水生生态系统，导致生物多样性减少，影响鱼类生长繁殖，乃至大量死亡。如当水中 pH < 4.8 时，鱼类就消失了。二是土壤生态。使土壤酸化，造成养分淋失，一些有毒的金属离子溶出，影响微生物的活性，使土壤肥力降低，导致农作物减产。三是植物生长。腐蚀树叶，使光合作用受阻，影响森林生长，林木成片死亡。四是设施设备。严重损害建筑材料和历史古迹，腐蚀石材、钢材，造成建筑物、铁轨、桥梁和文物古迹的损坏。全世界每年生产的钢铁中，约有 10% 是被腐蚀掉的。酸雨在世界范围内分布较广，随气象条件可以飘越国境并成为国家间的政治问题。

（2）光化学烟雾

大气中氮氧化物和烃类等一次污染物在阳光紫外线作用下发生一系列的光化学反应，生成臭氧、过氧乙酰硝酸酯、高活性自由基、醛类、酮类和有机酸等二次污染物。这些一次污染物和二次污染物所形成的混合物就是光化学烟雾。光化学烟雾具有很强的氧化性，属于氧化型烟雾。光化学烟雾对眼睛、咽喉有强烈的刺激作用，并有头痛、使呼吸道疾病恶化，严重者会造成死亡。光化学反应的产物凝集在大气微粒表面后而形成气溶胶，光化学气溶胶的粒径一般在 0.3～1.0 微米，能长时间悬浮于空中，长距离地迁移；能散射太阳光，降低能见度，缩短视程；易沉积于人体肺泡与支气管内而危害人类健康。防止光化学烟雾首先应控制大气中 NO_x 和碳氢化合物的浓度，主要对策是防治汽车尾气所造成的城市大气污染。现在我国中心城市都在安装使用各种汽车尾气净化器，或者改变汽车燃料结构等，对防止光化学烟雾大有裨益。

（3）臭氧层破坏

大气圈中的臭氧层出现耗竭而遭受破坏的现象称为臭氧层破坏或臭氧层空洞。大气层的平流层10～50千米范围内存在着臭氧层，它有防护紫外线的作用，是地球表面的保护屏蔽。臭氧层的破坏会使过量的紫外线辐射到地面，造成健康危害；可使平流层温度发生变化，导致地球气候异常，影响植物生长和生态的平衡等。破坏臭氧层的物质有 SO_2、NO、氟利昂（CF_2Cl_2）等。大气中某些恒量气体含量的增加，引起地球平均气温上升的现象称为温室效应。这类恒量气体称为温室气体，现在发现的主要有二氧化碳（CO_2）、甲烷（CH_4）、臭氧（O_3）、一氧化氮（NO）。全球气温的升高会使冰川融化、海平面增高而淹没陆地，引起热带风暴（即台风）或使季风能量增加，从而引发一系列的环境变化。

（三）大气污染的危害

大气是人类赖以生存的最基本的环境要素之一。随着人类活动的发展，必然会对大气产生影响，不良的影响超过了大气的自净能力，就会造成污染，使大气环境质量恶化，受到污染的大气反过来使人类健康和自然环境受到危害。

1. 对人体健康的危害

大气污染侵入人体的主要渠道有三种：一是通过呼吸道吸入；二是通过消化道进入；三是体表接触侵入（如皮肤接触）。受污染的大气进入人体，可以导致呼吸、心血管、神经等系统疾病和其他疾病。引起病变的原因主要是吸入致病的化学性物质、放射性物质和生物性物质污染的空气。

（1）化学性物质的污染

煤和石油的燃烧、冶金、火力发电、石油化工和焦化等工业生产过程会向大气排放很多有毒有害物质，这些物质多数通过呼吸道进入人体，首先受到威胁的是呼吸道，对人体健康的损害程度取决于大气中有害物质的种类、性质、浓度和持续时间，也取决于人体的敏感性。大气中化学物质的浓度一般较低，对居民主要产生慢性中毒作用。城市大气污染是鼻炎、慢性支气管炎、肺气肿和支气管哮喘等疾病的直接原因或诱因。在不利于污染物扩散的气象条件下，污染物短时间内可在大气中积累到很高的浓度，许多人尤其是儿童和年老体弱者会患病甚至死亡。工业"三废"中含有许多致癌物，如炼焦排出的苯并芘是诱发肺癌的罪魁祸首。另外，空气中的SO_2、汽车尾气中的NO_x与烯烃发生反应，生成硝化烯烃，人吸入这种气体就会致癌。长期吸入石棉粉尘也会引起肺癌。空气污染越厉害，肺癌发病率越高。人体受大气污染会患心血管病。污染空气中的Pb、Hg、As、H_2S、碳氢化合物和苯类化合物，会使人白细胞下降，心率异常，对心绞痛、心肌梗死等心瓣膜或心肌有病患的人及高度贫血的人，影响更为严重。大气污染对肝脏影响也很大，常表现为肝大及头晕、乏力、记忆力衰退。

（2）放射性物质的污染

主要来自核爆炸产物。放射性矿物的开采和加工、放射性物质的生产和应用，也能造成对空气的污染。半衰期较长的放射性元素对污染大气起主要作用，如铀的裂变产物，其中最重要的是^{90}Sr和^{137}Cs。放射性元素在体外对有机体有外照射作用，通过呼吸道进入机体则发生内照射作用，使机体产生辐射损伤，更重要的是远期效应，包括引起癌变、不育和遗传变化或早死等。

（3）生物性物质的污染

主要有花粉和一些霉菌孢子，能在个别人身上起过敏反应，可诱发鼻炎、气喘、过敏性肺部病变等。

2. 对动植物的危害

大气污染物会使土壤酸化，水体水质变酸，水生生物灭绝，植物产量下降、品质变坏。大气污染物浓度超过植物的忍耐限度，会使植物的细胞和组织器官受到伤害，生理功能和生长发育受阻，产量下降，产品品质变坏，群落组成发生变化，甚至造成植物个体死亡，种群消失。急性伤害还可能导致细胞死亡。大气受到严重污染时，动物往往由于食用积累了大气污染物的植物和水，发生中毒或死亡。

3. 对材料的损害

大气污染是造成城市地区经济损失的一个重要原因，如腐蚀金属、侵蚀建筑材料、使橡胶产品脆裂老化、损坏艺术品、使有色金属褪色等。颗粒物沉积在高压输电线绝缘器件上，可造成短路事故。大气污染物还能在电子器件接触器上生成绝缘膜层，使器件的使用功能受到损坏。

4. 对气候的影响

大气污染会改变大气的正常性质和气候的类型。CO_2等气体吸收地面辐射，而颗粒物能够散射阳光，这两种情况可以使地面温度升高或降低。前者就是温室效应（greenhouse effect），后者是由于粉尘等悬浮颗粒物反射和吸收太阳辐射，特别是紫外辐射，使到达地面的太阳辐射减弱，地面接收到的太阳能减少，放出的热能辐射也变少，地球表面的气温就会下降，大气颗粒物好像一把遮阳伞，能够把一部分阳光拒之于地球之外，这种作用称为阳伞效应（sunshade effect）。这两种效应有着截然相反的结果，可能导致大气温度的变化幅度不大，但从污染的角度看，污染更加严重了。

大气中氯氟烃等气体的不断增多，会使大气圈的臭氧层遭到破坏，给人类带来更加严重的灾害。大气中的颗粒物增多会降低能见度，作为凝结核，还会使云量和降水增加，也使雾的出现频率增加及持续时间延长。

【扩展阅读】

殡仪馆为何又见"白烟"？水汽而已　无害健康①

（本报记者 陈晓璇）2000年9月，广州新殡仪馆在燕岭银河园建成并投入使用，是目前国内规模最大、现代化程度最高的殡仪馆。殡仪馆现有11台火化机，采用德国技术，操作时无烟、无尘、无味，是世界上消烟除尘技术最先进的火化机。

近日，不少居住在市殡仪馆后面的广州市无线电中专学校师生向本报反映，近一年来，殡仪馆的火化间经常有烟雾冒出，有时是白烟，有时是黑烟，且夹杂着一股臭味。他们疑惑：殡仪馆尸体火化不是已经实现无烟、无尘、无味了吗，为何又见白烟？长期吸入这样的烟雾对身体是否有影响？

带着读者的疑虑与担忧，记者采访了广州市殡葬服务中心吴主任。

吴主任告诉记者，殡仪馆火化部附近居民们所见到的"白烟"，实际上是"水汽"，是由火化机抽出的气体经处理后产生热量形成的。如果大气气压较低，热量散发不快，便会形成这种水雾，看上去如白烟状，但对人体健康并没有危害。

殡仪馆是如何考虑周围环境，进行火化的后处理工作呢？据吴主任介绍，目前火化采用两种装置处理：一种是旋风除尘加喷淋法，通过气体隔层再用水喷淋；另一种是电极除尘加喷淋法，利用电极的大容量，用水喷淋后把热量引出来，将热量循环用于发电或交换供应热水。吴主任指出，解决"白烟"现象，最根本的是解决热量的蒸发。目前殡葬服务中心正着手解决这一问题，估计年底能消除"水汽"的出现。

为何还能闻到异味呢？吴主任解释，尸体燃烧后经过喷淋，都会产生一种霜，即二氧化硫，工作人员在这些霜中加入碱，便会形成一种异味，并没有刺激性。一般只有在很近的地方才能闻到。现在最主要的是将热量降下来，烟雾和异味便都可以减弱了。

---

① http：//news. sohu. com/20050425/n225330928. shtml.

二、大气污染的综合防治

治理大气污染需要从整个区域的大气污染情况出发，统一规划并综合运用各种防治措施和手段。积极采用新技术、新设备、新方法、新工艺，才能有效地控制大气污染。大气污染治理的重点是消烟除尘、排烟脱硫和排烟脱硝。

（一）影响大气污染的因素

大气污染的程度主要取决于污染源排放的污染物特性和排放总量，还与气象、地形、地物等因素有关，其中以气象因素的影响最为突出。

不利的气象条件能加剧空气污染。在大气污染源强不变的情况下，大气污染程度取决于稀释扩散状况。大气污染物的水平扩散速度与风速成正比，风速大，大气污染物扩散得就快。垂直扩散程度有赖于空气对流。在对流层，地面空气温度高，上层温度低，对流层中气温垂直递减率平均为 $0.6℃/100$ 米。如果递减率为 0，就出现了等温层；如果递减率为负值（即出现递增现象）就形成了逆温层，此时大气非常稳定，对流不能产生，地面空气滞留，大气污染物无法垂直扩散。若水平方向无风，情况就更加恶化甚至酿成严重的大气污染事故。如 1952 年 12 月 5~8 日的英国伦敦烟雾事件就是在最不利的气象下形成的。

1. 气象因素

影响污染物在大气中运动的气象因素主要有动力因子（风、湍流）和热力因子（大气稳定度）等。

（1）动力因子

空气的水平运动称为风，描述风的两个要素是风向和风速。风对污染物的扩散有两个作用：一是整体的输送作用，风向决定了污染物迁移运动的方向；二是对污染物的冲淡稀释作用，对污染物的稀释程度主要取决于风速。风速越大，单位时间内与烟气混合的清洁空气量越大，冲淡稀释的作用就越好。一般来说，大气中污染物浓度与污染物的总排放量成正比，与平均风速成反比。大气除了整体水平运动以外，还存在着风速时强时弱的阵性以及风的上下左右的摆性。也就是说，风存在着不同于主流方向的各种不同尺度的次生运动或旋涡运动，这种极不规则的大气运动常称为湍流（turbulence）。大气的湍流运动造成湍流场中各部分之间的强烈混合。大气湍流使污染物充分混合、稀释、浓度变低。当污染物由污染源排入大气中时，高浓度部分污染物由于湍流混合，不断被清洁空气渗入，同时又无规则地分散到其他方向去，使污染物不断地被稀释和冲淡。大气中的风与湍流是决定污染物在大气中扩散状况的最直接因子，也是最本质的因子，是决定污染物扩散快慢的决定性因素。风速愈大，湍流愈强，污染物扩散速率愈快。因此，凡是有利于增大风速、增强湍流的气象条件，都有利于污染物的稀释扩散，否则将会使污染加重。

（2）热力因子

大气的温度层结是指地球表面上方大气温度在垂直方向上随高度的变化而变的情况，即在地表上方不同高度大气的温度情况。大气的湍流状况在很大程度上取决于近地层大气的垂直温度分布，因而大气的温度层结直接影响着大气的稳定程度。对大气湍流的测量比对相应垂直温度的测量要困难得多，因此常用温度层结作为大气湍流状况的指标，从而判断污染物的扩散情况。

在标准大气状况下，对流层中的近地层气体温度总要比其上层气体温度高。因此，整个气温垂直变化的总趋势是随海拔高度的增加而逐渐降低。这种气温的垂直变化用气温垂直递减率来表示。气温垂直递减率的含义是在垂直于地球表面方向上，每升高100m气温的变化值。由于在对流层中，不同高度上气温垂直递减率不同，一般取其平均值0.65℃/100米。该值表明在对流层中，每上升100米，大气气温要下降0.65℃。一般认为，产生这种现象的主要原因有两个：一是大气直接吸收太阳辐射能造成的增温没有地面辐射造成的增温显著，即地面是大气的主要增温热源；二是由于低层大气中含有大量吸收地面辐射能较强的蒸汽和固体颗粒物，它们在大气中的分布是愈往上愈少，吸收的热量也愈少。

由于近地层实际大气情况非常复杂，各种气象条件都有可能影响气温的垂直分布，因此实际大气的气温垂直分布与标准大气可能有很大不同，概括地说有以下三种情况：一是气温随高度的增加而降低，其温度垂直分布与标准大气相同；二是气温不随高度的变化而变化，即在一定的高度范围内气温恒定，具有这种特点的气层称为等温层；三是气温随高度的增加反而增加，其温度垂直分布与标准大气正好相反，这种现象称为温度逆增，简称逆温（temperature inversion）。出现逆温的气层称为逆温层。

大气稳定度（atmosphere stability）是指大气中某一高度上的气团在垂直方向上相对稳定的程度。假定有一块气团向上或向下的垂直运动，在其上升或下降时，可能出现稳定、不稳定或中性平衡三种状态。大气中的气团，由于某种原因而产生向上或向下运动，可能出现三种情况：当除去外力后这个气团逐渐减速并返回原来高度的趋势，这时大气是稳定的；当除去外力后这个气团仍加速前进（可能上升或下降），称这时的大气是不稳定的；如果除去外力后，气团既不加速也不减速，称这时的大气处于中性平衡状态。中国采用修订的帕斯奎尔（PASQUILL）稳定度分类法（简称 P.S 分类法），分为强不稳定（A）、不稳定（B）、弱不稳定（C）、中性（D）、较稳定（E）和稳定（F）6 级。大气稳定度是影响污染物在大气中扩散的极重要因素。当大气处于稳定状态时，湍流受到抑制，大气对污染物的扩散稀释能力减弱，污染物不易扩散稀释，容易造成污染，特别当逆温层出现时，通常风力弱或无风，低空像蒙上一个"盖子"，使烟尘聚集地表，造成严重污染；当大气处于不稳定状态时，湍流得到充分发展，对流强烈，扩散稀释能力增强，污染物易扩散，有利于大气污染物的扩散稀释，不容易造成污染。

（3）逆温的影响

一般情况下，对流层温度上冷下暖。但在一定条件下，对流层的某一高度有时也会出现气温随高度增加而升高的逆温现象。在这种情况下，污染气团进入大气环境后，不管在任何外力作用下上升和下降，都会重新回到原来的位置而不能扩散。这种逆温层高度高的可达数百米以上，低的不到 1 米。

造成逆温现象的原因有很多种：一是地面辐射冷却。在晴朗无风或微风的夜晚，地面辐射冷却快，贴近地面的气层也随之降温，离地面愈近，降温愈快，因此形成了自地面开始的逆温。随着地面辐射冷却的加剧，逆温逐渐向上扩展，黎明时达最强。一般日出后，太阳辐射逐渐增强，地面很快增温，逆温便逐渐自下而上消失。这种逆温在大陆上常年都可出现，尤以冬季最强。二是空气平流。当暖空气水平移动到冷的地面或水面上，会发生接触冷却的作用。愈近地表，降温愈快，于是产生逆温现象。三是锋面因素。在锋面上，如果冷暖空气的温度差异比较显著，由于暖空气位于锋面之上，而冷空气位于锋面之下，也会产生明显的逆温现象。四是空气下沉。常发生在山地，山坡上的冷空气沿山坡下沉到谷底，谷底原来的较暖空气被冷空气抬挤上升，从而出现温度的倒置现象。这样的逆温主要是在一定的地形条件下形成的，所以又称为地形逆温。如美国的洛杉矶因周围三面环山，每年有 200 多天出现逆温现象。

产生低层逆温的条件主要由温度的变化引起。如在夏季的清晨，经过晚上的降温，地面温度很低，而空气是热的不良导体，温度降低的不如地面那样低，就出现了低层局部的逆温层。这时工厂企业排出的气态污染物质就可能在相当长的一段时间内弥散于离地面几米的空间层中，对人体的危害极大。当然，这种逆温现象随着太阳的升起就会逐渐消散。

无论哪种条件造成的逆温，都会对大气质量造成很大的影响。由于逆温层的存在，造成局部大气上热下冷，阻碍了空气垂直运动的发展，使大量烟尘、污染物、水汽凝结物等聚集在它的下面，使能见度变差。空气污染加重，尤其是城市及工业区上空，由于凝结核多，易产生浓雾天气，有的甚至造成严重的大气污染事件，如光化学烟雾等。

2. 地理因素

地形或地面状况的不同，即下垫面的不同，会影响到该地区的气象条件，形成局部地区的热力环流，表现出独特的局部气象特征。除此之外，下垫面本身的机械作用也会影响气流的运动，如下垫面粗糙，湍流就有可能加强，下垫面光滑平坦，湍流就可能较弱。因此，下垫面通过影响该地区的气象条件影响污染物的扩散，同时也通过本身的机械作用影响污染物的扩散。

（1）动力效应

地形、地物的机械作用改变气流的运动。在地形方面，主要是谷地、盆地地形，由于四周群山屏障，风速减小，空气流动受阻。如过山气流、坡风和谷风等，均易造成逆温，形成高浓度的污染。我国许多城市处于几面环山的盆地中，不利于大气污染物的扩散。在地物方面主要是城市各类建筑物（尤指高层），这些建筑如同峡谷一样，阻碍局部地区气流运行，降低风速，在建筑物背风区形成小范围的涡流，不利于污染物扩散。白天山坡受热气温升高，气流顺坡而上，谷间气流下沉，形成谷风。夜间山坡冷却较山谷快，温度低于谷地，山坡气流流向谷底，谷间气流上升，形成局部环流，称山风。另外，城市下垫面粗糙度大，对气流产生阻挡作用，使得气流的速度与方向变得很复杂，而且还能造成小尺度的涡流，阻碍烟气的迅速传输，不利于烟气扩散。这种影响的大小与建筑物的形状、大小、高矮及烟囱的高度有关，烟囱越矮，影响越大。白天，地表受热后，陆地增温比海面快，因此陆地上的气温高于海面上的气温，陆地上的暖空气上升，并在上层流向海洋，而下层海面上的空气则由海洋流向陆地，形成海风。夜间，陆地散热快，海洋散热慢，形成与白天相反的热力环流，上层空气由海洋吹向陆地，而下层空气由陆地吹向海洋，即为陆风。海陆风的环状气流不能把污染物完全输送、扩散出去。当海陆风转换时，原来被陆风带走的污染物会被海风带回陆地，形成重复污染。

（2）热岛效应

城市的人口和工业、商业非常集中，由此可以产生热岛效应。城市人口、工业、交通密集，温度高，城区气温比农村高，特别是低层空气温度比周围郊区空气温度高，于是城市地区热空气上升，并从高空向四周辐射，而四周郊区较冷空气流过来补充，城市排放的污染物随空气上升流向郊区，郊区冷空气由低空流向城市，形成特有热力（热岛）环流，这种现象在夜间和晴朗平稳的天气下，表现得最为明显。由于热岛环流的存在，郊区工厂所排放的污染物由低层吹向市区，使市区污染物浓度升高。

3. 其他因素

一是污染物排放的几何形状和排放方式：有面状排放、连续排放和地面排放等，其中以连续排放危害最大。二是污染源源强和源高。源强是指污染物的排放速率的大小，源高是指排放烟尘的烟囱高度。一般来说，气体污染物浓度与污染源源强成正比，与污染源的源高成反比。烟囱建得非常高，可以将污染物吹到数千米以外的地方，有可能波及其他国家的环境质量。如英国和德国采用 200 米以上高烟囱排放烟尘，烟尘向北飘逸 1100 千米，落在北欧的挪威和瑞典国土上，形成酸雨。1991 年海湾战争中，油井燃烧后的气体污染物随风东飘，致使我国喜马拉雅山发现含油的黑雪。

（二）大气污染的综合防治

20 世纪 70 年代中期以前，主要是对大气污染中的尾气进行治理。这是一种"先污染、后治理"的滞后方法。随着人口的增加、生产的发展以及多种类型污染源的出现，空气质量不断恶化。特别是 80 年代以后，大面积生态破坏、酸雨区的扩大、城市空气质量的恶化以及全球性污染的出现，使得大气污染呈现出范围大、危害严重、持续恶化等特点。形成这种状况的原因是由能耗大、能源结构不合理、污染源不断增加、污染物来源复杂且种类繁多等多种因素组合而成的。因此，必须从整体出发，统一规划并综合运用各种手段及措施，才能有效地控制大气污染。

1. 大气污染综合防治的原则

（1）控制大气污染源

为控制大气污染源，应对工业进行合理布局，对城市进行科学规划。如工业企业应该分散，工业城市规模不宜过大，选择合适的厂址，将排放污染物的工厂和企业建在城市的主导风向的下风向。

（2）控制污染物排放

一是改革能源结构，采用无排放的清洁能源或进行新能源的开发。如大力开发应用太阳能、风能、水利能、生物能（如沼气）等无污染或少污染的新能源，尽量减少化石能源的使用。二是提高煤炭品质，对燃烧所用煤炭的硫分、灰分品质进行严格的限定。《中华人民共和国大气污染防治法》新增了"国家推行煤炭洗选加工"等内容，以降低煤的硫分和灰分，同时限制高硫分、高灰分煤炭的开发，就是为了减少煤燃烧时污染物的排放量。三是对燃料进行处理。如把固态的煤转化为气体或液体燃料、城市普及固硫型煤，以减少燃烧时产生污染大气的物质。四是改进燃烧装置和燃烧技术。改革炉灶，采用沸腾炉燃烧等以提高燃烧效率和降低有害气体排放量。如在锅炉设计上采取麻石除尘、水力除渣等方法。烟气经过麻石除尘器等二次分离，排放的烟尘量可大大降低。燃烧的目的是为了得到热能，燃烧不但要求一定量的氧气，还要求有良好的混合接触，并保持在一定温度以上。在燃烧过程中，必须控制好供给的空气量，也就是要选择好空气过剩系数（燃料燃烧中实际供氧量与理论供氧量的比值，一般取 1.5 左右为宜），以便达到完全燃烧的目的，减少烟尘的排量。五是采用无害生产工艺或低污染的生产工艺。如设计和推广无公害的化学合成工艺，对工艺过程进行封闭系统操作，对某些污染物进行循环控制，不用或少用易引起污染的原料。六是节约能源和开展资源综合利用，改变供热方式。城市采用集中供热和联片供热既可节能又可消除面源污染，使城市大气环境质量好转。在有条件的地区可以开发利用废弃资源，如利用煤矿的瓦斯作为能源。此外，加强企业管理，减少事故性排放；及时清理和妥善处理工业、生活和建筑废渣，减少地面扬尘；改进汽车的排气装置，更换汽车的燃料类型。如使用无铅汽油、加装电子喷射管发动机和催化转化器会大大减少 Pb、CO、NO_X 及碳氢化合物的排放。

（3）治理污染物排放

大气污染物的治理措施主要有消烟除尘、排烟脱硫和排烟脱硝（氮）。一是利用各种除尘设备去除烟尘和各种工业粉尘。机械除尘是利用机械力的作用原理，使气体中所含的粉尘沉降下来，达到分离的目的，适用于治理含尘浓度较高和粉尘颗粒较大的气体；洗涤除尘是用水洗涤含有粉尘的气体，使尘粒随水流走；过滤除尘是用有很多毛细孔的物料做成织物状的滤布，使含尘气体通过，而将尘粒截留下来，达到分离的目的；静电除尘是使含尘气体通过高压电场，使尘粒黏附在电极上而除去。二是采用气体吸收塔处理有害气体。如用碱性溶液吸收废气中的 SO_2。三是应用其他物理的（如冷凝）、化学的（如催化、转化）、物理化学的（如分子筛、活性炭吸附、膜分离）方法回收利用废气中的有用物质，或使有害气体无害化。四是发展植物净化技术，植树造林，绿化环境。利用植物美化环境，调节气候，截留粉尘，吸收大气中的有害气体，可在大面积范围内长时间地、连续地净化大气。五是利用环境的自净能力。大气环境的自净物理作用（扩散、稀释、降水洗涤等）、化学作用（中和、氧化、还原等）和生物作用（吸收、累积等）。

2. 大气污染的消烟除尘技术

燃料及其他物质燃烧等过程产生的烟尘，以及对固体物料破碎、筛分和输送的机械过程所产生的粉尘，都以固态或液态的粒子存在于气体中。从废气中除去或收集这些固态或液态粒子的设备，称为除尘（集尘）装置，有时也叫除尘（集尘）器。

粉尘与烟气主要来源于燃烧设备和工业生产工艺。对粉尘的净化控制，主要包括机械式除尘技术（重力沉降、惯性除尘、离心分离）、吸附与吸收除尘技术、静电收尘技术以及声凝等新型除尘技术。机械式除尘目前应用范围最广，但噪声大，对微细尘粒的去除效率低，吸附与吸收除尘容易造成二次污染；静电除尘法噪声小、效率高，但设备费用高。实际应用中常将多种除尘技术串联使用。对于烟气的处理技术，主要包括：洗涤吸收法，典型装置是烟气洗涤塔；吸附法，典型装置是过滤层净化器；燃烧法，典型装置有直接燃烧器、热力燃烧器、催化燃烧器；催化处理法，典型装置有热催化器等。洗涤吸收法和吸附法实质是将污染物转移；燃烧法容易引起二次污染；冷凝法可回收高浓度的有机物，多用于烟气的前处理过程；催化处理法将污染物转化为易去除物或无害物质，符合绿色化学的原则，是清洁的烟气处理技术，核心问题是研制开发高效价廉的催化剂。

3. 主要气体污染物及其治理

（1）从烟气中去除 SO_2 技术

又称排烟脱硫技术，分为干法、湿法两类。

湿法是利用不同的吸收剂吸收烟气中的硫。如氨法：用氨水（NH_3H_2O）为吸收剂，中间产物为亚硫酸铵和亚硫酸氢铵；钠法：用 NaOH、Na_2CO_3 或 $NaSO_3$ 水溶液为吸收剂，中间产物为 $NaSO_3$、$NaHSO_3$；钙法：用石灰石 $CaCO_3$、生石灰 CaO 或消石灰 $Ca(OH)_2$ 的乳浊液为吸收剂，中间产物为 $CaSO_3$，经空气氧化后成为石膏。

干法主要包括以下几种：

活性炭法吸附：SO_2 在活性炭表面上与 O_2 及水蒸气发生反应，生成硫酸。

$$SO_2 + \frac{1}{2}O_2 + H_2O \rightarrow H_2SO_4$$

吸附剂再生：水洗脱吸，高温气体脱吸，水蒸气脱吸，氨水脱吸。

接触氧化法：以硅石为载体，五氧化二矾（V_2O_5）为催化剂，使 SO_2 生成硫酸。

（2）从烟气中去除 NO_x 技术

又称排烟脱硝、排烟脱氮。非选择性催化还原法是以铂（Pt）为催化剂，氢或甲烷为还原剂，将烟气中 NO_x 还原为氮气。选取温度为 $400 \sim 500℃$，实际装置中还应有余热回收装置。选择性催化还原法是以铜、铂、铁等的氧化物为催化剂，以 NH_3、H_2S、CO 等为还原剂，选择适当的温度（250～450℃）可将 NO_x 还原为 N_2。吸收法如碱液吸收法是用 30% NaOH 或 10%～15% Na_2CO_3 溶液吸收，熔融盐法是采用碱金属或碱土金属的盐类。

三、殡葬大气污染与防治

（一）殡葬大气污染的产生

火化遗体是造成殡葬环境污染的主要原因。火化遗体，即利用焚化法，借助燃料的热能使遗体及随葬品分解和氧化燃烧的处理方法。在不完全燃烧的情况下，此种方法容易形成一些有害的中间产物，对环境造成污染。火化过程能够产生污染的主要来自三个环节：一是遗体及随葬品的燃烧；二是火化燃料的燃烧；三是火化设备的使用。

1. 遗体及随葬品的燃烧

人体主要由蛋白质、脂肪等有机化合物和各种矿物质、水等无机物组成。

蛋白质作为生命的基础，是生物体构成的重要物质，是由 20 多种氨基酸分子组成的，氨基酸中含有氨基，氨基由氮（N）和氢（H）组成，所以人体中含有大量的氮。脂肪可提供人体活动的能量，占人体重量的 10%～20%。

糖类是碳水化合物，人体内的糖类和脂肪在火化过程中是可燃性物质，能释放大量的热。

水在人体组成成分中含量最高，一般占体重的 60%～70%。人体内的水分在火化过程中生成烟气中的水蒸气，水蒸气可以溶解一部分酸性气体，形成酸性水珠吸附在火化设备上，腐蚀设备，形成酸性水蒸气，污染大气。遗体燃烧后的污染物除了生成一氧化碳、氮氧化物等无机污染物以外，还生成大量的致癌性有机污染物。

随葬品主要是棉麻、毛类、纤维、尼龙、橡胶、木制品及某些金属等，随葬品一般为高分子化合物，分子结构比较复杂，但组成随葬品的基本元素是 C、H、N、S、O 等。随葬品在燃烧过程中将产生一氧化碳、氮氧化物、碳氢化合物、氨气、硫化氢等有害物质。

2. 火化燃料的燃烧

目前，国内 80% 以上殡仪馆使用燃油火化机，一些地区燃料采用燃气，比例不到 10%，还有个别欠发达地区仍采用煤作为燃料，比例在 10% 以下。燃料燃烧时将释放出光和热，燃烧的产物是二氧化碳和水，在不完全燃烧的情况下会产生黑烟、一氧化碳、氨气、硫化氢以及碳氢化合物等有机污染物。燃料的燃烧越不充分，产生的污染物越多，危害也越大。

3. 火化设备的使用

火化设备的使用对环境的污染主要有两种形式：一是直接影响环境，如产生噪声、废热等；二是间接影响环境，如火化设备要消耗电能，从而影响能源工业，耗电越多，排放的污染物就越多。

【扩展阅读】

南澳环保局禁止火化尸体的烟雾和气味①

业界专家抱怨管理混乱，医疗废物焚烧被严格监测，而人类和动物的尸体被火化时，却没有气体监测，气味四散。南澳大利亚州环境保护局进行调查后决定，火化尸体的烟雾和气味将被禁止。

专家 Pettina Venner 说，调查了 10 家火葬场，证实了行规过于集中在遗骸的燃烧过程中上，而烟雾和气味排放没人顾及。"我们意识到，必须把重点放在烟雾排放和技术细节上。"她说，"大多数火葬场有烟雾测量，但我们并没有在牌照条件上设定烟雾或气味排放的相关内容。现在要重视这点了，因为这是很重要的，牌照条件应尽量减少污染。"

审计确定了新的要求，没有明显的烟雾，也要求正常运行的设施没有异味。新的规则会为火葬场周边和死者家属提供舒适环境。

火葬场火化遗骸时，烟雾和气体也被高温焚化。烟雾里可能包括有机质和有毒物质，如二氧化碳、汞和银汞合金。

Venner 女士说，火葬场现在会注意任何烟雾或气味的排放，引起烟雾的原因，以及如何解决问题。

美殡葬商拟用强碱分解遗体　更加环保更加节能②

人辞世后，更为环保的新选择面世：人们可以"碱水解"遗体，让它化作咖啡色黏稠液体，经由下水道"绿色"地离开。

高压容器内分解

利用碱水解法，遗体将被置于一个高压不锈钢容器，用强碱溶液浸泡、加热并施压。两小时后，遗体分解完毕，仅剩一些骨头残骸和糖浆状咖啡色溶液。溶液可通过排水管排出，骨头将研磨成粉交由家属保管。

碱水解法并非首次问世。此前，这一技术主要应用于处理动物尸体和医

---

① http：//www. aumeet. com/2009/0801/1605. html.

② 陈立希. 美殡葬商拟用强碱分解遗体更加环保更加节能［N］. 北京晨报, 2009 – 12 – 03（A23）.

学研究的捐赠遗体。路透社 12 月 1 日报道，美国主营殡葬业务的马修斯国际公司打算明年 1 月把碱水解技术投入商业应用，首先在佛罗里达州圣彼得斯堡的殡仪馆推广。

在加拿大拥有碱水解专利的"过渡科学"公司也准备在明年春季推广这一技术。公司总裁艾伦·贝塞尔说："这是未来 100 年内进入殡葬市场的首个新选择。"

比传统火葬环保

如今，1/3 的美国人、超过一半的加拿大人选择火葬。路透社说，一次火葬释放二氧化碳约 400 千克，可产生二噁英等污染物。如果逝者生前补过牙，火葬还可能造成银蒸汽飘散。另一方面，火葬耗用的燃气或电力将相当于汽车行驶 800 千米的能耗。

相比之下，碱水解法可使二氧化碳排放量减少 90%，降低能耗 30% 至 90%，污染物也会明显减少。贝塞尔说："这种方法操作过程安静，不会产生明显气味，也不排放（污染）气体。安装（碱水解设备）地区的居民不必像建造火葬场那样担心。"马修斯国际公司总裁保罗·拉希勒说，碱水解法将对环保人士具有吸引力。这一说法得到贝塞尔认同。他说，公众正对这一技术作出积极反应。（新华社记者　陈立希）

（二）殡葬大气污染的危害

1. 烟尘

烟尘由固体微粒和液滴组成，粒径为 0.01～1 微米。烟尘的组成很复杂，含碳、氢、氧、硫、胺、酚、苯等多种成分。烟尘除本身有刺激和毒性作用外，还易与其他有害物质结合，具有致癌性，危害人体。烟尘还有吸湿性，在大气中易吸收水分，形成表面具有很强的吸附性的凝聚核，能促进云雾的形成。烟尘微粒沉降速度慢，在大气中停留时间长，烟尘污染波及的区域较大。

火化过程中，遗体及随葬品的燃烧、燃料燃烧等造成了烟尘污染现象。火化形成的黑烟，无论在感官上，还是含有的有害成分方面，都成为殡葬行业对环境的重要污染问题。治理烟尘污染的措施是控制污染源，使用清洁燃料和无污染能源，尽量减少大气污染物的排放量。

2. 氮氧化物（NO_x）

氮氧化物是遗体及随葬品和燃料等物质的燃烧产生的主要污染物之一。氮氧化物和碳氢化合物在强烈的阳光下产生一系列复杂的光化学反应，生成臭氧、醛类、二氧化氮等多种化合物。这种化合物同水蒸气一起，在适当的条件下形成带刺激性的浅蓝色烟雾，即光化学烟雾。光化学烟雾对环境和人体健康有很大的危害，可引起肺功能异常、支气管发炎、肺癌等。可以通过控制燃烧条件、使用催化装置等方法控制氮氧化物的生成。

3. 二氧化硫（SO_2）

遗体及随葬品和燃料等物质的燃烧可以产生二氧化硫等硫氧化物。二氧化硫在空气中可以存在 12 个小时，当发生光氧化作用时可转变为三氧化硫，溶解于水即变成硫酸和硫酸盐，随雨降到地面，形成酸雨。酸雨带来的巨大损失是难以估量的，酸雨能破坏农作物、森林，危害人体的健康，酸雨微粒侵入人体肺部，可引起肺水肿和肺硬化等疾病而导致死亡。防治二氧化硫排放的对策是节约能源，使用少污染、无污染的能源，也可以安装烟气的脱硫装置减少二氧化硫的排放。

4. 一氧化碳（CO）

一氧化碳是燃烧过程中空气不足时不完全燃烧的产物，是火化机烟道排放的主要污染物之一。一氧化碳与血红蛋白的络合能力远远大于氧气，所以一定浓度的一氧化碳可使人因缺氧而中毒，甚至死亡。控制一氧化碳排放的手段可以采用多级燃烧法，加大氧气的量，使其充分燃烧。

5. 氨气（NH_3）

监测数据表明，火化机排放的烟气中含有一定量的氨气，如果环境中氨气的浓度超标，将严重影响人的健康。

6. 硫化氢（H_2S）

火化机排放的烟气中含有一定量的硫化氢气体，硫化氢是具有臭鸡蛋气味的有毒气体，可使火化烟气带有臭味。

7. 碳氢化合物

含有碳和氢两种元素的有机化合物称为碳氢化合物，碳氢化合物是燃料等不完全燃烧产生的。人体内含有大量的有机化合物，在不完全燃烧的情况下，产生大量的碳氢化合物。在碳氢化合物多环芳烃中很多是致癌物质，如3，4－苯并芘具有强致癌性。

（三）殡葬大气污染的防治

大气污染防治工程学是研究控制和预防大气污染，改善大气质量的工程技术措施的总称。其研究领域包括大气环境质量管理技术、烟尘防治技术、气态污染物的防治技术、酸雨防治技术、大气污染综合防治技术。

1. 殡仪馆大气污染的主要种类

第一类是由遗体造成的对人体有害的异味，传染性病菌在空气中的传播以及遗体防腐所用化学药剂的挥发所造成的殡仪馆工作区内的空气污染。随着 SARS 疫情的暴发，使人们认识到传染性病菌的可怕，也使人们注意到作为遗体处理最后一关的殡仪馆遗体传染性病菌空气中的传播更是一种潜在的巨大威胁。SARS 疫情暴发后各殡仪馆都采取了相应的防范措施，如使用消毒药水、戴口罩、穿隔离衣、臭氧杀菌等许多防护措施，但这些措施大多是临时性的、治标不治本的措施，有的如臭氧杀菌等方法很容易造成空气的二次污染，如不能很好地解决通风问题，臭氧的积累还会使员工机体丧失抵抗力，容易患上肺癌等疾病。

许多国家都有相当好的经验值得人们借鉴：日本采用的空气污水净化一体装置，该装置对进来的新风进行净化处理，以确保员工的健康。对排出去的空气进行过滤消毒，以确保环境空气质量。排出去的污水经过四道消毒过滤，然后将沉淀物过滤挤干后进行焚烧。

第二类是由殡仪馆火化遗体时所排放的有害气体，由于遗体火化是有机体的燃烧，其所排放的这类气体中含有大量的二噁英等致癌物质，对火化职工和在殡仪馆的其他工作人员、服务对象都是一种潜在的威胁。目前，在发达国家普遍采用的解决方式有两种。

一是殡仪馆和火化场分立，即殡仪馆只是作为遗体存放和举行追悼仪式的场所，而火化场则单独建立在市郊居民较少的地方，采用集中火化的方式为几个甚至十几个殡仪馆提供火化服务，火化机采用国际先进的除尘消臭装备，将大量的二噁英等致癌物质消除，使其排放标准达到其国家的标准，有效降低了火化所带来的空气污染，欧美、日本等发达国家多采用此种方式。

二是殡仪馆小型化。用高技术手段防污染，在中小型城市被比较多地采用。相对于大城市的遗体量多采用集中火化方式，可以有效降低火化成本和防止污染，中小城市采用小型殡仪馆，一至两台高效火化机就足以满足顾客的需求，这也是一种有效降低火化成本和防止污染的成功经验。

2. 遗体火化过程中烟气的排放

殡仪馆作为以火化遗体为主要内容的设施，焚化遗体时火化机排放出的烟气就是十分重要的环境因素。如何控制遗体在火化过程中产生的烟气，使其达标排放，降低和减少污染，对环境保护有着重要的意义。

（1）除尘装置的使用

烟气所造成的环境污染其实就是其烟气中所含有的粉尘和有机废气超量排放对环境造成危害。根据《中华人民共和国大气污染防治法》有关排放标准，遗体焚烧可能产生的污染有粉尘、氧化氮、硫化物、二噁英等。这些粉尘、废气要使其能达标排放，可以通过辅助的除尘装置、高温的焚烧（氧化）

作用来实现。除尘装置对遗体燃烧中产生的粉尘等通过多种科学的方法留住粉尘，使排放的烟气达到合格排放标准。常用的除尘设备有静电除尘、旋风式除尘。静电除尘器是当其内的电晕线加上一定的直流高压时电晕线便产生电晕放电，放出大量高速运动的电子及正负离子，当含尘气体按一定的流速在筒体内通过时，高速运动的电子碰撞并吸附在粉尘颗粒上，使粉尘带电，带电的粉尘在电场力的作用下，高速跑向带正电的筒体，释放电荷后沉积在筒壁上，靠粉尘堆积后的自重自动剥离落于集灰斗内。但在引风量的控制上也要注意，不得过大，保证一定的流量，使粉尘有一定的滞留碰撞累积的时间。旋风式除尘设备是利用烟气上旋过程中细小粉尘旋转流动中的撞击，结合成较大颗粒下沉。如果此时引风量过大，旋转对撞结合时间短，结合的颗粒少，且有可能将结合的颗粒一并排除，达不到除尘效果。在除尘设备的使用过程中，除了要及时保养，清除积灰，保证除尘设备的完好性，还要保证烟气在其内的滞留时间。

（2）遗体焚烧过程中的调节控制

要确保烟气的排放达标，最重要的还是在遗体焚烧过程中的调节控制，使氧化氮、硫化物、二噁英等高温有效分解，不出现冒黑烟现象。火化机的二次燃烧室就是专门处理烟气的场所。在遗体焚烧过程中通过调节可以控制烟气的排放，使其排放达标。一是保持两次燃烧室的温度和一般再燃室的温度值在 700～1000℃，同时补足充分的氧气、燃料，使烟气体积含氧比达 6%，调节引风量，保持炉膛处于微负压，烟气在燃烧室停留时间 2 秒钟以上。在这种情况下，主燃室产生的烟气流经再燃室时，强烈的高温燃烧，使氧化氮、硫化物、二噁英等可以被充分氧化分解，达到烟气处理效果，达标排放。二是不同的焚烧阶段，调节燃料、助氧风、炉膛压力，使遗体正常燃烧。遗体刚入炉阶段，当炉膛温度在 800℃左右时，遗体外表、随葬品是易燃物，可供少量的燃料，也可不供燃料，只供给随葬品自燃所需的适量助氧风，控制好使衣物等易燃物的燃烧速度不要太快；此时，加强再燃室的燃料和助氧风的供给，将随葬品快速燃烧产生的烟气充分燃烧分解。

在遗体水分蒸发阶段，需要大量吸收热量，这时主燃室要供较多的燃料和足够的助氧风使主燃室温度控制在 850℃左右。在炉膛升温过程中，要密切注意燃料与氧的配比，如达到温度后，只需供助氧风。与此同时，要使再燃室达到设定温度，需供给少量燃料和助氧风，达到温度值后，可停止燃料供给，供给适量的助氧风。特别注意的是燃烧室不能出现缺氧燃烧。如果火焰呈黄亮，但较低、较短、火苗摇摆或出现温度下降，则说明供氧过多，使燃烧室的热损失过多，这种情况就要适当减少供氧；如果出现深红色或暗红色火苗，则说明燃烧缺氧，烟气中就会存在大量的未燃物质，这是冒黑烟、浓烟的主要原因。在遗体全面焚烧阶段，遗体既是被燃物又是可燃物，既吸收热量又释放热量。助氧风不能停，但燃料供应量则视炉膛内燃烧情况而定，调节燃料与风氧的最佳配比。由于遗体的脂肪和肌肉全面燃烧，应根据遗体的性别、轻重胖瘦以及燃烧室内燃烧情况，适当减少燃料的供量和保持足够的助氧风供量。如果是肥胖遗体特别是女性肥胖遗体，这时燃烧室温度又达到 800℃ 以上，遗体的自燃状况好，则可不供燃料或少供燃料，只要供给足够的助氧风即可。这一阶段产生的烟气量逐渐减少，再燃室温度保持在 700~800℃ 即可，适量供给燃料、助氧风，保持微负压。在遗体难燃部分燃烧阶段，遗体的腰、腹、臀和内脏是难以燃烧部位，此时，遗体热量释放微弱，燃烧中污染物质产生量很少（烟囱已不会冒黑烟），主燃室进入强烈焚烧阶段，增大燃料和风氧的供给，使主燃室温度不低于设定的下限，处于最佳燃烧状态，再燃室保持一定温度、微负压即可。

【扩展阅读】

广州殡仪馆新火化机启用　亲属可亲自收集骨灰①

昨天上午 10 时，历经 8 年终于研制成功的具有国际先进水平的广州市新火化机及配套车间正式启用。至此，遗体进入殡仪馆后的所有运输工作将全部在地下完成，日处理遗体将达 200 多具。新车间先进的除尘消烟技术，使火化遗体从此告别冒黑烟的历史。据悉，新火化车间的二楼设有 16 个贵宾观礼厅，正对着 16 个火化机，丧户可以亲眼目睹先人火化全过程。新车间还将向丧户提供观看遗体进炉、现场录像、丧户亲自捡骨灰以及隆重的遗体入炉仪式和骨灰交接仪式等特殊服务。同时，针对焚烧陪葬品的问题，每超过 10 千克的物品需要收取 100 元的费用，而对于难烧的皮鞋、皮带和一些金属物品，火化车间一律不予焚烧。

总体规划 16 台火化机　日火化 200 具

新的火化车间是一个两层楼的建筑物，窗明几净，设计新颖美观，从外面很难看出这就是人生所要走过的最后一段路程。在一楼的大厅，透过透明的玻璃门，记者看到火化车间里有两扇铝制的门，门后面就是火化机的炉口。而在每个门前的地面上，设有像电梯一样的铝制门，门的下面就是升降架。

10 点 23 分，地面上的铝制门向外打开，一个装有遗体的木棺从地下升了上来，停顿几秒钟后，火化机前的大门也打开了，接着，木棺被缓缓推入火

---

① http://news.gd.sina.com.cn/local/2004-09-07/663409.html.

化机进行火化，随后两扇门也慢慢关上。

据介绍，新火化车间占地4500平方米，建筑面积7000多平方米，总投资5000万元，设计安装16台火化机，每天火化量200余具。首期工程已经完成7台火化机的安装，其中高档双体炉4台、高档单体炉3台，而且有一台豪华捡灰炉正在调试，不久就可以投入使用。第二期的9台火化机预计1年后将全部安装完毕。

旧火化车间做骨灰寄存处和拜祭场

随后，记者跟随殡葬服务中心的负责人来到输送遗体的地下隧道，一辆辆黄色电动四轮运尸车正等待着把遗体从遗体告别厅送到升降架上，车子旁边有一条约200米长的隧道。新火化车间启用后，所有的遗体都可以直接从地下送到火化机火化，而不必像以前一样通过灵车送到对面的火葬场火化，节省了人力物力。

随着新火炉的启用，已经历了近半个世纪的广州市火葬场旧火化车间也完成了它的历史使命，昨日上午，随着殡葬服务中心负责人的一声令下，已被像裹粽一样围护起的高35米旧烟囱，也开始一节节缩短，最后将于数日后从广州彻底消失，取而代之的，将是一个环境优美、典雅幽静的骨灰寄存处和清明拜祭场，骨灰的存储量从13万增加到15万。

全自动化由升降架机械手送入炉

在殡仪馆做完遗体告别之后，装有先人遗体的木棺便会缓缓降入地下，而早已等候在下面的运尸车在将棺木放好之后，通过"时光隧道"运到火化车间底下的升降架上。而遗体家属在地面上只需步行三两分钟就可以到达火化车间的观礼厅，目睹先人遗体火化全过程。在一楼的总控制室，通过自动调度系统，控制人员只要轻轻一按，地面上的两扇门慢慢向外打开，实现遗体与炉位的对应，最后通过司炉人员操作自动机械手把遗体送入火炉，彻底告别了原来的手工操作入炉方式。

据介绍，该火化机实现了耗能低、耗时少、自动化程度高、燃烧充分等技术要求，在技术和功能方面处于全国领先水平。火化机采用的多级旋转式的燃烧和先进技术实现不同燃烧模式的燃烧方式，在国内还属首创。同时，新火化机的后处理设备采用了国内先进的技术，以及水幕喷淋设备，除尘除味消烟的系统更加先进，气体排放总量、浓度以及噪声强度均达到了国家一级标准，使遗体火化真正做到无尘、无烟、无味。

亲属可看火化全程

新火化车间不仅拥有优雅舒适的环境，还增加了一系列人性化的服务，方便丧户。增加了丧户看遗体进炉和录像服务。新火化车间除了提供礼仪接待服务、预留火化机位服务等传统服务项目外，还增加了丧户观看遗体进炉的服务。新火化车间在二楼配备了16个贵宾观礼厅，厅里面配有电视机和监控器等设备，这16个观礼厅正对着16个火化机，不仅可以看到先人遗体进炉的珍贵一刻，如果丧户要求，还可以看到遗体火化的全过程。

同时，新火化车间还可以提供现场录像的服务，从殡仪馆的遗体告别厅到火化车间，都安装了监控设备，如果丧户想留下从遗体告别到火化全过程的珍贵录像资料，殡葬服务中心可以满足他们的要求。

收集骨灰专用房间内亲属亲自收

与此同时，新火化车间准备修建两台豪华捡灰炉，一台已经安装完毕，正在调试之中，另外一台将在年底可以建好。到时，新车间就可以为丧户提供亲自捡骨灰的服务。据介绍，豪华捡灰炉也是一种火化机，但具备捡骨灰的功能。先人遗体在豪华火化机里火化完毕之后，炉膛将直接从火化机中伸出来，经过冷却之后，炉膛将通过电脑控制慢慢升到一个房间里，而丧户就可以在房间里亲自捡骨灰了。以前用铲子取骨灰的方式让很多人觉得对先人不尊重，而有了豪华捡灰炉之后，先人遗体火化后的骨灰是保持完整的。

而且应丧户要求，还可增加特殊服务。如提供隆重的遗体入炉仪式和骨灰交接仪式等服务，新火化车间会尽量满足丧户要求。而收取的费用不会很高，丧户可以和中心商量，根据项目的多少和复杂程度收取一些服务费用。

烧陪葬品每10千克收费100元

针对广州本地人提出的焚烧陪葬品的要求，殡葬服务中心向市物价局提出了申请，而市物价局也通过了审批，同意把焚烧陪葬品纳入特殊服务项目中，可以收取一定的费用。据介绍，如果陪葬品在10千克以下，可以放入棺木中和遗体一起焚烧火化，费用还是每具230元。如果陪葬品太多，超过10千克重，那遗体和陪葬品就需要分两炉火化，其中殡葬中心内部定价是每10千克陪葬品的火化费用收取100元。具体价格，双方还可以面议。

据介绍，火化车间对陪葬品还是有一定要求的，如皮鞋、皮带、橡胶制品和金属用品等难以焚烧或容易造成污染的物品是不允许火化的。（见习记者朱小勇　信息时报记者　王丽凤）

（四）二噁英的抑制与处理

当比利时生产的鸡饲料中被发现含有致癌物质二噁英后，世界上包括中国在内的许多国家都已接到了食物链可能被污染的警告。这是继英国"疯牛病"之后欧洲发生的又一次因饲料问题而引发的全球食品安全大恐慌。各国政府、研究机构以及普通市民空前关注二噁英问题。资料显示，发达国家城市生活垃圾焚烧炉燃烧过程中所产生的二噁英占已知二噁英各生成源生成量的95%。国外有关二噁英与人类健康的相关性已有报道，1988年，美国发表了全球第一个二噁英危险评价报告，指出1万个癌症病人中，就有1个是因二噁英引起的（1995年该报告的第二版已将这个数值修订为千分之一）。二噁英不仅具有致癌性，而且具有生殖毒性、免疫毒性和内分泌毒性。如何提高和完善二噁英的抑制与处理技术，已成了一个重要而紧迫的事情。

1. 二噁英类化合物的定义与特性

二噁英是一类化合物的简称，严格的学术名称是：聚合氯代二苯并对二噁烷（poly - chlorinated dibenzo - p - dioxins，简称PCDDs），它是由两个苯环和两个氧结合而成。由于其周围能结合1~8个氯原子，根据氯的个数和置换位置，故PCDDs有75个异构体。聚合氯代二苯并呋喃（简称PCDFs），具有和PCDDs类似的性质，它是由两个苯环和两个氧结合而成。由于其周围同样能结合18个氯原子，所以有135个异构体。这二者合起来统称为二噁英类，共有210个同族体（congener），学术界简称为PCDD/Fs。

二噁英类是高熔点、高沸点的物质，在常温下以固态存在。它的化学性质很稳定，不仅对酸碱，而且在氧化还原作用下都很稳定。在水中的溶解度非常低。虽然显示亲油性，但在有机溶剂中的溶解度仍然较低。二噁英类在低温下很稳定，但是温度超过800℃时容易分解。在紫外线的照射下也容易分解，而在生物作用下则分解得很缓慢。

二噁英在自然界中是不能自然生成的，它是人工合成的物质，被认为是人类制造的毒性最强的物质。1997年，世界卫生组织国际癌症研究中心将其定为一级致癌物质。1998年，世界卫生组织规定人体每日容许摄入量每千克1~4皮克（即一万亿分之一克）。它具脂溶性，可通过食物链富集于动物的脂肪和乳液中，因此肉、鱼、乳等容易污染。另外，二噁英可能影响生殖系统和内分泌系统的激素分泌，造成男性的女性化，比如精子数急剧减少、睾丸发育中断、永久性性功能障碍、性别的自我认知障碍等，女性可能造成子宫癌变畸形、乳腺癌等，还可能造成儿童的免疫能力、智力和运动能力的永久性障碍，比如多动症、痴呆、免疫功能低下，等等。

二噁英稳定性极强，一旦摄入生物体就无法排出，只能随生物的食物链不断传递，而人类就处于食物链的顶端，是污染的最后集结地。二噁英对人体的伤害主要不体现在"量"上，而主要体现在"时机"上，被称为"一锤定音"。特别是通过母亲在怀孕和哺乳的过程中传递，"超微量"的剂量对于婴幼儿的危害就将可能是毁灭性的和无可挽回的。

二噁英来源主要有三方面：一是化工生产的副产品及杂质。如中国某氯碱厂电解盐泥中二噁英浓度高达378.85微克/千克，其毒性当量I－TEQ值为21.65微克/千克，按此估算，中国氯碱工业产生的盐泥中每年二噁英的排放量约为5.41公斤I－TEQ。二是工业及生活垃圾焚烧。我国年垃圾量1.13亿吨，已累积堆存59亿吨，其中危险废物占2%～5%。中国准备在未来10年内，使垃圾焚烧达到垃圾处理总量的3%。焚烧产生的二噁英能强烈地吸附于颗粒上，借助于水生和陆生食物链不断富集而最终危害人类。此外，汽车尾气也是二噁英的来源之一。

2. 遗体火化中二噁英的发生机理

(1) 二噁英产生的原因

二噁英产生的原因主要有四个方面：一是人体本身富集、携带二噁英；二是随葬品如卫生盒的黏合剂、卫生盒纸板加强剂等，可能含有具有氯置换基的苯环，即二噁英前驱物，例如氯苯酚、氯苯、氯酚等物质；三是随葬品如化纤纺织品、包尸袋、污物袋等，还有一些通过高温反应可以产生二噁英或者二噁英的前驱物的有机氯化物，例如氯乙烯、四氯乙烷、三氯甲烷；四是人体内部含有一些不含氯的有机物和炭等以及无机氯化物。遗体搬运过程、火化机内（燃烧过程中）、烟道和空气预热器中（热回收、排放烟气冷却过程中）、除尘器等内（排放气体处理过程中）均可能产生二噁英。二噁英的发生形态可分为焚烧灰、排放气体、飞灰三种形态。焚烧灰（或骨灰）一般认为基本不含二噁英；排放烟气中含有的二噁英包括不完全燃烧产生的和烟气处理过程中新合成产生的；有证据表明飞灰中所含的二噁英浓度最高。

(2) 产生二噁英的因素

火化机烟气出口的二噁英浓度与温度有关。当出口温度低于730℃时，二噁英的生成很显著，但是温度超过800℃时，二噁英生成量下降，这个现象在许多的焚烧炉中已得到确认。排放烟气中的二噁英的浓度与一氧化碳浓度之间存在着近于正比的关系，尤其在同一炉的二噁英与一氧化碳浓度之间，呈现出很明显的相关性。排放烟气中的二噁英的浓度与除尘器工作温度之间，在100～300℃范围内呈现正比关系。而随葬品中塑料制品所占的比例与烟气出口二噁英的浓度之间不存在明显的相关性。

(3) 二噁英的发生反应

二噁英的发生反应中存在很多竞争反应，虽然至今还没有完全解明反应的条件与反应途径之间的关系等具体问题，但其生成含有具有氯置换基的苯环，即二噁英前驱物，例如氯苯酚、氯苯、氯酚等物质；其生成途径大致可分为两类：一是氯酚等作为前驱物的二噁英的生成。可燃的碳氢化合物如果发生不完全燃烧，会产生黑烟和有机物。通过有机氯化物的焚烧产生的氯化氢，在氯化铜、氯化铁等化合物的催化作用下，被进一步氧化产生氯。在燃烧过程中产生的有机物与氯发生反应，即可产生氯苯酚（PCB）、氯苯（CB）、氯酚（CP）等前驱物，并经过二聚化反应最终产生二噁英。二是由化学结构上与二噁英相关性很小的物质产生的二噁英。遗体火化前10分钟，纺织品、纸棺会产生大量的飞灰。在飞灰上把铜等金属氧化物作为催化剂进行的气固反应。残留在飞灰中的未燃尽的炭以及由于吸附等原因在飞灰表面存在的各种碳氢化合物发生部分氧化，生成杂环碳氢化合物，最终被氯化产生二噁英。二噁英易产生的温度范围，除了历来受到重视的300℃附近以外，也有研究认为，在470℃附近二噁英也有峰值，而当铜存在时，该峰值产生的温度有降低的倾向，因此在270～600℃的范围内考虑二噁英的产生较为合理。

3. 遗体火化二噁英减排技术措施

通过研究二噁英的生成机理，可以选择有针对性的、有效的抑制产生技术。一般根据遗体火化过程可分为燃烧过程、烟气排放前的冷却过程以及烟尘处理过程三个阶段。

（1）减少燃烧过程中二噁英发生的技术

一是完全燃烧技术。对于完全燃烧来说，重要的因素是温度（temperature）、滞留时间（time）、混合或称扰流度（turbulence），另外还有烟气中的合氧浓度。要有效控制炉温。如果氧气充分，在温度的作用下，二噁英比氯苯、氯苯酚容易分解。在温度1000℃、滞留时间1秒的条件下，99.9999%的二噁英能够分解。要有充分的滞留时间。烟气的滞留时间由高温烟气的流动速度与流动路径决定。有效的烟气滞留时间取决于燃烧温度和氧的浓度。对实际装置来说，一般通过有效组织二次风、喷嘴的角度和喷射方式涡流燃烧来增加烟气在高温区的滞留时间。确保未燃气体与空气的充分混合。为了加强混合，可以在主燃室包括再燃烧室在内的炉型进行改进，对二次空气注入口的数目、喷射速度、喷嘴配置进行优化设计，还可以向燃烧室内注入循环气体。含氧量要适当。当氧浓度低于6%时，一氧化碳浓度有增加的倾向。有报告说，氧浓度过剩会促进二噁英的产生，所以有必要在各个设备中保持适当的氧浓度。如果同时还要考虑抑制氮氧化物的产生，则需要在保持相对低的氧浓度的同时，使一氧化碳和碳氢化合物保持低浓度。一般认为把氧浓度保持在10%～12.5%为宜。开炉与闭炉应采取必要的措施。火化机在运行开始和停止时可能发生不完全燃烧。尤其是间歇运行的准连续式火化机不仅在一般的正常运行中产生的二噁英浓度比其他连续运行的炉高，而且在夜间燃烧停止时，如果炉内还有未燃尽物，也产生相当量的二噁英。因此，为了防止在焚烧过程中产生二噁英，首先在运行中应该在高温下将遗体燃尽，其次在运行开始时将炉内温度特别是烟气燃烧区再燃室预热至600℃以上，然后再加遗体；此外还需要考虑如何尽可能缩短运行开始所需要的时间，或用助燃喷嘴使用模糊控制来进行开始、停止系统的操作。

二是稳定燃烧技术。对遗体火化来讲，稳定燃烧是比较困难的，因为死亡原因、死前的治疗程度以及性别、年龄都可能导致发热量的不同；遗体的防腐手段如冷冻防腐也影响燃烧。此外，遗体火化的前半程基本以随葬品、遗体脂肪为主，因易燃而比较剧烈；而后半程基本以遗体内脏、骨骼为主，含水量多且可燃物质少，因而以补充热量为主。为了进行稳定燃烧必须采用适合装置特性的控制方法。如遗体焚烧前采用模糊理论检测和控制的方法；火化前半程适当降低燃烧速度，使易燃的质和量保持均匀的方法；考虑遗体燃烧的特殊性，采用根据燃烧后的输出信号进行控制的方法，需要注意其控制的滞后性。

（2）烟气冷却过程中减少二噁英发生的技术

烟气冷却过程中产生的二噁英主要来源于飞灰表面发生的气固反应。一是急冷排放。高温烟气离开燃烧室后，迅速增加换热面积和冷却空气，将排放烟气冷却至能够抑制二噁英生成的温度以下。但这种措施由于有可能阻碍未燃分的燃烧，所以需要充分注意。二是防止飞灰。飞灰在二噁英生成的温度区内可产生停留和堆积。遗体火化前10分钟，纺织品、纸棺会产生大量的飞灰。如果燃烧组织不好，还会产生相当量的未燃尽的炭颗粒。飞灰和未燃尽的碳颗粒具有很强的吸附性。有效的方法是在炉膛的高温区采取必要措施将飞灰留住；避免火化机在易产生未燃尽碳的温度区运行；在烟道等烟气冷却区内采用飞灰难以堆积的装置构造或者设置吹灰装置等。三是除氯技术。可以考虑往炉内直接吹入浆状消石灰，吸收去除引起气固反应发生的氯和氯化氢等物质。

（3）烟气处理过程中减少二噁英发生的技术

烟气处理一般是指除尘、除臭。烟气除尘过程中减少二噁英的措施一般从两方面着手：一是将除尘器的工作温度控制在200℃，考虑到积露腐蚀、触媒脱氮等要求，有报告推荐除尘器的工作温度可以控制在230℃。二是加入能抑制二噁英生成的化合物，有报告称，烟气中含有的二氧化硫、硫化氢以及含氨基的化合物具有抑制二噁英的生成作用。

第二节　殡葬相关污染与防治

殡葬活动除对大气产生污染外，还不同程度地对水体、土壤等产生污染。

因而在治理殡葬大气污染的同时，应一并考虑到其他相关污染的防治，做到综合治理。

一、殡葬水体污染及其防治

水是地球上一切生命赖以生存、人类生活和生产不可缺少的基本物质之一。20世纪以来，由于世界各国工农业的迅速发展和城乡人口的剧增，缺水和水污染已成为当今世界许多国家面临的重大问题。

（一）水质的指标与标准

自然界中的水以及人类生活生产活动所用的水大多不是纯水，常含有各种各样的杂质。水质，即水的品质，是指水与其中所含杂质共同表现出来的物理学、化学和生物学的综合特性。水中所含的杂质，按其在水中的存在状态可分为三类：悬浮物质是由大于分子尺寸的颗粒组成的，它们借浮力和黏滞力悬浮于水中；溶解物质则由分子或离子组成，它们被水的分子结构所支承；胶体物质则介于悬浮物质与溶解物质之间。

1. 水体生态

（1）天然水的组成

水体（water body）系河流、湖泊、沼泽、水库、地下水、冰川和海洋等储水体的总称。在环境科学领域中，水体不仅包括水，而且也包括水中的悬浮物（suspended solid，SS）、底泥（bottom sediment）和水中生物（aquatic organism）等。天然水是成分极其复杂的溶液，而且各类不同形态的组分也是十分复杂的，根据天然水中各类物质的性质，天然水中的化学成分可以分为以下几类：一是主要离子成分。天然水中主要离子成分在水中的含量较高，而且天然水的许多物理化学性质都与它的存在有关。天然水中的离子成分主要有两种存在形式，一种是简单的水合离子（或称为自由离子），一种是较为复杂的离子对。天然水中除八大离子外，还有少量的 H^+、OH^-、NH_4^+、HS^-、S^{2-} 等。二是溶解气体。天然水中溶解的气体主要有 O_2、CO_2、N_2、H_2O、CH_4、H_2、N_2和水蒸气等。三是有机物。水中的有机物主要是由 C、H、O 所组成，同时含有少量的 N、P、S、K、Ca 等其他元素。天然水中有机物大部分呈胶体状态，部分溶解于水中，部分呈悬浮状态。水体中的有机物主要来源有两类：其一是来自水体之外的有机物，如水从土壤、泥炭和其他包含有植物遗体的各种形成物中溶滤出来的物质，以及随污水流到水中的有机物。其二是来自水体中的有机物，主要是由于水体中各种水生生物的死亡，有机物不断地进入水体中，其中一部分生物残骸留在水中，成为其他生物的食物，或被进一步分解；另一部分则沉入水底，经过分解变化，成为稳定的化合物。四是微量元素。微量元素是指在水中含量小于 10 毫克/升的元素。水中比较重要的微量元素有 F、Br、I、Cu、Zn、Pb、Co、Ni、Au、B 等，以及放射性元素 U、Ra、Rn 等。天然水中常见的比较重要的微量元素主要是 N、P、Fe 的化合物。

（2）水体生态系统

地球上的水主要以连续状态存在，构成各种水体。存在于地面上的，如海洋、江河、湖泊、沼泽、冰川和水库等属于地面水体；存在于地下者，包括潜水和承压水则属于地下水体。在太阳辐射及地球引力的作用下，自然界中的水的形态不断发生由"液态—气态—液态"的循环变化，并在海洋、大气和陆地之间不停息地运动，从而形成了水的自然循环。自然界水分的循环和运动是陆地淡水资源形成、存在和永续利用的基本条件。水的社会循环是指水由于人类的活动而不断地迁移转化，人类为了满足生活和生产的需求，不断取用天然水体中的水，经过使用，一部分天然水被消耗，但绝大部分却变成生活污水和生产废水排放，重新进入天然水体。在水的社会循环中，水的性质在不断地发生变化。

水体中的水、溶解物质、悬浮物、底质和水生生物等作为完整的自然综合体构成了水体生态系统。水体生态系统由四个基本要素组成：一是绿色植物（生产者）。以阳光为能源，将无机物（CO_2、H_2O 等）合成为有机物，以构成本体并供动物食用。二是动物（消费者）。它们直接或间接地以植物为生。三是微生物（分解者）。分解生产者和消费者的排泄物或尸体，把复杂的有机物转化为简单的无机物（CO_2、NH_3 等）返回环境，再为绿色植物所利用。四是非生命物质。包括阳光、空气、水和无机及有机物质，它们是水生生物活动的场所，也是生命体能量的最初来源。

在水体生态系统中，低级生物被高级生物食用，食物关系把它们联系在一起，构成了错综复杂的食物链。食物链有一个显著特征，即富集作用（又称生物放大器作用）。如许多污染物（如重金属、农药等）本来在水中的浓度并不高，但某些藻类可对它们选择性地吸收蓄积，并通过食物链一级一级地富集起来，最终转移进入人体可能达到很高的浓度，从而对人体产生危害。

水体生态系统内部各要素间都相互联系、相互制约，在一定条件下保持着自然的、相对的平衡关系，称为生态平衡。生态平衡维持着正常的生物循环，一旦排入水体的废物超过其维系平衡的"自净容量"时，正常的生态平衡被破坏，水体即被污染了。在水的社会循环中，生活污水和工农业生产废水的排放，是形成自然界水污染的主要根源，也是水污染防治的主要对象。

（3）水体污染

一是人类活动引起水环境问题。城市人口的急剧膨胀以及工业经济的飞速发展，使得地下水资源被大规模超强度地开采和消耗，因而造成了城市地下水位的持续快速下降。过量引用地表水导致河湖干涸，过量吸取地下水引起地下水资源枯竭。人类生活、生产过程中大量排放"三废"（废水、废气、废渣），不可避免地产生水体和环境的污染，造成严重的污染，进一步加剧了可用水资源的短缺，对社会经济的发展以及人类健康产生了多方面的不利影响。二是城市化加大了径流量，加重了洪灾的危害。因为城市的路面、屋顶等许多场所都是不可浸润性表面，降水不能渗透到地下，非常容易汇集而发生地表径流，提高了降水的径流比和径流量。对于比较光洁平整的地表，特别是硬覆盖地表，减少了对水流的阻力，缩短了地表径流洪峰的到来时间。三是水体的无机物和有机物污染，给人类带来系列灾难。水体的无机污染主要是产生一些公害病，水中含有无机毒性污染物（重金属类）会产生公害病。如由镉引起的骨痛病，由汞引起的水俣病等。有机污染能产生"富营养化"。"富营养化"是指水体中氮、磷等植物营养物质含量过多所引起的水质污染现象，水中藻类等植物将大量繁殖，使水中溶解氧含量急剧下降，危及鱼类生存并导致其他水生动物死亡。如海中的富营养化的"赤潮"现象，江河湖泊的富营养化的"水华"现象。四是生态环境恶化。人类以惊人的力量和速度开发利用水资源，大江大河被拦腰截流，大规模深层优质地下水被持续开采。超强度的人类开发对水文系统、自然环境和生态系统产生了严重的干扰甚至破坏。江河断流、水质污染、水土流失加剧、湖泊萎缩和水质咸化、土地退化和沙漠化加剧、地面沉陷、次生盐渍化、陆地水生生态环境破坏和物种灭绝等人为灾害层出不穷，不仅严重地威胁着水资源的持续利用，也极大地威胁着人类自身的生存环境安全。

2. 水质指标

仅仅根据水中杂质的颗粒大小还远不能反映水的物理学、化学和生物学特性。为了定量反映水质的好坏以及水体污染的程度，以便进行环境管理和污染防治，规定了多项水质指标。通常，某项水质指标数值的大小反映了水中特定种类污染物的含量多少。

水中杂质和污染物的种类会随着水的来源的不同而有很大的不同，对于某一水质，全面分析水中的所有污染物，则技术条件要求高，运用到具体的情况中难度比较大。因此，目前通常是以污染物所具有的共性以及污染影响或毒性来作为水中污染物指标。例如，常用的废水中主要污染物指标有悬浮物、有机污染物、溶解氧、酸碱度、重金属离子等。这些污染物指标在水污染控制和管理中都起着十分重要的作用。

水质指标项目繁多，可以分为三大类。第一类是物理性水质指标，包括感官物理性状指标（如温度、色度、嗅和味、混浊度、透明度等）、其他物理性状指标（如总固体、悬浮固体、溶解固体、可沉固体、电导率、电阻率等）。第二类是化学性水质指标，包括一般的化学性水质指标（如 pH 值、硬度、各种阳离子、各种阴离子、总含盐量、一般有机物质等）、有毒的化学性水质指标（如重金属、氰化物、多环芳烃、各种农药等）、有关氧平衡的水质指标［如溶解氧（DO）、化学需氧量（COD）、生化需氧量（BOD）、总需氧量（TOC）等］。第三类是生物学水质指标，包括细菌总数、总大肠菌群数、各种病原细菌、病毒等。

（1）pH 值

pH 值是反映污水酸碱性大小的一个指标，它对污水处理及利用以及水中生物生长繁殖都有很大影响。pH 值是对氢离子浓度的一种表示方法，它表示氢离子浓度（mol/L）负对数的值，即

$$pH = -lg\left[H^+\right] = lg\left[\frac{1}{\left[H^+\right]}\right]$$

pH 值反映水的酸碱性质，天然水体的 pH 一般在 6~9，决定于水体所在环境的物理、化学和生物特性。饮用水的适宜 pH 应在 6.5~8.5。生活污水一般呈弱碱性，而某些工业废水的 pH 值偏离中性范围很远，它们的排放会对天然水体的酸碱特性产生较大的影响。大气中的污染物质如 SO_2、NO_x 等也会影响水体的 pH，但由于水体中含有各种碳酸化合物，它们一般具有一定的缓冲能力。弱酸性的污、废水对混凝土管道有腐蚀作用，pH 值还会影响水生生物和细菌的生长活动。

（2）悬浮物（Suspended Solids）

水体中悬浮物的含量是水质污染程度的基本判断指标之一。悬浮物是指在水中呈悬浮状态的固体物质，它包括无机物和有机物，如不溶于水的淤泥、黏土、微生物等，含量用每升水样中含有多少毫克悬浮物来表示，记为毫克/升。悬浮物是造成水质混浊的主要原因，其浓度越高表示水质受到的污染越严重。水体被悬浮物污染后会降低光的穿透率，减弱水的光合作用，并妨碍水体的自净作用。含有大量悬浮物的废水不得直接排入天然水体，以防止悬浮物形成河底淤泥。由于悬浮物中有一部分是有机物，大量排入水体的悬浮物，在水中微生物的生化作用下会使得溶解氧的含量大大减少，也易使得水体变黑变臭。将待测的水样用 0.45 微米的滤膜进行过滤，把过滤下来的残渣在 103~105℃的条件下烘干后称重，最后用烘干后得到的残渣的重量与水样体积相除，就是该水样的悬浮物浓度。水中悬浮物还可根据其挥发性能分为

挥发性悬浮物和固定性悬浮物。挥发性悬浮物是指在高温条件下（通常为600℃），将悬浮物进行灼烧而失去的重量。由于在这么高的温度下进行灼烧、有机物通常将全部被分解为二氧化碳、水蒸气和其他气体而挥发，但无机物在此温度下分解和挥发很少，因此，挥发性悬浮物这一指标可表示悬浮物中有机物的含量。灼烧后残留的悬浮物的重量则是固定性悬浮物，它代表了悬浮物中无机物的含量。水中悬浮物是水中挥发性悬浮物与水中固定性悬浮物之和。悬浮物包括肉眼可看得见的，粒径较大的颗粒物和粒径较小的颗粒物。前者的粒径通常大于 0.1 微米，这些悬浮物在重力或浮力的作用下，经过一定的时间后，可与水分离。而后者的粒径比较小，粒径在 0.001～0.1 微米之间，这类颗粒也称为胶体颗粒。胶体颗粒在水中比较稳定，会产生丁达尔现象，不易产生沉淀。通常胶体颗粒表面都带有正电荷或负电荷，是水产生混浊的主要原因。

（3）大肠菌群数

大肠菌群数是污水水质分析中常用的细菌学指标，用每升水中的大肠菌群数表示。大肠菌群包括大肠杆菌等几种大量存在于人体肠道中的细菌，因此粪便中大量存在大肠菌群。在一般情况下，大肠菌群属于非致病菌。如在水样中检测出大肠菌群，表明水被粪便所污染。由于水致传染病菌和病毒的生长环境与大肠菌群基本相同，而对水致传染病菌和病毒的检测又比较困难，因此，通常用大肠菌群作为间接的检测指标。如果水中的大肠菌群数超过规定的指标，就认为这些水中可能含有水致传染病菌和病毒，如人体直接接触这些水就可能会被传染上疾病。

3. 水质标准

水质标准是为了控制水污染、保障人体健康、维护生态平衡、保护和合理利用水资源而对各种水的质量所制定的技术规范。按照水质标准的性质和适用范围之不同，水质标准大致可划分为用水水质标准、废水排放标准、水的环境质量标准三类。

（1）用水水质标准

饮用水直接关系到人民的日常生活和身体健康，保证供给人民安全卫生的饮用水，是水环境保护的根本目的。生活饮用水水质标准是根据长期积累的经验制定的，它综合地反映了水质与健康的关系、饮用习惯及因地制宜等因素。由于各国的生活水平、饮用习惯和气候条件不尽相同，各国的生活饮用水标准也有差异。世界卫生组织（WHO）曾颁布了饮用水水质标准，对各项化学成分规定了允许限度、极端限度和最大限度三个浓度值。目前，很多国家的饮用水标准都已超过了这个国际标准，我国 1985 年颁布了《生活饮用水卫生标准》（GB 5749—85）。工业用水种类繁多，水质要求各不相同。各行业都相继制定了工业用水标准，并不断修订完善。水质要求高的工业用水，不仅要去除水中悬浮杂质和胶体杂质，而且还需要不同程度地去除水中的溶解杂质。食品、酿造及饮料工业的原料用水，水质要求基本上同生活饮用水，但在不同产品的生产中，都会有些不同的特殊要求。纺织、造纸工业用水，要求水质清澈，且对易于在产品上产生斑点的杂质含量，提出了严格的限制，如铁、锰及水的硬度超过一定量会使织物或纸张产生锈斑或钙斑。

（2）水环境质量标准

为了保障人体健康、维护生态平衡、保护水资源，根据国家环境政策目标，对各种水体规定了水质要求。我国已颁布的水环境质量标准主要有地面水环境质量标准（GB 3838）和海水水质标准（GB 3097）。地面水环境质量标准将标准项目划分为基本项目和特定项目。基本项目适用于全国江河、湖泊、运河、渠道、水库等水域，是满足地面水各类使用功能和生态环境质量要求的基本项目。特定项目适用于特定地面水域对特定污染物的控制，是对基本项目的补充指标。

（3）废水排放标准

为了保护水环境质量，控制水污染，除了规定地面水体中各类有害物质的允许标准值之外，还必须对各类污染源排放出的污染物的允许浓度作出规定。废水排放标准就是根据水环境质量标准的要求，并考虑技术经济的可能性和环境特点，对排入环境的污染物数量或浓度所作的限量规定。国家颁布的废水排放标准分综合和行业部门两种，两者不交叉执行，有的地区还制定了严于国家排放标准的地方标准。《污水综合排放标准》（GB 8978）根据污染物的毒性及其对人体、动植物和水环境的影响分为两大类，按照污水排放去向，分年限规定了 69 种水污染最高允许排放浓度及部分行业最高允许排水量。

【扩展阅读】

泌阳县火葬场环境影响评价未获专家通过[①]

2003 年 10 月 16 日，驻马店市环保局组织市水科所、卫生防疫站、板桥水库管理局、邦业水务集团、环境监测站等单位专家、工程技术人员 20 多人，对群众反映的泌阳县火葬场项目建设进行环境影响评价。专家评审组认

---

① 王华，门涛.泌阳县火葬场环境影响评价未获专家通过［N］.驻马店日报，2003 –
11 – 20（4）.

为，泌阳县火葬场是一个加快殡葬改革步伐的好项目，但由于选址不当，会对我市饮用水源地——板桥水库产生一定的污染，并对驻马店市民饮用水安全造成心理影响，建议该火葬场搬迁另建，现有设施改作他用。

泌阳县火葬场位于泌阳县城东北 20 千米处的双山脚下，距双山河仅 200 多米。该河为板桥水库上游主干河道，距水库水域中心 17 千米。2001 年 4 月，泌阳县在未作环境影响评价、未经环保部门批准的情况下，开工建设火葬场。计划建筑总面积 1900 平方米，主体工程已投资 300 万元，建成办公楼一座、殡仪厅一座、火化间一座，安装燃油火化机两台。

"水缸"边上建个火葬场，群众纷纷恐慌起来。市环保局接到群众反映后，立即组成调查组进行现场调查，并将调查情况及时上报市政府。根据市政府批示，市环保局立即通知泌阳县停止火葬场建设，并组织专家开展环境影响评价工作。

专家评审组经过认真审查评议，一致认为，泌阳县火葬场是一项保护土地资源、造福子孙后代的社会公益事业，符合国家政策，是一个好项目。但是，由于该项目没有事先进行环境影响评价，违反了《中华人民共和国环境影响评价法》的有关规定，造成选址不合理。建在驻马店市饮用水源二级保护区内，违反了国家环保局、卫生部、建设部、水利部、地质矿产部联合下发的《饮用水水源保护区污染防治管理规定》第二章第十二条："二级保护区内，不准新建、扩建向水体排放污染物的建设项目。"据此，专家评审组得出结论：该火葬场搬迁另建，现有设施改作他用。

科学除藻　恢复滇池生态平衡[①]

滇池作为云南一个半封闭的浅水湖，自 1985 年起，由于周边进入滇池的河水污染增加，每天 100 万立方米的污水进入滇池，致使每年规律性地暴发"水华"现象，沿湖岸边的浮藻深度达到了 10～40 厘米，厚厚的浮藻如同"绿色油漆"冒着难闻的气味，致使滇池水质和周边农畜产品受污染的检出率大大超过国家和国际标准，严重威胁着当地居民的生活。在过去 10 年间，为治理滇池，各级投入资金达到 46.57 亿元，在流域经济增长、人口不断增加的情况下，滇池水休迅速恶化的趋势得到遏制。

日前，云南省环保产业协会与中国三爱环境水资源（集团）有限公司在昆明共同主办"滇池藻华及水体富营养化治理技术研讨会"，吸引了来自中科院、云南省环保局、滇池管理局生态研究所、云南大学等机构专家参与。记

① 王亚京. 科学除藻　恢复滇池生态平衡 [N]. 中国环境报，2006－12－20（4）.

者从研讨会上获悉，长期困扰滇池的蓝藻污染有望通过先进的生物酶分解技术得到有效清除。

由中国三爱环境水资源公司倾力研发的生物除藻技术，已于 1999 年在滇池 1 平方千米的滇池水域进行实地试验，经过 7 年多的试验，蓝藻的去除成效超出专家们的想象，滇池水质不仅变清，而且治理成本低、时间短，为破解滇池污染全面治理难题带来新的希望。据了解，这项技术采用世界前沿天然材料组合的生物酶除抑藻剂，它能诱导蓝藻超常光合作用、加快其新陈代谢、促进其超量消耗自身养分，致其死亡，可有效地降低水中的藻类、磷和氨氮富集，不仅使滇池的蓝藻去除率达 95% 以上，水体的 pH 值基本不变或向正常标准转移。记者在滇池边一个临时测试现场看到，工作人员当场在滇池取出一瓶充满蓝藻的不透明的水样，加入生物酶后，漂浮水体表面的蓝藻开始缓缓聚集下沉，两个小时后，水质变得清澈见底。现场专家表示，蓝藻是滇池污染治理的一道障碍，这项技术对蓝藻能有效去除，如不产生派生有害生物，滇池污染根治难题将迎刃而解。

（二）水体的污染与危害

水体污染（water body pollution）是指排入水体的污染物在数量上超过了该物质在水体中的本底含量和水体环境容量，从而导致水体的物理特征、化学特征和生物特征发生不良变化，破坏水中固有的生态系统，破坏水体的功能及其在经济发展和人民生活中的作用，也就是说，排入水体中的污染物超过了水体的自净能力，从而导致水质恶化的现象。

1. 水体主要污染源

根据污染物产生的主要来源可分为自然污染和人为污染。自然污染主要是由自然原因造成的。如特殊地质条件使某些地区的某种化学元素大量富集；天然植物在腐烂过程中产生某种毒物；降雨淋洗大气和地面后挟带各种物质流入水体；海水倒灌，使河水的矿化度增大，尤其使氯离子大量增加；深层地下水沿地表裂缝上升，使地下水中某种矿物质含量增高等。水在循环过程中，不可避免地会混入许多杂质。在自然循环中，由非污染环境混入的物质称为自然杂质或本底杂质。社会循环中，在使用过程中混入的物质称为污染物。

人为污染是人类生活和生产活动中产生的污水对水体的污染，由于人类活动排放出大量的污染物，这些污染物质通过不同的途径进入水体，使水体的感官性状（如色度、味、混浊度等）、物理化学性质（如温度、电导率、氧化还原电位、放射性等）、化学成分（有机物和无机物）、水中的生物组成

（种群、数量）以及底质等发生变化，水质变坏，水的用途受到影响。向水体排放或释放污染物的来源或场所，称之为"水体污染源"，它包括生活污水、工业污水、交通运输、农田排水和矿山排水等。此外，固体废物如废渣和垃圾倾倒在水中或岸边，甚至堆积在土地上，经降雨淋洗流入水体，造成水体的污染。

随着人类生活生产活动的不断扩大与增强，水体的污染程度有日益恶化的趋势。一般将水体的污染程度分为五级：一级水体水质良好，符合饮用水、渔业用水水质标准。二级水体受污染物轻度污染，符合地面水水质卫生标准，可作为渔业用水，经处理之后可作为饮用水。三级水体污染较严重，但可以作为农业灌溉用水。四级水体水质受到重污染，水体中的水几乎无使用价值。五级水体水质受到严重污染，水质已超过工业废水最高允许排放浓度标准。

人类活动中产生的大量污水中含有许多对水体产生污染的物质，根据污染源的形态特征，又可分为点源和非点源两类。根据污染物产生来源的类别可分为以下几种。

（1）工业污水

这是对水体产生污染的最主要的污染源，工业污水（industrial wastewater）指的是工业企业排出的生产过程中使用过的污水。工业污水的量和成分是随着生产过程及生产企业的性质而改变的。工业污水的性质往往因企业采用的工艺过程、原料、药剂、生产用水的量和质等条件的不同而有很大差异。由于工业的迅速发展，工业废水的水量及水质污染量很大，它是最重要的污染源，具有以下几个特点：一是排放量大，污染范围广。工业生产用水量大，相当一部分生产用水中都携带原料、中间产物、副产物及终产物等排出厂外。工业企业遍布全国各地，污染范围广，不少产品在使用中又会产生新的污染。如全世界化肥施用量约5亿吨，农药200万吨，使遍及全世界广大地区的地表水和地下水都受到不同程度的污染。二是排放方式复杂，有间歇排放、连续排放、有规律排放和无规律排放等，给污染的防治造成很大困难。三是污染物种类繁多，浓度波动幅度大。由于工业产品品种繁多，生产工艺也各不相同，因此，工业生产过程中排出的污染物也数不胜数，不同污染物性质有很大差异，浓度也相差甚远。四是污染物质毒性强、危害人。被酸碱类污染的废水有刺激性、腐蚀性，而有机含氧化合物如醛、酮、醚等则有还原性，能消耗水中的溶解氧，使水缺氧而导致水生生物死亡。工业废水中含有大量的氮、磷、钾等营养物，可促使藻类大量生长耗去水中溶解氧，造成水体富营养化污染。六是污染物排放后迁移变化规律差异大。工业废水中所含各种污染物的性质差别很大，有些还有较强毒性、较大的蓄积性及较高的稳定性。

一旦排放，迁移变化规律很不相同，有的沉积水底，有的挥发转入大气，有的富集于生物体内，有的则分解转化为其他物质，甚至造成二次污染，使污染物具有更大的危险性。六是恢复比较困难。水体一旦受到污染，即使减少或停止污染物的排放，要恢复到原来状态仍需要相当长的时间。

一些工业废水中所含的主要污染物见表 3－2。

表 3－2　工业废水中的主要污染物

工业部门	废水中主要污染物
化学工业	盐类、Hg、As、Cd、氰化物、苯类、酚类、醛类、醇类、油类、多环芳香烃化合物等
石油化学工业	油类、有机物、硫化物
有色金属冶炼	酸，重金属 Cu、Pb、Zn、Hg、Cd、As 等
钢铁工业	酚、氰化物、多环芳香烃化合物、油、酸
纺织印染工业	染料、酸、碱、硫化物、各种纤维素悬浮物
制革工业	铬、硫化物、盐、硫酸、有机物
造纸工业	碱、木质素、酸、悬浮物等
采矿工业	重金属、酸、悬浮物等
火力发电	冷却水的热污染、悬浮物
核电站	放射性物质、热污染
建材工业	悬浮物
食品加工工业	有机物、细菌、病毒
机械制造工业	酸，重金属 Cr、Cd、Ni、Cu、Zn 等，油类
电子及仪器仪表工业	酸、重金属

（2）生活污水

生活污水是人们日常生活中产生的各种废水的总称。主要是居民在日常生活中排放各种污水，如洗涤衣物、沐浴、烹调、冲洗大小便器等的污水。生活污水的数量、浓度与生活用水量有关，用水量愈多，污水量也愈大，但污染物浓度愈低。生活污水、粪便污水中还含有大量细菌（包括病原菌）、病毒和寄生虫卵。每毫升污水含细菌总数可达 10 万甚至数亿，寄生虫卵每毫升数十至数百。因此，不经处理的生活污水排入水体后，往往成为介水传染病（water borne communicable disease）发生和传播的主要原因。通过饮用或接触受病原体污染的水而传播的疾病，称为介水传染病或水性传染病。生活污水中的腐败有机物排入水体后，使污水呈灰色，透明度低，有特殊的臭味，含有有机物、洗涤剂的残留物、氯化物、磷、钾、硫酸盐等。由居民家庭排出的污水所含有机物大约为40克∕（人·天），其中每人每天带入污水中有机氮约为5克。生活废水中杂质很多，杂质的浓度与用水量多少有关，其特点主要体现在：一是含氮、磷、硫高；二是含有纤维素、淀粉、糖类、脂肪、蛋白质、尿素等在厌氧性细菌作用下易产生恶臭的物质；三是含有多种微生物，如细菌、病原菌、病毒等，易使人传染上各种疾病；四是由于洗涤剂的大量使用，使它在废水中含量增大，呈弱碱性，对人体有一定危害。未经处理的生活废水排入天然水体会造成水体污染。

（3）农业废水

农业废水包括农作物栽培、牲畜饲养、食品加工等过程排出的废水和液态废物。在农业生产方面，农药、化肥的广泛施用也对水环境、土壤环境等造成了严重的污染。农药厂排出的含农药废水污染地面水，农田大面积使用农药已成为一个重要的污染源。有些污染环境的农药的半衰期（指有机物分解过程中，浓度降至一半时所需要的时间）是相当长的。如长期滥用有机氯农药和有机汞农药，会使水生生物、鱼贝类有较高的农药残留，加上生物富集，会危害人类的健康和生命。喷洒农药及施用化肥，一般只有少量附着或施用于农作物上，其余绝大部分残留在土壤和飘浮在大气中，然后通过降雨、径流和土壤渗流进入地表水或地下水，造成污染。各种类型农药的广泛施用，使它存在于土壤、水体、大气、农作物和水生生物体中。牲畜饲养场排出的废物也是水体中生物需氧量和大肠杆菌污染的主要来源，造成有机质、植物营养物质及病原微生物含量高。此外，雨、雪水，特别是暴雨、洪水将地表污染物冲刷形成径流而流入地面水体，造成地面水体的污染。油轮漏油或发生事故（或突发事件）造成石油对海洋的污染，因油膜覆盖水面使水生生物大量死亡，死亡的残体分解可造成水体污染。

2. 水体主要污染物

凡使水体的水质、生物质、底质质量恶化的各种物质均可称为水体污染物或水污染物。根据对环境污染危害的情况不同，可将水污染物分为固体污染物、生物污染物、需氧有机污染物、富营养性污染物、感官污染物、酸碱盐类污染物、有毒污染物、油类污染物、热污染物等多个类别。

（1）固体污染物

固体物质在水中有三种存在形态：溶解态、胶体态、悬浮态。在水质分析中，常用一定孔径的滤膜过滤的方法将固体微粒分为两部分：被滤膜截留的悬浮固体（Suspended Solids, SS）和透过滤膜的溶解性固体（Dissolved Solids，DS），二者合称总固体（Total Solids，TS）。这时，一部分胶体包括在悬浮物内，另一部分包括在溶解性固体内。悬浮固体物质是水中的不溶性物质，是水质污染在外观上的主要指标。它们是由许多种生产活动如开矿、采石及建筑等产生的废物，被地表水带入水中。农田的水土流失和岩石的自然风化也是悬浮固体物质的一个来源。悬浮物在水体中沉积后，会淤塞河道，危害水体底栖生物的繁殖，影响渔业生产。灌溉时，悬浮物会阻塞土壤的孔隙，不利于作物生长。在废水处理中，通常采用筛滤、沉淀等方法使悬浮物与废水分离而除去。某些悬浮固体物质，漂浮在水体表面，能够截断光线，因而减少水生植物的光合作用；它们可以伤害鱼鳃，并在浓度很大时使鱼类死亡。悬浮固体物质颗粒上会吸附一些有毒有害的离子，并随着悬浮固体物质迁移到很远的地方，扩大污染。水中的溶解性固体主要是盐类，也包括其他溶解的污染物。含盐量高的废水，对农业和渔业生产有不良影响。

（2）生物污染物

生物污染物指废水中的致病微生物及其他有害的生物体。主要包括病毒、病菌、寄生虫卵等各种致病体。此外，废水中若生长有铁菌、硫菌、藻类、水草及贝壳类动物时，会堵塞管道、腐蚀金属及恶化水质，也属于生物污染物。生物污染物主要来自城市生活废水、医院废水、垃圾及地面径流等方面。病原微生物的水污染危害历史最久，至今仍是危害人类健康和生命的重要水污染类型。受病原微生物污染后的水体，微生物激增，其中许多是致病菌、病虫卵和病毒，它们往往与其他细菌和大肠杆菌共存，所以通常规定用细菌总数和菌指数为病原微生物污染的间接指标。病原微生物的特点是：数量大、分布广、存活时间较长、繁殖速度很快、易产生抗药性，很难消灭。因此，此类污染物实际上通过多种途径进入人体，并在体内生存，一旦条件适合，就会引起人体疾病。

（3）需氧污染物

某些工业污水和生活污水中往往含有大量的有机物质，如蛋白质、脂肪、糖、木质素和许多合成物质，排入水体后，在溶解氧的情况下，经水中需氧微生物的生化氧化最后分解成 CO_2 和硝酸盐等，或者是有些还原性的无机化合物，如亚硫酸盐、硫化物、亚铁盐和氨等，在水中经化学氧化变成高价离子存在。在上述这些过程中，均会大量消耗水中的溶解氧，给鱼类等水生生物带来危害，并可使水发生恶臭现象。废水中能通过生物化学和化学作用而消耗水中溶解氧的物质，统称为需氧污染物。绝大多数的需氧污染物是有机物，而无机物主要有 Fe、Fe^{2+}、S^{2-}、SO_3^{2-}、CN^- 等，仅占很少量的部分。因而，在水污染控制中，一般情况下需氧物即指有机物。

天然水中的有机物一般指天然的腐殖物质及水生生物的生命活动产物。生活废水、食品加工和造纸等工业废水中，含有大量的有机物，如碳水化合物、蛋白质、油脂、木质素、纤维素等。有机物的共同特点是这些物质直接进入水体后，通过微生物的生物化学作用而分解为简单的无机物质（二氧化碳和水），在分解过程中需要消耗水中的溶解氧，而在缺氧条件下污染物就发生腐败分解、恶化水质，因此常称这些有机物为需氧有机物。水体中需氧有机物越多，耗氧也越多，水质也越差，水体污染越严重。在一给定的水体中，大量有机物质能导致氧的近似完全的消耗，鱼类和浮游动物在这种环境下就会死亡。

需氧有机物常出现在生活废水及部分工业废水中，如有机合成原料、有机酸碱、油脂类、高分子化合物、表面活性剂、生活废水等。它的来源多，排放量大，污染范围广。有机污染物过多，必然使溶解氧耗尽，水中生物缺氧而死亡。因此，需氧有机污染物是水体中最多、最复杂的污染物的集合体。

生活污水和工业废水中都含有大量的结构比较复杂的有机污染物，有机污染物在水中一般不稳定，在微生物的作用下，不断进行分解，并转化为碳、氢、氧、氮、硫等基本元素的无机物，从而成为植物的养料，通过植物的吸收和光合作用又成为植物的机体。

在微生物的作用下，如果水中存在溶解氧，微生物分解有机物就要消耗水中的溶解氧，因而常用水中溶解氧减少的量来间接表示水体受有机物污染的状况，也就是生化需氧量（Biochemical Oxygen Demand，BOD）和化学需氧量（Chemical Oxygen Demand，COD）来间接表示水中有机物污染的综合指标。

溶解氧（Dissolved Oxygen，DO）是指溶解于水中的氧气。溶解氧是指溶解于 1 升水中的分子氧的含量，用毫克/升表示。它是衡量水体污染程度的重要指标，是水环境监测中说明水质好坏的一个重要指标。一般要求饮用水 DO > 毫克/升。在没有污染的水体中，溶解氧是处于饱和状态的。水被有机物所污染后，在有氧的条件下，好氧微生物能降解有机物，同时消耗水中的溶解氧，当水生植物的光合作用和大气向水体中补充氧的速度小于好氧微生物消耗氧的速度时，水体中的溶解氧的含量就会变得很少，水体逐渐发臭变黑。因此，水体中溶解氧的含量越少，表明水体受污染的程度越高。

生化需氧量（Biochemical Oxygen Demand，BOD）是一个反映水中可生物降解的含碳有机物的含量多少以及排入水体后产生耗氧影响的指标。生化需氧量间接地反映出能为微生物分解的有机物的总量。生化需氧量（BOD）是表示在有氧条件下，温度为 20℃时，由于微生物（主要是细菌）的活动，使单位体积污水中可降解的有机物氧化达到稳定状态时所需氧的量（毫克/升）。BOD 的值越高，表示需氧有机物越多。生化需氧量是水中微生物摄取有机物使之氧化分解所消耗的氧量。污水中所需 BOD 来自三类物质。一是可作为微生物食物的含碳有机物；二是亚硝酸盐、氨氮及作为某些细菌食物的有机氮化物；三是可被水中溶解氧氧化的亚铁、亚硫酸盐、硫离子等还原性离子。有机污染物经微生物氧化分解的过程一般可分为两个阶段：第一阶段主要是有机物被转化成 CO_2、H_2O 和 NH_3，如蛋白质—氨基酸—氨；第二阶段主要是在硝化细菌作用下，氨被转化成亚硝酸盐和硝酸盐。这样，复杂的有机氮化物就变成无机的硝酸盐。因第二阶段对环境卫生影响较小，污水中的生化需氧量通常只指第一阶段有机物化学氧化所需的氧量。

化学需氧量（Chemical Oxygen Demand，COD）是用化学氧化剂（如重铬酸钾 $K_2Cr_2O_7$ 或高锰酸钾 $KMnO_4$）氧化水中有机物（芳香族化合物在反应中不能被完全氧化反应除去）及某些还原性离子所消耗的氧化剂的氧量(毫克/升)，用 CODCr（称为化学需氧量 COD）或 CODMn（称为高锰酸盐指数）表示。化学需氧量愈高，说明水中耗氧物质含量愈高，一般 CODMn 较 CODCr 的值低。如果污水中有机质的组成相对稳定，那么化学需氧量和生化需氧量之间应有一定的比例关系。一般来说，重铬酸钾化学需氧量与第一阶段生化需氧量之差，可以大略地表示不能被微生物分解而可以被氧化剂作用的有机物量。

当氧化剂用重铬酸钾（$K_2Cr_2O_7$）时，由于重铬酸钾氧化作用很强，所以能够较完全地氧化水中大部分有机物（除苯、甲苯等芳香烃类化合物以外）和无机性还原物质（但不包括硝化所需的氧量），此时化学需氧量用 CODCr 或 COD 表示；如采用高锰酸钾（$KMnO_4$）作为氧化剂时，则称为高锰酸指数（CODMn）。由于 BODs 测试时间长，不能快速反映水体被需氧有机质污染的程度，而利用铂作催化剂在 900℃以上化学燃烧氧化反应的方法测定总有机碳（Total Organic Carbon，TOC）和总需氧量（Total Oxygen Demand，TOD）方法的速度较快。总有机碳用于测定水体中所有有机污染质的含碳量，这也是评价水体中需氧有机污染质的一个综合指标。污水中的无机碳（CO_2、HCO_3^- 等）应在分析之前从污水中除去，或在计算中加以校正。有机物在高温下燃烧后分别产生 CO_2、H_2O、NO_2 和 SO_2 时消耗的氧量，也就是有机物中除含有 C 外，尚含有 H、N、S 等元素，当有机物全部被氧化，C、H、N、S 分别被氧化为 CO_2、H_2O、NO、SO_2 等，此时的需氧量称为总需氧量，TOD 的值一般大于 COD 的值。

（4）营养性污染物

营养性污染物是指可引起水体富营养化的物质，主要是指氮、磷等元素，其他尚有钾、硫等。此外，可生化降解的有机物、维生素类物质、热污染等也能触发或促进富营养化过程。

从农作物生长的角度看，植物营养物是宝贵的物质，但过多的营养物质进入天然水体，将使水质恶化、影响渔业的发展和危害人体健康。一般来说，水中氮和磷的浓度分别超过0.2毫克/升和0.02毫克/升，会促使藻类等绿色植物大量繁殖，在流动缓慢的水域聚集而形成大片的水华（在湖泊、水库）或赤潮（在海洋）；而藻类的死亡和腐化又会引起水中溶解氧的大量减少，使水质恶化，鱼类等水生生物死亡；严重时，由于某些植物及其残骸的淤塞，会导致湖泊逐渐消亡。这就是水体的营养性污染（又称富营养化）。

天然水中过量的植物营养物主要来自化肥。施入农田的化肥只有一部分为农作物所吸收，其余绝大部分被农田排水和地表径流携带至地下水和河、湖中。营养物还来自于人、畜、禽的粪便及含磷洗涤剂。此外，食品厂、印染厂、化肥厂的染料厂、洗毛厂、制革厂、炸药厂等排出的废水中均含有大量氮、磷等营养元素。

对于流动的水体来说，当生物营养元素增多时，可因河水的流动而稀释，一般影响不太明显。但对湖泊、水库、内海、河口等地区的水体，水流缓慢，停留时间长，既适于植物营养元素的增加，又适于水生植物的繁殖，在有机物质分解过程中大量消耗水中的溶解氧，水的透明度降低，促使某些藻类大量繁殖，甚至覆盖整个水面，可造成水体缺氧，使大多数水生动植物不能生存而死亡。这种由有机物质的分解释放出养分而使藻类及浮游植物大量生长的现象，称为水体的富营养化（eutrophication）。一般来说，总磷、无机氮和叶绿素分别超过20毫克/立方米、300毫克/立方米和10毫克/立方米，就认为水体处于富营养化状态。水体的富营养化可使致死的动植物遗骸在水底腐烂沉积，同时在还原的条件下，厌气菌作用产生 H_2S 等难闻的臭毒气，使水质不断恶化，最后可能会使某些湖泊衰老死亡，变成沼泽，甚至干枯成旱地。由于大量的动植物有机体的产生和它们自身的遗体被分解，要消耗水中的溶解氧，使水体达到完全缺氧状态。分布于水体表层及上层的藻类浮游植物种类逐渐减少，而数量却急剧增加，由以硅藻和绿藻为主转变为以蓝藻为主（蓝藻不是鱼类的好饵料）。水体底层由于缺氧进行厌氧分解，产生各种有毒的、恶臭的代谢产物。这种因藻类繁殖引起水色改变称为藻华现象或称赤潮现象。因此，水体的富营养化也是水体遭受污染的一种值得注意的严重形式。

（5）酸、碱、盐类污染物

污染水体的酸主要来自于矿山排水及人造纤维、酸法造纸、酸洗废液等工业污水，另外雨水淋洗含酸性氧化物的空气后，汇入地表水体也能造成酸污染。矿山排水中的酸由硫化矿物的氧化作用而产生，无论是在地下或露天开采中，酸形成的机制是相同的。

酸碱污染物主要由工业废水排放的酸碱以及酸雨带来。酸碱污染物使水体的 pH 值发生变化，破坏自然缓冲作用，消灭或抑制细菌及微生物的生长，妨碍水体自净，使水质恶化、土壤酸化或盐碱化。污染水体中碱的主要来源是碱法造纸、化学纤维、制碱、制革、炼油等工业污水。酸性污水与碱性污水中和可产生各种一般盐类，酸、碱性污水与地表物质相互反应也可生成一般无机盐类。因此，酸、碱的污染必然伴随着无机盐类的污染。

水体遭到酸、碱污染后，会使 pH 值发生变化。各种生物都有自己的 pH 适应范围，超过该范围，就会影响其生存。当 pH < 6.5 及 pH > 8.5 时，水的自然缓冲作用遭到破坏，使水体的自净能力受到阻碍，消灭和抑制细菌及微生物的生长，对水体生态系统产生不良影响，使水生生物的种群发生变化、鱼类减产甚至绝迹。此外酸性废水也对金属和混凝土材料造成腐蚀。

酸与碱往往同时进入同一水体，从 pH 值角度看，酸、碱污染因中和作用而自净，但会产生各种盐类，又成为水体的新污染物。无机盐的增加能提高水的渗透压，对淡水生物、植物生长都有影响。在盐碱化地区，地面水、地下水中的盐将进一步危害土壤质量，酸、碱、盐污染造成的水的硬度的增长在某些地质条件下非常显著。

（6）油类污染物

油类污染物包括矿物油和动植物油。它们均难溶于水，在水中常以粗分散的可浮油和细分散的乳化油等形式存在。

油污染是水体污染的重要类型之一，特别是在河口、近海水域更为突出。主要是工业排放、海上采油、石油运输船只的清洗船舱及油船意外事故的流出等造成的。漂浮在水面上的油形成一层薄膜，影响大气中氧的融入，从而影响鱼类的生存和水体的自净作用，也干扰某些水处理设施的正常运行。油脂类污染物还能附着于土壤颗粒表面和动植物体表，影响养分的吸收和废物的排出。

（7）有毒污染物

废水中能对生物引起毒性反应的物质，称为有毒污染物（简称为毒物）。工业上使用的有毒化学物已经超过 12000 种，而且每年以 500 种的速度递增。毒物可引起生物急性中毒或慢性中毒，其毒性的大小与毒物的种类、浓度、作用时间、环境条件（如温度、pH 值、溶解氧浓度等）、有机体的种类及健康状况等因素有关。大量有毒物质排入水体，不仅危及鱼类等水生生物的生存，而且许多有毒物质能在食物链中逐级转移、浓缩，最后进入人体，危害人的健康。

废水中的毒物可分为无机毒物、有机毒物和放射性物质三类。

无机毒物包括金属和非金属两类。金属毒物主要为重金属（汞、镉、镍、锌、铜、锰、钴、钛、钒等）及轻金属铍。非金属毒物有砷、硒、氰化物、氟化物、硫化物、亚硝酸盐等。砷、硒因其危害特性与重金属相近，因而在环境科学中常将其列入重金属范畴。重金属不能被生物所降解，其毒性以离子态存在时最为严重，故常称其为重金属离子毒物。重金属能被生物富集于体内，有时还可被生物转化为毒性更大的物质（如无机汞被转化为烷基汞），是危害特别大的一类污染物。

重金属与类金属无机毒物主要有 Hg、Cd、Pb、Cr、As 等。一般常把密度大于 5 克/立方厘米、在周期表中原子序数大于 20 的金属元素，称为重金属。重金属进入水体后，可以通过沉淀、吸附（底泥）、配位螯合（液相中）、氧化还原等发生价态和存在形式的变化，不会被微生物降解而生成其他的新物质。它通过食物链可以在生物体内逐步富集，或被水中悬浮物吸附后沉入水底，积存在底泥中，所以水体底泥中含有的重金属量会高于上面的水层。此外，有些重金属如无机汞还能通过微生物作用转化为毒性更大的有机汞（甲基汞）。水体中的重金属主要通过食物、饮水或皮肤表皮进入人体，它不易排泄出去，能在人体的某些靶器官积蓄，使人慢性中毒。因此，水体中重金属含量是环境质量标准中的重要指标之一。

有机毒物大多是人工合成有机物，难以被生化降解，毒性很大。在环境污染中主要的有机毒物包括有机农药、多氯联苯、稠环芳香烃、芳香胺类、杂环化合物、酚类、腈类等。许多有机毒物因其"三致效应"（致畸、致突变、致癌）和蓄积作用而引起人们格外的关注。有机氯农药具有很强的化学稳定性，在自然环境中的半衰期为十几年到几十年，它们都可通过食物链在人体内富集，危害人体健康。

易分解有机毒物主要有挥发性酚、醛、苯等。酚及其化合物属于一种原生质毒物，在体内与细胞原浆中的蛋白质发生化学反应，形成变性蛋白质，使细胞失去活性。低浓度时能使细胞变性并可深入内部组织，侵犯神经中枢，刺激骨髓，最终导致全身中毒；高浓度时能使蛋白质凝固，引起急性中毒，甚至造成昏迷和死亡。对含酚饮水进行氯化消毒时可形成氯酚，氯酚的嗅觉阈值只有 0.001 毫克/升。被酚类化合物污染的水对鱼类和水生生物有很大危害，并会影响水生生物产品的产量和质量。

难分解有机毒物水体中主要包括有机氯农药、有机磷农药和有机汞农药。

179

有机氯农药性质比较稳定，在环境中不易被分解、破坏，它们可以长期残留于水体、土地和生物体中，通过食物链可以富集而进入人体，在脂肪中蓄积。有机氯农药的特点是毒性较缓慢，但残留时间长，是神经及实质脏器的毒物，可以在肝、肾、甲状腺、脂肪等组织和部位逐步蓄积，引起肝大、肝细胞变性或坏死。有机磷农药的特点是毒性较强，但可以分解，残留时间短，短期大量摄入可引起急性中毒，其毒理作用是抑制体内胆碱酯酶，使其失去分解乙酰胆碱的作用，造成乙酰胆碱的蓄积，导致神经功能紊乱。有机汞农药性质稳定、毒性大、残留时间长，降解产物仍有较强的毒性。

污染水体的部分有毒物质的主要发生源见表3-3。

表3-3　污染水体的部分有毒物质的主要发生源

污染物质	主要来源
汞及其化合物	汞极电解食盐厂、汞制剂农药、化工厂、造纸厂、温度计厂、汞精炼矿厂
镉及其化合物	金属矿山、冶炼厂、电镀厂、某些电池厂、特种玻璃制造厂、化工厂
铅及其化合物	金属矿山、冶炼厂、汽油、电池厂、油漆厂、铅再生厂
铬	矿山、冶炼厂、电镀厂、皮革厂、化工厂（颜料、催化剂等）、金属制造厂
砷及其化合物	矿石处理、药品、玻璃、涂料、农药制造厂、化肥厂
氰化物	电镀厂、焦化厂、煤气厂、金属清洗、冶金、化纤、塑料
有机磷化合物	对硫磷、马拉硫磷、乐果、敌敌畏、甲拌磷、杀螟松等
有机氯化合物	滴滴涕、毒杀芬等农药
酚	焦化厂、煤气厂、炼油厂、合成树脂厂、化工厂、塑料厂、染料厂
游离氯	造纸厂、织物漂白
氨	煤气厂、焦化厂、化工厂
氟化物	农药厂、化肥厂、磷矿、钢铁厂、冶炼铝厂

（8）致病污染物

致病污染物（pathogenic pollutant）主要指水中含有各种细菌、病毒、微生物等各类病原菌的工业污水和生活污水。如生物制品生产、洗毛、制革、屠宰等工厂和医院排出的工业污水和粪便污水。

水体中微生物绝大多数是水中天然的寄居者，大部分来自土壤，少部分是和尘埃一起由空气降落下来的。此外，尚有一小部分是随垃圾、人畜粪便以及某些工业废物进入水体的，其中某些是病原体。经水传播的传染病病原体在水中存活的时间，一般可以由 1 天至 200 多天，少数病原体甚至在水中可以存活几十年。

病原微生物的主要危害是致病，而且易暴发性地流行，患者多为饮用同一水源的人。如 19 世纪中叶，英国伦敦先后两次霍乱大流行，共死亡 2 万多人。1955 年，印度德里自来水厂的水源被肝炎病毒污染，三个月内共发病 2.9 万人。

3. 水体污染的危害

水资源关系国计民生，水体受到污染后，不仅影响人体健康，而且会给工农业生产造成巨大的经济损失。

（1）危害人体健康

人类是地球生态系统中最高级的消费种群，环境污染对大气环境、水环境、土壤环境及生态环境的损伤和破坏最终都将以不同途径危及人类的生存环境和人体健康。水体污染主要通过两条途径危害人们的健康：一是污染物直接从饮水进入人体；二是间接通过食物链在食物中富集，再转入人体中，在人体内累积形成危害。

人喝了被污染的水体或吃了被水体污染的食物，就会对健康带来危害。如 20 世纪 50 年代发生在日本的水俣病事件就是工厂将含汞的废水排入水俣湾的海水中，汞进入鱼体内并产生甲基化作用形成甲基汞，使污染物毒性增加并在鱼体中积累形成很高的毒物含量，人类食用这种污染鱼类就会引起甲基汞中毒而致病。人类每年向水体排放的工业废水中含有上万吨的汞，大部分最终进入海洋，对人类健康产生的潜在的长期危害相当严重，因此，汞被视为危害最大的毒性重金属污染物。

人畜粪便等生物性污染物管理不当也会污染水体，严重时会引起细菌性肠道传染病，如伤寒、霍乱、痢疾等，也会引起某些寄生虫病。如 1882 年德国汉堡市由于饮水不洁，导致霍乱流行，死亡 7500 多人。水体中还含有一些可致癌的物质，施用一些除草剂或杀虫剂，如苯胺、苯并芘和其他多环芳烃等，它们都可进入水体，这些污染物可以在悬浮物、底泥和水生生物体内积累，若长期饮用这样的水，就可能诱发癌症。

（2）影响社会生产

工业生产要消耗大量的水，如果使用有污染的水，会使产品质量下降。如造纸厂用水不当，白纸上出现各种颜色的斑点，使产品质量大大降低。废水需要经过处理，因此增加处理费用，直接影响成本，还可能损坏机器设备，并可能对设备厂房、下水道等产生腐蚀，甚至造成停工停产。

使用污染水灌溉农田会破坏土壤，影响农作物的生长，造成减产，严重时则颗粒无收。引用污水灌溉，有害物会在粮食、蔬菜和水产品中富集，造成食物链中毒。

（3）危害生态系统

污染物进入水体后，改变了原有的水生生态系统的结构和组成，使之发生变化，不适应新环境的水生生物会大量死亡，使水生生态系统变得越来越简单、脆弱。当水体受到污染后，会直接危及水生生物的生长和繁殖，造成渔业减产。

（三）水体污染防治技术

1. 水体生态的自净作用

污染物在水体的物理、化学和生物学等的作用下，使污染物不断稀释、扩散、分解破坏或沉入水底，经过这种综合净化过程后，使污染物浓度自然降低，水质最终基本恢复到污染前状况的作用就是水体的自净作用（self - purification）。广义的水体自净是指在物理、化学和生物作用下，受污染的水体逐渐自然净化，水质复原的过程。狭义的水体自净是指水体中微生物氧化分解有机污染物而使水体净化的作用。水体自净可以发生在水中，如污染物在水中的稀释、扩散和水中生物化学分解等；可以发生在水与大气界面，如酚的挥发；也可以发生在水与水底间的界面，如水中污染物的沉淀、底泥吸附和底质中污染物的分解等。

研究和正确运用水体自净的规律，采取人工曝气或引水冲污稀释等辅助措施，强化自净能力，是减少或消除水体污染的途径之一。

（1）水体自净的过程

水体自净的机制包括稀释、混合、吸附沉淀等物理作用，氧化还原、分解化合等化学作用，以及生物分解、生物转化和生物富集等生物学作用。一般而言，自净的初始阶段以物理和化学作用为主，后期则以生物学作用为主。自净过程一般分为三个阶段。第一阶段是易被氧化的有机物所进行的化学氧化分解，该阶段在污染物进入水体以后数小时之内即可完成。第二阶段是有机物在水中微生物作用下的生物化学氧化分解，该阶段持续时间的长短随水温、有机物浓度、微生物种类与数量等而不同，一般要延续数天，被生物化学氧化的物质一般在5天内可全部完成。第三阶段是含氮有机物的硝化过程，一般要延续一个月左右。

（2）水体自净的特征

废水或污染物一旦进入水体后，就开始了自净过程。该过程由弱到强，直到趋于恒定，使水质逐渐恢复到正常水平。水体自净全过程的特征如下：进入水体中的污染物，在连续的自净过程中，总的趋势是浓度逐渐下降。大多数有毒污染物经各种物理、化学和生物作用，转变为低毒或无毒化合物。重金属一类污染物，从溶解状态被吸附或转变为不溶性化合物，沉淀后进入底泥。复杂的有机物，如碳水化合物、脂肪和蛋白质等，不论在溶解氧富裕或缺氧条件下，都能被微生物利用和分解。先降解为较简单的有机物，再进一步分解为二氧化碳和水。不稳定的污染物在自净过程中转变为稳定的化合物。如氨转变为亚硝酸盐，再氧化为硝酸盐。在自净过程的初期，水中溶解氧数量急剧下降，到达最低点后又缓慢上升，逐渐恢复到正常水平。随着自净过程的进行，有毒物质浓度或数量下降，生物种类和个体数量也逐渐随之回升，最终趋于正常的生物分布。进入水体的大量污染物中，如果含有机物过高，那么微生物就可以利用丰富的有机物为食料而迅速繁殖，溶解氧随之减少。随着自净过程的进行，使纤毛虫之类的原生动物有条件取食于细菌，则细菌数量又随之减少；而纤毛虫又被轮虫、甲壳类吞食，使后者成为优势种群。有机物分解所生成的大量无机营养成分，如氮、磷等，使藻类生长旺盛，藻类旺盛又使鱼、贝类动物随之繁殖起来。

（3）水体自净的方式

一是物理净化。物理净化是指污染物质由于稀释、扩散、混合和沉淀等过程而降低浓度。污染物进入水体后，立即受到水体的混合与稀释、扩散。颗粒物进入水体后，可以依靠其重力逐渐下沉，参与底泥的形成，此时水体变清，水质改善。在湖泊、水库和海洋中影响污水稀释的因素还有水流方向、风向和风力、水温和潮汐等。二是化学净化。化学净化是指污染物由于氧化还原、酸碱反应、分解化合和吸附凝聚等化学或物理化学作用而降低浓度。进入水体的污染物与水中成分发生化学作用，如氧化还原、酸碱反应、分解反应、化合反应、配位或螯合及放射性蜕变等化学反应，致使污染物浓度降低或毒性消失的现象为化学净化作用。流动的水体从水面上大气中溶入氧气，使污染物中铁、锰等重金属离子氧化，生成难溶物质析出沉降。某些元素在一定酸性环境中，形成易溶性化合物，随水漂移而稀释；在中性或碱性条件下，某些元素形成难溶化合物而沉降。天然水中的胶体和悬浮物质微粒，吸附和凝聚水中污物，随水流移动或逐渐沉降。三是生物净化。生物净化是指生物活动尤其是微生物对有机物的氧化分解使污染物质的浓度降低。在河流、湖泊、水库等水体中生存的细菌、真菌、藻类、水草、原生动物、贝类、昆虫幼虫、鱼类等生物，通过它们的代谢作用分解水中污染物，使其数量减少，直至消失。工业有机废水和生活污水排入水域后，即产生分解转化，并消耗水中溶解氧。水中一部分有机物消耗于腐生微生物的繁殖，转化为细菌机体；另一部分转化为无机物。细菌又成为原生动物的食料。有机物逐渐转化为无机物和高等生物，水便净化。

（4）水体自净的效果

水体的自净能力是有限的，如果排入水体的污染物数量超过某一界限时，将造成水体的永久性污染，这一界限称为水体的自净容量或水环境容量。影响水体自净的主要因素有：受纳水体的地理、水文条件、微生物的种类与数量、水温、复氧能力以及水体和污染物的组成、污染物浓度等。水体自净过程中污染物发生转归，也就是污染物在水环境中的空间迁移和形态改变，空间迁移表现为量的变化，形态改变是质的转化，通常这两种变化之间相互联系。水体中污染物经过物理、化学、生物学等作用后迁移和转化的作用主要表现在：稀释（性质稳定不易分解的毒物，其存在形态和数量基本保持不变，只能随水流动而稀释）、挥发（具有挥发性的物质逸散到大气中）、重力沉降（悬浮物因重力作用而沉降于水底，如重金属转移至底泥中）、有机物氧化分解（需氧污染物和植物营养物在水中降解生成简单无机物）、生物转化（某些污染物经细菌或者酶催化使之生物转化，毒性可能会发生变化）、生物富集（污染物被水生生物吸收后，可在生物体内不断蓄积而富集）。

2. 水体生态污染的控制

控制和消除水体污染，必须从控制废水的排放入手，实行"防、治、管"三结合。

（1）预防

一是统筹规划。对可能出现的水体污染要采取预防措施。二是减少排放。改革生产工艺，如采用无水印染技术、无氰电镀技术、易降解的软型合成洗涤剂等。三是综合利用。做到重复利用污水，如一水多用、中水（城市污水经处理设施深度净化处理后的水）回用、循环用水。

（2）治理

一是综合治理。水环境问题与自然学科（如地理、气象、水文、土壤等）和社会条件（如社会发展、经济建设、人口密度等）密切相关，水污染防治必须综合考虑各种因素，全面规划，综合防治。对水体污染源进行全面规划和综合治理；杜绝工业废水和城市污水任意排放，规定排放标准；将同行业废水集中处理，以减少污染源的数目，便于管理；有计划地治理已被污染的水体。水体污染源的治理由单项治理发展到按流域、按水系的区域性综合治理。工业废水和城市污水的治理，由无害化处理后排放，发展为通过处理后达到重复利用。二是妥善处理。对城市污水及工业污水废水进行无害化处理，处理程度应视工业污水排放标准来定。改变单纯控制污染物排放浓度办法，对污染物的排放总量进行控制。

（3）监管

一是完善法规。制定保护水体、控制和管理水污染的具体法规。二是健全机构。强化环境保护管理机构职能，协调和监督各部门和工厂保护水源。三是科学管理。主要包括工业污水排量及浓度监测管理、对污水处理厂的监测管理、对水体卫生特征经济指标的监测管理。

3. 水污染防治工程技术

水污染防治工程学是研究治理和预防水质污染，改善和保护水体环境质量，合理利用水资源的工艺技术和工程措施的学科。

（1）废水处理方法

为了分离出废水中的污染物，或将其转化为无害物质，人们采用了多种方法。这些方法可按作用原理分为物理法、化学法和生物法。物理法适用于分离悬浮于水的不溶物，包括沉淀法、过滤法、离心分离法、气浮法、蒸发结晶、反渗透法等。化学方法包括混凝法、中和法、化学沉淀法、氧化还原法、电渗析法等。生物方法包括活性污泥法、生物膜法和生物（氧化）法等。从污水处理的途径来分，水污染防治主要采取两种方法：一是采用二级生化的方式，业务废水及生活污水统一排入二级生化池，通过生物沉淀和氯杀毒的方式净化水质。二是将业务废水和生活污水分开处理，业务废水全部进入单独的净化系统，通过药剂将污染物综合并杀死病菌，然后排入下水道，而生活污水直接排入下水管线。

（2）废水处理流程

废水中污染物成分极其复杂多样，任何一种处理方法都难以达到完全净化的目的，而常选用多种方法组成处理系统才能达到处理的要求。按处理程度的不同，废水处理系统可分为一级处理、二级处理和深度处理。一级处理只除去废水中的悬浮物，以物理方法为主，处理后的废水一般还不能达到排放标准。二级处理最常用的是生物处理法，它能大幅度地除去废水中呈胶体和溶解状态的有机物，使废水符合排放标准。深度处理是进一步除去废水中悬浮物质、无机盐类及其他污染物质，使之达到工业用水或城市非饮用水的要求。废水处理流程的设计，根据其所含污染物的组成不同而不同。

（四）殡葬水体污染防治

殡葬行业是围绕遗体处理这一特殊事务而为公众提供服务的特殊行业，

产生的废水可以分为业务废水和生活污水两大类，其中尤以业务废水（包括遗体处理冲洗用水、消毒用水、遗体接运车辆清洗用水、化学药剂等）对环境产生的危害最大，如果未经消毒处理直接排放很容易造成对水质的污染，严重的可能导致重大疫情的发生。相对于中国大部分殡仪馆的污水防治而言，特别是遗体处理过程中的污水，可以通过流程再造，自主创新，设立标准化的处理程序和多样化的处理方式，达到节能减排，形成一种低能耗、低污染、低排放的低碳经济发展模式。

1. 殡葬水体污染的现状

人死亡后的遗体不仅积累和富集了地球表面上所有的有毒有害元素和化合物，且含有大量危害人体的各种细菌、病毒、病原性寄生虫等病原体。遗体是一种特殊的有毒有害固体废弃物。每具遗体既是一种小型的化学毒品库，又是一个细菌病毒库。正常遗体的初次处理包括遗体的清洁和消毒，三次处理包括遗体的冷藏或药物防腐处理，最后处理是遗体的修复和美容化妆。非正常遗体的初次处理包括遗体的清洁和消毒，二次处理包括遗体的深层修复和再造，再次处理包括遗体的冷藏或药物防腐处理，最后处理包括遗体的表面修复和美容化妆。遗体本身释放的有害气体和各种病原体都会不同程度污染各主要环境。在处理的过程中，各种处理环节上都会产生一定的污染源，如清洁遗体后的污水、防腐药品的挥发和遗体血水的排放、非正常遗体中破损遗体的体液等，不同程度上给周围环境造成了破坏。如果对这些污染源不进行正确的消毒处理，将会对人类的生存环境产生极坏的影响。

2. 殡葬污水处理的问题

一是中国殡仪馆数量多，分布广，污水难以集中处理。由于前期建设规划不足，环保意识缺乏，在遗体处理过程中产生的污水任意排放，给污水的集中处理造成了很大困难。

二是殡仪馆的基础设施不全，污水难以得到有效处理。由于受到经济条件的制约，中国殡仪馆的基础设施严重不足，有效的污水处理设施更是缺乏，2/3以上的殡仪馆基本上没有污水处理设施，使得遗体处理过程中的污水未经处理就随意排放，造成水体污染。

三是殡葬工作人员环保意识淡薄，生产污水随意排放。由于殡葬工作人员环保意识淡薄，污水任意乱排的现象随处可见，水体污染严重。在遗体的处理过程中，特别是在遗体的初次处理（遗体的清洁消毒）及再次处理（遗体冷藏冷冻后的解冻、遗体药物防腐过程）中，污水的产生量很大，排放不符合环保要求。

四是缺乏专业技术人才和行之有效的污水处理技术支持。污水处理设施的维护需要一定的技术基础和专业人员。殡仪馆从业人员的技术水平较低。消毒设施不全或根本没有，消毒技术单一，消毒方法不正确。有的殡仪馆只是简单地将污水进行氯粉消毒，时间和消毒液浓度不够，难以达到消毒目的。还有的殡仪馆在污水处理设施建成后的运用、维护上不到位，严重影响污水处理设施的后期使用效果。

3. 殡葬污水的处理技术

（1）基本原则

以低能耗、低污染、低排放的低碳经济发展模式为原则，在殡仪馆遗体处理过程中污水的防治原则体现在以下几个方面：一是全程控制。对遗体处理过程中污水产生、处理、排放的全过程进行控制，严格殡仪馆内卫生安全管理体系，加强技术革新，减少污水的产生。在污水发生源处进行控制和分离，即源头控制、清污分离，严禁将污水随意弃置排入下水道。二是就地处理。为防止殡仪馆内污水输送过程中的污染与危害，在殡仪馆内就地处理。三是分类指导。根据殡仪馆的规模及污水排放去向和地区差异对殡仪馆内的污水处理进行分类指导。四是生态安全。有效去除污水中有毒有害物质，减少处理过程中消毒副产物产生和控制出水中过高余氯，保护生态环境安全。

（2）主要经验

荷兰的一体化氧化沟。1954 年，Pasveee 教授在荷兰成功研制了最早的一体化氧化沟。一体化氧化沟集进水、曝气、沉淀、泥水分离、污泥回流、出水等功能于一体，主要适合中小型殡仪馆的污水处理。该工艺的优点是：流程短，构筑物和设备少，占地小，能耗低，便于管理；处理效果稳定，且具有硝化、脱氮的功效；剩余污泥产生量少，且不需硝化，污泥性质稳定，易脱水；固液分离效果比一般二沉池高，污泥回流及时，减少了污泥膨胀；将传统的鼓风曝气改为表面机械曝气。该工艺的缺点是：难以形成相对独立的厌氧、缺氧和好氧区域，且场合稳定性较差，不能满足除磷脱氮的要求；由于污水流量和本质的变化，氧化沟内的流速和出流量总是变化的，污泥层难以稳定，有可能出现浮泥。

日本的生物膜法。生物膜法就是利用微生物具有氧化分解有机物并将其转化为无机物的功能，运用人工措施来创造适宜水处理微生物生长和繁殖的环境，使微生物大量繁衍，以提高其对污水中有机物污染物的氧化降解效率，具有较高的净水能力。例如，运用在中小型殡仪馆的污水处理设备，分为污水调节池、pH 调节、混凝及沉淀池、消毒池四个处理池，采用生物膜法，封闭式全自动运行，不需专人看管，最大限度减少对周围环境及人体健康的危害。在系统中设置多种在线仪表仪器对水质及运行情况进行实时监控，并配有灯光报警功能。生物膜法所需要的设备简单，能源消耗低，成本和维护费用低，而处理污水的效率极高。

美国的高效藻类塘系统。该系统是由美国加州大学伯克利分校的 Oswald 提出并发展的，是在传统稳定塘的基础上进行的改进，充分利用菌藻的共生关系，对水中的污染物进行处理。该系统最大限度地利用了藻类光合作用产生的氧，塘内的一级降解动力学常数值较大。高效藻类塘与传统的稳定塘相比较，优点主要体现在：占地面积少，污水停留时间短；结构简单，维护方便，基建成本少，运行费用低；对 NH_3、N、病原体等去除效率高。缺点在于其运行受环境因素影响显著。

（3）主要措施

殡仪馆遗体处理过程中污水的防治措施主要有：一是设立标准化的遗体处理程序。因为在遗体的初次处理过程中，各殡仪馆没有标准的流程，导致清洁遗体和解冻遗体的过程中，处理时间长，处理方法简单，污水大量产生。为了控制污水的产生，使之减量，应设立标准化的程序，配以各种辅助设施来增加处理方法，控制处理时间。例如，遗体清洁前，可先用酒精类擦拭，对遗体污渍进行清洁。然后将遗体放入特制的尸床内，用清水进行浸泡清洗，再用流动的清水进行最后冲洗，完毕后将所有污水排放到防腐整容室内的污水处理池进行消毒处理，每次控制时间不超过15分钟。这样避免了长时间用流动水清洁遗体，既节约了水资源，又避免了大量污水的产生。二是开发、研制新的防腐液和防腐方法。在遗体的再次处理中，遗体药物防腐中防腐药品的挥发、遗体血水的排放、非正常遗体中破损遗体的体液等，都是污水产生的源头。应探索新的遗体防腐方法，研制新的防腐药液，控制污水的产生。例如，遗体的动脉灌注防腐，常规是将动、静脉切开，将静脉中的血引流出来，从动脉中灌注防腐液，达到遗体防腐的目的。现在有些殡仪馆在摸索用心脏穿刺灌注防腐或者动脉穿刺灌注防腐，不切开静脉，直接穿刺在动脉中灌注防腐液，避免了血水的排放，减少了污水的产生。三是选用工艺先进、实用的消毒剂，综合使用各种消毒方法。对遗体处理中污水防治，消毒处理是关键，应选用一些投资少、效果好、管理方便、运行费用低、工艺先进、实用的消毒剂，各种消毒方法综合使用，才能做到低能、低排放。例如，在污水产生最多的防腐整容室内，可先设置初滤池、沉淀池，可以阻截遗体处理中的块状污物，进行初次消毒处理，不至于扩散污染。同时，在中小型殡仪馆推广使用生物膜法进行污水处理。另外，对遗体和防腐物品先用紫外线消毒，使其后的处理中污水的污染力下降。

在殡仪馆这类特殊的环境，容易被人忽视，致使污水防治成为薄弱环节，给周围环境造成了严重污染。为此，借鉴国外殡仪馆污水防治的新模式和新工艺，积极探索符合本国国情的污水防治模式，加大对殡仪馆污水处理的投资，不断完善相应的基础配套设施建设，从源头上减少水体污染。同时要加强对殡仪馆污水处理系统的管理，确保污水处理设施建成投产后能高效、长久运行，造福人民。

二、殡葬噪声污染及其控制

噪声污染是环境污染的一种，现已成为对人类的一大危害。噪声污染与大气污染、水污染、固体废物污染被看成是世界范围内四大主要环境问题。

（一）噪声污染的界定

1. 噪声污染的定义

人类生存在一个有声世界里，有些声音会影响人的生活和工作，甚至危害人体健康，是人们所不需要的声音。因此，噪声（noise）通常定义为"不需要的声音"（unwanted sound），是一种环境现象，噪声是发声体做无规则振动时发出的声音，是指人们在日常生活中所不需要的杂乱无章的使人们烦恼的声音。如机器的轰鸣声，各种交通工具的马达声、鸣笛声，各种突发的声响等，都属于噪声。噪声是一种由人类各种活动产生的环境污染物。当噪声对人及周围环境造成不良影响时，就形成噪声污染。各种机械设备的创造和使用，给人类带来了繁荣和进步，但同时也产生了越来越多而且越来越强的噪声。

2. 噪声污染的分类

声音由物体的振动产生，以波的形式在一定的介质（如固体、液体、气体）中进行传播，向外辐射声音的振动物体称为声源。噪声源可以分为自然噪声源和人为噪声源两大类。噪声污染按声源的机械特点可分为气体扰动产生的噪声、固体振动产生的噪声、液体撞击产生的噪声以及电磁作用产生的电磁噪声。噪声按时间变化的属性可分为稳态噪声、非稳态噪声、起伏噪声、间歇噪声以及脉冲噪声等。噪声按照声源发生的场所，一般分为四类。

（1）工业企业噪声

工业企业噪声是指在工业活动中使用固定的设备时产生的干扰周围生活环境的声音。工厂的各种设备如空压机、通风机、纺织机、金属加工机床等产生的噪声，还有机器振动产生的噪声如冲床、锻锤等。这些噪声的噪声级基本上在 90~120dB。工业企业噪声强度大，是造成职业性耳聋的主要原因。它不仅给生产工人带来危害，而且厂区周围的居民也深受其害。但是，工业噪声一般是有局限性的，噪声源和污染范围固定，防治相对容易些。

（2）交通运输噪声

交通运输噪声是指机动车辆、铁路机车、机动船舶、航空器等运输工具在运行时所产生干扰周围生活环境的声音。交通噪声是移动的噪声源，对环境影响最大，尤其是汽车和摩托车。机动车噪声主要来源是喇叭声（电喇叭90~95dB，汽喇叭105~110dB）、发动机声、进气和排气声、启动和制动声、轮胎与地面的摩擦声等。由于机动车辆数目的迅速增加，使得交通噪声成为城市的主要噪声来源。

（3）建筑施工噪声

建筑施工噪声是指在建筑施工过程中产生干扰周围生活环境的声音。主要来源于建筑机械包括打桩机、混凝土搅拌机、推土机等发出的噪声。这些机械设备的噪声级基本上在80~100dB。建筑噪声的特点是强度较大，且多发生在人口密集地区，随着城市建设的发展，兴建和维修工程的工程量与范围不断扩大，越来越广泛地影响居民的休息与生活。

（4）社会生活噪声

社会生活噪声是指人为活动所产生的除工业噪声、建筑施工噪声、交通运输噪声之外的干扰周围生活环境的声音，包括人们的社会活动和家用电器、音响设备发出的噪声，如娱乐场所、商业活动中心、运动场、高音喇叭、家用机械、电气设备等产生的噪声。这些设备的噪声级虽然不高，一般在80dB以下，但由于和人们的日常生活联系密切，使人们在休息时得不到安静，尤为让人烦恼，极易引起邻里纠纷。

3. 噪声污染的特点

（1）噪声的公害特性

由于噪声属于感觉公害，所以它与其他有害有毒物质引起的公害不同。一是噪声没有污染物，即噪声在空中传播时并未给周围环境留下什么毒害性的物质。二是噪声影响的局限性，对环境的影响不积累、不持久，传播的距离也有限。三是噪声声源的分散性，一旦声源停止发声，噪声也就消失。因此，对噪声的影响只能规划性防治而不能集中处理。

（2）噪声的声学特性

噪声具有一切声学的特性和规律。衡量噪声强弱的物理量是噪声级。噪声对环境的影响和它的强弱有关，噪声愈强，影响愈大。人们通常听到的声音为空气声。一般情况下，人耳可听到的声波频率为20~20000Hz，称为可听声；低于20Hz的称为次声波；高于20000Hz的称为超声波。从物理学的观点来看，噪声是由各种不同频率、不同强度的声音杂乱、无规律的组合而成。

判断一个声音是否属于噪声，仅从物理学角度判断是不够的，主观上的因素往往起着决定性的作用。从生理学观点来看，凡是干扰人们休息、学习和工作以及对你所要听的声音产生干扰的声音，即不需要的声音，统称为噪声。噪声是一种感觉性的污染，它与人的主观意愿有关，与人的生活状态有关，在有无污染以及污染程度上，与人的主观评价关系密切。有些声音有时是噪声，在不同的环境和心情下，又可能变成值得欣赏的音乐。

【扩展阅读】

辽宁首例飞机噪声污染案　受害方获全额赔偿[①]

辽宁省高级人民法院日前向媒体通报十大环保典型案例，其中该省首例因飞机噪声造成他人财产损害的诉讼案已审理终结。沈阳市苏家屯区农用航空站的飞机为防治病虫害而进行超低空飞行时，强烈的噪声使一养殖户的1000余只鸡相互踩踏死亡。受害方在起诉后终审获得9万余元的全额赔偿。

张某是沈阳市下辖新民市大民屯镇的一名养鸡专业户。1997年6月，他购进了1.2万只肉食鸡雏，其中7500只在村外的两个鸡舍中饲养。不料一个多月后，却突遭"飞来横祸"。

1997年7月29日，在新民市农业技术推广中心的组织、协调下，沈阳市苏家屯区农用航空站使用B3875型飞机为新民市大民屯镇大南岗村、西章士台村进行农作物病虫害防治飞行作业。飞机超低空飞临张某的鸡舍上空前后共三次。由于飞机超低空飞行产生的强烈噪声，造成张某饲养的7500只肉食鸡陆续死亡1021只，未死亡的肉食鸡生长缓慢，张某因此遭受经济损失9万多元。

据此案终审的主审法官、沈阳市中级人民法院审判员介绍，当时飞机飞行的高度在8米至10米，小鸡受到惊吓后全部向一个墙角扎堆奔去，互相踩踏造成了大量死亡。同年年底，张某向法院提起了诉讼。

沈阳市中级人民法院认为，被告苏家屯区农用航空站在执行此次飞防任务中，只是根据另一被告新民市农业技术推广中心提供的经纬图进行飞行，但作为专业飞行机构，没有按照民用航空飞行规则的相关规定，要求新民市农业技术推广中心提供"超低空飞行应当避开鱼塘、鸡舍等特殊建筑物"的情况，应承担35%的赔偿责任。而新民市农业技术推广中心未尽到提示义务，也应负35%的赔偿责任。

此外，新民市大民屯镇大南岗村和西章士台村派出的领航员领航不当，

---

① 范春生. 辽宁首例飞机噪声污染案　受害方获全额赔偿［N］. 大连日报，2008-12-08（A06）.

这两个村应该分别承担20%和10%的责任。最后，法院终审判定，上述四家被告按比例赔偿原告张某的经济损失总计9万余元。

（二）噪声污染的危害

噪声污染对人、动物、设施、设备均构成危害，其危害程度主要取决于噪声的频率、强度及暴露时间。随着工业生产、交通运输、城市建设的高速发展和城镇人口的剧增，噪声污染日趋严重，生活噪声影响范围扩大，交通噪声对环境冲击迅速增强。

1. 导致听力损伤

噪声对人体最直接的危害是听力损伤。噪声可以给人造成暂时性的或持久性的听力损伤。

人们在进入强噪声环境时，暴露一段时间，会感到双耳难受，甚至会出现头痛等感觉。离开噪声环境到安静的场所休息一段时间，听力就会逐渐恢复正常。这种现象叫作暂时性听阈偏移，又称听觉疲劳。当人听到噪声，会使听觉敏感性降低，听阈值就会升高。若短时间接触，可以恢复；若长时间接触，由于听觉疲劳，则恢复时间要长些。若不能隔离噪声，这时可能会使听觉发生功能性变化，导致器质性损伤，使听觉器官发生退化性变化，最后导致耳聋。

如果人们长期在强噪声环境下工作，听觉疲劳不能得到及时恢复，且内耳器官会发生器质性病变，即形成永久性听阈偏移，又称噪声性耳聋。若人突然暴露于极其强烈的噪声环境中，听觉器官会发生急剧外伤，引起鼓膜破裂出血，甚至使人耳完全失去听力，即出现爆震性耳聋。

2. 干扰正常生活

噪声会影响人的睡眠质量和数量。人即使在睡眠中，听觉也要承受噪声的刺激。噪声会导致多梦、易惊醒、睡眠质量下降等，突然的噪声对睡眠的影响更为突出。

噪声干扰谈话、通信和思考。65dB的噪声可以使人感到吵闹，交谈距离需1～2米才行。噪声使通信质量下降。噪声还使人容易走神，影响正常思考。据统计，噪声会使劳动生产率降低10%～50%，随着噪声的增加，差错率上升。噪声还会掩蔽安全信号，如报警信号和车辆行驶信号等，以致造成事故。

3. 诱发多种疾病

噪声通过听觉器官作用于大脑中枢神经系统，以至影响到全身各个器官，因而噪声除对人的听力造成损伤外，还会给人体其他系统带来危害。

噪声作用于人的中枢神经系统，会引起头痛、脑涨、耳鸣、神经衰弱、失眠、多梦、头昏、记忆力减退、全身乏力等。长期在高噪声环境下工作的人与低噪声环境下的情况相比，高血压、动脉硬化和冠心病的发病率要高 2～3 倍。可见噪声会导致心血管系统疾病。噪声也可导致消化系统功能紊乱，引起消化不良、食欲不振、恶心呕吐，使肠胃病和溃疡病发病率升高。此外，噪声对视觉器官、内分泌机能及胎儿的正常发育等方面也会产生一定影响。在高噪声中工作和生活的人们，一般健康水平逐年下降，对疾病的抵抗力减弱，诱发一些疾病，但也和个人的体质因素有关，不可一概而论。

噪声能对动物的听觉器官、视觉器官、内脏器官及中枢神经系统造成病理性变化。噪声对动物的行为有一定的影响，可使动物失去行为控制能力，出现烦躁不安、失去常态等现象，强噪声会引起动物死亡。鸟类在噪声中会出现羽毛脱落、影响产卵率等。

4. 危害设施设备

实验研究表明，特强噪声会损伤仪器设备，甚至使仪器设备失效。噪声对仪器设备的影响与噪声强度、频率以及仪器设备本身的结构与安装方式等因素有关。当噪声级超过 150dB 时，会严重损坏电阻、电容、晶体管等元件。当特强噪声作用于火箭、宇航器等机械结构时，由于受声频交变负载的反复作用，会使材料产生疲劳现象而断裂，这种现象叫作声疲劳。

噪声级超过 140dB 时，对轻型建筑开始有破坏作用。例如，当超声速飞机在低空掠过时，在飞机头部和尾部会产生压力和密度突变，经地面反射后形成 N 形冲击波，传到地面时听起来像爆炸声，这种特殊的噪声叫作轰声。在轰声的作用下，建筑物会受到不同程度的破坏，如出现门窗损伤、玻璃破碎、墙壁开裂、抹灰震落、烟囱倒塌等现象。由于轰声衰减较慢，因此传播较远，影响范围较广。此外，在建筑物附近使用空气锤、打桩或爆破，也会导致建筑物的损伤。

（三）噪声污染的控制

1. 噪声控制的主要手段

国内外对噪声污染的控制，一般从立法、标准、规划、技术和管理等方面入手。

早在 1979 年，我国颁布的《中华人民共和国环境保护法（试行）》中就明确提到噪声污染问题，并要求进行噪声污染防治；1989 年，我国颁布了首部有关噪声的单行法《噪声污染防治条例》，该法规从工业、建筑施工、交通和社会生活四个方面噪声源，分别提出不同的要求，并制定了相关的环境噪声标准和环境监测标准；1996 年，我国颁布的《中华人民共和国环境噪声污染防治法》进一步细化了 1989 年的防治条例，并对管理环节进行了加强，更具执行力。

目前对噪声的控制标准一般包括噪声排放标准和以保证声环境功能与质量为主要目的的声环境质量标准两个层次。噪声排放标准包括设备排放标准和受声点入射标准，其中的设备包括交通车辆、火车、飞机、施工设备、娱乐设备、家用电器等。设备噪声排放标准是在指定运行和测试条件下某种设备允许对外辐射的最大声级，一般用于设备的型式试验和认证，包括运行噪声限值、定置噪声限值及启动（加、减速）噪声限值；与设备采购技术指标结合，可从源头降低铁路噪声，是费效比很高的噪声控制措施，也是合理分担降噪责任、统一设备标准、加强设备环境准入的有效手段。声环境质量标准的根本出发点是保证一定区域的声环境功能，其规定限值是确保区域声环境质量的敏感点噪声最大阈值。我国现行有效的噪声标准体系涵盖了设备噪声排放标准、受声点入射噪声标准和声环境质量标准三类标准。

噪声的控制技术一般是按照标准或者严于标准来设计和开发。采用工程技术措施控制噪声源的声输出，控制噪声的传播和接收，以得到人们所要求的声学环境，即为噪声控制。同水体污染、大气污染和固体废物污染不同，噪声污染是一种物理性污染，噪声在环境中只是造成空气物理性质的暂时变化，噪声源的声输出停止之后，污染立即消失，不留下任何残余物质。噪声的防治在于控制声源和声的传播途径，以及对接受者进行保护。

2. 噪声控制的基本程序

解决噪声污染问题的一般程序是首先进行现场噪声调查，测量现场的噪声级和噪声频谱，然后根据有关的环境标准确定现场容许的噪声级，并根据现场实测的数值和容许的噪声级之差确定降噪量，进而制订技术上可行、经济上合理的控制方案。

3. 噪声控制的基本途径

噪声的整个传播过程包括声源、传播途径和接受者三个要素。只有当这三个要素都存在时，才有可能造成干扰和危害。控制噪声就应该从这三个要素入手，进行综合整治。

（1）控制噪声源

控制噪声源主要是选用低噪声的生产设备和改进生产工艺（如改进设计、以焊代铆、以液压代冲压和气动等），或者改变噪声源的运动方式（如用阻尼、隔振等措施降低固体发声体的振动）。技术控制适用于对设备噪声的控制，可以使该类噪声对周围环境的影响控制在标准允许的范围内。适用于技术控制的社会服务行业噪声类型主要为服务设施类噪声，其噪声均由固定设备产生，如备用柴油发电机房、水泵、风机、空调设备（冷却塔）、电梯、地下停车库等。控制此类噪声的有效方法是采用吸声、隔声、消声和隔振等方法。采用声学控制措施，包括吸声、隔声、消声、隔振、减振等常用控制技术，是防治工业噪声的最有效办法。一是吸声降噪。利用吸声材料（大多由多孔材料制成）或由吸声结构形成的共振结构（金属或木质板穿孔，在其后设置空腔）吸收声能，降低噪声。二是隔声降噪。隔声降噪是噪声控制中最常用的一种有效措施。适于处理反射噪声。隔声降噪应用隔声结构，阻碍噪声向空间传输，将接受者与噪声源分隔开来，包括隔声室、隔声罩、隔声屏障、隔声墙等。三是消声降噪。消声器可在允许气流通过时阻止声音传输，包括阻性消声器、抗性消声器和阻抗复合型消声器。消声器是防治空气动力性噪声的主要装置，主要应用在风机进、出口和排气管口以及通风换气的地方。四是隔振减振降噪。对机械振动引起的噪声，通过采取隔振、减振措施予以减少。例如安装隔振器、隔振垫，将阻尼材料涂在振动源上，改变振动源与其他刚性结构的连接方式等。

（2）阻断噪声传播途径

控制噪声的传播，改变声源已经发出的噪声传播途径，如采用吸音、隔音、音屏障、隔振等措施，以及合理规划城市和建筑布局等。降低噪声传播途径的措施主要有：一是科学合理布局。主要噪声源车间或装置远离求静车间、实验室、办公室等，或高噪声设备尽量集中。二是利用自然屏障。建立隔声屏障，或利用天然地形（山冈、土坡、树林、草丛等）或高大建筑物、构筑物（如仓库、储罐等）以及利用其他隔声材料和隔声结构来阻挡噪声的传播。三是利用声源指向性特点控制。如高压锅炉排气、高炉放风、制氧和排气等朝天空或旷野方向。四是采取技术措施。减少噪声的措施主要是隔声和吸声。对以振动、摩擦、撞击等引发的机械噪声，一般采取减振、隔声措施。如对设备加装减振垫、隔声罩等。有条件进行设备改造或工艺设计时，可以采用先进工艺技术，如将某些设备传动的硬连接改为软连接等，使高噪声设备改变为低噪声设备，将高噪声的工艺改革为低噪声的工艺等。对由空气柱振动引起的空气动力性噪声的治理，一般采用安装消声器的措施。对某些用电设备产生的电磁噪声，一般是尽量使设备安装远离人群，保障电磁安全，利用距离衰减降低噪声。当距离受到限制，则应考虑对设备采取隔声措施，或对设备本身，或对设备安装的房间做隔声设计，以符合环境要求。

表3-4列出了解决噪声干扰问题的技术措施。这些措施从物理学上看，也是在传播途径上控制噪声，它们各有特点，也互有联系。实际上，往往要对噪声传播的具体情况进行分析，综合应用这些措施，才能达到预期效果。

表 3-4 几种常用的声学技术措施

技术措施	适用范围
消声器	降低空气动力性噪声：各种风机、空气压缩机、内燃机等进、排气噪声
隔声间（罩）	隔绝各种声源噪声：各种通用机器设备、管道的噪声
吸声处理	吸收车间、厅堂、剧场内部的混响声或做消声管道的内衬
隔振	阻止固体声传递，减少二次辐射：机器设备基础的减振器和管道的隔振
阻尼减振	减少壳板振动引起的辐射噪声：车体、船体、隔声罩、管道减振

（3）保护噪声接受者

在声源和传播途径上无法采取措施，或采取的声学措施仍不能达到预期效果时，就需要对受音者或受音器官采取防护措施，如长期职业性噪声暴露的工人可以戴耳塞、耳罩或头盔等护耳器。

（四）殡葬噪声的控制

大量的殡仪馆有关噪声的测试数据表明，殡仪馆的边界在 50dB 以下，不会对周边环境带来影响。火化间的外部以及前厅都能达到标准的限值要求，但工作室，即离风机较近的区域噪声强度很大，一般在 90dB 以上。目前，国内使用的燃油式火化机都存在一定的噪声污染。减少噪声的办法是将风机等噪声较大的设备加筑隔音层，从而降低对操作工人及环境的危害。

1. 殡葬噪声污染的形成

一是殡葬设施内的设备的噪声污染。空调系统噪声（包括冷却塔噪声、集中空调室外机组噪声、空调室外机组噪声等）、风机系统噪声（用于通风、排烟的风机产生的噪声，殡葬火化设备的风机系统设置于建筑物的屋顶或地下，同样可造成通过建筑结构传播的固体噪声，会对居民造成一定影响）、锅炉房、泵房、备用发电机房等设施噪声、电梯及电梯间噪声、其他设备噪声。二是殡仪车辆产生的交通噪声污染。主要是殡葬服务机动车辆在城乡社区、街道内行驶产生的噪声。三是殡葬活动产生的生活噪声污染。殡葬活动中的集会活动、人流活动以及燃放爆竹、哭丧等，能使正常的声学环境遭到破坏。

2. 殡葬噪声污染的控制

（1）实现科学规划与合理布局

殡葬服务行业的噪声污染往往是由于城市规划与布局的不合理、城市规划发展与社会经济发展存在的不协调而造成的。殡葬服务行业噪声对周围环境的影响控制在最小范围内，对于新建集中居住区域等环境敏感区域，应从规划管理的角度控制社会服务行业噪声的影响。殡葬设施内的单体建筑，从声环境质量考虑建筑群的总体布局、单体建筑物的设计，乃至建筑物外围护结构材料和构造，都可以防止或减弱噪声干扰。在规划设计方面还要针对环境保护目标采取的环境噪声污染防治技术工程措施，主要是以隔声吸声为主的屏蔽性措施，以使目标免受噪声影响。如可利用天然地形、地物作为噪声源和保护对象之间的屏障，或是依靠已有的建筑物或构筑物（应是非噪声敏感的）做隔离屏蔽，或是根据噪声对保护目标影响的程度设计声屏障等。声屏障可以选用的材料种类繁多，外观形式变化多端，它不仅考虑美观实用，更重要的是要保证实际降噪量。

（2）火化设备噪声污染的控制

火化设备的噪声主要来源于较大功率的鼓风机、引风机，风机产生噪声的原因主要有两方面：一是流体与管道和叶轮的摩擦及涡流气旋等产生的空气动力性噪声；二是风机叶轮结垢或腐蚀等原因导致不平衡产生振动的机械噪声。对振动不大的机组，一般采用阻尼、隔音、隔振、消声等方法降噪，如采用安装消声隔音间的方法进行治理，对振动较大的机组，先采用现场动平衡等方法降低机组振动，然后再安装消声隔音间。火化间如采用离心式屋顶排风机作为排风系统，在风机运转过程中产生较强的噪声与振动，对周围环境产生明显影响。为此，要对风机加装隔声罩（内作吸声处理）并作减振处理，在风机的进、出风口加装足够消声量的消声器。由于风机和进、出风消声器通常与往上升的气流方向相互垂直，因此，在设计进风消声器时要注意气流方向的改变对其消声效果的影响。

（3）相关设备噪声污染的控制

锅炉房、泵房、备用发电机房等设施是殡葬服务基础设施的后勤保障类设备，其噪声源可分为单独设置的设备房和设置于建筑内部的设备房两种类型。单独设置的设备房多有固定的边界，其噪声影响可达到附近区域，影响时段一般在昼间。设置于建筑内部的设备房，其噪声对周围环境一般不会造成太大影响。由于通过建筑结构传播的噪声频率较低且突出，使人感到非常不舒适，公众对此类噪声反映甚为强烈。

冷却塔主要作为中央空调系统的配套设施，在安装有中央空调系统的殡葬设施使用。一般有地面安装、裙楼顶部安装和建筑物顶部安装几种形式。冷却塔的噪声控制常用措施包括：减振措施（对冷却塔的基础进行隔振处理，以减小其固体噪声影响）、隔声措施（当冷却塔相对于敏感点处于较高位置、对侧没有高大反射建筑物、所需降噪量不是很高时，采用隔声屏障降噪无疑是最为经济、适用的噪声治理对策。但要特别注意声屏障设置高度的合理性及抗风荷载强度、刚度及采光影响问题）、进排风消声措施（在冷却塔的进、排风口处加装消声器）、落水噪声控制措施（冷却塔落水噪声是塔内冷却水下落对池水的大面积连续性直接撞击产生的稳态机械噪声，可在冷却塔的集水盆铺设吸声材料，以减小落水噪声）。

　　殡葬设施多采用柴油发电机组，按冷却方式分为风冷式和水冷式。柴油发电机组的噪声源主要有发电机组的本体噪声（柴油机和发电机噪声）、柴油机燃烧排气噪声、柴油机冷却轴流风机噪声、柴油发电机组的振动。柴油发电机机房可采取隔声设计：墙和屋顶保证一定的厚度或复合结构，使其平均隔声量在 40dB（A）以上；根据需要的隔声量采用不同结构和形式的隔声门；根据需要的隔声量采用隔声窗或全部用砖墙封堵。机房内墙面或顶面加装吸声体进行吸声处理，降低室内的混响声。机房通风噪声控制可采取控制措施：机房内的通风采取强制通风措施（加装进、排风机），为了防止噪声从进、排风风道向外传播，进、排风风口均须安装消声器，一般采用片式消声器，其体积庞大，需要足够的场地布置。柴油机燃烧排气噪声可采取控制措施：柴油机燃烧排气噪声一般需要进行两级消声处理，第一级消声器为一只消声量约为 20dB（A）的原配消声器，而加装的二级消声器一般为复合结构，其消声量要求≥30dB（A）。

　　机组的隔振措施。由于柴油发电机转速较高，振动大，故应采用隔振降噪措施。一般可选用螺旋弹簧减振器或 V 形橡胶减振器，可有效地防止振动通过基础向周围传递。

　　此外，柴油发电机排气管的隔振处理，整个排气系统（包括排气管、排气消声器）可采用包扎保温材料等隔热措施，排气管穿过机房墙壁时安装穿墙套管，柴油机冷却水散热排风扇水箱与导风箱、风机与消声器的连接均采用帆布软连接等，都可以取得一定的噪声控制效果。

三、殡葬土壤污染及其防治

　　土壤污染是指具有生理毒性的物质或过量植物营养元素进入土壤而导致土壤性质恶化和植物生理功能失调的现象。土壤污染不仅严重影响土壤质量和土地生产力，而且还导致地表水污染、地下水污染、大气环境质量下降和生态系统退化等其他次生生态环境问题，直接危害生态安全。

（一）土壤污染的主要特点

　　土壤污染是指人类活动产生的污染物，通过不同的途径输入土壤环境中，其数量和速度超过了土壤的净化能力，从而使土壤污染物的累积过程逐渐占据优势，土壤的生态平衡受破坏，正常功能失调，导致土壤环境质量下降，影响作物的正常生长发育，作物产品的产量和质量随之下降，并产生一定的环境效应（水体或大气发生次生污染），最终将危及人体健康，以及人类生存和发展的现象。土壤污染从产生污染到出现问题通常会滞后较长的时间。

1. 隐蔽性

土壤污染具有隐蔽性，因为各种有害物质在土壤中总是与土壤相结合，有的有害物质被土壤生物所分解或吸收，从而改变了其本来性质和特征，它们可被隐藏在土壤中或者以难于被识别、发现的形式从土壤中排出，它往往要通过对土壤样品进行分析化验和农作物的残留检测，甚至通过研究对人畜健康状况的影响才能确定。当土壤将有害物质输送给农作物，再通过食物链而损害人畜健康时，土壤本身可能还会继续保持其生产能力。土壤对机体健康产生危害以慢性、间接危害为主。

2. 累积性

土壤的累积性表现为土壤对污染物进行吸附、固定，其中也包括植物吸收，从而使污染物聚集于土壤中。污染物质在土壤中并不像在大气和水体中那样容易扩散和稀释，因此容易在土壤中不断积累而超标，特别是重金属和放射性元素都能与土壤有机质或矿物质相结合，并且长久地保存在土壤中，无论它们如何转化，也很难重新离开土壤，成为顽固的环境污染问题。

3. 不可逆转性

难降解污染物积累在土壤环境中则很难靠稀释作用和自净化作用来消除。重金属对土壤的污染基本上是一个不可逆转的过程，许多有机化学物质的污染也需要较长的时间才能降解，尤其是那些持久性有机污染物不仅在土壤环境中很难被降解，而且可能产生毒性较大的中间产物。如被某些重金属污染的土壤需要 100～200 年时间才能够恢复。

4. 治理难度大

如果大气和水体受到污染，切断污染源之后通过稀释作用和自净化作用也有可能使污染问题不断逆转，但是积累在污染土壤中的难降解污染物则很难靠稀释作用和自净化作用来消除。土壤污染一旦发生，仅仅依靠切断污染源的方法则往往很难恢复，有时要靠换土、淋洗土壤等方法才能解决问题，其他治理技术可能见效较慢。因此，治理污染土壤通常成本较高、治理周期较长。

（二）土壤污染危害的类型

1. 土壤污染物的主要类型

土壤污染物的来源广、种类多，土壤污染物主要有三类：一是化学污染物。包括无机污染物和有机污染物。无机污染物主要包括重金属（铜、汞、铬、镉、镍、铅等）盐类、过量的氮、磷植物营养元素以及氧化物和硫化物，放射性元素铯、锶的化合物、含砷、硒、氟的化合物等。有机污染物如各种化学农药、酚类、氰化物、石油及其裂解产物，合成洗涤剂、3，4－苯并和其他各类有机合成产物以及由城市污水、污泥及厩肥带来的有害微生物等。二是物理污染物。指来自工厂、矿山的固体废弃物如尾矿、废石、粉煤灰和工业垃圾等。三是生物污染物。指带有各种病菌的城市垃圾和由卫生设施（包括医院）排出的废水、废物以及厩肥等。

土壤是一个开放体系，土壤与其他环境要素间进行着不间断的物质和能量的交换。按照污染物进入土壤的途径，可将土壤污染源分为农业污染源、工业污染源、生活污染源、交通污染源、灾害污染源。

2. 污染物进入土壤的途径

污染物进入土壤的途径是多样的，废气中含有的污染物质，特别是颗粒物，在重力作用下沉降到地面进入土壤，废水中携带大量污染物进入土壤，固体废物中的污染物直接进入土壤或其渗出液进入土壤。进入土壤的污染物，因其类型和性质的不同而主要有固定、挥发、降解、流散农药污染途径和淋溶等不同去向。

按污染物的特性可分为持久性污染和非持久性污染。持久性（或累积性）污染指在环境中不能或很难由于物理、化学生物作用而分解、沉淀或挥发的污染物。一般包括重金属和持久性有机污染物（POPs）。这类污染物在土壤中长期积累，其后果可能要相当长的时间内才能反映出来。非持久性（或非累积性）污染物指由于生物作用而逐渐减少的、可降解转化的污染物，如氨氮、COD、BOD 等污染物质。虽然非持久性的污染物不像持久性污染物的危害那么严重和持久，但过量的污染物进入土壤仍可导致土壤污染，进而危害环境及人体健康。

按污染物进入途径划分可分为气型污染、水型污染和固体废弃物型污染。气型污染是由大气中污染物沉降至地面而污染土壤。主要污染物有铅、镉、砷、氟，以及大气中的硫化物和氮氧化物形成酸雨降至土壤，使土壤酸化；同时还包括汽车废气对土壤的污染。气型污染的分布特点和范围受大气污染源性质、气象因素的影响。取决于自身的溶解度和蒸汽压，以及土壤的温度、湿度和结构状况。例如，大部分除草剂均能发生光化学降解，一部分农药（有机磷等）能在土壤中产生化学降解；使用的农药多为有机化合物，故也可产生生物降解。即土壤微生物在以农药中的碳素作能源的同时，就已破坏了农药的化学结构，导致脱烃、脱卤、水解和芳环烃基化等化学反应的发生而使农药降解。水型污染指工业废水和生活污水进入土壤而导致的污染。固体废弃物型污染包括生产生活的固体废弃物对土壤的污染，其特点是污染范围比较局限和固定，有些重金属和放射性废弃物污染土壤，持续时间长，不易自净，影响长久。

3. 土壤污染的主要类型

根据污染物质的性质不同，可以把土壤污染分为无机污染和有机污染两类。

（1）无机污染

用未经处理或未达到排放标准的工业污水灌溉农田，水中的无机污染物（特别是重金属）能积蓄在耕作层中，在灌溉渠系两侧形成污染带，属封闭式局限性污染，被污染的粮食和蔬菜质量下降，甚至失去其食用价值。堆积场所土壤直接受到污染，自然条件下的二次扩散会形成更大范围的污染。

（2）有机污染

随着农业现代化，特别是农业化学水平的提高，大量化学肥料及农药散落到环境中，土壤遭受非点污染的机会越来越多，其程度也越来越严重，在水土流失和风蚀作用等的影响下，污染面积不断地扩大。

一是污水灌溉对土壤的污染。生活污水和工业废水中，含有氮、磷、钾等许多植物所需要的养分，合理地使用污水灌溉农田，一般有增产效果。但污水中还含有重金属、酚、氰化物等许多有毒有害的物质，如果污水没有经过必要的处理而直接用于农田灌溉，会将污水中有毒有害的物质带至农田，污染土壤。

二是大气污染对土壤的污染。大气中的有害气体主要是工业中排出的有毒废气，它的污染面大，会对土壤造成严重污染。工业废气的污染大致分为两类：气体污染，如 SO_2、氟化物、臭氧、氮氧化物、碳氢化合物等；气溶胶污染，如粉尘、烟尘等固体粒子及烟雾、雾气等液体粒子，它们通过沉降或降水进入土壤，造成污染。

三是农药和化肥对土壤的污染。农药和化肥的大量使用，造成土壤有机质含量下降，土壤板结，也是土壤污染的来源之一。农药能防治病、虫、草害，如果使用得当，可保证作物的增产，但它是一类危害性很大的土壤污染物，施用不当，会引起土壤污染。施用化肥是农业增产的重要措施，但不合理的使用，也会引起土壤污染。长期大量使用氮肥，会破坏土壤结构，造成土壤板结，生物学性质恶化，影响农作物的产量和质量。过量地使用硝态氮肥，会使饲料作物含有过多的硝酸盐，妨碍牲畜体内氧的输送，使其患病，严重的导致死亡。

四是向土壤倾倒固体废弃物。工业废物和城市垃圾是土壤的固体污染物。堆积场所土壤直接受到污染，自然条件下的二次扩散会形成更大范围的污染。

（三）土壤污染的防治措施

1. 土壤污染的治理措施

（1）工程措施

包括客土、换土、翻土、去表土、隔离、化学方法等。这些方法效果好、稳定，适合于大多数污染物和多种条件，但有时投资大，易导致土壤肥力的减弱。近年来，把污水、大气污染治理技术引进土壤治理过程中，开辟了土壤污染治理的途径。

（2）生物措施

利用特定的动物、植物和微生物吸收或降解土壤中的污染物。利用适当的植物不但可去除土壤环境中的有机物，还可以去除重金属和放射性核素。超累积植物已成为环境保护工作者追寻、筛选的目标。

（3）化学措施

施用改良剂、抑制剂等降低土壤污染物的水溶性、扩散性和生物有效性，从而降低污染物进入生物链的能力，减轻对土壤生态环境的危害。

（4）农业措施

包括增施有机肥提高环境容量、控制土壤水分、选择适宜形态化肥和选种抗污染农作物品种等。

2. 土壤污染的控制措施

（1）有效控制污染源

要控制和消除土壤污染源，加强对工业"三废"的治理，合理施用化肥和农药。同时还要采取防治措施，如针对土壤污染物的种类，种植有较强吸收力的植物，降低有毒物质的含量（例如羊齿类铁角蕨属的植物能吸收土壤中的重金属）；或通过生物降解净化土壤（例如蚯蚓能降解农药、重金属等）；或施加抑制剂改变污染物质在土壤中的迁移转化方向，减少作物的吸收（例如施用石灰），提高土壤的 pH 值，促使镉、汞、铜、锌等形成氢氧化物沉淀。此外，还可以通过增施有机肥、改变耕作制度、换土、深翻等手段，治理土壤污染。

（2）污水灌溉科学化

工业废水种类繁多，成分复杂，有些工厂排出的废水可能是无害的，但与其他工厂排出的废水混合后，就变成有毒的废水。因此，在利用废水灌溉农田之前，应按照《农田灌溉水质标准》规定的标准进行净化处理，这样既利用了污水，又避免了对土壤的污染。

（3）农药使用合理化

合理使用农药，不仅可以减少对土壤的污染，还能经济有效地消灭病、虫、草害，发挥农药的积极效能。由于土壤的特性气候状况和农作物生长发育特点不同，对于不同的农田应采取配方施肥，严格控制有毒化肥的适用范围和用量，多施有机肥可以提高土壤的有机质含量，增强土壤胶体对重金属和农药的吸附能力，有机化肥中褐腐酸能吸收和溶解三氯杂苯除草剂及某些农药，腐殖质能促进镉的沉淀等，同时有机肥还可以改善土壤微生物的流动条件，加速生物的降解过程，合理使用农药不仅可以减少土壤污染，还能经济有效地消灭病虫草害，发挥农药的积极效能。在生产中一定要控制化学农药的用量适用范围、喷施次数和喷施时间，提高喷施技术，改进农药剂型，严格限制剧毒、高残留农药的使用，重视低毒低残留农药的生产与开发。

（4）土壤改良生态化

采取改良措施，增加土壤的承受容量，增强其自净能力。常用的土壤改良剂有石灰、碱性磷酸盐、氧化铁、碳酸盐和硫化物等，这些改良剂与污染物中的成分进行化学反应，可以转化为比较难溶的化合物，减少了农作物的吸收。可以将一些重金属还原分离，沉淀在土壤中，避免向四周扩散的可能。增施有机肥，提高土壤有机质含量，增加和改善土壤胶体的数量，增强土壤胶体对重金属和农药的吸附能力，减少污染物在土壤中的活性。同时，增加有机肥还可以改善土壤微生物的流动条件，加速生物降解过程。根据土壤的特性、气候状况和农作物生长发育特点，配方施肥，严格控制有毒化肥的使用范围和用量。在受重金属轻度污染的土壤中施用抑制剂，可将重金属转化成为难溶的化合物，减少农作物的吸收。常用的抑制剂有石灰、碱性磷酸盐、碳酸盐和硫化物等。例如，在受镉污染的酸性、微酸性土壤中施用石灰或碱性炉灰等，可以使活性镉转化为碳酸盐或氢氧化物等难溶物，改良效果显著。因为重金属大部分为亲硫元素，所以在水田中施用绿肥、稻草等，在旱地上施用适量的硫化钠、石硫合剂等有利于重金属生成难溶的硫化物。

总之，防治土壤污染的首要任务是控制和消除土壤污染源，对已污染的土壤，要采取一切有效措施，清除土壤中的污染物，控制土壤污染物的迁移转化，改善生态环境，提高农作物的产量和品质，为广大人民群众提供优质、安全的农产品。

（四）殡葬土壤污染的防治

1. 殡葬对土壤的污染

中国以汉族为主体，汉族历行土葬。这一传统与农业地理条件及其文化相关。汉族兴起于中原，这里土地肥沃，视土地为生命之本，所谓"天为父、地为母"。《易经》有"天者无所不覆，地者无所不载"之说。在农业民族看来，土地具有"生育"功能。人死后，埋入地中是使死者得到安息并使灵魂寄居的场所，因此也有必要保存尸体于土中，以待灵魂的归来。据考古学家现有的资料表明，中国最早的土葬是距今1.8万年前的山顶洞人。仰韶人已是稳定的农业居民，在公元前4000年前后的仰韶文化遗址给人类留下了大量有规划的整齐的公共墓地。这一土葬传统为夏、商、周所继承。土葬的起源和原始人对土地的某种（文化）认识相关，这一葬式在以后的农业民族那里被强化，作为通行的葬式固定下来则与稳定的定居农业相联系。进入文明社会，土葬又最能体现死者生前的社会地位，最能寄托人的"追思""孝道"一类情感，并作为人心治理的一类手段，因而受到历代王朝的保护。这些原因便造成了汉民族根深蒂固的土葬文化传统。

我国每年死亡人口900万人，以平均每人70千克计算，全国每年就有63万吨的遗体作为固体废物污染着自然环境。中国的传统殡葬习俗讲究"入土为安"，但土葬因制作棺材消耗大量森林资源，而任遗体自行腐烂的处理方法，尸体经过微生物的分解和化学反应，变成了水和无机盐，可供农作物吸收，土葬后尸体自然腐败产生有害化学物质会直接污染土壤。尸体腐烂的过程又是对土壤、地下水和空气造成污染和传播的过程。据测定尸体腐烂有害时间长达20年以上。

火葬是将尸体高温焚化的过程，形成的骨灰中含有的重金属也间接地污染着土壤。其他殡葬方法也不例外，尸体的固体残留物都会进入土地。殡葬对土壤环境的污染非常普遍且作用时间很长。

2. 殡葬土壤污染的防治

人死亡后，遗体不同程度地向环境散发出细菌、病毒，直接危害人类健康。即使对遗体进行防腐处理，防腐药剂的挥发也会产生醛类有害气体的污染。针对以上问题，现阶段强调人死后对遗体进行必要的消毒处理，即遗体火化（或安葬）前必须严格消毒，恶性传染病患者必须尽快就近火化。遗体整容防腐过程中的洗涤、引流等，必须进行必要的科学处理，以免造成殡仪馆四周水体和土壤污染。

骨灰处理前，应使用专用防腐杀菌剂，并通过化学处理将骨灰中残留的重金属淋溶回收，或转化成无公害的无机化合物。采取必要的隔离措施，避免骨灰直接撒散于土壤或水体中导致污染。对长期存放的骨灰，应实行定期消毒制度。

第三节　殡葬固体废物的处理

人类一切活动过程产生的，且对所有者已不再具有使用价值而被废弃的固态或半固态物质，通称为固体废物。

【扩展阅读】

骨灰炼钻石成新环保祭奠方式　武汉两陵园可代办①

楚天都市报消息（记者黄珍　实习生刘牧歌　张向阳）逝去亲人冰冷的骨灰，以高科技手段就可提炼成璀璨的钻石，化作永恒纪念。昨日在武汉举行的中国殡葬工作会上，每名与会人员都收到这样一份宣传单页：这一项正在国外推广的先进环保型祭奠方式，也可在国内尝试。参加会议的武汉石门峰、长乐园陵园两家负责人向记者表示，可以为有需要的客户代办这类事宜。

骨灰炼成钻石，价格昂贵

黄陂区长乐园陵园的杨经理介绍，两年前到澳大利亚参加殡葬会议时，她曾见过瑞士一家公司的宣传样品，非常漂亮。瑞士这家公司通过模拟钻石生成的高温高压环境，只需少量骨灰，就可萃取出 0.25 克拉至 1 克拉的璀璨钻石，并切割成心形、圆形、矩形等不同形状，"因逝者的个体差异，钻石颜色从白色到微微泛蓝"。杨经理说，这项技术的依据，是骨灰中含有大量的碳元素，而钻石就是一种高分子碳。

江城市民反应：更特别？恐惧？

记者在网上搜索后发现，台湾艺人许玮伦 2007 年因车祸去世，其家人就将她的骨灰制成 4 颗金黄钻戒，以示永久的怀念。

不过，江城市民对这项相对前卫的祭奠方式看法不一。昨日，记者调查了 11 位市民，其中 5 人坚决反对此举，6 名 80 后青年表示这样的方式更有意义值得尝试，但价格难以接受。黄陂区木兰山管理员陈先生认为，中国传统观念，亡人为大，一定要让逝者安息，不能轻易动其骨灰。他觉得让逝者永存生者的心中，不一定非得用这种方式表示永恒，"该项业务过于新潮，我不看好前景"。也有受访者认为，骨灰钻石听起来让人恐惧。

一位陵园负责人说，这项技术在国外尚在推广中，估计在国内推广会有困难。国外有许多奇特的殡葬习俗，有人甚至将亲人的骨灰装在小瓶子里佩

---

① http://www.xinhuanet.com/chinanews/2009-07/07/content_17018272.htm.

戴在身上。她认为，骨灰钻石不需占用土地资源，可做成各种漂亮的首饰，是一种先进的殡葬方式。

一、固体废物的分类及危害

固体废物（solid waste）是指人类在生产建设、日常生活和其他活动产生的，在一定时间和地点无法利用而被丢弃的污染环境的固体、半固体废弃物质。

（一）固体废物的概念

1. 固体废物的定义

固体废物是在生产、生活和其他活动中产生的丧失原有利用价值或者虽未丧失利用价值但被抛弃或者放弃的固态、半固态和置于容器中的气态的物品、物质以及法律、行政法规规定纳入固体废物管理的物品、物质。我国1995年颁布的《中华人民共和国固体废物污染环境防治法》给出了"固体废物"的法律定义：固体废物是指在生产、生活、消费等一系列活动中污染环境的固态、半固态废弃物质。在此定义中，明确规定将"半固体"包含在内，在有关危险废物的条文中还包括了液态和气态的部分物质。固体废物污染环境防治法中规定了"鼓励、支持综合利用资源，对固体废物实行充分回收和合理利用，并采取有利于固体废物综合利用活动的经济、技术政策和措施"，以及在一定条件下允许"进口可以用作原料的固体废物"等内容。也就是说，我国对固体废物给出的定义范围包括了可回用的部分，因而与巴塞尔公约有关文件中对此的理解是一致的。

"固体废物"实际只是针对原所有者而言。在任何生产或生活过程中，所有者对原料、商品或消费品，往往仅利用了其中某些有效成分，而对于原所有者不再具有使用价值的大多数固体废物中仍含有其他生产行业中需要的成分，经过一定的技术环节，可以转变为有关部门行业中的生产原料，甚至可以直接使用。可见，固体废物的概念随时空的变迁而具有相对性。提倡资源的社会再循环，目的是充分利用资源，增加社会与经济效益，减少废物处置的数量，以利社会发展。

固体废物的产生有其必然性。一方面是由于人们在索取和利用自然资源从事生产和生活活动时，限于实际需要和技术条件，总会将其中一部分作为废物丢弃；另一方面是由于各种产品本身有其使用寿命，超过一定期限，就会变成废物。固体废物的产生又有其相对性。在具体的生产和生活环节中，人们对自然资源及其产品的利用，总是仅利用所需要的一部分或仅利用一段时间，而剩下的就将其丢弃。由于原材料的性质、工艺设备、技术水平以及对产品的使用目的不尽相同，所丢弃的这部分物质的成分、状态也有所不同。而人类所生产产品的多样性，使其所用原料也具有多样性，这样在生产与生活中产生的废弃物就有机会被人类重新利用。随着时间的推移和技术的进步，人类所产生的废物将越来越多地被转化为新的原料。因此，固体废物是"被放错了位置的原料和财富"。

2. 固体废物的特性

从固体废弃物与环境、资源、社会的关系分析，固体废弃物具有下列特性。

（1）污染性

固体废弃物的污染性表现为固体废弃物自身的污染性和固体废弃物处理的二次污染性。固体废弃物可能含有毒性、燃烧性、爆炸性、放射性、腐蚀性、反应性、传染性与致病性的有害废弃物或污染物，甚至含有污染物富集的生物，有些物质难降解或难处理、固体废弃物排放数量与质量具有不确定性与隐蔽性，固体废弃物处理过程生成二次污染物，这些因素导致固体废弃物在其产生、排放和处理过程中对视角和生态环境造成污染，甚至对身心健康造成危害，这说明固体废弃物具有污染性。

（2）资源性

固体废弃物的资源性表现为固体废弃物是资源开发利用的产物和固体废弃物自身具有一定的资源价值。固体废弃物只是一定条件下才成为固体废弃物，当条件改变后，固体废弃物有可能重新具有使用价值，成为生产的原材料、燃料或消费物品，因而具有一定的资源价值及经济价值。总体而言，固体废弃物是一类低品质、低经济价值资源。

（3）社会性

固体废弃物的社会性表现为固体废弃物产生、排放与处理具有广泛的社会性。一是社会每个成员都产生与排放固体废弃物；二是固体废弃物的产生意味着社会资源的消耗，对社会产生影响；三是固体废弃物的排放、处理处置及固体废弃物的污染性影响他人的利益，即具有外部性（外部性是指活动主体的活动影响他人的利益。当损害他人利益时称为负外部性，当增大他人利益时称为正外部性。固体废弃物排放与其污染性具有负外部性，固体废弃物处理处置具有正外部性），产生社会影响，因此，无论是产生、排放还是处理，固体废弃物事务都影响每个社会成员的利益。固体废弃物排放前属于私有品，排放后成为公共资源。

（4）双重性

固体废物兼有废物和资源的双重性。固体废物一般具有某些工业原材料所具有的物理化学特性，较废水、废气易收集、运输、加工处理，可回收利用。固体废物具有鲜明的时间和空间特征。从时间方面讲，它仅仅相对于目前的科学技术和经济条件，随着科学技术的飞速发展，矿物资源的日渐枯竭，生物资源滞后于人类需求，昨天的废物势必又将成为明天的资源。从空间角度看，废物仅仅相对于某一过程或某一方面没有使用价值，而并非在一切过程或一切方面都没有使用价值。某一过程的废物往往是另一过程的原料。例如，采矿废渣可以作为水泥生产的原料、电镀污泥可以回收高附加值的重金属产品、城市垃圾可以焚烧发电、废旧塑料可以热解制油……只有真正理解固体废物的这种随时间、空间变化的双重性，才能制定出符合自然规律与社会法则的战略措施，实现对固体废物的科学管理。

此外，固体废物还具有一些特性，如产生量大、种类繁多、性质复杂、来源分布广泛，并且一旦发生了固体废物所导致的环境污染，其危害具有潜在性、长期性和不可恢复性。固体废物本身又是其他形式污染物的处理产物，因而需要进行最终处置。这些特点的存在，决定了需要建立不同于其他污染物的管理方法和管理体制。

（二）固体废物的分类

人类社会的物流运动是一种特殊的循环过程。人类从自然中取用一部分资源，经过加工和使用之后，再重新返回到自然。固体废物主要来源于人类的生产活动和生活活动。在人类从事工业、农业生产活动和交通、商业等活动中，一方面生产出有用的工农业产品，供人们的衣、食、住、行用；另一方面同时产生许多的废弃物，如生活中常见的废纸、废包装箱、菜叶、果皮以及粪便等，生产中的炉渣、尾矿、矿渣、煤矸石等。各种产品，被人们使用一段时间或一个时期之后，不能继续使用都会变成废弃物，如饮料瓶罐、破旧衣物等。

固体废弃物可以按不同的方式进行分类。按其组成可分为有机废弃物和无机废弃物；按其形态可分为固体（块状、粒状、粉状）和泥状废弃物；按其来源可分为工业废弃物、矿业废弃物、城市垃圾、农业废弃物和放射性废弃物等；按其危害特性可分为有害废弃物和无害废弃物。从固体废物管理的需要出发，将固体废物分为工业固体废物、危险废物和城市垃圾三类；按其来源可以分为矿业废物、工业废物、城市垃圾、农业废弃物以及放射性废物等。

《中华人民共和国固体废弃物管理法》将固体废弃物分为工业固体废弃物和生活垃圾两大类。把其中具有毒性、易燃性、腐蚀性、反应性及传染性的废弃物列为有害废物，其他则按一般废弃物进行管理（见表3-5）。

表3-5　固体废物的分类、来源和主要组成物

分类	来源	主要组成物
矿业废物	矿山	废矿石、尾矿、金属、废木、砖瓦灰石等
工业废物	冶金、交通、机械、金属结构等工业	金属、矿渣、沙石、模型、芯、陶瓷、边角料、涂料、管道、绝热和绝缘材料、胶黏剂、废木、塑料、橡胶、烟尘等
	煤炭	矿石、木料、金属
	食品加工	肉类、谷物、果类、菜蔬、烟草
	橡胶、皮革、塑料等工业	橡胶、皮革、塑料、布、纤维、染料、金属等
	造纸、木材、印刷等工业	刨花、锯末、碎木、化学药剂、金属填料、塑料
	石油化工	化学药剂、金属、橡胶、陶瓷、沥青、油毡、石棉、涂料
	电器、仪器仪表等工业	金属、玻璃、木材、橡胶、塑料、研磨料、陶瓷、绝缘材料
	纺织服装业	布头、纤维、橡胶、塑料、金属
	建筑材料	金属、水泥、黏土、陶瓷、石膏、石棉、沙石、纸、纤维
	电力工业	炉渣、粉煤灰、烟尘
城市垃圾	居民生活	食物垃圾、纸屑、布料、木料、庭院植物修剪物、金属、玻璃、塑料、陶瓷、燃料、灰渣、碎砖瓦、废器具、粪便、杂品
	商业、机关	管道、碎砌体、沥青及其他建筑材料，废汽车、废电器，含有易爆、易燃、腐蚀性、放射性的废物，以及类似居民生活栏内的各种废物
	市政维护、管理部门	碎砖瓦、树叶、死禽畜、金属锅炉灰渣、污泥、脏土等
农业废物	农林	稻草、秸秆、蔬菜、水果、糠秕、落叶、废塑料、农药
	水产	腥臭死禽畜、腐烂鱼、虾，贝壳水产加工污水等，污泥
放射性废物	核工业、核电站、放射性医疗单位、科研单位	金属放射性废渣、粉尘、污泥，器具劳保用品建筑材料

（三）固体废物的危害

固体废物的污染是当今世界各国所共同面临的一个重大环境问题，特别是危险废物，由于其对环境造成污染的严重性，1983 年联合国环境规划署将其与酸雨、气候变暖和臭氧层保护并列作为全球性环境问题，1992 年 6 月在联合国第二次世界环境与发展大会上制定的《21 世纪议程》中，也将解决危险废物的污染问题列入重要内容。

1. 危险废物的主要特性

危险废物是指列入国家危险废物名录或是根据国家规定的危险废物鉴别标准和鉴别方法认定的具有危险特性的废物，是指在操作、储存、运输、处理和处置不当时会对人体健康或环境带来重大威胁的废物。《国家危险废物名录》将危险废物定义为具有下列情形之一的固体废物和液态废物：一是具有腐蚀性、毒性、易燃性、反应性或者感染性等一种或者几种危险特性的；二是不排除具有危险特性，可能对环境或者人体健康造成有害影响，需要按照危险废物进行管理的。

根据危险废物的特性可以分为易燃性、腐蚀性、反应性、放射性、浸出毒性、急性毒性等废物。如果对危险废物管理不当，就会对人体健康和生态环境造成严重的危害。这种危害包括短期的急性危害（如急性中毒、火灾、爆炸等）和长期潜在性的危害（如慢性中毒、致癌等）。危害的产生不仅取决于废物所具有的固有特性，而且取决于人类或其他生物体接受、接触的数量及渠道。

此外，危险废物还有生物蓄积性、刺激或过敏性、遗传变异性、水生生物毒性、传染特性等。对危险废物的管理有三类基本措施：第一类是控制危险废物的产量，即减量化措施；第二类是对于危险废物的运输、储存、处理或处置均要求有管理部门的许可证；第三类是从收集到处置的所有环节，都要进行有组织的控制，并建立"从摇篮到坟墓"的申报制度。

2. 固体废物的污染途径

固体废物虽然不是环境介质，但常常是多种污染成分存在的终态而长期存在于人类环境之中，在一定条件下会发生物理的、化学的以及生物的转化，对周围环境造成影响。如果处理、处置、管理不当，污染成分就会通过水、气、土壤、食物链等各种途径污染环境，危害人类健康。

固体废物是各种污染物的终态，特别是从污染控制设施排出的固体废物，浓集了许多污染成分，在自然条件影响下，固体废物中的一些有害成分会转入大气、水体和土壤中，参与生态系统的物质循环，因而具有潜在的、长期的危害性。图 3 - 1 所示为固体废物的主要污染途径。

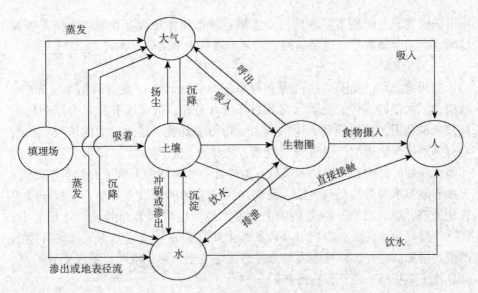

图 3 - 1　固体废物的主要污染途径

　　固体废物在一定的条件下会发生化学的、物理的或生物的转化，对周围环境造成一定的影响，如果采取的处理方法不当，有害物即将通过水、气、土壤、食物链等途径危害环境与人体健康。一般工业、矿业等废物所含的化学成分会形成环境污染，人畜粪便和有机垃圾是各种病原微生物的滋生地和繁殖场，形成病原体型污染。

　　（1）水体污染

　　不少国家把固体废物直接倾倒于河流、湖泊、海洋，甚至以海洋投弃作为一种处置方法。固体废物进入水体，不仅减少江湖面积，而且影响水生生物的生存和水资源的利用，投弃在海洋的废物会在一定海域造成生物的死区。

　　（2）大气污染

　　固体灰渣中的细粒、粉末受风吹日晒产生扬尘，污染周围大气环境。粉煤灰、尾矿堆放场遇 4 级以上风力，可剥离 1 ~ 41.5 厘米，灰尘飞扬高度达 20 ~ 50 米，在多风季节平均视程降低 30% ~ 70%。固体废物中的有害物质经长期堆放发生自燃，散发出大量有害气体。长期堆放的煤矸石中如含硫达 1.5% 即会自燃，达 3% 以上即会着火，散发大量的二氧化硫。多种固体废物本身或在焚烧时能散发毒气和臭味，恶化环境。

　　（3）土壤污染

　　固体废物堆置或垃圾填埋处理，经雨水渗出液及沥滤中含有的有害成分会改变土质和土壤结构，影响土壤中的微生物活动，妨碍周围植物的根系生长，或在周围机体内积蓄，危害食物链。各种固体废物露天堆存，经日晒、雨淋，有害成分向地下渗透而污染土壤。城市固体垃圾弃在城郊，使土壤碱度增高，重金属富集，过量施用后会使土质和土壤结构遭到破坏。

（4）处置不当

据粗略统计，我国矿物资源利用率仅 50% ~ 60%，能源利用率仅 30%，既浪费了大量的资源、能源，又污染环境。另外，很多现有技术可以利用的废物未被利用，反而耗费大量的人力、物力去处置，造成很大的浪费。长期对有害固体废物未加严格管理与处置，污染事故时有发生。很多工厂企业对固体废弃物的处理和处置尚未采取有力措施，如果任由有害废弃物长期泛滥，土壤和地下水将普遍受到污染。目前，我国不仅 90% 以上粪便、垃圾未经无害化处理，而且医院、传染病院的粪便、垃圾也混入普通粪便、垃圾之中，广泛传播肝炎、肠炎、痢疾以及各种蠕虫病（即寄生虫病）等，成为环境的严重污染源。另外，垃圾中大部分是炉灰与脏土，用于堆肥，不仅肥效不高，而且使土质板结，蔬菜作物减产。

3. 固体废物的主要危害

（1）侵占土地

固体废弃物累积量的增加，使占地大量增加，造成了极大的经济损失，并且严重地破坏了地貌、植被和自然景观。随着中国生产的发展和消费的增长，城市垃圾受纳场地日益显得不足，垃圾与人争地的矛盾日益尖锐。

（2）破坏生态

固体废弃物，尤其是有害废弃物，如果处理不当，会破坏生态环境。如将固体废弃物简易堆置、排入水体、随意排放、随意装卸、随意转移、偷排偷运等不当处理，破坏景观，其所含的非生物性污染物和生物性污染物进入土壤、水体、大气和生物系统，对土壤、水体、大气和生物系统造成一次污染，破坏生态环境；尤其是将有害废弃物直接排入江河湖泽或通过管网排入水体，或粉尘、容器盛装的危险废气等大气有害物排入大气，不仅导致水体或大气污染，而且还导致污染范围的扩大，后果相当严重；偷排偷运导致废弃物去向不明、污染物跟踪监测困难和污染范围难以确定，后果也相当严重。如将有害废弃物不当处理，可能引致中毒、腐蚀、灼伤、放射污染、病毒传播等突发事件，严重破坏生态环境，甚至导致人身伤亡事故。有些有害物，如重金属、二噁英等，甚至随水体进入食物链，被动植物和人体摄入，降低机体对疾病的抵抗力，引起疾病（种类）增加，对机体造成即时或潜在的危害，甚至导致机体死亡。固体废弃物处理过程中，固体废弃物所含的一些物质（包括污染物和非污染物）参与物理反应、化学反应、生物生化反应，生成新的污染物，导致二次污染。此外，易燃易爆等有害废弃物的不当处理可能导致火灾、爆炸等事故，产生大量有毒害污染物，给生态环境、生产生活和人们生命财产带来灾害。

（3）造成污染

未经处理的工厂废物和生活垃圾简单露天堆放，占用土地，破坏景观，而且废物中的有害成分通过刮风进行空气传播，经过下雨浸入土壤和地下水源、污染河流，这个过程就是固体废弃物污染。

一是污染土壤。未经处理的有害固体废物，经过风化、雨淋、地表径流等作用，其有毒液体将渗入土壤，进而杀死土壤中的微生物，破坏了土壤中的生态平衡。固体废弃物长期露天堆放，其中有害成分经过风化、雨淋、地表径流的侵蚀很容易渗入土壤中，不仅会使土壤中的微生物死亡，使之成为无腐解能力的死土，而且这些有害成分在土壤中过量积累，还会使土壤盐碱化、毒化，从而改变土壤的性质和结构，影响土壤微生物的活动，妨碍植物根系的生长。由于工业固体废弃物中的有害物质释入土壤，积累量过大，导致土壤破坏、废毁、无法耕种，有些污染物在植物机体内积蓄和富集，通过食物链影响人体健康。我国有一些地区的稻田受到镉的污染，稻米含镉超标，无法食用。如果直接用垃圾、粪便或来自医院、肉联厂、生物制品厂的废渣作为肥料施入农田，其中的病原菌、寄生虫等就会使土壤污染，被病原菌污染后的土壤，可使人致病。受到污染的土壤，由于一般不具有天然的自净能力，也很难通过稀释扩散的办法减轻其污染程度，所以不得不采取耗资巨大的办法解决。

二是污染水体。固体废物未经无害化处理随意堆放，将随天然降水或地表径流流入河流、湖泊，长期淤积，使水面缩小，其有害成分的危害将是更大的。含有毒有害的固体废物直接倾入水体或不适当堆置而受到雨水淋溶或地下水的浸泡，使固体废物中的有毒有害成分浸出而引起水体污染。固体废物的有害成分，如汞（来自红塑料、霓虹灯管、电池、朱红印泥等）、镉（来自印刷、墨水、纤维、搪瓷、玻璃、镉颜料、涂料、着色陶瓷等）、铅（来自黄色聚乙烯、铅制自来水管、防锈涂料等）等微量有害元素，如处理不当，能随溶沥水进入土壤，从而污染地下水，同时也可能随雨水渗入水网，流入水井、河流以至附近海域，被植物摄入，再通过食物链进入人体，影响人体健康。我国个别城市的垃圾填埋场周围发现，地下水的浓度、色度、总细菌数、重金属含量等污染指标严重超标。

三是污染大气。固体废物一般通过以下途径使大气受到污染：在适宜的温度下，由废弃物本身的蒸发、升华及发生化学反应而释放出有害气体；废弃物中的细粒、粉末随风吹扬，加重大气的粉尘污染；在废弃物运输处理、处置和利用过程中产生有害的气体和粉尘；有些地区煤矸石因含硫量高而自燃，散发出大量的 SO_2、Cl_2 和 NH_3；采用焚烧法处理固体废物已经成为有些国家主要大气污染源之一，因焚烧将产生大量的有害气体和粉尘，造成严重的大气污染。

（4）影响卫生

由于没有废渣、垃圾处置场所，固体废弃物被随意倾倒，堆放在城市的各个角落，城市垃圾和致病废弃物是苍蝇蚊虫滋生、致病细菌蔓延、鼠类肆虐的场所，既影响市容、妨碍景观，又容易影响环境卫生，传染各种疾病，是流行病的重要发生源。随着城市人口的迅速增加，城市的生活垃圾每年以 6% ~7% 的速度增加，固体废物在面临着无处安纳的困难局面。

固体废物对环境的污染是多方面的，随着经济的迅速发展，特别是成千上万种新的化学产品不断投入市场，无疑还会对环境造成更加沉重的负担。

二、固体废物的污染与控制

（一）控制固体废物污染的途径

对于固体废物污染的控制，关键在于解决好废物的处理、处置和综合利用问题。中国经过多年的实践，采用可持续发展战略，走减量化、资源化和无害化道路是可行的。

1. 改革生产工艺

（1）清洁生产

生产工艺落后是产生固体废物的主要原因，推广和实施清洁生产工艺对消减有害废物有重要意义。如传统的苯胺生产工艺是采用铁粉还原法，生产过程中产生大量含硝基苯、苯胺的铁泥和废水，造成环境污染和巨大的资源浪费。

（2）采用精料

采用精料会大大减少固体废物的产生量，提高产品质量，延长使用年限。

2. 实现循环利用

发展物质循环利用工艺，使第一种产品的废物成为第二种产品的原料，相应地，第二种产品的废物又成为第三种产品的原料等。如此循环和回收利用，既可使固体废物的排出量大为减少，还能使有限的资源得到充分的利用，满足良性的可持续发展要求。

3. 进行综合利用

有些固体废物中含有可再回收利用的成分，如高炉渣中含有 CaO、MgO、

SiO_2、Al_2O_3等成分,可以用来制砖、水泥和混凝土。有些废旧工具,可以通过物理拆解拼装方法,充分利用其中的完好零部件装配成符合要求的工具,各种箱体在补焊后可以再生利用。有的城市利用建筑垃圾堆山造景,既解决了令人发愁的垃圾堆置和无害化处理的难题,又为城市增添了特色休闲景观。

(二)控制固体废物污染的技术

20世纪60年代以来,环保工作受到很多国家的重视,污染治理技术迅速发展,形成了一系列处理方法。中国于20世纪80年代中期提出了以资源化、无害化、减量化为控制固体废物污染的技术政策。进入90年代以后,根据国际形势,面对中国经济建设的巨大需求与资源严重不足的紧张局面,已把回收利用再生资源作为重要的发展战略。

1. 无害化技术

固体废物无害化处理是指将固体废物通过工程处理,达到不损害人体健康、不污染周围自然环境的目的。固体废物无害化处理的基本任务是将固体废物通过工程处理,达到不损害人体健康、不污染周围的自然环境(包括原生环境和次生环境)。

目前,固废无害化处理技术有:垃圾焚烧、卫生填埋、堆肥、粪便的厌氧发酵、有害废物的热处理和解毒处理等。其中,"高温快速堆肥处理工艺""高温厌氧发酵处理工艺"在我国都已达到实用程度,"厌氧发酵工艺"用于废物无害化处理的理论已经成熟,具有我国特点的"粪便高温厌氧发酵处理工艺"在国际上一直处于领先地位。

2. 减量化技术

固体废物的减量化(minimization)是指通过适宜的手段减少和减小固体废物的数量和容积。固体废物减量化的基本任务是通过适宜的手段减少和减小固体废物的数量和容积。要想实现这一任务目标,需从两个方面着手:一是对固体废物进行处理利用;二是减少固体废物的产生。

对固体废物进行处理利用,属于物质生产过程的末端。固体废物采用压实、破碎等处理手段,可以减少固体废物的体积,达到减量并便于运输、处置等目的。减少固体废物的产生,属于物质生产过程的前端,需从资源的综合开发和生产过程中的综合利用着手。

从废物产生的源头考虑,为了解决人类面临的资源、人口、环境三大问题,人们必须注重资源的合理、综合利用,包括采用经济合理的综合利用工艺和技术,制定科学的资源消耗定额等。另外,对固体废物采用压实、破碎、焚烧等处理方法,也可以达到减量和便于运输、处理的目的。

当前，人们对综合利用范围的认识，已从物质生产过程的末端（废物利用）向前延伸了，即从物质生产过程的前端（自然资源的开发）起，就考虑和规划如何全面合理地利用资源，把综合利用贯穿于自然资源的综合开发和生产过程中，且把它称之为资源综合利用。实现固体废物减量化必须从固体废物资源化延伸到资源综合利用上来。其重点包括采用经济合理的综合利用工艺和技术制定科学的资源消耗定额等。

3. 资源化技术

资源化即资源的再循环，指的是从原料制成成品，经过市场直到最后消费变成废物又引入新的"生产—消费"循环系统。固体废物资源化（resource recovery）是指采取适当的工艺技术，从固体废物中回收有用的物质和能源。固体废物资源化的基本任务是采取措施从固体废物中回收有用的物质和能源。固体废物资源化包括物质回收、物质转换和能量转换三个途径。就其广义来说，从资源开发过程看，利用固体废物作原料，可以省去开矿、采掘、选矿、富集等一系列复杂工作，保护和延长自然资源寿命，弥补资源不足，保证资源永续，且可节省大量的投资，降低成本，减少环境污染，保持生态平衡，具有显著的社会效益。许多固体废物含有可燃成分，且大多具有能量转换利用价值。如具有高发热量的煤矸石，可以通过燃烧回收热能或转换成电能，也可用以代土节煤生产内燃砖。由此可见，固体废物的资源化具有可观的环境效益、经济效益和社会效益。

随着工业文明的高速发展，一方面固体废物的数量以惊人的速度不断增长，而另一方面世界资源也正以惊人的速度被开发和消耗，维持工业发展命脉的石油和煤炭等不可再生资源已经濒于枯竭。在这种形势下，欧美及日本等许多国家纷纷把固体废物资源化列为国家的重要经济政策。世界各国的废物资源化的实践表明，从固体废物中回收有用物资和能源的潜力相当大、固体废物资源化可观的经济效益。

三、固体废物处理基本方法

固体废物处理（treatment of solid wastes）是指通过物理、化学和生物的方法，使固体废物转化成适于运输、储存、资源化利用以及最终处置的一种过程。按其处理过程可分为预处理和资源化两个阶段，按其处理方法可分为物理处理、化学处理和生物处理等。

（一）固体废物的前期处理

固体废弃物纷繁复杂，其形状、大小、结构与性质各异，为了使其更适合于运输、储存、资源化利用以及适用于某一特定的处理处置方式，往往需要预先进行一些前期准备加工工序，即预处理。固体废物前期处理又称预处理，是资源化前的预处理，主要包括收集、压实、破碎、分选等工艺过程。

预处理在固体废物管理中起着重要的作用，有效的预处理可以大大降低运输、处理和处置的费用，同时也是实现固体废物资源化的有效手段。固体废弃物的预处理一般可分为两种情况：一种是分选作业之前的预处理，主要包括筛分、分级、破碎和粉磨等，以使废物单体分离或分成适当的级别，更利于下一步工序的进行；另一种是运输前或最终处理前的预处理，主要包括破碎、压实和稳定化（固化）等，其目的是使废物减容、稳定以利于运输、储存、焚烧或填埋等。

1. 固体废物的收集

固体废物的收集（collection）是一项困难而又复杂的工作，尤其是城市垃圾的收集更加复杂。由于产生垃圾的地点分散在每条街道、每幢住宅和每个家庭，且垃圾的产生不仅有固定源，还有移动源，因此给垃圾的收集工作带来许多困难。

一般产生废物较多的工厂在厂内外都建有自己的堆场，收集、运输工作由工厂负责。零星、分散的固体废物（工业下脚料及居民废弃的日常生活用品）则由商业部门所属废旧物资公司负责收集。此外，有关部门还组织城市居民、农村基层供销合作社收购站代收废旧物资。

城市垃圾包括生活垃圾、商业垃圾、建筑垃圾、粪便及污水处理厂的污泥等。在我国，它们的收集工作是分开处理的：商业垃圾及建筑垃圾原则上由产生单位自行清除；粪便的收集按其住宅有无卫生设施分成两种情况，具有卫生设施的住宅，居民粪便的小部分进入污水处理厂做净化处理，大部分直接排入化粪池。没有卫生设施的使用公厕或倒粪站进行收集，并由环卫专业队伍用真空吸粪车清除、运输，一般每天收集一次，当天运出市区。

我国对城市生活垃圾的收集，一般是由垃圾发生源送至垃圾桶（箱），统一由环卫工人将垃圾桶（箱）装入垃圾车，再运至中转站，最后由中转站运到最终处理场或填埋场处置，形成了一套固定模式的"收集—中转—集中处置"系统。城市生活垃圾的收集频率应由季节、气候、垃圾数量和民众需求等因素决定。医院垃圾则由医院自行焚烧处理，再送至处置场所。

2. 固体废物的压实

压实又称压缩（compressing），是一种采用机械方法将固体废物中的空气挤压出来、减少其空隙率以增加其聚集程度的过程。压实是一种普遍采用的固体废弃物的预处理方法，如汽车、易拉罐、塑料瓶等通常采用压实处理，其目的是为了减少体积、增加容重以便于装卸和运输，降低运输成本；制作高密度惰性块料以便于储存、填埋或作建筑材料。大部分固体废物（除焦油、污泥等）都可进行压实处理。

压实作为一种通过对废物实行减容化、降低运输成本、延长填埋寿命的预处理技术，最初主要用来处理金属加工业排出的各种松散废料，后来逐步发展到处理城市垃圾如纸箱、纸袋和纤维制品等。一般固体废物经过压缩处理后，压缩比（即体积减小的程度）为 3~5，如果同时采用破碎和压实技术，其压缩比可增加到 5~10。压缩后的垃圾或袋装或打捆，对于大型压缩块，往往先将铁丝网置于压缩腔内，再装入废物，因而压缩完成后即已牢固捆好。

除了便于运输外，固体废物压实处理还具有以下优点：

一是减轻环境污染。经过高压压缩的垃圾块切片用显微镜镜检表明，它已成为一种均匀的类塑料结构。

二是快速安全造地。用惰性固体废物压缩块作地基或填海造地材料，上面只需覆盖很薄土层，所填场地不必作其他处理或等待多年的沉降，即可利用。

三是有效节省场地。对于废金属切屑、废钢铁制品或其他废渣，其压缩块在加工利用之前，往往需要堆存保管，对于放射性废物要深埋于地下水泥堡或废矿坑等中，压缩处理可大大节省储存场地；对于城市垃圾的填埋处置，生活垃圾压缩后容积可减少 60%~90%，从而可大大节省目前国内外均日趋紧张的填埋用地。

固体废物的压实过程是用固体废物压实器完成的，其结构主要由容器单元和压实单元两部分组成。容器单元接受废物；压实单元利用液压或气压作动力，使废物致密化。压实器有固定式和移动式两种形式，固定式一般设在废物转运站、高层住宅垃圾滑道底部等需要压实废物的场合，移动式压实器一般安装在收集垃圾的车上，收集到废物后即行压缩，随后运往处置场地。

3. 固体废物的破碎

固体废物破碎（fragmentation）就是利用外力克服固体废物质点间的内聚力而使大块固体废物分裂成小块以便资源化利用或进行最终处置的过程。使小块固体废物颗粒分裂成细粉的过程称为磨碎。经过破碎和磨碎的固体废物，粒度变得小而均匀，具有以下优点：便于压缩、运输、储存和高密度填埋；可提高焚烧、热解、熔烧及压缩等处理过程的稳定性和处理效率；便于分选、拣选回收有价物质和材料；避免粗大、锋利的废物损坏分选、焚烧、热解等设备或炉腔；为固体废物的下一步加工和资源化做准备。

为了使进入焚烧炉、填埋场、堆肥系统等废弃物的外形减小，必须预先对固体废弃物进行破碎处理，经过破碎处理的废物，由于消除了大的空隙，尺寸大小和质地较为均匀，在填埋过程中易于压实。固体废物的破碎按原理通常有两类方法：物理方法和机械方法。前者有低温冷冻破碎法和超声波破碎法，低温冷冻破碎已成功用于废塑料制品、废橡胶制品等的破碎；超声波破碎法目前还处于实验室阶段。机械方法有挤压、劈裂、弯曲、磨剥、冲击和剪切破碎等方法。选择机械破碎方法时，需视固体废物的机械强度特别是其硬度而定。对于脆硬性废物，如废石和废渣等多采用挤压、劈裂、冲击、磨剥方法破碎；对于柔硬性废物，如废钢铁、废汽车、废塑料等多采用冲击和剪切破碎。对于含有大量废纸的城市垃圾，一般采用的是湿式和半湿式破碎。对于一般的粗大固体废物，通常是先剪切，压缩成一定形状，再送入破碎机。

4. 固体废物的分选

固体废物分选（selecting），就是把固体废物中可回收利用的或不利于后续处理、处置工艺要求的物粒分离出来。根据废物的物理和物理化学性质不同，主要有以下分选方法：筛分筛选、重力分选、磁力分选、静电分选、光电分选、涡电流分选和浮选等。固体废物分选是实现固体废物资源化、减量化的重要手段，通过分选将有用的充分选出来加以利用，将有害的充分分离出来；另一种是将不同粒度级别的废弃物加以分离，分选的基本原理是利用物料的某些特性的差异，将其分离开。例如：利用废弃物中的磁性和非磁性差别进行分离；利用粒径尺寸差别进行分离；利用比重差别进行分离等。根据不同性质，可设计制造各种机械对固体废弃物进行分选，分选包括手工捡选、筛选、重力分选、磁力分选、涡电流分选、光学分选等。

（1）筛分筛选

筛分筛选是利用具有不同粒度分布的固体物料之粒度差别，将物料中小于筛孔的细粒物料透过筛网，而大于筛孔的粗粒物料留在筛网上面，完成粗、细料分离的过程。影响筛分效率的因素，包括振动方式、振动频率、振动方向、筛子角度、粒子反弹力差异、筛孔数目及与筛孔大小相近的粒子占总粒子的百分数等。筛分设备有固定筛、振动筛和滚筒筛等。它们通常被组装于其他分选设备中，或者和其他分选设备串联使用。

（2）重力分选

重力分选是根据混合固体废物在介质中的密度差进行分选的一种方法。不同密度的固体废物颗粒在同一运动介质中，由于受到重力、介质动力和机械力的共同作用，使具有相同密度的粒子群产生松散分层和迁移分离，从而得到不同密度的产品。固体颗粒只有在运动的介质中才能分选。重力分选介质可以是空气、水，也可以是重液（密度大于水的液体）和重悬浮液（由高密度的固体微粒和水组成）等。固体废物的重力分选方法较多，按作用原理可分为风力分选、惯性分选、摇床分选、重介质分选和跳汰分选等。

（3）磁力分选

磁力分选技术是借助磁选设备产生的磁场使铁磁物质组分分离的一种方法。固体废物包括各种不同的磁性组分，当这些不同磁性组分物质通过磁场时，由于磁性差异，受到的磁力作用互不相同，磁性较强的颗粒会被带到一个非磁性区而脱落下来，磁性弱或非磁性颗粒，仅受自身重力和离心力的作用而掉落到预定的另一个非磁性区内，从而完成磁力分选过程。固体废物的磁力分选主要用于从固体废物中回收或富集黑色金属（铁类物质）。磁场强弱不同的磁选设备可选出不同磁性组分的固体废物。固体废物的磁选设备根据供料方式的不同，可分为带式磁选机和辊筒式磁选机两大类。

（4）静电分选

静电分选技术是利用各种物质的电导率、热电效应及带电作用的差异而进行物料分选的方法。可用于各种塑料、橡胶和纤维纸、合成皮革、胶卷、玻璃与金属等物料的分选。例如，给两种不同性能的塑料混合物加以电压，使一种塑料带负电，另一种带正电，就可以使两者得以分离。

（5）涡电流分选

涡电流分选技术是从固体废物中将非磁性导电金属（如钢、铝、锌等）分选出来的分选技术。当含有非磁性导电金属的固体废物流以一定的速度通过一个交变磁场时，这些非磁性导电金属内部会感生涡电流，并对产生涡流的金属块形成一个电磁排斥力。作用于金属上的电磁排斥力取决于金属的电阻率、磁导率、磁场密度的变化速度以及金属块的形状尺寸等，因而利用此原理可使一些有色金属从混合废物中分离出来。

（6）浮选

浮选是在固体废物与水调制的料浆中加入浮选药剂，并通入空气形成无数细小气泡，使欲选物质颗粒黏附在气泡上，随气泡上浮于料浆表面成为泡沫层，然后刮出回收；不浮的颗粒仍留驻料浆内，通过适当处理后废弃。固体废物浮选主要是利用欲选物质对气泡黏附的选择性。其中有些物质表面的疏水性较强，容易黏附在气泡上，而另一些物质表面亲水，不易黏附在气泡上。物质表面的亲水、疏水性能，可以通过浮选药剂的作用而加强。因此，在浮选工艺中正确选择、使用浮选药剂是调整物质可浮性的主要外因条件。在我国，浮选法已应用于从粉煤灰中回收炭，从煤矸石中回收硫铁矿，从焚烧炉灰渣中回收金属。

(二)终态固体废物的形成

固体废弃物的处理通常是指物理、化学、生物、物化及生化方法把固体废物转化为适于运输、储存、利用或处置的过程，固体废弃物处理的目标是无害化、减量化、资源化。固体废物是"三废"中最难处置的一种，因为它含有的成分相当复杂，其物理性状（体积、流动性、均匀性、粉碎程度、水分、热值等）也千变万化，要达到"无害化、减量化、资源化"目标会遇到相当大的麻烦。首先要控制固体废物的产生量。例如，逐步改革城市燃料结构（包括民用工业）控制工厂原料的消耗，定额提高产品的使用寿命，提高废品的回收率等。其次是开展综合利用，把固体废物作为资源和能源对待，实在不能利用的则经压缩和无毒处理后成为终态固体废物，主要采用的方法包括压实、破碎、分选、固化、焚烧、生物处理等。

1. 固化处理

固化技术是向废弃物中添加固化基材，使有害固体废物固定或包容在惰性固化基材中的一种无害化处理过程，经过处理的固化产物应具有良好的抗渗透性、良好的机械性以及抗浸出性、抗干湿、抗冻融特性，固化处理根据固化基材的不同可分为沉固化、沥青固化、玻璃固化及胶质固化等。目前，根据废物的性质、形态和处理目的可供选择的固化技术有五种：水泥基固化法多应用于处理多种有毒有害废物，如电镀污泥、铬渣、砷渣、汞渣、氰渣、镉渣和铅渣等。石灰基固化法适用于固化钢铁、机械工业酸洗工序所排放的废液和废渣、电镀工艺产生的含重金属污泥、烟道脱硫废渣以及石油冶炼污泥等。热塑性材料（沥青）固化法一般被用于处理放射性蒸发废液、污水化学处理产生的污泥、焚烧炉产生的灰分、毒性较高的电镀污泥以及砷渣等危险废物。高分子有机物聚合稳定法已应用于有害废物和放射性废物及含有重金属、油、有机物的电镀污泥处理。玻璃基固化法一般只适用于极少量特毒废物的处理，如高放射性废物的处理。

2. 焚烧热解

焚烧法是固体废物高温分解和深度氧化的综合处理过程，是将可燃固体废物置于高温炉内，使其中可燃成分充分氧化的一种处理方法。通过焚烧可以使固体废物氧化分解，回收利用固体废物内潜在的能量，迅速大幅度地减容（一般体积可减少 80% ～90%），破坏有毒废物的组成结构，使其最终转化为化学性质稳定的无害化灰渣，可彻底消除有害细菌和病毒，破坏毒性有机物，回收能量及副产品，同时残渣稳定安全。由于焚烧法适用于废物性状难以把握、废物产量随时间变化幅度较大的情况，加之某些带菌性或含毒性有机固体废物只能焚烧处理，因而采用焚烧方法处理固体的废弃物，利用其热能已成为必需的发展趋势。焚烧法的缺点是只能处理含可燃物成分高的固体废物，否则必须添加助燃剂，增加运行费用。焚烧过程排烟造成二次污染，设备锈蚀现象严重等。

固体废物热解（thermal destruction）是指在缺氧条件下，使可燃性固体废物在高温下分解，最终成为可燃气、油、固形炭等形式的过程。固体废物中所蕴藏的热量以上述物质的形式储留起来，成为便于储藏、运输的有价值的燃料。固体废物热解是一个复杂、连续的化学反应过程，在反应中包含着复杂的有机物断键、异构化等化学反应。在热解过程中，其中间产物存在两种变化趋势，它们是一方面由大分子变成小分子直至气体的裂解过程，而另一方面又由小分子聚合成较大分子的聚合过程。在利用固体废物热解制造燃料时，由于固体废物的类型、热解温度和加热时间不同，生成的燃料可以是气体、油状液体，也可以是二者兼有。如果被热解处理的固体废物中塑料和橡胶的含量较大，则回收的液态油占总装料量的百分比就要高于一般垃圾。除此之外，固体废物热解产物的产率也与温度有关，分解温度越高产气越多，分解温度低则油的产率高。城市固体废物、污泥、工业废物如塑料、树脂、橡胶以及农业废料、人畜粪便等具有潜在能量的各种固体废物都可以采用热解方法，从中回收燃料。与焚烧法相比，热解法则是更有前途的处理方法，它最显著的优点是基建投资少。

3. 生物处理

生物处理技术是利用微生物对有机固体废物的分解作用使其无害化，其基本原理是利用微生物的生物化学作用，将复杂有机物分解为简单物质，将有毒物质转化为无毒物质，许多危险废物通过生物降解解除毒性，解除毒性后的废物可以被土壤和水体所接受。生物处理可以使有机固体废物转化为能源、食品、饲料和肥料，还可以用来从废品和废渣中提取金属，是固化废物资源化的有效的技术方法，应用比较广泛的有堆肥化、沼气化、废纤维素糖化、废纤维饲料化、生物浸出等。

（三）固体废物的最终处置

固体废物处置（disposal of solid wastes）是指对在当前技术条件下无法继续利用的固体污染物终态，因其自行降解能力很微弱而可能长期停留在环境中，为了防止它们对环境造成污染，必须将其放置在一些安全可靠的场所。对固体废物进行处置，也就是解决固体废物的最终归宿问题：使固体废物最大限度地与生物圈隔离以控制其对环境的扩散污染。因此，最终处置是对固体废物全面管理的最后一环。

固体废物处置可分为陆地处置（land disposal）和海洋处置（ocean disposal）两大类。陆地处置就是在陆地上选择合适的天然场所或人工改造出合适的场所，把固体废物用土层覆盖起来的一项技术。陆地处置的基本要求是废物的体积应尽量小，废物本身无较大危害性，废物处理设施结构合理。海洋处置就是利用海洋巨大的环境容量和自净能力，将固体废物消散在汪洋大海之中的一种处置方法。海洋处置具有填埋处置的显著优点，而又不需要填埋覆盖。

1. 固体废物陆地处置

根据废物的种类及其处置的地层位置，如地上、地表、地下和深地层，可将陆地处置分为土地耕作、工程库或储留池储存、土地填埋以及深井灌注等。

（1）土地耕作处置

土地耕作（soil plowing）处置是使用表层土壤处置工业固体废物的一种方法。它把废物当作肥料或土壤改良剂直接施到土地上或混入土壤表层，利用土壤中的微生物种群，将有机物和无机物分解成为较高生命形式所需的物质形式而不断在土壤中进行着物质循环。土地耕作是对有机物消化处理，对无机物永久"储存"的综合性处置方式。它具有工艺简单、费用适宜、设备维修容易，对环境影响较小，能够改善土壤结构和提高肥效等优点。土地耕作法主要用来处置可生物降解的石油或有机化工和制药业所产生的可降解废物。为了保证在土地耕作处置过程中，一方面获得最大的生物降解率，另一方面限制废物引起二次污染，在实施土地耕作时，一般要求土地的 pH 值在 7～9，含水量为 6%～20%。由于废物的降解速度随温度降低而降低，当地温达到 0℃时，降解作用基本停止，因此土地耕作处置地温必须保持在 0℃ 以上。土地耕作处置废物的量要视其中有机物、油、盐类和金属含量而定，废物的铺撒分布要均匀，耕作深度以 15～20 厘米比较适宜。另外，土地耕作处置场地选择要避开断层、塌陷区，避免同通航水道直接相通，距地下水位至少 1.5 米，距饮用水源至少 150 米，耕作土壤为细粒土壤，表面坡度应小于 5%，耕作区域内或 30 米以内的井、穴和其他与底面直接相通的通道应予堵塞。

（2）深井灌注处置

深井灌注（deep-well injection）处置是将液状废物注入与饮用水和矿脉层隔开的地下可渗透性岩层中。深井灌注方法主要用来处置那些实践证明难于破坏，难于转化，不能采用其他方法处理、处置，或者采用其他方法处置费用昂贵的废物，它可以处置一般的液体、气体或固体废物和有害废物。在实施灌注时，将这些气体或固体都溶解在液体里，形成直溶液、乳浊液或液固混相体，然后加压注入井内，灌注速率一般为 300 ~ 4000 升/分钟。深井灌注处置必须注意井区的选择和深井的建造，以免对地下水造成污染。

（3）土地填埋处置

固体废物的土地填埋（landfill）处置是一种最主要的固体废物最终处置方法。土地填埋是由传统的倾倒、堆放和填地处置发展起来的。按照处置对象和技术要求上的差异，土地填埋处置分为卫生土地填埋和安全土地填埋两类。卫生土地填埋（sanitary landfill）始于 20 世纪 60 年代，是在传统的堆放、填地基础上，对未经处理的固体废物的处置从保护环境角度出发取得的一种科学进步。卫生土地填埋工程操作方法大体可分为场地选址、设计建造、日常填埋和监测利用等步骤。场地选择要考虑到水文地质条件、交通方便、远离居民区、要有足够的处置能力以及废物处置代价低，便于利用开发等因素。卫生土地填埋主要用于处置城市垃圾，处置的容量要与城市人口数量和垃圾的产率相适应，一般建造一个场地至少要有 20 年的处置能力。垃圾填埋后，由于微生物的生化降解作用，会产生甲烷和二氧化碳气体，也可能产生含有硫化氢或其他有害或具有恶臭味的气体。当有氧存在时，甲烷气体浓度达到 5% ~ 15% 就可能发生爆炸，所以对所产生气体的及时排出是非常必要的。可渗透排气是在填埋物内利用比周围土壤容易透气的砾石等物质作为填料建造排气通道，产生的气体可水平方向运动，通过此通道排出。边界或井式排气通道也可用来控制气体水平运动。不可渗透阻挡层排气，是在不透气的顶部覆盖层中安装排气管，排气管与设置在浅层砾石排气通道或设置在填埋物顶部的多孔集气支管相连接，可排出气体。产生的甲烷经脱水—预热—去除二氧化碳后可作为能源使用。安全土地填埋（secure landfill）是处置工业固体废物，特别是有害废物的一种较好的方法，是卫生土地填埋方法的改进型方法，它对场地的建造技术及管理要求更为严格：填埋场必须设置人造或天然衬里，保护地下水免受污染，要配备浸出液收集、处理及检测系统。安全土地填埋处置场地不能处置易燃性废物、反应性废物、挥发性废物、液体废物、半固体和污泥，以免混合以后发生爆炸、产生或释出有毒有害的气体或烟雾。封场是土地填埋操作的最后一环。封场要与地表水的管理、浸出液的收集监测以及气体控制等措施结合起来考虑。封场的目的是通过填埋场地表面的修筑来减少侵蚀并最大限度排水。一般在填埋物上覆盖一层厚 15 厘米、渗透系数为 $\leq 10^{-7}$ 厘米/秒的土壤，其上再覆盖 45 厘米厚的天然土壤。如果在其上种植植物，上面再覆盖一层 15～100 厘米厚的表面土壤。

2. 固体废物的海洋处置

海洋处置主要分为海洋倾倒、远洋焚烧两类。

海洋倾倒有两种方法：一种是将固体废物如垃圾、含有重金属的污泥等有害废弃物以及放射性废弃物等直接投入海中，借助于海水的扩散稀释作用使浓度降低；另一种方法是把含有有害物质的重金属废弃物和放射性废弃物用容器密封，用水泥固化，然后投放到约 5000 米深的海底。固化方法有两种：一种是将废物按一定配比同水泥混合，搅匀注入容器，养护后进行处置；另一种方法是先将废物装入桶内，然后注入水泥或涂覆沥青，以降低固化体的浸出率。由于海洋有足够大的接受能力，且又远离人群，污染物的扩散不容易对人类造成危害，因而是处置多种工业废物的理想场所。处置场的海底越深，处置就越有效。海洋倾倒不需覆盖物，只需将废物倒入海中，因此该方法为一种最经济的处置方法。

远洋焚烧是利用焚烧船在远海对固体废物进行焚烧处置的一种方法，适于处置各种含氯有机废物。试验结果表明，含氯有机化合物完全燃烧产生的水、二氧化碳、氯化氢以及氮氧化合物排入海中，由于海水本身氯化物含量高，并不会因为吸收大量氯化氢而使其中的氯平衡发生变化。此外，由于海水中碳酸盐的缓冲作用，也不会使海水的酸度由于吸收氯化氢发生变化。又由于焚烧温度在 1200℃ 以上，对有害废物破坏效率较高。远洋焚烧能有效地保护人类的大气环境，凡是不能在陆地上焚烧的废物，采用远洋焚烧是一个较好的方法。为了便于废物充分燃烧，焚烧器结构一般多采用由同心管供给空气和液体的液、气雾化焚烧器。

总之，海洋处置能做到将有害废物与人类生存、生活环境隔离，是一种高效、经济的最终处置方法。但对于有害固体废物，特别是放射性废物，不加控制地投放必将造成海洋污染，破坏海洋生物，最终祸及人类自身。为防止海洋污染，加强对固体废物海洋处置的管理，国际上已制定了许多相应法规、标准和国际性协议，明确海洋固体废物处置的范围和处置量。例如，生物战剂、化学战剂或放射性战剂、强放射性废物以及可能冲蚀海岸的永久性惰性漂浮物质禁止海洋处置；汞、镉等重金属，有机卤素以及漂浮油脂类废物禁止大量向海洋倾倒；对其他重金属元素及其化合物，有机硅化合物，无机和有机工业废物的海洋处置也要进行严格控制。

（四）殡葬固体废物的处置

殡葬固体废物包括遗体、随遗体火化品、遗体化妆整容遗弃品、遗体防腐化学药品废物等对环境有害的固体废物。对于一般的殡葬固体废弃物，可以通过殡仪馆内设置遗物祭品焚烧炉进行焚烧处理。而骨灰是重点的殡葬固体废弃物，必须采取多途径的科学化处置。骨灰的无害化科学处置是一项非常复杂的系统工程，因为骨灰既是固体的实物，又是亡者的化身，还是生者缅怀的对象，其科学处置的全过程应包括骨灰的产生、分类、收集、处理、检测、包装、转移、储存、利用和处置等环节。

1. 骨灰的产生

人作为自然环境发展到一定历史阶段的产物，在生命终止的瞬间，就发生了质变，人体本身从宝贵的人力资源变成了污染环境的特种有毒有害固体废物。殡葬行业的主要环境问题都是围绕着如何处置遗体这种特殊的固体废物而产生的。具有火葬功能的殡仪馆都是骨灰的"生产厂"，有些寺庙也是生产骨灰的"小作坊"。截至2014年年底，全国已有殡仪馆1801个，2014年火化率47%，年产骨灰459.3万份。我国作为世界年死亡人口最多的国家，自1956年毛泽东主席等老一辈无产阶级革命家在中央经济工作会议上联名签字倡导火葬以来，火葬已经成为我国处置遗体的主要方式，骨灰数量始终保持快速增长的趋势。

一具具遗体就是一个个缓慢积蓄起来的毒品库，处理不当，"毒品库"中的各种各样毒品就会纷纷外溢，污染环境、危害人类，造成火化后的骨灰中含有相当数量的铜（Cu）、铅（Pb）、锌（Zn）、镉（Cd）等有毒重金属和其他有毒有害物质，这些有毒重金属很容易溶出而污染环境，再进入空气、水体和食物链中，造成恶性循环。遗体火化后产生的无机灰分即为骨灰。骨灰里含有人体一生中通过呼吸、进食、饮水、用药、吸烟和使用化妆品等途径富集的多种有毒有害物质，其中就包含有相当数量的有毒重金属。我国推行火葬以来，骨灰寄存设施内至少积累6500多万份骨灰，且正以每年400多份的速度递增，这些积累的骨灰将会给环境带来巨大压力[①]。当未经处理的骨灰进入土壤等环境后，其中的重金属等毒性物质会对空气、土壤和水体造成严重的污染。

2. 骨灰的分类

狭义的骨灰是指遗体骨骼火化完全后产生的无机灰分，通常泛指遗体灰和火化灰。广义的骨灰可以分成三种类型。

一是骨骼灰。在各地殡葬改革过程中，将白骨化的尸骨火化所形成的骨

---

① 肖成龙，王玮，李大涛，等. 骨灰的无害化处置［C］. 中国环境科学学会. 2007 中国环境科学学会学术年会优秀论文集（下卷）. 北京：中国环境科学出版社，2007.

灰就是典型的骨骼灰，部分骸骨火化后也能形成骨骼灰，骨骼灰受收殓尸骨的完整性影响，通常没有代表性。

二是遗体灰。遗体灰也叫人体灰，指整具遗体本身火化后剩余的灰分，包括骨骼灰、毛发灰、皮肤灰、脂肪灰、肌肉灰、内部器官灰和食物灰等。

三是火化灰。火化灰是指遗体本身和火化随葬品（包括寿衣、寿枕、尸袋、被褥、纸钱、火化棺等）共同焚化所形成的灰分。绝大多数遗体都带有火化随葬品，所以火化灰通常就是火化机主燃室内残留的灰分，火化也是快速的矿化过程，这些残留的灰分都是无机矿化物。

3. 骨灰的处理

骨灰的处理是指通过物理或化学手段，改变骨灰的形状、粒径、颜色、组成和性质的过程。骨灰处理是无害化科学处置骨灰的中间过渡阶段，而骨灰处置和利用才是最后的环节。现在骨灰处理仅仅停留在采用物理方法处理骨灰阶段，缺少骨灰化学检测的技术支持，还不能对骨灰进行深度处理。

（1）骨灰的储存

狭义的骨灰储存主要是指骨灰在各类骨灰寄存设施（骨灰楼、骨灰堂等）内的存放。广义的骨灰储存还包括有期限安葬在墓地设施内的骨灰，在骨灰寄存设施和墓地设施外未进行永久性处置的骨灰。因为这类骨灰只是储存的期限长些而已，都不是最终处置。骨灰储存是骨灰利用和最终处置前的重要阶段，随着人们科学殡葬意识的提高和我国人口政策的持续，会出现愿意续存骨灰的人群减少和亡者直系后人锐减或消失的现象，届时骨灰就要集中处置和利用了，所以骨灰储存只是一个过渡环节。

（2）骨灰的利用

骨灰作为特殊的资源，同样可以利用，储存的大量骨灰也是将来的宝贵资源。如国外采取骨灰固化的方法利用骨灰，运用物理和化学方法将骨灰与其他材料混合加工成新的物品，或将骨灰熔融使其稳定化。

（3）骨灰的处置

骨灰的处置问题与国家政策、丧葬习俗、地域条件、气候特征等诸多因素有着密切的关系。骨灰处置是指骨灰的最终处置（final disposal）或安全处置（security disposal），是骨灰污染控制的末端环节，旨在解决骨灰的归宿问题。根据目前国内外对骨灰处置的情况，主要处置形式可分为下列类别：一是骨灰入土处置，通常是用不同材质的容器盛放骨灰，然后埋入地下，包括树葬、花葬、草坪葬、深埋和永久性墓葬等，树葬和深埋等属于不占用土地的生态回归，应大力提倡。二是骨灰入水处置，借助舰、船、艇、筏等水上交通工具，把骨灰抛撒到水域中。三是骨灰空撒处置，利用气球、飞机等，可根据死者和亲属的意愿，将骨灰空载至希望撒落的地区上空进行空撒。

骨灰理想的科学处置是资源化的永续利用，骨灰无害化处置的方法会随着科技的发展而不断完善。例如，生物淋滤是一种近年来备受关注的微生物处理技术，常用于去除污泥中的重金属，具有成本低、去除效率高、无二次污染、对环境友好等优点。该技术可以利用特定微生物或其代谢产物的氧化、还原、络合、吸附或溶解作用，将固相中的重金属等不溶性成分浸提分离，从而达到去除重金属的目的。因此，针对骨灰中重金属含量高的特点，可以通过从污泥中筛选出氧化硫硫杆菌和氧化亚铁硫杆菌等功能微生物菌群，将骨灰中难溶性重金属硫化物或氧化物转化为可溶性的硫酸盐，再通过固液分离使骨灰中的大部分重金属得以去除。

【扩展阅读】

把骨灰加工成"珠宝"①

为让逝去的亲人常伴身边，韩国企业 Bonhyang 公司推出新服务项目，把逝者骨灰做成形同宝石的珠子，既方便人们随时祭奠逝者，又节省了墓地空间。Bonhyang 公司的珠化技术是利用超高温将骨灰融化直至结晶，骨灰变珠子的整个过程大约 90 分钟。珠子多为蓝绿色，有时也呈粉色、紫色或黑色。通常一名死者的骨灰产生 4~5 小罐珠子，年轻人因为骨密度高，最多可产生 8 罐珠子。Bonhyang 公司总部设在利川市。美联社援引公司创始人兼首席执行官裴宰烈（音译）的话报道："储存在骨灰安置所的骨灰可能腐烂，而制作成珠子后会更干净，不会发霉变质，闻起来也没有异味。"

除了美观、便于存放等优点，制作骨灰珠还衍生出增值业务，比如用于存放珠子的各式瓶瓶罐罐。金日南（音译）现年 69 岁，是退休中学校长，父亲 27 年前去世。由于对父亲的思念与日俱增，他说服家人后作出惊人决定：将父亲遗骸从地下取出，然后支付 870 美元，把骨灰做成一罐形同宝石的珠子。骨灰制成珠子后，最大的益处是能让人时刻将逝去的亲人带在身边。金日南把一部分骨灰珠放在家中，一部分放在轿车里，还分给 5 个女儿每人一点。他说："当我看到珠子时，就想到父亲，想到与他共度的那些美好时光。"

瑞典推出奇特冰葬尸体成碎粒实现环保安葬②

绿色葬礼因为适合人们重视环保的潮流，被认定为未来葬礼的主流。日前，瑞典殡仪公司 Promessa 别出心裁地推出了一种新的遗体善后服务——冰

---

① http：//ccrb.1news.cc/html/2011-11/17/content__193106.htm.

② http：//it.sohu.com/2004/04/21/92/article219909279.shtml.

葬。据称，这种方式不但利于环保，更能体现出对死者的尊重。

通过将尸体在短时间内急冻及震成碎粉，解决了火葬过程中出现的种种问题，既符合环保原则，费用又比一般葬礼便宜。

冰葬，即通过低温冰化把遗体"打散"成骨灰，最重要的步骤是尽早将尸体冷藏。具体做法是：在零下18℃的环境下将死者遗体急冻，再将死者的遗体放入零下196℃的液体氮中浸泡。遗体自超低温溶液中取出后就变得超乎想象的脆弱，仅声音就足以将它化成粉末。其后，把尸体放入震动仪器内慢慢摇晃，令之碎裂成为粒状，再将碎粒送往特制的真空箱内处理。待当中水分完全被吸走后，有关物质将被移入一个金属分离器内，以便使碎粒与尸体遗留下来的体内金属零件，如手术用的螺丝、补牙用的水银等分离，以达到尸体被净化的目的。而最后剩下的无臭无味的有机物质，会被放入一个载满蜀黍粉和淀粉粒的可分解棺材内，再埋于地下。死者家属可以在墓地旁加设墓碑及植树，这样一来，棺中的有机物质还可成为花树的养料。

研发这项冰葬服务的普罗马萨公司发言人苏珊娜说，她争取两年后把冰葬推广至英国及其他欧洲国家。据悉，英国每年约有60万人离世，不少地区面临墓地短缺的问题，如果情况继续下去，10年后英国坟场将会出现"双层墓穴"的奇景。

第四节　殡葬环境卫生与防护

遗体是大量病原微生物的栖息地，是殡仪场所的重要污染源。遗体处理过程中对环境的污染、对殡仪职工和丧户的危害在国外已有大量的报道。一些发达国家早在20世纪80年代就制定了相应的防护制度，为殡仪职工创造了较为安全的工作环境。

一、殡葬环境现状及其分析

（一）遗体对殡葬环境的影响

1. 遗体的环境特性

遗体是一种特殊的有毒有害固体废弃物，危害人类的各种细菌、病毒、病原性微生物等都滋生寄存其中。据医学界对遗体上的细菌种类做的测试，正常死亡的遗体主要病菌就达17种，包括大肠埃希杆菌、白喉棒状杆菌、金黄色葡萄球杆菌以及链球菌、肺炎双球菌等。仅肠道科埃氏大肠菌类的沙门氏杆菌就高达1000多个菌种，其中有许多种为强致病菌。据有关资料表明，遗体的心脏、肺、血液、肠道中有大量的细菌存在，如大肠埃希杆菌、细球菌、奇异变形杆菌、普通变形杆菌、绿脓杆菌、金黄色葡萄球菌等。其中每克心脏组织中含有细菌 8.5×10^5 个，每毫升膀胱尿液中含有细菌 1.3×10^5 个，每克肺组织中含有细菌 25 个，每克结肠组织中含有细菌 74 个，另外在口腔、鼻腔、肛门处分离得到了各种细菌。不同病因死亡的遗体，所含的细菌各不一样，种类更多。而由于传染性疾病致死的遗体，给社会所带来的危险更为严重。值得注意的是，人死亡后，这些细菌和病毒并不随之死亡，相反，人死亡后约 4 个小时细菌开始繁殖，随着遗体的腐败、自溶，这些细菌按类似对数增长方式繁殖，于是遗体成为微生物的栖息地和繁殖场所。24 小时后，每克组织样本中含有的细菌总数可以达到 300 万至 350 万个，此时达到峰值。以此类推，一具遗体以 70 千克计，细菌总数可达到 210 亿至 238 亿个。这样遗体成了一颗名副其实的"细菌炸弹"。在遗体的接运、整容、防腐等操作过程中，大量的微生物将直接或间接危害工作人员和环境，造成生物污染。

处理遗体的废物、废水和废气等也是污染环境的主要环节。遗体防腐整容的各种一次性器具、擦洗遗体的棉球、被遗体血液、体液、粪便污染的敷料、遗体的毛发、遗体的衣物等；防腐、整容及冲洗遗体的废水中含有大量的病原微生物，如细菌、病毒、寄生虫等；室内病原微生物主要来源于患有传染性疾病遗体的分泌物、排泄物、感染性伤口、被污染的遗体衣物等，在防腐整容中通过与遗体接触、移动遗体、为遗体穿脱衣服等而使病原微生物播散并附着于尘埃，从而污染空气。此外，遗体腐败产生的硫化氢、氨、甲烷、二氧化碳等也是室内污染空气的主要来源。

2. 遗体的长途运输

（1）遗体消毒和防腐质量是实现遗体清洁运输的前提

考虑到遗体运输的时间、方式等，需要运输出境的遗体，在包装前必须进行长期防腐（1 个月），主要对其进行清理、防腐和消毒，以确保遗体在较长时间的运输中不易发生变质或减缓其腐败速度，创造清洁运输的基本条件。遗体的外部清理工作与遗体防腐是内外相连、相互呼应的。通过遗体口、鼻、眼、耳等排泄出来的分泌物如果长时间滞留于器官中或者皮肤外，会部分渗透进入肌肤，进而导致该点肌肤颜色与周围明显不同，并易成为滋生腐败菌的温床，特别是在遗体的头、面部，会给逝者亲人带来心灵上的遗憾。因此，遗体在防腐前后和运输前必须进行彻底的清理，如使用医用酒精对人体进行清理，可以起到暂时杀菌消毒的作用，对遗体的清洁运输起到了防腐的辅助效果。导致遗体腐败的内外原因有多种，但最直接的原因还是遗体自身的质量问题，如血液、死因和体质等，而引起遗体自身产生腐败现象的物质仍以血液为主。因此，许多国家在遗体防腐或运输前对遗体的血液进行了处理，或是借用医学器具引流释放血液，或是利用药物将血液暂时凝固，目的是让遗体不易发生变质或减缓其腐败速度，达到更好的防腐效果，这也是清洁生产中可以选择的一个部分。

（2）遗体的卫生检疫及包装是遗体出境前的决定要求

根据国家对国际间遗体运输的有关规定，遗体外运经相关部门同意批准后，应按照卫生部《实施中华人民共和国国境口岸卫生监督办法的若干规定》和海关总署《关于对尸体、棺柩和骨灰进出境管理问题的通知》办理遗体进出境手续。根据国际运输卫生检疫的有关规定，遗体运输的外部包装为三层，即内层的棺柩、中层的全封闭铁皮和外层的木板包装。国际运尸中所使用的棺柩应选择卫生安全性较高标准的棺柩，以避免反复手续带来不必要的麻烦。欧洲国家规定入境的遗体包装物铁皮厚度必须大于 0.6 毫米，我国规定外运遗体包装物封闭要严格，无腐败液体渗出，无臭味散出。为了防止运输遗体在全封闭条件下不产生或减缓产生腐败液体，在棺柩内摆放遗体专用干燥剂，与遗体的清理、防腐、消毒和全封闭包装形成多重防腐效果，进一步达到清洁运输的目的。

3. 特殊遗体的处理

传染性疾病简称传染病，是由病原微生物（病毒、细菌、螺旋体等）感染人体后所产生的有传染性的疾病。危害过人类的传染病有鼠疫、天花、霍乱、麻风、白喉、梅毒、斑疹伤寒、疟疾、狂犬病、肺结核等数十种之多，给人类造成很大的灾难，甚至造成社会瘫痪、种族灭绝。随着科学的进步和医学家不懈的努力，人类在预防和控制传染病方面已经取得巨大的进展。我国在"预防为主"的卫生方针指引下，许多传染性疾病被消灭、基本消灭、控制。但许多传染病，如病毒性肝炎、流行性出血热、感染性腹泻等仍广泛存在，对人类健康危害很大；部分已被控制的传染病，如结核、狂犬病等又有蔓延之势；随着近年来国际间交往的增加，人员交流的频繁，部分传染病，如艾滋病、军团病、莱姆病等也已经传入我国，患者的死亡率、死亡数正在逐年增加。

历史上每一次的传染性疾病的暴发与流行，都会造成一定数量人口的死亡。殡葬从业人员的直接工作对象是遗体，对于因传染性疾病死亡的遗体，如何对遗体进行必要的、规范的、有效的处理，对于控制和预防传染性疾病具有很重要的作用与意义。世界各国对传染性疾病高度重视，纷纷制定有关应对突发性传染性疾病的法律，对于因传染病死亡的遗体处理进行严格的规定，其目的都是在于用行政手段来采取强有力的预防和救治措施，尽最大努力控制疫情，保障人类的生命健康。因此，在预防、控制传染性疾病方面，殡葬从业人员与医务工作者一样，肩负着重任。

（二）殡葬环境微生物的影响

从目前我国殡仪馆的建筑设计、殡仪工作流程和各区域污染程度来看，殡仪馆一般分为污染区、半污染区和清洁区。直接被遗体污染的区域为污染区，包括遗体防腐间、遗体整容间、遗体冷藏间、遗体火化间等；间接被遗体污染的区域为半污染区，包括遗体通道、遗体告别厅、殡仪车库等；未被遗体污染的区域为清洁区，包括行政办公区、业务厅、服务厅、销售厅、仓库、值班室等。遗体停留间、防腐间、整容间和火化间可产生各种物理、化学和生物性污染。据《殡仪馆空气微生物的监测分析》表明，空气中的细菌含量为：防腐整容室 $4836cfu/m^3$，遗体停留间 $3547cfu/m^3$，火化间 $1261cfu/m^3$，追悼厅、休息室、服务区、骨灰寄存室内的菌落总数同其他公共场所相差不多。

【扩展阅读】

自然灾害之后遗体造成的感染性疾病风险[①]

方法：疾病的传播需要传染源的存在，接触传染源，以及易感的宿主。在对遗体所造成的感染性疾病风险进行评估时应考虑到这些因素。运用美国国家医学图书馆的 PUBMED 在线数据库检索了相关文献，这些文献主要是关于公共安全工作人员和殡仪人员的感染风险，还包括遗体处理和感染预防的方法指南，也检索了一小部分但很重要的文献是与尸体的处理及墓地地下水的污染相关的。

结果：自然灾害遇难者通常是死于创伤，不大可能有急性或者流行性感染。这表明遗体对于公众的风险是很小的。但是，对于那些与遗体密切接触的人来说，比如军人、救援人员、志愿者以及其他的一些人，则可能暴露于慢性感染性危险，包括乙肝病毒、丙肝病毒、艾滋病病毒、肠道病原菌、结核杆菌等。对这些人员采取适当的预防措施包括训练，使用带拉链的装尸袋，一次性手套，良好的卫生习惯，接种乙肝和结核杆菌的疫苗。处理遗体要尊重当地的风俗习惯。当遇难者人数众多时，掩埋也许是最合适的处理方法。关于掩埋会造成地下水微生物污染的证据很少。

结论：关心尸体的感染性可当作是人们为了保护自己防止疾病的一种"自然"反应。但是，明白相关的风险信息是必需的，这样当地政府才能够确

---

① http://tong.dxy.cn/news/15/1457.htm.

保遇难者的遗体得到妥善处理以及相应的尊重。

二、殡葬环境卫生防护措施

（一）控制传染病流行的殡葬措施

要有效地预防传染病，控制传染病的流行，必须从传染源的管理、切断传播途径、保护易感人群三方面入手。

1. 传染源的管理

当患者因传染性疾病死亡后，其体内的致病病原微生物并没有因为机体的死亡而逐渐消亡。相反，由于有遗体为有机体提供生存及繁殖所必需的条件，病原微生物在一定时间内将继续生存，而且不断繁殖。尽管可以对遗体采取部分常规手段进行必要的消毒处理，但由于不同种病原微生物生化性质的差异，部分病原微生物将在遗体体内、体液内长时间生存并保持高度传染性。患者因传染性疾病死亡后，遗体将是最大的传染源，殡葬部门作为遗体保存的直接部门，采取积极的措施，对因传染性疾病死亡的遗体进行严格、规范管理，就直接起到了控制传染源的作用。

一是卫生部门（如综合性医院、专业医院）对于明确诊断为因患传染性疾病死亡的遗体应有特殊的标识、采取特殊的遗体包装、将遗体存放于特定的场所，以利于在第一时间内加强对遗体的识别与控制。

二是当患者确因传染性疾病死亡后，殡葬部门在接运遗体前，可通过特殊信息平台获取逝者确切死亡的相关信息，以利于采取相应的操作预防措施。

三是殡葬部门对于因传染性疾病死亡的遗体，应在规定时限内进行接运，并采取相应的消毒隔离措施，在特定的区域、特定的方式进行保存，与正常死亡遗体有严格的区分。

四是对于因传染性疾病死亡的遗体，尤其是对于甲类传染病（如鼠疫、霍乱）和乙类传染病（如炭疽病），殡葬部门应严格执行《中华人民共和国传染病防治法》及《殡葬管理条例》中的相关规定，遗体应在死亡当地及时火化或得到相应处理，严禁将遗体自死亡地运往外地及境外。

2. 切断传播途径

这是起主导作用的预防措施。消毒是切断传播途径的重要措施。结合殡葬业的工作特性，如何切实、规范地做好对遗体、工作场所、处理遗体的设备、设施、用具的消毒，对于预防、控制传染性疾病的传播具有重要意义。消毒分疫源性消毒和预防性消毒两种。对于因特殊性传染性疾病死亡遗体的处理，疫源性消毒就更为重要，同时，还须同时采取必要的隔离措施。

一是遗体接运。对于因特殊性传染性疾病死亡遗体的接运应使用安装有特定通风、消毒设备的专用车辆，对遗体采取特定的消毒、包装措施，并配有显著的标识，必要时采取密闭容器进行遗体的搬运与运输，防止病原微生物通过空气流动、体液渗漏而传播；每接运一具遗体必须对车辆、设备、用具进行严格消毒，严禁以普通殡葬车辆接运因特殊性传染性疾病死亡遗体，或使用未经消毒处理的曾接运过因特殊性传染性疾病死亡遗体的车辆接运普通死亡遗体。

二是遗体存放。因特殊性传染性疾病死亡遗体接运入棺，应使用专用通道进行装卸；专门场所进行验收、初步整理、消毒；同时必须有专用的保存设备对遗体进行保存，必须严格与正常死亡遗体进行区分。同时，考虑到病原微生物能够通过空气流动、体液渗漏进行传播，因此对遗体进行初步整理时，必须将同外界连通的腔隙（如口腔、鼻腔、外耳道等）进行填塞，同时将遗体连同外包装一起密闭保存。操作完毕，及时对设备、设施、用具进行消毒。对于部分未能知晓是否因传染性疾病死亡，但从遗体表露的表面特征、从业人员的经验，判定可能因传染性疾病死亡的遗体以及不能明确死因的遗体，为防患于未然，也应该按照传染性疾病死亡遗体进行保存、操作。

三是遗体处理。对于法定必须立即火化或深埋的传染病遗体，应严格执行规定，不可对遗体进行任何形式的告别，对遗体进行消毒后，使用特定器具进行密闭包装，进行火化或深埋，对于此类遗体的火化或埋葬，在操作上较正常死亡遗体具有优先权，尽量缩短遗体在空间的暴露时限；对于部分可以进行告别的遗体，应严格规范操作、进行严密消毒、缩短遗体对外暴露的时间、严格控制遗体告别的规模。有条件的可建立专用告别场所，配备所必需的消毒设备，与正常死亡遗体的殡殓活动进行区分；需要进行更衣、化妆操作的，应尽量使用一次性用具，并注意对更换衣物、遗体的正常排泄物及分泌物、所用用具的收集、消毒、包装、处理。

四是严格消毒。应该按照病原微生物的特性、消毒场所的特点、消毒对象的性质，选用合适的消毒方法；制定严格的消毒程序，规范各项消毒操作，切实做到每一道工序的随时消毒工作及最终的终末消毒工作。

3. 保护易感人群

除了配备常规的隔离服装、消毒设备用具用品外，还需做到以下几点：一是加强关于传染性疾病基础知识和相关法律法规的培训。二是熟悉各类基本消毒方法、掌握消毒设备的使用、常用化学消毒剂的配比剂量及使用范围。三是加强岗位技能的培训、规范操作，并养成良好的个人防护习惯。四是完善制度，制定处理因传染病死亡遗体所必须遵守的强制规范措施，并严格查验执行力度。五是设定因传染病死亡遗体专用处理区域，配备专用设备、用具（如强制通风设备、必需的消毒用具、一次性隔离衣帽、鞋套、护目镜、专用口罩、鼻夹等）；有条件的可以参照医疗单位的操作，在传染病遗体处理区域及正常工作区域间建立过渡地带，采取相关的消毒防护措施，以防人为造成的间接污染。六是关爱职工健康，对经常接触因传染性疾病死亡遗体的工作人员，应加强体检，保证营养及休息，必要时可采取预防接种来提高对于传染性疾病的免疫力。

殡葬从业人员在预防、控制传染性疾病方面肩负着沉重的使命，必须正确面对这一历史重任，规范各项操作，坚守岗位，在预防、控制传染性疾病上尽职尽责，保障全人类生命安全与健康。

（二）污染防控存在的问题与对策

在治丧活动中，由于各种病因而导致遗体所携带的微生物（如细菌、病毒等）不仅为长期身处第一线的殡仪职工带来了健康的隐患，也为整个治丧环境及殡葬活动的安全卫生造成了破坏。殡仪职工作为特殊的群体，他们的卫生防护和病菌感染控制如何进行得更为完善将直接关系到整个社会治丧活动的质量与安全。长期以来，殡仪职工在对遗体进行清洗、消毒、防腐、整容、整形、解剖、冷藏等处理过程中，面对遗体散播的各种致病菌，既忽略了其对自身健康造成的严重危害，又缺乏针对性强、可操作的预防与控制相结合的对于感染病源所必要的卫生防护理论知识和防护技术措施。因此，要科学、规范地开展对殡葬职工进行预防与控制感染相结合的卫生防护知识培训，做好预防与控制感染的卫生防护工作，应及时采取科学合理的措施，做到有效阻断传染源，减少与杜绝交叉感染，切实保护殡葬行业职工的身体健康。

1. 提高环境治理意识

提高殡葬职工的环保意识和自我保护意识。殡仪馆、殡仪服务中心等应对从事遗体防腐、整容、接送遗体的殡仪职工进行上岗前和经常性职业卫生培训教育，普及消毒、灭菌、职业卫生防护知识，督促殡仪职工遵守职业病防治法规、规章制度、操作规程，正确使用卫生防护设备、个人卫生防护用品，按规定严格执行消毒制度。在职工中开展各种宣传教育，让他们了解遗体的死亡原因，熟悉某些传染病及传染途径；掌握防腐整容器械和物品的消毒处理方法；掌握遗体防腐整容的卫生规则。在接触遗体时要有个人防护设施：如接触遗体血液、体液和黏膜时，搬运被血液污染的物品时，给遗体防腐做动脉切口等情况要戴手套、口罩、眼罩、穿防护衣。被血液和体液污染的仪器设备应消毒杀菌后再使用。殡仪职工接运遗体要采用符合环保要求的一次性遗体防腐袋对遗体进行密闭、防腐、杀菌，防止遗体排放的致病菌对殡仪职工造成危害。

从事殡葬行业防腐、整容的一线职工由于长期的工作惯性致使其忽略了对个人卫生的防护。如在防腐整容间有许多病原微生物存在的环境中，尚有一些职工不戴手套直接用手给遗体做防腐，有的职工在接触高度腐败的遗体过程中，未严格使用防毒口罩，或仅使用一次性口罩等。所以，从观念上对其进行引导是开展这项工作的重点，通过逐步加强殡葬职工对于个人卫生防护的自觉与重视，从而有效提高在殡仪馆内对微生物预防与控制的实施基础，这也是殡葬文明的一大进步。

减少殡葬职工与遗体直接接触的次数，可以减少交叉感染的机会。如通过"纸棺"使遗体与殡葬职工相对隔离，殡仪馆要逐步将卫生盒的使用前移，在接运遗体时就安放于卫生盒中，这样，殡葬职工在对遗体的接触中就多了一道隔离设施。

2. 健全环境治理制度

目前，仍有许多殡仪馆设施设备陈旧、交通布局与建筑布局已不尽合理，各工作区域划分不明显，无法满足科学合理的治丧要求，如人车不分流、生死不分流、运尸通道人尸混合；休息室与操作间紧邻甚至对门等。如接触传染性疾病的遗体时，必须穿隔离衣、裤、工作鞋，戴口罩、帽子和手套等；加强火化遗体的管理工作，工具摆放整齐有序，严格定期消毒；加强运送遗体车辆、工具的管理工作。各级殡仪馆、殡仪服务中心运送遗体的车辆、工具必须进行消毒处理。停放遗体的地方必须建立经常性消毒制度，加强遗体防腐整容的管理工作。

3. 增加环境治理投入

要增加消毒设备的投入，遏制细菌的滋生。如防腐整容间缺少空气消毒设施。消毒制度应健全，各污染室应建立有章可循的制度。对室内空气、停放遗体的设备等增加必要的消毒设备，例如，增加整容间的通风设备，及时增加新鲜空气，及时将混浊空气排出，对室内细菌的繁殖起到遏制作用，同时增加消毒设施，定时、定期消毒，并将其制度化。平时加强对这些设备的检查，确保这些设备设施的日常完好，把细菌、病毒交叉感染的概率降到最低。

三、殡仪职工个人卫生防护

民政部一零一研究所于 2006 年承担了"殡葬行业预防与控制传染病技术

研究"国家课题，对国内不同地区数十家不同等级的殡仪馆进行了调查采样，同时又通过对殡仪馆的遗体接运工、遗体防腐师、遗体整容师、遗体火化师进行问卷调查，问卷内容包括殡仪职工文化程度、对传染病知识的了解情况、殡仪服务工作中采取的防护措施、殡仪场所消毒设施配备情况、殡仪职工职业培训情况等，发放问卷400份，收回问卷400份，经过筛选后得到有效问卷364份。问卷调查与采样研究结果显示：我国殡仪职工防护意识淡薄，卫生防护知识欠缺，防护设施简陋，防护现状不容乐观。

（一）调研结果

调查结果表明，殡仪职工通过接受正规职业教育所获得传染病知识的途径非常少。我国殡仪职工的职业卫生防护尚无统一的标准可循。在接触遗体时采用穿工作服、戴口罩，接触遗体后，仅采用肥皂洗手等，并没有采取更为有效的消毒措施。由于所有的遗体均有可能传染疾病，殡仪职工时刻面临着被带有传染病的遗体的血液、体液污染的职业危险。因此，有必要加强殡仪职工传染病防控知识的宣传、教育、培训，提高殡仪职工的职业防护意识，健全职业防护制度和规范将是殡葬管理部门和殡葬管理者现阶段必须重视的工作。

1. 殡仪职工文化水平有所提高

据统计，我国从事殡葬工作的7万多名职工中，中大专以上文化程度的所占比例不到10%，初中以下文化程度的人数占职工总数的50%以上。从本次调研的结果看，本科以上占9.87%，主要集中在专科及中专水平，占调查人数的48.49%，无专业学历者占41.64%。虽然殡仪职工的文化水平有很大的提高，但整体文化程度相对于其他行业还是普遍偏低。

2. 防控疾病专业教育途径狭窄

本次问卷调查的结果表明殡仪职工获取传染病预防知识的途径主要是电视、报纸和广播，所占比例分别为59.18%、53.70%和32.60%。网络和其他途径分别占17.81%和16.16%。说明大部分殡仪职工获得传染病知识的途径主要是新闻媒体，而通过接受正规职业培训教育所获得传染病知识的途径非常少。

3. 掌握防控疾病专业知识有限

关于殡仪职工对传染病的认识。调查结果表明，认为鼠疫、霍乱是传染病的占95.07%，认为肝炎、痢疾是传染病的占90.14%，认为艾滋病、肺结核是传染病的占88.49%，认为高血压和肺炎是传染病的占75.51%，认为狂犬病、流感是传染病的占9.04%。结果表明，殡仪职工对主要几种传染病有所了解，但对狂犬病和流感却了解甚少。

4. 职工个人卫生防护意识不强

调查结果表明殡仪职工在接触遗体后，有 62.19% 和 23.29% 的职工分别采用肥皂和洗手液的方式洗手，采用酒精消毒、碘伏消毒和其他消毒措施的分别占 12.88%、2.74% 和 12.88%。该结果表明大部分殡仪职工在接触遗体后仅采用简单的肥皂和洗手液的方式洗手，并没有采取更为有效的消毒措施。甚至有部分职工完全没有个人卫生防护意识与设施，赤手接触遗体的大有人在。

5. 殡仪馆消毒设施配备不完善

通过问卷对殡仪场所消毒设施配备情况和是否采取了必要的预防与控制传染病的措施情况进行调查，结果表明 78.36% 殡仪职工认为殡仪场所配备了消毒措施，认为没有采取措施的占 11.78%，对此不清楚的占 8.49%。认为殡仪馆应该采取有效措施的占 77.88%，没有必要采取措施的占 11.23%，不清楚的占 14.79%。大部分殡仪职工认为殡仪馆有必要采取有效措施，并配备消毒设施。但对消毒设施的有效使用情况还不得知，因此有必要作更深入的调查研究。

（二）存在问题

1. 遗体处理潜伏隐患

一是接运遗体。在殡仪服务过程中，接运遗体一般由司机和遗体接运工完成。遗体接运过程中，接运工是第一个接触遗体的人，多数接运工不穿防护服、不戴手套，只按照业务单内容如接尸地点、时间、死者姓名、联系人等接尸，不注意了解死者的死因，尤其是有些因传染病死亡的遗体并没有与普通遗体分开处置，甚至有的一辆接运车同时接运几具遗体。而且多数殡仪车、担架车等接运工具缺少消毒设施。部分殡仪车在驾驶舱和遗体舱之间没有隔断，有的殡仪车遗体舱的左右两侧设有座位，供丧户乘坐。有的殡仪馆没有设置遗体停留间，在家属办理手续或者排队等候火化期间，遗体只能停放在殡仪馆人员流动较多的场地里，造成遗体携带的病原微生物在环境中的扩散。

二是冷藏遗体。多数殡仪馆在遗体冷藏时候分类不明确，因传染病死亡的遗体与一般遗体在冷藏时没有分开。多数殡仪馆没有设留专门存放因传染病死亡遗体的冷藏设备，为殡仪职工处理遗体时埋下隐患。

三是防腐整容。部分殡仪馆在功能区的布局上不符合殡仪馆建筑设计规范，停尸间和防腐间没有设置隔离带，容易造成病原微生物的传播和扩散。

在防腐、整容操作过程中，殡仪职工没有严格按照卫生防护操作规范进行操作，不戴口罩、手套；操作过程中重复使用已污染的整容工具；防腐、整容工具随意乱放，从不进行消毒处理，造成了交叉污染。

四是遗体火化。火化工一般赤手或戴棉线手套、帆布手套进行工作。多数火化工在火化机前将遗体入炉后，就直接进行火化操作。接触完遗体的手又去按操作按钮，操作按钮上的细菌总数自然就会增多，造成病菌的间接传播。

2. 殡葬环境空气污染

在殡仪馆内，直接被遗体污染的区域有殡仪车、冷藏间、停尸间、防腐间、整容间、火化间，间接被遗体污染的区域有运输遗体通道、告别厅等。遗体是殡仪馆内病原微生物的主要来源，遗体的分泌物、排泄物、感染性伤口、被污染的衣物等表面携带有大量病原微生物。殡仪职工在为遗体防腐、整容等过程中，这些病原微生物就附着在液体微滴或尘埃颗粒上，当含有病原微生物的飞沫干燥后，就可能飘浮到空气中，通过空气而传播。如果被丧户或殡仪职工吸入呼吸道中，就可能引起疾病。如炭疽芽孢杆菌、结核杆菌等对外部环境有较强抵抗力的病原体就可以通过这种方式传播。殡仪场所的空气污染是呼吸道传染病传播的重要原因之一。许多疾病都可以通过空气传播，室内空气质量好坏直接关系到人们的健康和环境卫生。

3. 服务工具表面污染

殡仪职工频繁接触的主要污染物体为防腐工具、整容工具、水龙头、门把手、担架车把手、火化机按钮、冷藏箱把手、防腐整容台面等。遗体上大量繁殖的病原微生物通过血液、体液直接或间接污染殡仪场所内的各种物体，一些生存力较强的微生物，如结核杆菌、白喉杆菌、炭疽杆菌、乙型肝炎病毒能在物体上存活较长时间，而引起这些疾病的传播。据在"殡葬行业预防与控制传染性疾病技术研究"中对殡仪馆的 403 件污染物体表面进行检测，结果表明殡仪场所污染最严重的是整容工具，其次是防腐台表面、担架车把手、整容台表面、水龙头等。在检出的致病菌中，大肠杆菌和霉菌的阳性率是 100%，HBsAg 阳性率也相当高。这些主要污染物体表面病原微生物阳性率均大大超过现有公共场所的卫生标准。由于没有健全的消毒措施和消毒制度，殡仪职工接触遗体后没有采取有效的消毒措施，用被污染的手直接接触各种物体，结果导致病原微生物通过物体表面传播。

4. 殡仪职工卫生防护

遗体接运工、防腐工、整容工、火化工每天都必须直接接触遗体，面临着被带有传染病菌遗体的血液、体液感染的危险。殡葬职工文化水平普遍较低，缺乏预防和控制传染病的理论知识和有效的防护技术，没有防护意识，对传染性遗体的危害认识不足。如工作场所缺乏足够的机械通风装置导致通风不畅，操作台、地面等，每天只做简易的清洁而不用有效的消毒液擦拭及消毒。有的职工在接触传染性遗体时根本不注意自身的卫生防护，不戴口罩、手套、不穿防护衣，甚至赤手接触遗体。在接触非正常性死亡的遗体时，殡仪职工随时可能被遗体的血液、体液污染，受到遗体散发的传染性病原微生物的侵害而导致疾病发生。

殡仪职工的手是造成病原微生物传播的一个重要的传播媒介。殡仪职工特别是防腐整容工作人员的手容易被带有大量病原微生物的遗体的分泌物、排泄物、血液等污染，如果处理不当，就会造成殡仪职工的感染。据调查的201 名殡仪职工手表面的微生物携带状况，结果发现殡仪职工接触遗体后手表面污染严重。部分殡仪职工用自来水、肥皂、洗手液洗手后习惯用毛巾擦手，擦手后手表面的细菌总数较洗手前有所增加，有的职工手表面细菌总数甚至达到232cfu/cm^2，是传染病科医务人员手的细菌学检测标准（15cfu/cm^2）的15 倍。分析其原因，一是殡仪职工采取的简单的洗手方式不能有效降低手上污染的细菌，二是殡仪职工普遍存在不良卫生习惯。如洗完手后习惯用公共毛巾擦手或在工作服上擦干双手。因此，殡仪职工洗手后应使用纸巾、自然晾干或烘干机烘干等干燥方式，从而有效控制手上细菌的数量，保障殡仪职工的身体健康。

5. 设施配备消毒情况

在 2003 年经历过"非典"之后，虽然部分殡仪馆配备了消毒设施，如紫外线消毒灯和化学消毒剂等，但由于受规模、效益等因素的限制，这些消毒设施并没有被充分地利用。许多县级殡仪馆消毒设施仍较缺乏。有些殡仪馆配备了化学消毒剂及设备，但并没有按照消毒剂的有效使用方法来使用。部分化学消毒剂的有效浓度已降低，有些消毒剂受微生物的污染情况较严重，殡仪馆仍然按正常情况来使用，其消毒效果将会大大降低。

紫外线属广谱杀菌射线，能杀灭各种微生物，凡受微生物污染的物体表面、空气均可应用紫外线灯管消毒。紫外线灯管用于物体表面和空气消毒时，对没有直接照射到的部位没有消毒作用。紫外线消毒空气时，每10 平方米安装 30W 紫外线灯管 1 支，有效距离不超过 2 米，照射时间不少于30 分钟，从灯亮后 5 ~ 7 分钟后计时。消毒物品时，将物品摊开或挂起，扩大照射面，有效照射距离为 1 米，照射时间不少于 30 分钟。使用紫外线灯管消毒时应注意保持紫外线灯管的清洁，一般每 2 周用酒精棉球擦拭一次。此外，使用紫外线消毒灯时，应建立使用时间记录卡，凡使用时间超过

1000 小时，则应更换。

（三）基本对策

由于遗体上的微生物有可能感染健康的人，对于已知或疑似有传染性疾病遗体，殡仪馆接运人员应采取适当的防护措施。为了减低已知及未觉察传染病的传播机会，殡仪职工在处理遗体时应尽量减少与遗体的血液、体液、排泄物及组织的接触。

1. 正确认识遗体危害，有效防止卫生感染

我国是世界人口大国，每年死亡人口 900 万。殡仪职工的直接服务对象是遗体，而遗体体表有大量微生物存在，尤其是遗体口腔、鼻腔微生物的数量最多。人死亡后，遗体成为微生物的栖息地。即使死于非传染病的遗体中也存有大量病原微生物。据有关研究表明，人死亡后约 4 小时细菌开始增殖，死亡 6~8h 后尸体的每克组织样或每毫升组织液样含有的细菌总数为 300 万~350 万个，而达到峰值。欧洲的一份调查显示，在室温下保存的遗体，其血液组织中链球菌和葡萄球菌增殖了 10~100 倍；巴斯德菌族和绿脓杆菌等败血菌不但数量增加，而且毒性也增加。室温下，链球菌在人体死亡后 5~7小时，葡萄球菌在人体死亡后 10~20 小时达到最大量。这些资料显示，正常遗体中存有大量的病原微生物，尤其是口、鼻、肛门、皮肤等处聚集较多。由于遗体体液和体表所携带的病原菌有可能向外环境中释放，这不仅会对殡仪职工的身体健康带来危害，而且对送葬亲朋好友的身体健康也带来了潜在的威胁。

由于殡仪职工对遗体携带的病原微生物及殡仪场所内污染的病原微生物危害认识不足，殡仪职工在为遗体进行清洁、更衣、防腐、整容等服务过程中，不可避免地要直接接触遗体。如果在防腐、整容等操作中个人卫生防护措施不当或不慎被防腐、整容器具损伤，遇到有传染病的遗体时极有被感染疾病的危险。因此，殡仪职工在处置遗体过程中，应制定出有效的卫生防护措施以保障殡仪职工的身体健康，工作人员在处理每具遗体时必须采取全面性防护措施（universal precautions）。

2. 加强卫生知识教育，提高职业防护水平

许多殡仪馆在预防与控制疾病传播方面疏于防范，殡仪职工对传染性遗体的危害认识不足，缺少防护意识，缺乏预防和控制传染病的理论知识和有效的防护技术；殡葬行业在预防与控制传染性疾病方面存在漏洞和不足。

民政部一零一研究所在"殡葬行业预防与控制传染病技术研究"国家课题研究中，发现殡仪场所内整容间、告别厅等区域的室内空气以及防腐整容

工具、水龙头、担架车把手等物体表面细菌污染严重。殡仪职工对传染病的认识不足，预防控制传染病的意识淡薄，普遍存在不良卫生习惯，例如大部分殡仪职工用自来水、肥皂、洗手液洗手后习惯用毛巾或工作服擦手，结果导致擦手后手表面的细菌总数较洗手前不仅没有减少反有所增加。因此，殡葬管理部门有必要加强殡仪职工传染病防控知识的宣传、教育、培训，提高殡仪职工的职业卫生防护意识。殡葬科研部门有必要开展殡仪职工传染性疾病科学预防、殡仪场所内消毒方法及消毒效果评价等方面研究，开发出适合殡仪场所内适用的新型的消毒技术及产品，为殡仪职工的卫生防护提供技术支持。

3. 加强殡葬环境管理，规范殡葬服务程序

我国仅完成殡仪场所致病菌安全限值的国家标准。由于所有的遗体均有可能传染疾病，所以殡仪职工在处理每具遗体时必须采取严格的个人卫生防护措施。为了降低已知及未知传染病的传播机会，殡仪职工在处理遗体时应尽量减少与遗体的血液、体液及排泄物或组织接触。殡仪职工洗手也要科学卫生，对殡仪场所不同的污染物体采取不同的消毒措施，如用高压蒸汽灭菌法、化学消毒剂浸泡或熏蒸等方式对小型整容工具进行消毒、灭菌，用戊二醛、过氧乙酸等有效的化学消毒剂对担架车把手、水龙头、防腐台表面、整容台表面等进行擦拭、喷雾等方式消毒，以减少物体表面病原微生物的数量。对停放过遗体的空间一定要进行消毒处理，无传染病遗体存在时可采用通风换气方法，每天打开门窗通风换气 1~2 小时，或安装排气扇，每天开 2 次，每次 1 小时。殡仪职工接触遗体一定要戴口罩，有呼吸道传染性疾病的人最好不要参加丧葬活动。

相关部门应研究并制定殡葬行业遗体接运、消毒、冷藏、整容、防腐、火化等规范，制定殡仪职工处理遗体的卫生防护标准，制定相应的操作规范与防护标准，确保殡仪职工和广大殡葬消费者的身体健康。

四、殡葬职业健康安全管理

职业健康是研究并预防因工作导致的疾病，防止原有疾病的恶化。主要表现为工作中因环境及接触有害因素健康的心态引起人体生理机能的变化。1950 年国际劳工组织和世界卫生组织的联合职业委员会给出的定义是：职业健康应以促进并维持各行业职工的生理、心理及社交处在最好状态为目的；并防止职工的健康受工作环境影响；保护职工不受健康危害因素伤害；并将职工安排在适合他们的生理和心理的工作环境中。

（一）职业健康安全因素

影响职业健康的因素可分为化学因素、物理因素和环境因素。不同因素对职业健康的影响见表3-6、表3-7、表3-8。

表3-6　化学因素对职业健康的影响

因素	对职业健康的影响
油漆	长期大量使用劣质油漆，产生有机废气，在此工作环境下，会导致人员大脑细胞受损
杀虫水	对机体神经系统存有毒性，会引起神经麻痹、感觉神经异常
实验室化学品	实验室使用的多种化学试剂、实验材料、实验用品中有大部分对人体是有害的，严重威胁长期工作在这种有害物质种类多的实验环境中人员的身体健康和生命安全
煤气	与血红蛋白结合而造成组织缺氧，导致急性中毒，对人体伤害极大
天然气	有麻醉作用，导致神经功能紊乱，表现为急性中毒与慢性危害
二氧化碳灭火剂	在低浓度时，对呼吸中枢呈兴奋作用，浓度时则产生抑制甚至麻痹作用
乙醇	在生产中长期接触高浓度乙醇可引起鼻、眼、黏膜刺激症状，以及头痛、头晕、疲乏、易激动、震颤、恶心等
六氟化硫	SF_6在放电作用下能分解出多种有毒物质，引起乏力、记忆力差、咽痛、胸闷
氮气	空气中氮气含量过高，使吸入氧气分压下降，引起缺氧窒息
氧气	常压下，当氧的浓度超过40%时，有可能发生氧中毒，严重时可致失明
乙炔	具有弱麻醉作用，高浓度吸入可引起单纯窒息

表 3 - 7　物理因素对职业健康的影响

因素	对职业健康的影响
噪声	长期处于噪声环境会产生头昏、耳鸣等症状，还可能造成永久性失聪
照明度	照明度高或低，均会对视力造成不良影响，造成视觉疲劳、视力下降
温度	高温作业对循环系统、消化系统、泌尿系统、神经系统等均会产生影响
振动	长期从事手传振动作业，可致手麻、手胀、手痛、手胀多汗、手臂物理和关节疼痛等，甚至导致手臂振动病（职业病）
空气质量	在室内空气质量差的环境里，人员会引起皮肤过敏、喉咙痛、呼吸道发干、头晕、易疲劳等症状
	室外空气污染可使易感人群症状轻度加剧，使心脏病和肺病患者症状显著加剧、运动耐受力降低，并出现严重症状

表 3 - 8　环境因素对职业健康的影响

因素	对职业健康的影响
光污染	电焊器、医疗消毒等人工紫外光源，可导致电光性皮炎或电光性眼炎
工业废料	废弃电缆电线、电气设备含重金属，污染土壤环境
	空调制冷剂氯氟烃和保温层中的发泡剂氢氯氟烃破坏大气臭氧层
	废打印机、复印机硒鼓含多种重金属和有机污染物，难降解，威胁生态环境
	废电池中的汞溢出进入土壤或水源，通过农作物进入人体，损伤人的肾脏
	绝缘油、车辆里的废机油为危险废物，难以自然分解，渗入土壤后短期内无法修复，渗入地下水后污染饮用水源
	急性吸入润滑油可出现头晕、恶心，引起油脂性肺炎，或接触性皮炎
	电脑、照相机、摄像机、液晶显示器等含有汞、铅、镉和铬化物。汞主要损坏肾脏和破坏脑部；六价铬能穿过细胞膜被吸收产生毒性，引起支气管哮喘，损坏 DNA
生活垃圾	衍生的大量病菌，处理不当的话很容易引起各种疾病的传播和蔓延
自然资源消耗	电力系统建立与操作应避免消耗过多自然资源，如土地资源、水资源等
排放物	生活废水、汽车尾气、厨房油烟、人体排放物、设备热量等产生危害因素并污染环境、威胁人体健康

（二）职业健康安全管理

职业健康安全管理体系（Occupation Health Safety Management System，OHSMS）是 20 世纪 80 年代后期在国际上兴起的现代安全生产管理模式，其产生的主要原因是企业自身发展的要求。OHSAS 18000（Occupational Health and Safety Assessment Series18000）是欧洲十几个著名认证机构及欧、亚、太一些国家共同参与制定的职业安全卫生管理系标准，是一个国际性职业安全及卫生管理体系评审的系列标准。OHSAS 18000 职业健康安全管理体系表达了一种对企业的职业安全卫生进行控制的思想，给出了按照这种思想进行管理的一整套方法。这种科学的、有效的体系是一种对企业的职业安全卫生工作进行控制的战略及方法。

1. 职业健康安全管理体系的优点

（1）强化安全卫生管理

OHSAS 标准使安全生产管理由被动地接受强制性管理转变为自愿参与。该标准在品质、环保及安全卫生（三合一）管理体系的全面整合，可降低成本，提升管理效率。OHSAS 标准响应政府重视安全卫生的政策，要求企业有相应的制度和程序来跟踪国家法律、法规的变化，以保证其持续遵守各项法律、法规的要求，使企业由被动接受政府的监察转变为主动接受。

（2）树立良好社会形象

建立和实现职业安全卫生管理体系，从侧面反映了企业的社会责任感，如此极大地提高了企业的信誉和市场竞争能力，在市场投标中增加获得相关方认可的机会。

（3）提高员工安全意识

OHSAS 18000 职业安全卫生体系要求针对企业各个相关职能和层次进行与之相适应的培训，尊重员工生命，提高全员安全生产意识，预防安全卫生事故的发生，有效地控制事故隐患，避免员工和企业利益受到损害，进而降低经营成本，降低责任风险。

2. 职业健康安全管理体系的内容

由于有关法律更趋严格，促进良好职业健康安全实践的经济政策和其他措施更多地出台，相关方越来越关注职业健康安全问题，各类组织越来越重视依照其职业健康安全方针和目标来控制职业健康安全风险，以实现并证实其良好职业健康安全绩效。《职业健康安全管理体系》系列国家标准（GB/T 28000）的制定是为了满足职业健康安全管理体系评价和认证的需求。为满足组织整合质量、环境和职业健康安全管理体系的需求，GB/T 28000 系列标准考虑了与《质量管理体系要求》（GB/T 19001—2008）和《环境管理体系要求及使用指南》（GB/T 24001—2004）标准间的兼容性。此外，GB/T 28000系列标准还考虑了与国际劳工组织（ILO）的《职业健康安全管理体系指南》（ILO OSH：2001）标准间的兼容性。标准等同采用《职业健康安全管理体系要求》（BS OHSAS 18001：2007）。GB/T 28000《职业健康安全管理体系》系列国家标准体系结构包括职业健康安全管理体系要求（GB/T 28001）和《职业健康安全管理体系 GB/T 28001—2011 的实施指南》（GB/T 28002）。

国家质量监督检验检疫总局和中国国家标准化委员会 2011 年 12 月 30 日公布《职业健康安全管理体系》（GB/T 28001—2011/OHSAS18001：2007 代替 GB/T 28001—2001）和《职业健康安全管理体系指南》（GB/T 28002/OH-SAS 18002：2008/Guidelines for the implementation of OHSAS 18001：2007，IDT）于 2012 年 2 月 1 日实施。

GB/T 28001 规定了对职业健康安全管理体系的要求，旨在使组织在制定和实施其方针和目标时能够考虑到法律法规要求和职业健康安全风险信息，能够控制其职业健康安全风险，并改进其职业健康安全绩效。该标准适用于任何类型和规模的组织，并与不同的地理、文化和社会条件相适应。体系的成功依赖于组织各层次和职能的承诺，特别是最高管理者的承诺。这种体系使组织能够制定其职业健康安全方针，建立实现方针承诺的目标和过程，为改进体系绩效并证实其符合 GB/T 28001 要求而采取必要的措施。GB/T 28001 的总目的在于支持和促进与社会经济需求相协调的良好职业健康安全实践。GB/T 28001 规定了组织的职业健康安全管理体系要求，并可用于组织职业健康安全管理体系的认证、注册和（或）自我声明；非认证性指南标准旨在为组织建立、实施或改进职业健康安全管理体系提供一般性帮助。职业健康安全管理涉及多方面内容，其中有些还具有战略与竞争意义。通过证实 GB/T 28001 已得到成功实施，组织可使相关方确信其已建立了适宜的职业健康安全管理体系。

《职业健康安全管理体系指南》（GB/T 28002）为 GB/T 28001—2011 的应用提供了基本建议，对照 GB/T 28001—2011 中的各项要求，解释了 GB/T 28001—2011 的基本原理，描述了各项要求的意图、典型输入、过程和典型输出，旨在帮助理解 GB/T 28001—2011，以便更好地实施。

3. 职业健康安全管理体系的建立

（1）领导决策

殡葬服务机构建立职业安全管理体系需要领导者的决策，特别是最高管理者的决策。只有在最高管理者认识到建立职业安全卫生管理体系必要性的基础上，殡葬服务机构才有可能在其决策下开展这方面的工作。

（2）成立组织

当殡葬服务机构的最高管理者决定建立职业安全管理体系后，首先要从组织上给予落实和保证，通常需要成立一个工作组。工作组的主要任务是负责建立职业安全卫生管理体系。工作组的成员来自殡葬服务机构内部各个部门，工作组的成员将成为殡葬服务机构今后职业安全管理体系运行的骨干力量，工作组组长最好是将来的管理者代表，或者是管理者代表之一。

（3）人员培训

工作组在开展工作之前，应接受职业安全卫生管理体系标准化及相关知识的培训。同时，组织体系运行需要的内审员，也要进行相应的培训。

（4）初始评审

初始评审是建立职业管理体系的基础。殡葬服务机构应为此建立一个评审组，评审组可由殡葬服务机构的员工组成，也可外请咨询人员，或是两者兼而有之。评审组应对殡葬服务机构过去和现在的职业安全卫生信息、状态进行收集、调查与分析，识别和获取现有的适用于殡葬服务机构的职业安全法律、法规和其他要求，进行危险源辨识和风险评价。这些结果将作为建立和评审企业的职业安全卫生方针，制订职业安全卫生目标和职业安全卫生管理方案，确定体系的优先项，编制体系文件和建立体系的基础。

（5）体系策划

体系策划阶段主要是依据初始状态评审的结论，制定职业安全卫生方针，制订企业的职业安全卫生目标、指标和相应的职业安全卫生管理方案，确定组织机构和职责，筹划各种运行程序等。

（6）文件编制

职业安全卫生管理体系具有文件化管理的特征。编制体系文件是殡葬服务机构实施职业安全卫生管理体系标准，建立与保持职业安全卫生管理体系并保证其有效运行的重要基础工作，也是殡葬服务机构达到预定的职业安全卫生目标，评价与改进体系，实现持续改进和风险控制必不可少的依据和见证。

第四章　殡葬环境管理实务

随着世界人口的极度膨胀，人类改造自然能力的空前提高，地球资源的急速消耗和环境污染的日趋严重，环境问题不断对环境管理提出新的挑战，有关人类生存环境问题的研究越来越受到人们的广泛关注，环境管理已逐渐形成了自己的学科体系，即环境管理学。环境管理学是研究如何通过有效手段对损害或破坏环境的单位或个人活动施加影响的一门科学。

第一节　殡葬环境管理基本理论

环境问题不是单靠技术所能解决的，还必须借助对社会经济活动的管理手段。实行科学有效的环境管理，能够在很大程度上缓解环境问题的产生，也能使相应的技术措施更有效。环境管理学是研究环境管理最一般规律的科学，它研究寻求的是正确处理自然生态规律与社会经济规律对立统一的关系的理论和方法，以便为环境管理提供理论和方法上的指导。环境管理运用多种手段更新人类社会的生存发展观念，调整人类社会的行为，涉及人类生产生活的各个领域，是对传统学科的综合与创新，是一项复杂的系统工程。

一、环境管理制度

环境管理（environmental management）是在环境保护实践中产生，又在环境保护实践中发展起来的。环境管理是环境保护工作的一个重要组成部分，是政府环境保护行政主管部门的一项最重要的职能。环境管理作为环境科学与现代管理科学交叉的一门新兴科学，是通过对人们自身思想观念和行为进行调整，以求达到人类社会发展与自然环境的承载能力相协调。环境管理手段是环境保护的基础，在此基础上，遵循环境保护的基本原则，改革完善并创新环境管理制度，都是为实现可持续发展的战略目标服务。

（一）环境管理的基本理论

1. 环境管理的概念

联合国环境规划署（UNEP）对环境管理定义为：对损害环境质量的人为活动施加影响，以协调发展与环境的关系，达到既要发展经济满足人类的基本需要，又不超过环境的容许极限。狭义的环境管理主要指控制污染行为的各种措施，是依据国家有关环境法律、法规开展的环境监督行为，是环境保护行政主管部门的主要职能，其核心是监督和服务。广义的环境管理是指按照经济建设和生态规律，运用行政、经济、法律、技术、自律等手段，通过全面系统的规划，正确协调社会发展同环境保护的关系，处理国民经济各部门、各社会团体和个人涉及环境方面的相互关系，对人们的社会活动进行调整与控制，限制人们损害环境质量的活动，鼓励人们改善环境质量，创造更好的人类生存和发展的环境条件，其核心是协调和综合决策。

全面理解环境管理的概念，应该把握以下几个基本问题：环境管理的执行主体是国家和政府。国家和政府在不同的历史时期确定环境保护方针大计，颁布环境保护相关的法律法规，制订环境管理条例和国家行动计划，以此来推动全国环境保护工作有序地进行。环境管理的对象包括个人、企业和政府三个层次。环境问题主要是由于人类的社会经济活动所造成，个人和企业作用于环境的一切经济、社会行为都要得到合理的约束。环境管理的手段多样化，包括法律手段、行政手段、经济手段、技术手段和自律教育手段等。环境管理的核心是实施经济社会与环境的协调发展；环境管理需要用各种手段限制人类损害环境质量的行为；要适应科学技术、社会经济的发展，及时调整管理对策和方法，使人类的经济活动不超过环境的承载力。通过环境管理实施环境管理是实现可持续发展的关键或重要保证，达到既要发展经济满足人类的基本需求，又要不超过环境的容许极限的双重目的。

2. 环境管理的原则

（1）坚持生态安全的原则

生态安全原则是指环境管理必须有助于国家生态安全目标的实现，运用法律手段切实有效地保证国土资源安全、大气安全、水安全、生物物种安全、食品安全。

（2）坚持风险预防的原则

风险预防原则是指在环境保护工作中，要采取各种预防措施以防止环境损害的产生。

（3）坚持科学发展的原则

坚持环境与发展的有机结合，在制定经济和其他发展规划时切实考虑保护环境的重要性，促进二者的紧密结合。环境资源是人类生存发展必不可少的物质基础，因此，人类在开发利用环境资源以满足经济发展需要时，必须保证和维护自然界的生态平衡，以可持续的方式利用环境资源。

（4）坚持公众参与的原则

公众参与原则是指在环境保护中，任何公民都享有保护环境的权利，同时也负有保护环境的义务，全民族都应积极参与环境保护事业。因为环境质量的好坏直接关系到每个人的生活质量，关系到一个民族的生存和发展。这种权利和义务是公民基本权利和义务的一部分，人人都要为保护环境作出应有的贡献。

3. 环境管理的内容

环境管理是依据国家的环境政策、环境法律法规和环境标准，坚持宏观综合决策与微观执法监督相结合，运用各种有效管理手段，调控人类的各种行为，协调经济、社会发展和环境保护之间的关系，限制人类损害环境质量的活动，维护区域正常的环境秩序和环境安全，实现区域社会可持续发展，促进人与自然的和谐的行为的总体。环境管理的目的是通过创建新的生产方式、新的消费方式、新的社会行为规则和新的发展方式，解决环境污染和生态破坏所造成的各类环境问题，保证区域的环境安全，实现区域社会的可持续发展，环境管理的基本任务是转变人类社会的一系列基本观念和调整人类社会的行为，促使人类自身行为与自然环境达到一种和谐的境界。

环境管理涉及社会领域、经济领域和资源领域等许多学科。环境管理的实质是追求人类与自然的和谐、协同发展，使人类在物质生活水平不断提高的同时，拥有优越的环境质量。环境管理的实质是影响人的行为，只有解决人的问题，从自然、经济、社会三种基本行为入手开展环境管理，环境问题才能得到有效解决。环境管理的主要内容包括环境计划管理、环境质量管理、环境技术管理、环境设备管理、环境标准管理、环境立法管理等。

（1）根据管理的范围划分

一是区域环境管理。指某一地区的环境管理，包括协调区域社会经济目标与环境目标，进行环境影响评价，如城市环境管理、海域环境管理、河口地区环境管理、水系环境管理等。二是部门环境管理。指各类专项部门和行业的环境管理包括工业环境管理、农业环境管理、交通运输环境管理、能源环境管理、商业和医疗等部门的环境管理。三是资源环境管理。指主要资源的保护和资源的最佳利用，包括自然资源的保护，不可更新资源的利用，可更新资源的恢复与扩大再生产等。如土地利用规划、水资源管理、矿产资源管理、生物资源管理等。

（2）根据管理的性质划分

一是环境质量管理。组织制定各种标准（环境质量、污染排放、评价标准、监测方法等），预测环境质量变化趋势，制定防治对策。包括环境标准的制定，环境质量及污染源的监控，环境质量变化过程、现状和发展趋势的分析评价，以及编写环境质量报告书等。二是环境技术管理。协调科学技术与环境保护的关系和发展，包括制定恰当的技术标准、技术规范和技术政策，限制在生产过程中采用损害环境质量的生产工艺，限制某些产品的使用，限制资源不合理地开发使用。通过这些措施，使生产单位采用对环境危害最小的技术，促进清洁生产的推广。三是环境规划管理。制定各部门、行业、区域的环境保护规划，成为社会经济发展规划的有机部分，包括国家的环境规划、区域或水系的环境规划、能源基地的环境规划、城市环境规划等。四是环境投资管理。以改善和治理环境为目标，以环保投资的计划组织、筹集使用、绩效评价为主要内容的环境管理，主要是对社会各有关投资主体投资用于污染防治、保护和改善生态环境的资金，以及将这些资金用以转化为环境保护的实物资产或取得环境效益的行为和过程进行管理。

4. 环境管理的职能

环境管理的目标是调控人类社会与环境保护的关系，组织并管理人类社会的生产和生产活动，限制人类损害环境质量、破坏自然资源的行为，保证环境的良性循环和可持续发展。环境管理工作的领域非常广阔，包括资源环境的管理、区域环境管理和部门环境管理，涉及各行各业和各个部门。所以，环境管理目的是在"人－环境"系统中，通过预测和决策、组织和指挥、规划和协调、监督和控制、教育和鼓励，保证在推进经济建设的同时，控制污染，促进生态良性循环，不断改善环境质量。环境管理的基本职能通常指的是各级人民政府的环境保护行政主管部门的基本职能，概括起来主要有以下几个方面。

（1）规划职能

规划是环境管理的首要职能，是指对未来的环境管理目标、对策和措施进行设计和安排，也就是在开展环境管理工作或行动之前，预先拟订出具体内容和步骤，确立短期和长期的管理目标，以及选定实现管理目标的对策和措施。具体包括环保战略的制定、环境预测、环境保护综合规划和专项规划等。环境规划管理是环境规划的延续，是根据实际情况对环境规划进行一定程度的调整和具体化。要健全环境规划的评定制度，建立独立的评审机构，对环境规划进行全面客观的评审，使得环境保护规划的公定力、确定力、拘束力和执行力得到制度的保障。环境规划的主导者是政府，是一种行政控制手段，要使其经济导向作用得到实现，就需要做好环境保护规划与区域发展规划、产业结构规划、城市发展规划等的衔接和渗透，以法律的形式将环境规划切实地纳入国民经济和社会发展计划中去。环境规划是指人类为使环境与社会经济协调发展而对自身活动和环境所作的时间和空间的合理安排，当前我国环境规划基本任务是进一步落实环境保护基本国策，坚持污染防治和保护生态环境并重，实施总量控制计划和绿色工程规划，建立和完善综合决策、监管和共管、环境投入和公众参与等制度。

【扩展阅读】

《重庆市长寿区殡葬设施布点规划》环境影响评价公示①

《重庆市长寿区殡葬设施布点规划环境影响报告书》基本编制完成，根据《环境影响评价公众参与暂行办法》（环发 2006〔28〕号）的规定，在送环保部门审查前需对该控规的环境保护信息进行公示，以便了解公众对本规划的环境保护相关意见和建议，现将有关信息公布如下：

1. 项目基本情况

（略）

2. 规划可能造成的环境影响及防治对策

本规划实施产生的废水主要是生活废水和生产废水。殡葬设施配套设置污水处理设施，生活废水和生产废水经污水处理设施处理后有以下几种出路：（1）处理达到《污水排入城市下水道水质标准》（CJ 3082—1999）标准后排入市政管网，最终进入城市污水处理厂处理，达到《城镇污水处理厂污染物排放标准》（GB 18918—2002）一级标准后排入受纳水体。（2）达到《污水综合排放标准》（GB 8978—1996）中一级标准就近排入相关受纳水体；或经污水处理设施处理达到《农田灌溉水质标准》（GB 5084—2005）用于农田灌溉。因此，本规划的实施对地表水体的影响不大。

本规划实施产生主要的大气污染主要有火化机排放的含烟尘、NO_2、SO_2烟气，遗物、花圈等焚烧，燃放烟花鞭炮和纸钱时产生 SO_2、NO_2、烟尘等。因此，有必要采取相应的措施对其大气污染进行治理。规划通过采用先进的火化机和遗物焚烧炉以及相应治理措施确保火葬场所排放的大气污染物达到《火葬场大气污染物排放标准》。燃放烟花鞭炮和纸钱时产生

---

① http：//www. csgh. cq. cn/show. aspx？id＝342&cid＝21.

252

SO_2、NO_2、烟尘等是一种间断性、分散的面源污染，它会随着祭奠的结束而停止，其对大气环境不会造成较大的影响。综上所述，本规划的实施对大气环境的影响不大。

本规划实施产生的主要固体废弃物有生活垃圾；遗体附属物、花圈；祭祀固体废物；污水处理设施站污泥；焚烧炉灰；其中生活垃圾定期由环卫部门统一收集运至城市垃圾处理场填埋处置。遗体附属物、花圈和祭祀固体废物中可回收利用部分先对其分类回收，不可回收部分最后用专用遗物焚烧炉进行焚烧处理。污水处理设施站污泥（脱水）和焚烧炉灰经过消毒处理后，由环卫部门统一收集运至城市垃圾处理场填埋处置。因此，规划实施产生的固体废弃物对环境产生的影响非常小。

规划实施后产生的噪声包括火化机、焚烧炉设备、污水处理设施的风机噪声，冷冻室压缩机噪声，悼念大厅哀乐噪声，以及鞭炮燃放噪声等。通过采用先进的低噪声设备、在设备基座设置减振降噪措施，减少噪声的生产量。在悼念大厅内墙采用新型隔音降噪材料，安装隔音玻璃、门窗，减少噪声的传播。在馆内统一设置鞭炮燃放点，在燃放点设置降噪墙，减少噪声的传播等措施来降低噪声对周围环境的影响。殡仪馆卫生防护距离内没有居民区，而公墓通常位于居住人口较少的偏僻地方。本规划实施后产生的噪声对周边环境影响较小，可以接受。

3. 环境影响报告书提出的环境影响评价结论

本规划的实施符合国家产业政策。综合大气环境、地表水环境、声环境、生态环境以及地下水环境影响评价结论及公众参与、选址合理性分析、环境与社会效益分析结论，本规划在全面严格落实本报告书所提各项污染防治措施并正常运行的前提下，通过加强环境管理和环境监控，杜绝事故排放，对大气环境、地表水环境、声环境、生态环境以及地下水环境等影响较小，可以被周围环境所接受，能够实现社会效益和环境效益的统一，因此，从环境保护角度分析，本规划的实施是可行的。

4. 公众查阅环境影响报告书简本的方式和期限

公众可以通过信函、传真和电子邮件等方式向环境影响评价机构（重庆大学）提出查阅本规划的环境影响报告书简本。

5. 征求公众意见的范围和主要事项

主要征求规划区域周边地区的市民（村民）、政府工作人员、环境保护人员等。征求意见内容包括对本规划的态度、对规划实施拟采取环保措施的态度、对规划选址的意见以及对环评结论的意见等。

6. 公众提出意见的具体形式

本工程环评结论征求意见的主要形式通过信函、传真及电子邮件等方式向建设单位、评价机构和环保主管部门提出意见。

（2）协调职能

协调是指在实现管理目标的过程中协调各种横向和纵向关系及联系的职能，也就是为了实现环境管理目标，对人们的环境保护活动进行合理的分工和协作，合理配备和使用各种资源。从宏观上讲，环境管理就是要协调环境保护与经济建设和社会发展的关系，实现国家的可持续发展；从微观上讲，环境管理就是要协调社会各个领域、各个部门、不同层次人们的各种需求和经济利益关系，以适应环境准则。环境管理涉及范围广，综合性强，需要各部门分工协作，各尽其责。不论是环境机构组织的内部管理，还是环境机构组织的外部管理，都需要协调。

（3）监督职能

监督是环境管理活动中的一个最基本、最主要的职能。环境监督是指对环境质量的监测和对一切影响环境质量行为的监察。对环境质量的监测主要由各环境监测机构实施，因此，强调的是对危害环境行为的监察和保护环境行为的督促，主要包括环保法规执行情况、环境规划的落实情况、环境标准执行情况、环境管理制度执行情况。按照监督的功能划分，环境监督包括内部管理监督和外部管理监督。内部管理监督主要指环境管理部门从执法水平和执法规范两方面开展的系统内部的监督，通过内部监督来提高环保执法人员的业务水平。外部监督是环境保护部门开展环境管理的主要监督内容和形式，主要指环境管理部门依据国家的环境法律、法规和标准以及行政执法规范对一切经济行为主体开展的环境监督。通过这种监督落实各种经济行为主体的环境责任和环境保护措施，确保遵守国家环境法律、法规和标准，做好污染预防和治理工作，改善区域环境质量。

（4）指导职能

指导是指环境管理者在实现管理目标过程中对有关部门具有的业务指导职能，分为政策指导、目标指导、计划指导等，包括纵向指导和横向指导两个方面：上级环境管理部门对下级环境管理部门的业务指导；同一级政府领导下的环境管理部门对同级相关部门开展环境保护工作的业务指导。

在以上四个基本职能中，规划是组织开展环境保护的依据，是一个起主导作用的因素。协调在于减少相互脱节和相互矛盾，避免重复，建立一种上下左右的正常关系，以便沟通联系，分工合作，统一步调，朝着环境保护的目标共同努力。监督是环境管理的最重要的职能，要把环境保护的方针、政策、计划等变成实际行动，必须有有效的监督，没有这个职能，就谈不上健全的、强有力的环境管理。指导是环境管理的一项服务性职能，行之有效的指导可以促进监督职能的发挥。从广义上讲，环境管理工作要服务于经济建设的大局，从技术服务、信息咨询、市场服务方面做好工作；从狭义上讲，环境管理中有许多需要为经济部门和企业提供服务的内容，包括污染防治技术咨询服务、环境政策法律咨询服务、清洁生产咨询服务、环境管理标准体系咨询服务等。

5. 环境管理的特征

（1）综合性

环境管理的核心问题是协调发展与环境的关系，使之既能发展经济满足人类的基本需要，又不超出环境允许的极限。一是管理内容的综合性。环境管理涉及人类环境质量，它是自然、社会、政治和技术等错综复杂因素交织在一起的系统，具有高度的综合性。我国提出的"三同步""三统一"的环境保护发展战略，高度概括了环境管理内容的综合特征。二是管理手段的综合性。必须综合利用技术、经济、行政、法律、宣传、自律等手段对人类损害环境质量的活动施加影响，才能解决环境问题。三是学科特点的综合性。环境管理需要运用多学科的知识，并加以渗透综合。在自然科学方面需要物理、化学、地理学、生物学、生态学、医学以及工程技术等；在社会科学方面需要经济学、法学、社会学等。环境管理就是要运用多学科的知识，对保护和改善环境质量进行调控。

（2）地域性

各国各地的自然背景、人类活动方式、经济发展水平差异甚大，环境问题存在明显的地域性，环境的地域性决定了环境管理的地域特征。我国地域辽阔，地质历史复杂，气候条件差异甚大，河流水系、土地类型、植被分布也不相同。除了自然条件的地域差异之外，各地的人口密度、城市密度、经济发展速度、生产力分布、能源和资源多寡等也存在明显差异。因此，环境管理必须因地制宜，根据不同的地域特征，提出不同的制约条件，采取不同的措施。

（3）社会性

环境管理的对象是"人类－环境"系统，以人为中心。每个人既是环境管理的对象，又是环境管理的主体。由于保护环境就是保护人类的生存和发展，所以环境保护是全社会的责任与义务，涉及每一个人的切身利益。在开展环境管理工作的过程中，除了专业力量和专门机构外，还需要全社会公众的广泛参与，培养公众较强的环境意识和参与能力是做好环境保护工作的社会基础，因此，向公众进行环境保护宣传教育，提高环境意识，使人们树立环境道德观念，认识到保护环境和珍惜资源的重要性，动员公众为保护环境、改善环境质量而奋斗，彻底控制和治理环境。

（4）适应性

适应性就是环境管理要充分利用自然环境适应外界变化的能力，包括再生能力、自净能力、生物相互制约能力等，达到保护和改善环境质量的目的。如在森林再生能力容许范围内进行树木砍伐，不但能够为人类提供木材资源，而且可以达到资源的继续利用；利用湖泊、河流和海洋的水环境容量，在容量允许范围内排污，既可发挥水体的自净能力，又减轻人工治理的负担，以取得经济效益和环境效益的统一；农业虫害的生物防治，利用"天敌"制约农业病虫害的蔓延，既促进农业生产发展，又减轻化学杀虫剂对农业生态的破坏作用。

（二）环境管理的主要制度

我国一向重视环境保护工作，很早就将环境保护纳入行政管理轨道，并将环境保护确定为一项基本国策。环境管理制度是国家运用各种管理手段进行环境管理的具体体现。我国在不断的环境管理实践中，根据国情先后总结出了八项环境管理制度。这八项制度可以分为四类：一是环境规划制度，环境规划是解决社会经济发展和环境保护之间矛盾的基础。二是协调发展制度，主要包括环境影响评价及"三同时"制度。三是控制污染制度，主要包括排污收费、排污申报登记及排污许可证制度，污染集中控制以及限期治理制度。四是环境考核制度，主要包括环境目标责任制和城市环境综合整治定量考核两项制度。这四项制度结合起来形成防止产生新污染的有力的制约环节，保证经济建设与环境建设同步实施，达到同步协调发展的目标。

1. 环境规划制度

国内外环境保护的经验教训表明：环境污染和生态破坏归根结底是由于人类过度的以及盲目的社会经济活动所造成的，而环境规划正是为了有计划地合理安排和调整人类的社会经济活动，协调经济发展与环境保护的关系，确保国民经济和社会的持续、稳定的发展同时，防止环境污染和生态破坏。因此，环境规划在人类社会发展以及环境保护中所起的作用愈来愈重要。环境规划是国民经济和社会发展规划的有机组成部分，是环境决策在时间和空间上的具体安排，有明确的环境目标，提出防止环境污染与破坏以及解决环境问题的有效措施，以改善生态环境，促进环境与经济、社会的协调发展。环境规划是一项政策性、科学性和技术性都很强的工作，具有综合性、地域性、协调性、动态性等特点。它是应用各种科学技术信息在预测发展对环境的影响及环境质量变化趋势的基础上，为了达到预期的环境目标，进行综合分析作出的带有指令性的最佳方案。其目的是在发展的同时，保护环境，维护生态平衡。

（1）环境规划的分类

按规划的时间期限可划分为短期、中期和长期规划。通常短期规划以5年为限，中期规划以15年为限，长期规划则以20年、30年或50年为限。按规划的范围和层次可划分为全球环境规划、区域环境规划、国家环境规划、地方环境规划。按规划的对象可划分为综合（整体）环境规划和专项（专题、部门）环境规划。综合环境规划与专项环境规划密不可分，既可在专项环境规划的基础上进行综合环境规划，又可在综合环境规划的指导下开展专项环境规划，两者具有互补性。

（2）环境规划的任务

在制定国民经济和社会发展总体规划的过程中，科学地规划（或调整）人类社会经济发展的速度、规模和结构，恢复人类生态系统的动态平衡，预防环境污染和生态破坏，保护人体健康和自然资源，促进社会经济不断地向前发展。一个完整的环境规划一般包括以下几项内容：规划目标通常是指规划准备达到的远景目标，一般有经济发展和环境保护双重目标，且有相应的时间性和高、中、低不同的要求。规划目的是在服从整体目标的前提下，某一时期可望达到的具体成果。方案设计要针对有待解决的难题提出解决的途径，即解决问题的方案。具体措施是方案设计的具体化，如果对某一规划难题设计了两个解决问题的方案，则需要采用相应的措施加以落实。资源条件指的是为措施的实现所需要的人力、物力、财力等方面的条件。

（3）环境规划的编制

编制环境规划是为了解决一定区域的环境问题，改善生态环境，协调环境与经济、社会发展之间的关系。由于环境规划的对象、目标、任务、内容和范围等的不同，存在着各种类型的环境规划，但都要遵循一定的编制程序和方法。一是区域环境分析。通过对某区域的环境污染和自然生态破坏现状的调查，确定污染源分布和自然生态破坏状况，找出存在的问题，并对这些问题能有定性和定量的描述，分析问题的轻重缓急，抓住主要的环境问题，摸清环境现状的基础是规划编制人员的首要任务。二是环境预测分析。结合整个国民经济和社会的发展情况，对未来的环境污染和自然生态破坏的发展趋势作出科学的、系统的总体分析，为环境规划找出未来可能出现的环境问题，以及这些环境问题在时间、空间上的分布，并根据现有的情况提出最先进的技术手段及合理的对策措施。三是确定环境目标。环境目标是在一定的条件下，规划决策者对环境所要预想达到的状况或标准。环境目标主要根据经济、社会发展对环境要求，规划区的环境特征、性质和功能，环境分析和预测的结果，目前环境整治技术和管理水平等来确定，还要从经济、技术等方面对目标进行可达性分析。环境目标通常分为总目标、单项目标和环境指标三个层次：总目标是指区域环境质量所要达到的要求和状况；单项目标是依据规划区环境要素、环境特征以及不同环境区划的功能所确定的环境目标；环境指标是指体现环境目标的指标体系。四是制订规划方案。主要包括拟订环境规划草案、优选环境规划草案和形成环境规划方案。根据环境目标和环境预测分析，结合区域或部门的财力、物力和管理能力，可从各种角度拟订满足环境规划目标的若干种规划草案，以备择优。环境规划的优选主要是规划工作人员，通过优化技术，对各种方案权衡利弊，选择出环境、经济和社会综合效益较高的最佳规划方案。环境规划方案主要是对选出的规划方案进行修正、补充和调整，形成最后的环境规划方案。

2. 协调发展制度

（1）环境影响评价制度

环境影响评价制度是指把环境影响评价工作以法律、法规或行政规章的形式确定下来而必须遵守的制度，是一项体现"预防为主"管理思想的重要制度。环境影响评价是对可能影响环境的重大工程建设项目、重点规划或其他活动，事先进行环境调查、环境预测和评价，为防止和减少环境污染或破坏制订最佳方案。环境影响评价工作大体分为三个阶段：第一阶段为准备阶段，主要工作为研究有关文件，进行初步的工程分析和环境现状调查，筛选重点评价项目，确定各单项环境影响评价的工作等级，编制评价大纲；第二阶段为正式工作阶段，其主要工作为进一步作工程分析和环境现状调查，并进行环境影响预测和评价环境影响；第三阶段为报告书编制阶段，其主要工作为汇总、分析第二阶段工作所得的各种资料、数据，给出结论，完成环境影响报告书的编制。

（2）"三同时"制度

一切新建、改建和扩建的基本建设项目（包括小型建设项目）、技术改造项目、自然开发项目，以及可能对环境造成影响的其他工程项目，其中防治污染和其他公害的设施和其他环境保护措施，必须与主体工程同时设计、同时施工、同时投产使用的环保制度。

3. 控制污染制度

（1）排污收费制度

这是 20 世纪 70 年代引进的一项贯彻"谁污染、谁治理"的管理思想，以经济手段保护环境的管理制度。这一制度规定，一切向环境排放污染物的单位和个体生产经营者应当依照国家的规定和标准缴纳一定的费用。

（2）排污申报登记与排污许可证制度

排污申报登记指凡是排放污染物的单位，须按规定向环境保护管理部门申报登记所拥有的污染物排放设施、污染物处理设施和正常作业条件下排放污染物的种类、数量和浓度。排污许可证制度是以污染物总量控制为基础，对排放污染物的种类、数量、性质、去向和排放方式等所作的具体规定，是一项具有法律含义的行政管理制度。

（3）污染集中控制制度

污染集中控制是指在一定的范围内，为减少污染物排放总量和保护环境所建立的集中治理设施和采取的管理措施，是以实现环境质量目标和污染物实现最大削减为控制原则，不过分追求污染源的达标排放，而是经过科学、合理的污染集中处理措施的规划，不是追求单个污染源的处理率和达标率，而应当是谋求整个环境质量的改善，同时讲求经济效益，以最小的投资换取最大的环境、经济效益。污染集中控制有利于集中物力、财力和人力解决主要环境问题；有利于采用和推行新技术，提高污染治理效率；有利于提高资源能源利用率，减少废物生成、加速有害废物资源化；节省投资和运行费用，有利于保护目标的实现。

（4）污染物排放总量控制制度

污染物排放总量控制制度是指在一定时间、一定空间条件下，对污染物排放总量的限制，其总量控制目标可以按环境容量确定，也可以将某一时段排放量作为控制基数，确定控制值。污染物排放总量控制可使环境质量目标转变为流失总量控制指标，落实到企业的各项管理之中，它是环保监督部门发放排放许可证的根据，也是企业经营管理的基本依据之一。确定总量指标要考虑各地区的自然特征，弄清污染物在环境中的扩散、迁移和转移规律与对污染物的净化规律，计算出环境容量，并综合分析该区域内的污染源，通过建立一定的数字模式，计算出每个源的污染分担率和相应的污染物允许排放总量，求得最优方案，使每个污染源只能排放小于总量控制指标的排放总量。

（5）限期治理污染制度

限期治理污染是强化环境管理的一项重要制度，是指对特定区域内的重点环境问题采取的限定治理时间、治理内容和治理效果的强制性措施。污染限期治理项目的确定要考虑需要和可能两个因素。需要就是将对区域环境质量有重大影响、社会公众反映强烈的污染问题作为确定限期治理项目的首选条件，因此说具有指令性和强制性特征；可能就是要考虑限期治理的资金和技术的可能性，具备资金和技术条件的实行限期治理，不具备资金和技术条件的实行关停。对于重点污染源和排污大户，列入国家或地方的"黑名单"中，限定治理达标的最后限期，加大整治力度。

4. 环境考核制度

（1）环境保护目标责任制度

环境保护目标责任制是一项依据国家法律规定，具体落实各级地方政府对本辖区环境质量负责的行政管理制度。环境保护目标责任制是一项综合性的管理制度，通过目标责任书确定了一个区域、一个部门环境保护主要责任者和责任范围，运用定量化、制度化的管理方法，把贯彻执行环境保护这一基本国策作为各级政府和决策者的政绩考核内容，纳入各级地方政府的任期目标之中。

（2）城市环境综合整治定量考核制度

城市环境综合整治定量考核制度是指通过定量考核对政府在推行城市环境综合整治中的活动，予以管理和调整的一项环境监督管理制度。就是把城市环境作为一个系统整体，以城市生态学为指导，对城市的环境问题采取多层次、多渠道、综合的对策和措施，对城市环境进行综合规划、综合治理、综合控制，以实现城市的可持续发展。该制度把城市综合整治的基本内容划分为若干子项，诸如城市大气总悬浮颗粒物（TSP）年日均值、SO_2年日均值、烟尘控制区覆盖率、饮用水源达标率、工业废水处理率、工业固体废物综合利用率、区域环境噪声平均值、城市人均绿地面积等，再把这些项目规定某一指标，并赋予一定分数，按分数实行考核，根据各项指标的综合评分，可综合看出这个城市的环境质量。城市环境综合整治包括了城市建设、环境建设、经济建设等多方面内容，实行定量考核改善和提高了城市环境质量，促进各有关部门都来关心和改善城市环境。

（三）环境管理的主要趋势

1. 环境管理实现三个转变

在生态文明建设的新时期，环境管理要加快实现三个转变：一是从重经济增长轻环境保护转变为保护环境与经济增长并重，把加强环境保护作为调整经济结构、转变经济增长方式的重要手段，在保护环境中求发展；二是从环境保护滞后于经济发展转变为环境保护和经济发展同步，做到不欠新账、多还旧账，改变先污染后治理、边治理边破坏的状况；三是从主要用行政办法保护环境转变为综合运用法律、经济、技术和必要的行政办法解决环境问题，自觉遵循经济规律和自然规律，提高环境保护工作水平。

2. 环境管理做到三个结合

（1）由浓度控制转变到浓度控制与总量控制相结合

在最初的污染防治对策中，采用浓度控制办法，但是效果并不理想，浓度控制方法并没有有效地控制环境恶化的趋势。因为浓度控制办法只能控制排放污染物的浓度，并不能控制排放污染物的总量。1996 年 7 月，国务院召开的第四次全国环境保护会议，启动了《污染物排放总量控制计划》和《跨世纪绿色工程计划》，这是一次确定新时期环保战略的会议，实施以总量控制为根本，浓度控制与总量控制相结合的污染防治对策，明确将以污染防治为中心转变为污染防治与生态保护并重的战略上来，标志着我国将走上可持续发展道路。

（2）由分散治理转变到分散治理与集中治理相结合

分散治理是以某一污染源为主要治理对象的控制方法，而集中治理是指以众多污染源为控制对象的区域污染控制方式。如某一企业污水总排放口要建设污水治理环境保护设施，确保排放的污水能够达到国家标准，这属于分散治理。污水处理厂则是集中附近有关企业、学校等排放的污水进行统一污染治理，这属于集中治理。

（3）由区域治理转变到区域治理与行业治理相结合

随着我国市场经济的发展，区域治理模式已经不能充分发挥对区域经济的增长促进作用。单纯的区域治理模式强化了地方保护主义的蔓延，影响了国家整体经济的持续增长。1996 年以来，我国加快了行业环境治理的步伐，针对不用行业制定不同的排放标准及治理标准，使污染治理更加高效。

二、环境法治建设

环境法治建设是我国依法治国的重要组成部分之一，而环境法治的重点就是要综合运用各种法律手段，调控、协调人与人以及人与自然的关系。我国环境法治建设的指导思想是：遵循自然生态规律和经济社会发展规律，坚持环境法治观，促进环境公平正义、人与自然和谐；完善综合生态系统管理与中国特色环境法律制度的体系。应以历史性转变的要求为指导，将环境保护、珍惜资源的基本国策和人与自然和谐相处的生态文明观纳入国家政策和法律的制定和实施中，逐步实现对包括宪法、民商法律、行政法律、经济法律、诉讼法律在内的整个法律体系的生态化。应建立健全维护环境法律权威和环境法治权威的司法保障体系，充分发挥法院和检察院在环境司法方面的作用。

（一）环境法治建设的总体要求

环境法治是国家法制的一个重要组成部分，是有关环境法律和制度的简称，是环境立法、执法、守法和法律监督的总和。法制强调国家权威、国家意志、执政者的意志，重视法律的强制作用、工具性和管理作用。环境法治是法治在环境领域的具体体现，将环境保护工作纳入法治的轨道就是实行环境法治。

1. 提高认识

要提高对环境保护、建设环境友好社会和环境法治的认识。自然环境是人类产生、生存、发展、活动并表现自己的基本条件，良好的生态环境是社会生产力持续发展和人们生存质量不断提高的物质基础，保护环境就是保护社会财富，就是保护社会和经济发展的物质基础。保护环境就是保护生产力，改善环境就是发展生产力。环境污染和环境破坏实质上是对人的生存发展条件的损害，是对人的生活质量的损害，是对生产力要素的损害，是对资源和财富的浪费和损害，严重的环境污染还会使人致病、致残、致亡，甚至贻害后代；而环境保护就是防治环境污染和环境破坏，它对保护人的身心健康、促进经济和社会的可持续发展具有重要作用。人与自然的关系是人类社会的永恒主题，人与自然的矛盾是人类社会的基本矛盾，环境保护就是协调人与自然关系，解决人与自然矛盾，搞好环境保护有利于实现人与自然的和谐共处。环境质量是衡量国家富强、社会文明、人民幸福的一个重要标志，创建一个良好适宜的生活环境和生态环境是社会主义现代化建设的重要目标。环境保护作为中国现代化建设中一项光荣而艰巨的重要任务，已经成为实施可持续发展战略的关键，是保障经济社会可持续发展的前提；搞好环境保护，对于建设和谐社会、生态文明社会和实现中华民族伟大复兴的宏伟目标具有重大战略意义。

2. 把握规律

把握发展规律、创新发展理念、转变发展方式、破解发展难题，提高发展质量和效益。要坚持全面协调可持续发展，全面推进经济建设、政治建设、文化建设、社会建设和生态建设，坚持生产发展、生活富裕、生态良好的文明发展道路，实现经济、社会和环境效益的统一及经济发展与人口资源环境相协调，使人民在良好生态环境中生产生活，实现经济、社会和环境的可持续发展；要坚持统筹兼顾，统筹城乡发展、区域发展、经济社会发展、人与自然和谐发展，统筹个人利益和集体利益、局部利益和整体利益、当前利益和长远利益，充分调动各方面积极性；要加强能源资源节约和生态环境保护，增强可持续发展能力；要坚持节约资源和保护环境的基本国策，把建设资源节约型、环境友好型社会放在工业化、现代化发展战略的突出位置，落实到每个单位、每个家庭；要完善有利于节约能源资源和保护生态环境的法律和政策，加快形成可持续发展体制机制；落实节能减排工作责任制，开发和推广节约、替代、循环利用的先进适用技术，发展清洁能源和可再生能源，保护土地和水资源，建设科学合理的能源资源利用体系，提高能源资源利用效率；要发展环保产业，加大节能环保投入，重点加强水、大气、土壤等污染防治，改善城乡人居环境；要加强应对气候变化能力建设，为保护全球气候作出新贡献。

在实现环境法治的进程中，科学的环境法律体系具有首要的、决定性的作用，它不仅为环境保护管理提供法律依据，而且决定环境法治秩序的稳定性和持久性，影响环境法治的全部领域和整个过程。制订环境立法规划，建立健全环境法体系，对于加强环境法治建设和环境管理，加强对合理开发、利用和保护、改善环境的法律控制，具有重要的意义。对我国环境法律体系作出客观评价，针对影响我国环境法治建设和环境法律实施效果的深层次矛盾和问题，制订并实施健全中国环境法律体系的规划，使环境法律为环境保护实现历史性转变提供有力保障。我国环境法律体系建设应该从我国环境资源问题、环境立法的现状和我国环境保护历史性转变的实际需要出发，遵循自然生态规律和经济社会发展规律，坚持全面、协调、可持续的科学发展观，坚持节约资源和保护环境的基本国策，以生态文明为方向，以环境法治为灵魂，以维护环境正义公平为宗旨，以环境安全为前提，以人与自然和谐相处为核心，以环境民主为手段，以追求环境效益和环境效率为激励机制，以健全综合生态系统管理和环境"善治"机制为导向，以维护环境公益和规范政府行为为重点，为"促进和保障中国经济、社会和环境的可持续发展，促进和保障资源节约型社会、环境友好社会和生态文明社会的建设"提供有力的法制保障。

应通过制订环境立法规划，逐步实现中国环境法的生态化，促进环境法向生态法的方向发展，更多地纳入和运用生态系统方法和综合生态系统管理。生态法是反映当代生态学新理论、新理念，旨在保护和改善环境，维护生态平衡和生态安全，合理开发和可持续利用自然资源，建设生态文明，促进人与人和谐相处和人与自然和谐相处，保障经济、社会和生态可持续发展的各种法律规范和法律表现形式的总称。在实现环境法生态化的基础上,将环境保护、珍惜资源的基本国策和人与自然和谐相处的生态文明观纳入国家其他政策和法律的制定和实施中,逐步实现对包括宪法、民商法律、行政法律、经济法律、诉讼法律在内的整个法律体系的生态化。

要健全符合中国国情的环境法律体系、加强环境法治建设,最根本的是要牢固树立社会主义环境法治理念,坚持以科学的环境法治理念指导环境法治建设实践。环境法的基本原则是指导环境管理活动的准则,决定着环境法整体的统一和协调,也是环境法律体系建设的重点之一,环境立法应该坚持"经济、社会与环境协调发展的原则,环境资源的开发、利用与保护、改善相结合的原则,预防为主、防治结合、综合治理的原则,污染者付费、利用者补偿、开发者保护、破坏者恢复、主管者负责,环境民主和公众参与原则"等基本原则。环境资源行政主管部门和环保团体应该通过参与相关立法和政策制定,对相关立法草案和政策文件提出涉及有关环境资源保护、生态建设的意见,使相关法律法规体现防治环境污染和生态破坏、节能减排、保护生态和改善环境的要求,以促进我国法律体系适应和谐社会建设、生态文明社会建设和生态现代化建设的需要。

3. 注重实效

在对生态系统进行法律保护时,应该综合对待生态系统的各组成成分,综合考虑社会、经济、自然(包括环境、资源和生物等)的需要和价值,综合采用多学科的知识和方法,综合运用行政的、市场的和社会的调整机制,来解决资源利用、生态保护和生态系统退化的问题,以达到创造和实现经济的、社会的和环境的多元惠益,实现人与自然的和谐共处。生态保护应以维护生态系统结构的合理性、功能的良好性和生态过程的完整性为目标,对生态系统的诸要素采用系统的观点进行统筹管理,从单要素管理向多要素综合管理转变,从行政区管理向流域的系统管理转变,从对自然生态的统治和"善政"向"治理"和"良治"转变;要实现对生命系统与非生命系统的统一管理,生态监测与科研为基础的科学管理,将人类活动纳入生态系统的协调管理,综合管理土地、水、大气和生物资源,公平促进其保护与可持续利用。在环境监督管理体制、区域流域环境管理和生态区(包括生态省、市、县和生态功能区)建设方面,要以生态系统方法为指导思想,采取协调的、科学的、参与式的、适用性的管理方法来管理生态系统和自然资源,公平衡量、协调和分配各种利益主体的不同利益,理顺区域内的环境管理体制,科学配置各政府管理部门的职责,充分调动各利益主体和广大公众保护环境的积极性和创造性,增强和促进环境管理机构职能和环境监管的综合性、协调性和整体性。

（二）中国古代环境立法的评价

中国古代的传统文化中早已蕴含着丰富的环境保护的相关立法与环保理念，从儒家的"天人合一"和"仁民爱物"思想，以及道家的"道法自然"理念中，可以追寻到许多环境保护和生态伦理的思想根源。

1. 中国古代环境立法的思想

在中国古代，并无专门的一部环境保护法典，涉及环境保护的相关规定零散或附随地出现在其他律例、诏令、禁令之中，但环境保护意识却非常强烈。

有关环境保护的法令，可追溯到夏商周时期。夏禹曾下禁令："春三月，山林不登斧，以成草木之长；夏三月，川泽不入网罟，以成鱼鳖之长……五谷不时、果实不熟，不粥于市；木不中伐，不粥于市；禽兽鱼鳖不中杀，不粥于市。"（《周书·大聚篇》）可见，当时的中国统治者已经意识到环境可持续利用的原则，因而很重视对自然资源特别是生活资源的保护，并为当时的人们提供了可持续的供给。西周时期也曾颁布《崇伐令》："毋填井，毋伐树木，毋动六畜，有不如令者，死无赦。"（《说苑》）这些可说是世界上最早的有关环境保护法规的记载。战国时期赵国著名思想家荀子提出了"环保治国"理念。《荀子》一书中第九篇《王制》里曾专门谈及为王之道："草木荣华滋硕之时，则斧斤不入山林，不夭其生，不绝其长也。"

秦王朝制定的《大秦律》的《田律》，是我国古代最早的以文字形式固定下来，并由政府严格执行的环境保护法。其中规定"春二月，毋敢伐材木山林及雍堤水。……百姓犬入禁苑中而不追兽及捕兽者，勿敢杀；其追兽及捕兽者，杀之。河禁所杀犬，皆完入公；其他禁苑杀者，食其肉而入皮"，对环境保护的范围涉及了森林、水、植被、动物等。到了汉朝，儒家人物董仲舒"罢黜百家，独尊儒术"思想得到了汉武帝的重视和采纳，最具典型的就是根据"天人合一"产生的"春夏季节不执行死刑制度"——春夏季节万物生长，主生不主杀，而秋冬季节则草木凋零，主杀不主生，这样规定乃是"敬天顺时"，顺应时节的表现。

隋唐时期，佛教传入，其思想理论曾一度占据着统治思想的上风，"不杀生"的理念对当时的环境保护立法的作用更是极其重要，同时也伴随着其他一些环境保护可持续发展和环境资源节约等思想。唐朝的《唐律疏议·杂律》对动物和植物的保护更为详细："诸部内有旱、涝、霜、雹、虫、蝗为害之处，主司应言不言，及妄言者，杖七十……诸弃毁官私器物及毁伐树木、庄稼者，准盗论。"到了宋代，由于战争对环境的破坏比较大，导致自然资源相对枯竭，于是环境保护立法体现在保护自然资源的可持续利用上比较多，尤其是对生物资源的保护上。例如，宋代君主曾多次诏令全国严禁滥捕滥杀："畜有孕者不得杀，禽兽雏卵之类，仲春三月禁采捕。"元朝时期，是蒙古族建立的王朝，由于蒙古族是游牧民族，所以特别注重对草原等自然资源的保护。诸如《阿勒坦汗法典》《六旗法典》《喀尔喀律令》等文献资料中散见一些关于保护自然资源的法令内容。如《六旗法典》规定："失放草原荒火者，罚一五。发现者，吃一五。荒火致死人命，以人命案惩处。"蒙古族重视天然草原的生态系统，遵守自然规律和法则，与此同时，还制定了一系列保护生态资源的法律、法规。元朝的统治者注重和维持草原的生态平衡，注重人与自然的和谐发展，对促进元朝经济社会发展和政治稳定起了重要作用。

明清之后，环境保护方面的立法基本上是以保护资源的可持续利用为主要内容，并强调环境整治和资源保护的思想。在此期间，由于生产力发展，人口剧增，对自然资源的需求日益增多，环境保护的范围也不断扩大。总体来说，中国古代立法的环境保护意识，对后世有着极其深远的影响。

2. 中国古代环境立法的特点

纵观中国古代环境保护立法史，不仅体现了极高的立法智慧，而且也是传承中国古代哲学思想和文化传统的必然结果。中国古代环境保护立法的产生与发展主要源于儒家的"天人合一"思想、"仁民爱物"思想以及道家的"道法自然"思想。

(1) 中国古代环境保护立法的"天人合一"思想

孟子最早明确提出"天人合一"思想。孟子说："尽其心者，知其性也；知其性，则知天矣。"（《孟子·尽心上》）认为人与天相通，人的善性是天赋的，认识了自己的善性便能认识天。要求通过尽心、养性等途径，达到"上下与天地同流"。董仲舒则把天地人看成是一个有机整体。他说："为人者天也。人之为人，本于天，天亦人之曾祖父也。"（《春秋繁露·为人者天》）"天人之际，合而为一。"（《春秋繁露·深察名号》）董仲舒强调天与人以类相合，认为："人有三百六十节，偶天之数也；形体骨肉，偶地之厚也；上有耳目聪明，日月之象也；体有态窍理脉，川谷之象也。"（《春秋繁露·人副天数》）"天亦有喜怒之气，哀乐之心，与人相副，以类合之，天人一也。"（《春秋繁露·阴阳义》）在中国古代立法的环境保护意识中，"天人合一"之"天"，意指"广大自然"，既包括自然环境也包括社会环境；"天人合一"之"合一"的含义有四个方面：自然的天与人合一、信仰的天与人合一、德行的天与人合一、天道的天与人合一。"天人合一"是指天与人、自然与人类、自然环境与社会环境处在一个统一体之中，它们是合为一体的关系。然而，在这个统一体中，天（自然、自然环境、自然规律）先于人（人类、社会环境、社会规律），高于人，天是人赖以生存和发展的前提。因此，人必须敬天法天，并且应该主动地认识自然，保护自然，遵循自然规律，但是，人在天面前也不是完全被动的，而是有所作为的，前提是不可违反自然规律和自然法则。可见，儒家主张的"天人合一"思想，明确肯定了人是自然界的产物，是自然界的组成部分，人的生命与万物的生命是统一的，应该和谐地发展，以求天人协调、和谐与一致。这些对自然环境保护的朴素意识，对于教育人们保护自然，合理地利用自然资源，具有积极的意义。

（2）中国古代环境保护立法的"仁民爱物"思想

孔子讲"仁"者不仅要"爱人"，而且还要爱"万物"。"仁者乐山，智者乐水。"把人所具有的仁、智等德行与自然界的山、水相联系，透露出对自然界的尊敬与热爱。孟子进一步提出了"君子之于物也，爱人而弗仁；于民也，仁之而弗亲，亲亲而仁民，仁民而爱物"（《孟子·尽心上》）的主张，把"爱物"即爱护自然万物视为仁的基本内涵。董仲舒也说："质子爱民，以下至于鸟兽昆虫莫不爱。不爱，奚足以为仁？泛爱群生，不以喜怒赏罚，所以为仁也。"（《春秋繁露》）即是说，仅仅爱人还不足以称之为仁，只有将爱民扩大到爱鸟兽昆虫等生物，才算做到了仁。可见，仁不仅用以规范人与人的关系，也是人对待天地万物应该具有的态度。儒家认为，"仁民"可以推及"爱物"，"仁民"应当"爱物"，而"爱物"也是"仁民"重要体现，只有"爱物"才可能"仁民"，要"仁民"就不能不"爱物"。

中国古代环境保护立法中所涉及的许多关于动植物保护的规定，不仅充分体现了"爱物"的儒家精神，而且反映了"仁民"的善举。儒家思想中的"仁民爱物"思想包含了独特的生态伦理观，即人类的进步不仅是从自然界中获取，也要争取自然界为人类造福，与此同时，我们更应该热爱自然、关心自然、保护自然，以自然为同类、为朋友。《系辞上》说："安土敦乎仁，故能爱。"即是指以敦厚仁爱之本性，便能博爱万物。可见，中国古代环境保护立法中的"仁民爱物"思想阐述了古代朴素的环境伦理思想，对后世环境保护具有重要借鉴意义。

（3）中国古代环境保护立法的"道法自然"思想

"道法自然"是老子的哲学思想，老子认为，"道"虽是生长万物的，却是无目的、无意识的，它"生而不有，为而不恃，长而不宰"，即不把万物据为己有，不夸耀自己的功劳，不主宰和支配万物，而是听任万物自然而然发展着。老子说："是以对人无为故无败，无执故无失，民之从事，常于几成败之。"（《老子》六十四章）既然"自然"是完美完善的，因此，老子认为世间的一切，在自然状态和自然秩序之下，便是幸福美满的。老子说，去干顺应自然的"无为"之举，去做顺合自然的"无事"之事。老子的"无为""无事"并不是让人们什么都不做，而是指不要违背自然发展规律去轻举乱干和妄动蛮干，否则"为者败之，执者失之"。同时，老子根据道法自然的观念，把法分为"人为法"与"自然法"，并极力推崇自然法，要求做到"人法地，地法天，天法道，道法自然"，认为只有符合天之道的自然法才能"天网恢恢，疏而不漏"。可见，道家崇尚自然，法自然，任自然，力主无为，反对有为，特别主张统治者无为，认为只要无为就可无不为。他们极力赞美天性、天成、天运、天道，无论是人、是天、是地、是万物，一切都是原生态最好最美最佳的存在状态。道家试图从根本上解决人生、社会、自然的问题，主张人与万物同出于自然，人类不应当妄加干涉，破坏自然的生存状况，同时，人类的一切行为都应该顺应自然，按照万物的自然本性运行，最后以达到实现人类与自然和谐共处的理想境界。

（三）加强环境法律体系的建设

在实现环境法治的进程中，科学的环境法律体系具有决定性的作用。作为环境法治首要环节和前提的环境立法，它不仅为环境保护提供法律依据，而且决定并影响持久而稳定的环境法治秩序。通过环境立法，可以确定环境保护和环境保护的基本政策、原则、措施和制度，制定具体的行为准则。因此，环境立法影响环境法治的全部领域和整个过程，应该结合我国环境资源的状况、特点和优势，通过加强环境立法，逐步完善包括如下几个方面法律（子体系）的环境法律体系：以防治环境污染为主要内容的环境保护法；以保护生态环境和自然资源为主要内容的自然保护法；以合理开发、利用和管理自然资源为主要内容的自然资源法；以节约和合理开发利用能源为主要内容的能源法；以预防、救助和减轻自然灾害为主要内容的灾害防治法；以实施对环境友好的生产方式、生活方式、消费方式及协调人口、资源和环境发展为主要内容的发展计划法、科学技术法等。

1. 坚持环境立法的基本原则

环境法是为了保护和改善自然资源和环境、保障人们身体健康、维持生态系统的平衡和安全，国家制定或认可的，调整人们开发、利用、保护、管理自然资源和环境的活动和人们防治污染和其他公害的活动的法律规范的总称。环境法是国家规范人们的行为，进行环境管理，保护和改善环境的重要手段和工具，是由国家制定发布的，由国家强制力保证其实施。环境立法的基本原则是指环境法中规定或体现的涉及国家环境法治建设全局的具有指导意义的根本准则。

（1）协调发展的原则

统筹兼顾、协调发展、综合利用、化害为利、变废为宝、预防为主、防治结合、综合治理、依靠科学技术进步保护环境、经济建设、城乡建设与环境建设必须同步规划、同步实施、同步发展，以实现经济效益、社会效益和环境效益的统一，是我国环境立法的一条基本原则。

环境保护同经济、社会发展相协调原则，其主要含义是指经济建设、城乡建设与环境建设必须同步规划、同步实施、同步发展，以实现经济效益、社会效益和环境效益的统一。协调发展是从经济社会与环境保护之间相互关系方面，对发展方式提出的要求，其目的是为了保证经济社会的健康、持续发展。事实证明，经济发展与环境保护是对立统一的关系，二者相互制约、相互依存，又相互促进。经济发展带来了环境污染问题，同时又受到环境的制约；而环境污染、资源破坏势必影响经济发展。既不能因为保护环境、维持生态平衡而主张实行经济停滞发展的方针，也不能先发展经济后治理环境污染、以牺牲环境来谋求经济的发展。同时，环境污染的有效治理，也需要有经济基础的支持，所以说，经济发展又为保护环境和改善环境创造了经济和技术条件。

1973 年，国家计委提出"经济发展和环境保护，同时并进，协调发展"的原则；1983 年第二次全国环保会议提出"经济建设、城乡建设和环境建设要同步规划、同步实施、同步发展，实现经济效益、社会效益、环境效益的统一"的原则（简称"三同步、三效益"原则）；1989 年《中华人民共和国环境保护法》第四条明确"国家制定的环境保护规划必须纳入国民经济和社会发展计划，国家采取有利于环境保护的经济、技术政策和措施，使环境保护工作同经济建设和社会发展相协调"的原则（简称"协调发展"原则）。

（2）综合治理的原则

综合治理的原则是指采取多种预防措施，防止环境问题的产生和恶化，或者把环境污染和破坏控制在能够维持生态平衡、保护人体健康和社会物质财富及经济、社会持续发展的限度之内。主要体现在预防为主、防治结合。预防为主是解决环境问题的一个重要途径，它是与末端治理相对应的原则。预防污染不仅可以大大提高原材料、能源的利用率，而且可以大大地减少污染物的产生量，避免二次污染风险，减少末端治理负荷，节省环保投资和运行费用。对已形成的环境污染，则要进行积极治理，防治结合，尽量减少污染物的排放量，尽量减轻对环境的破坏。同时，还应把环境与人口、资源与发展联系在一起，从整体上来解决环境污染和生态破坏问题。采取各种有效手段，对环境污染和生态破坏进行综合防治。

1973 年，《关于保护和改善环境的若干规定》提出"预防为主"方针；1979 年、1989 年的《中华人民共和国环境保护法》提出"预防为主、防治结合、综合治理"的原则；1990 年，《国务院关于进一步加强环境保护工作的决定》提出"环境综合整治"的原则。具体贯彻时应从以下几方面着手：一是全面规划。对经济建设、城乡建设、环境建设统筹安排和全面部署，保证协调发展，制订科学的环境保护规划和综合治理环境污染与环境破坏的方案。二是合理布局。在全国合理构建城乡结构、生产结构、产业结构、生态结构和城镇体系，实行城市环境综合整治。三是综合防治。加强建设项目的环境管理，加强企业环境管理、推行清洁生产，综合防治环境污染和环境破坏。四是宏观调整。对规划政策等宏观活动实行环境评估，制定有利于环境保护的产业结构、资源利用、产品开发、区域建设、财政税收、能源分配、商品交换等各种政策。

（3）科学发展的原则

科学发展即可持续发展，既满足当代人的需要，又不对后代人满足其需要的能力构成危害，其最终目的是既满足当代人的需要，又不对后代人构成危害。科学发展涉及"需要"和"限制"两个重要的概念。需要是对人类需求的满足，包括满足全体人民的基本需要和改善生活的需要，是发展的主要目标；限制是通过社会管理机制和科学技术，对向自然的索取和投入加以限制，以保持对环境和资源的永续利用，限制的领域主要是人口控制和协调社会发展与经济发展。

（4）环境责任的原则

环境责任原则又称为"谁污染谁治理，谁开发谁保护"原则，是指在生产和其他活动中造成环境污染和资源破坏的单位和个人，应承担治理污染、恢复环境质量的责任。其基本思想就是明确污染者、利用者、开发者、破坏者等的治理污染和保护环境的经济责任。具体体现为结合技术改造防治工业污染，对工业污染实行限期治理，实行征收排污费制度和资源有偿使用制度，明确开发利用环境者的义务和责任等。

（5）公众参与的原则

环境保护事关社会公众的生存利益，必须依靠公民的积极参与来完成。环境保护行政部门在进行决策时举行公众听证，既尊重了公民的基本权利和自由，又保证了决策的科学性，体现了环境执法的进步。公众参与环境保护的程度，是民主政治的一种体现。公众对环保公共政策的广泛参与，不仅是环保事业的社会基础，也是法治进步的重要体现。环境法治的公众参与原则要求环境保护和自然资源的合理利用必须依靠社会公众的参与：公众有权参与解决环境问题的决策过程；参与环境管理并对环保部门以及单位和个人与环境保护有关的行为进行监督。公众参与原则是目前世界各国环境保护管理中普遍采用的一项原则，也是社会主义法制的民主原则在环境与资源法领域的体现，具体包括"依靠群众保护环境，谁污染谁治理，谁开发谁保护"等。环境质量的好坏关系到广大人民群众的切身利益，每个公民都有了解环境状况、参与保护环境的权利。《中华人民共和国宪法》赋予了"人民依照法律规定，通过各种途径和形式，管理国家事务，管理经济和文化事业，管理社会事务"的权利，《中华人民共和国环境保护法》《中华人民共和国海洋环境保护法》《中华人民共和国大气污染防治法》等都对公民享有监督、检举和控告的权利作了规定。

1992年联合国环境与发展大会通过的《里约环境与发展宣言》，对公民参与原则作了较全面的表述："环境问题最好是在全体有关市民的参与下，在有关级别上加以管理。在国家一级，每一个人都应能适当地获得公共当局所持有的关于环境的资料，包括关于在其社区内的危险物质和活动的资料，并应有机会参与各项决策进程。各国应通过广泛提供资料来便于及鼓励公众的认识和参与。应让人人都能有效地使用司法和行政程序，包括补偿和补救程序。"在环境保护工作中，要坚持依靠广大群众的原则，组织和发动群众对污染环境、破坏资源和破坏生态的行为进行监督和检举，组织群众参加并依靠他们加强环境管理活动，使我国的环境保护工作真正做到"公众参与、公众监督"，把环境保护事业变成全民的事业。

2. 明确环境立法的具体要求

《中华人民共和国宪法》第二十六条"国家保护和改善生活环境和生态环境，防治污染和其他公害"明确了环境立法的必要性。环境法应该成为环境资源保护领域的基本法、政策法、综合性法律，由全国人大通过的基本法律，是宣布国家环境政策、目标、指导思想、基本原则、基本理念的政策性法律，是规范环境资源领域重大问题、全局问题、具有长远影响的核心法律，是与现行各单行的防治环境污染法律、自然资源管理法律具有不同内容风格并且可以成为其他环境法律生长点的综合性法律，环境法所确定的国家环境政策能够起到统一政府各部门相关职能的作用。环境法要以规范政府行为，形成政府环境责任制度（特别是政府环境责任问责制度）为重点，从根本上克服政府环境失灵和环境法律失灵的现象。环境法应明确规定"制定法律、政策和规划等宏观活动环境影响评价制度"，以环境影响评价程序改革政府的决策方法，保障政府环境决策的科学化、民主化、制度化，要求行政机关在决策过程中采用"确保综合利用自然科学和社会科学以及环境设计工艺的系统的多学科方法，确保环境保护要求能在决策时与经济和技术问题一并得到适当考虑"。国务院所属各行政机关应在作出决策（包括拟议的法律议案、政策文件、规划草案等）前充分考虑其决策对环境质量的可能影响，确保该决策符合本法目的。环境法应该规定公民有在平衡、健康的环境中生活的权利（或每个公民都有享用良好、健康环境的权利），并负有义务参与环境的保护和改善，形成以公民权利制约政府权力和公众参与的法律基础。要通过"公众参与制度"和"公众环境诉讼制度"，建立健全规范、制约和监督政府决策和环境行为的机制。应该推动区域地方立法协调，加强有关区域地方立法信息的沟通、立法规划的互相参与、立法经验的交流，以及涉及利益相关的区域的重大环境事项的地方立法规范的统一，以建立既无贸易壁垒又能体现地方环境立法差别的地方环境法规，防止环境污染和生态破坏的转嫁和转移。

通过多年的环境管理和环境法制建设实践，我国已经基本建立老三项制度（"三同时"制度、环境影响评价制度、排污收费制度）、新五项制度（环境保护目标责任制度、城市环境综合整治定量考核制度、污染集中控制制度、排污许可证制度、限期治理制度），以及排污申报登记制度、污染物排放总量控制制度、现场检查制度、限期治理制度、落后工艺技术产品淘汰制度、防止污染转嫁制度等环境保护管理法律制度。

要健全社会监督机制。实行环境质量公告制度，定期公布各省（区、市）有关环境保护指标，发布城市空气质量、城市噪声、饮用水水源水质、流域水质、近岸海域水质和生态状况评价等环境信息，及时发布污染事故信息，为公众参与创造条件。公布环境质量不达标的城市，并实行投资环境风险预警机制。发挥社会团体的作用，鼓励检举和揭发各种环境违法行为，推动环境公益诉讼。企业要公开环境信息。对涉及公众环境权益的发展规划和建设项目，通过听证会、论证会或社会公示等形式，听取公众意见，强化社会监督。

应该积极探索高效、便捷和成本低廉的防范、化解环境纠纷的机制。大力开展环境纠纷排查、调解和处理工作，建立健全环境纠纷处理制度。积极探索解决环境民事纠纷的新机制，支持居民委员会和村民委员会等基层组织对环境民事纠纷的人民调解工作。对依法应当由行政机关调解、处理的环境民事纠纷，行政机关要根据当事人的申请，依照法定权限和纠纷处理程序，遵循公开、公平、公正的原则及时予以处理。要完善环境信访制度，及时办理环境信访事项，切实保障信访人、举报人的权利和人身安全。任何行政机关和个人不得以任何理由或者借口压制、限制人民群众的环境信访和举报，不得打击报复环境信访和举报人员，不得将环境信访、举报材料及有关情况透露或者转送给被举报人。对可以通过行政复议、司法诉讼等法律程序解决的环境信访事项，行政机关应当告知信访人、举报人申请复议、提起诉讼的权利，积极引导当事人通过法律途径解决。

3. 完善环境法律体系的建设

环境法体系是指各种环境法律法规，按一定原则、功能和层次组成的具有内在联系的有机综合体。我国的环境法体系是按照宪法规定的立法体系建立的。

（1）宪法的有关规定

《中华人民共和国宪法》规定：国家保障自然资源的合理利用，保护珍贵的动物和植物。禁止任何组织或者个人利用任何手段侵占或者破坏自然资源。一切使用土地的组织和个人必须合理地利用土地。国家保护名胜古迹、珍贵文物和其他重要历史文化遗产。国家保护和改善生活环境和生态环境，防治污染和其他公害。宪法中还对保护自然资源、珍贵动植物、保护土地、保护古迹、文物及历史文化遗产、保护环境、防治污染和公害、保护树木等作了明确规定。这些规定是我国环保工作的最高准则和纲领。

（2）环境保护基本法

《中华人民共和国环境保护法》是我国一部综合性的环保基本法。它对环保的任务、对象、方针、政策、基本原则和制度、主要防治措施和对策、环保机构和职责、奖励和惩罚等重大问题，均作出了原则规定。根据《中华人民共和国宪法》第十一条关于"国家保护环境和自然资源，防治污染和其他公害"的规定，1979 年 9 月 13 日，第五届全国人民代表大会常务委员会第十一次会议原则通过《中华人民共和国环境保护法（试行）》，1989 年 12 月 26 日，第七届全国人民代表大会常务委员会第十一次会议通过了《中华人民共和国环境保护法》。这是"为保护和改善生活环境与生态环境，防治污染和其他公害，保障人体健康，促进社会主义现代化建设的发展"而制定的。该法规定了国家在环境保护方面的总方针、政策、原则、制度，规定了环境保护的对象，确定了环境管理的机构、组织、权利、职责，以及违法者应承担的法律责任，是中国环境保护的基本法。

（3）环境保护单项法

环境保护单项法是以宪法和环境保护法为基础，针对特定的污染防治领域和特定资源保护对象而制定的单项法律。中国目前已颁布的环境保护单项法律有：海洋环境保护法、水污染防治法、大气污染防治法、固体废物污染环境防治法、噪声污染防治法、森林法、水法、土地管理法、水土保持法、矿产资源法、野生动物保护法、草原法、渔业法、煤炭法、清洁生产促进法、环境影响评价法等。这些法律属于防治环境污染、保护生态环境等方面的专门性法规，是中国环境保护法的分支。

（4）国家行政法规

国家行政法规是指为了更好地保证宪法、环保基本法及单项法的实施，充分发挥国家行政机关管理职能，由国务院制定并公布或者经国务院批准，由主管部门根据上述法律公布的有关环境保护的条例、决定、办法、通令等方面的规范性文件。行政法规和法律一样，都属国家强制性并具有普遍约束力，都属于规范性法律文件，但行政法规的效力低于法律。环境行政法规主要包括两部分内容：一是为执行环境保护法律而制定的实施细则或条例，如水污染防治细则、大气污染防治细则、征收排污费暂行条例、自然保护区条例等；二是对环境保护工作中出现的新领域或未制定相应法律的某些重要领域所制定的规范性文件，如《关于结合技术改造防治工业污染的几项规定》《淮河流域水污染暂行条例》以及国家环保总局发布的《放射性同位素与射线装置安全许可管理办法》《排放污染物申报登记管理规定》《电磁辐射环境保护管理法》，国家环保总局与海关总署联合发布的《关于严格控制境外废物转移中国的通知》等。

（5）地方性环保法规

地方环境保护法规是由地方各级政府根据国家环境保护法规和地区的实际情况制定的综合性或单行环境保护法规，是对国家环境保护法律、法规的补充和完善，是以解决本地区某一特定的环境问题为目标的，具有较强的针对性和可操作性。这类法规在地方上具有约束力。如《北京市实施〈中华人民共和国大气污染防治法〉办法》《上海市黄浦江上游饮用水水源保护条例》《内蒙古自治区草原管理条例》等。

此外，广义的环境法律体系还包括环境保护标准和国际环境保护公约和文件。

（四）明确各级组织的主要职责

依法管理和治理环境是现阶段最有效的环保手段之一。环境法治包括环境立法、环境执法、环境司法和环境守法四个方面。环境立法和环境执法主要是国家权力机关和国家行政管理机关的职责；环境司法是人民检察院和人民法院的职责；环境守法是各企事业单位和全体公民的责任和义务。在环境的法治建设中，环境立法是环境法治的前提，环境执法是可靠的保障，环境守法是环境法治的主要实现途径，要做到"有法可依，有法必依，执法必严，违法必究"。

坚持环境法治，就是坚持依照宪法和环境法律治理国家环境行为，广大人民群众在党的领导下依法通过各种途径和形式管理国家环境事务，逐步实现环境民主的制度化、法律化。

坚持党的领导是我国进行经济、社会和环境建设的基本原则，是我国的基本政治体制，也是具有中国特色的社会主义法治理念的基本内容。在环境法治建设中，必须坚持党的领导，党的领导是环境保护工作和环境法治建设的发展的根本保证，对贯彻实施环境保护基本国策和环境保护法律、克服地方保护主义、落实政府环境责任制具有重要的甚至是决定性的意义。对各地而言，党的领导主要体现为党的政策领导、党委对重大环境行为和重大环境决策的领导。各级党委特别是党委书记要做到始终在宪法和环境法律的范围内从事环境行为、制定环境政策和进行有关环境事务的其他决策，要正确处理依法执政与依法治国、依法行政的关系，加强对环境保护工作和环境法治建设的领导，积极领导环境法规和政策的制定、自觉带头环境守法、有效保证环境执法，不断推进党领导政府环境活动的法治化、规范化和程序化。

落实党内监督条例，加强对党委领导干部从事环境行为和进行环境决策的监督。加强人大常委会和环资委等专门委员会的制度建设，优化组成人员的知识结构，增加环境法律专家和环境保护社会团体成员的比例。增强人民政协围绕环境资源工作和环境民主法治两大主题履行职能，推进政治协商、民主监督、参政议政制度建设；完善政协民主监督机制，提高政协环境参政议政实效。应加强工会、共青团、妇联等人民团体依照法律和各自章程开展环境保护工作，参与环境社会管理和环境公共服务，维护群众合法环境权益。

坚持、改善并落实环境保护领导责任制。地方人民政府主要领导和有关部门主要负责人是本行政区域和本系统环境保护的第一责任人，政府和部门都要有一位领导分管环保工作，确保认识到位、责任到位、措施到位、投入到位。环保目标责任要清晰、明确，便于考核。地方人民政府要定期听取汇报，研究部署环保工作，制订并组织实施环保规划，检查落实情况，及时解决问题，确保实现环境目标。要研究绿色国民经济核算方法，将发展过程中的资源消耗、环境损失和环境效益逐步纳入经济发展的评价体系。要把环境保护纳入领导班子和领导干部考核的重要内容，并将考核情况作为干部选拔任用和奖惩的依据之一。建立环境保护综合决策机制，完善环保部门统一监督管理、有关部门分工负责的环境保护协调机制，充分发挥全国环境保护部际联席会议的作用。

法是规定人们的行为并由法院适用的社会规则的总和，是法官和其他官员处理争端的依据，司法是法之实行的最主要的渠道。司法对环境法律的保障，主要体现在司法机关对环境违法行为的监督、审查和制裁，对被侵权者的司法救济，对环境法律实施问题的司法解释等方面。在我国环境法治建设中，对环境司法的作用重视和发挥不够，主要表现在：环境法强制实施机制将公权力较多地赋予行政主体，绝大多数环境法律、法规和规章都是由行政机关在"执法"的名义下加以运用，忽视了司法保障的作用，现行环境司法是弱化的环境司法，难以成为施行环境法的最主要渠道；对法院、检察院等司法部门和法官、检察官在环境法治建设中的作用重视和发挥不够，行政执法与司法缺乏衔接和协调；在制定除法律以外的环境法律规范性文件方面，主要重视国务院及国家环境资源行政主管部门制定的部门环境规章，最高人民法院和最高人民检察院制定的环境法律规范性文件很少，导致有关处理环境民事纠纷、追究环境民事责任和民事诉讼，追究政府环境责任和环境行政诉讼，追究环境刑事责任和环境刑事诉讼，进行环境公益诉讼等方面的环境立法及有关环境法律规范性文件严重欠缺；在环境执法方面，以环境行政执法为主，有关环境行政主管部门（如环境保护部等）承担了大量的、主要的环境法律实施工作，有关司法部门（法院、检察院等）承担的环境法律实施工作较少；环保执法手段以行政手段为主，刑事诉讼、行政诉讼、民事诉讼、公益诉讼等司法诉讼手段运用较少。为了切实维护环境法律体系、环境法律权威，必须加强环境司法保障体系的建设。应建立健全维护环境法律权威和环境法治权威的司法保障体系，充分发挥人民法院和检察院在环境司法方面的作用。在科学的环境法治理念的指引下，进一步探索推进环境审判体制、环境审判工作机制、环境检察体制、环境检察工作机制改革，优化环境司法、检察职权的配置，规范环境司法、检察行为，建设高效而公正权威的环境司法、检察制度。人民法院和法官必须以科学的环境法治理念为指导，公正高效地履行好环境司法审判职能。人民法院对环境案件应该做到依法受理、公平判案，切实解决环境污染被害人告状无门、环境纠纷案件久拖不决的现象。人民检察院和检察官必须认真履行环境法律监督职责，充分发挥检察机关在全面建设环境友好型社会、资源节约型社会中的作用，认真履行起诉环境犯罪、环境诉讼监督和提起环境公益诉讼等职能，不断用法律监督工作的新成效赢得广大民众对环境检察制度的认同、理解、关心和支持。

（五）完善公众参与环保的机制

随着人类环境意识的觉醒和生态环境质量的不断恶化，公众参与环境保护成为一个国家进行环境管理的必然要求。作为环保事业的重要推动力量，公众参与环境管理的理论和实践为我国应对环境挑战提供了全新的思路和方向。

环境公众参与制度是公众及其代表根据国家环境法律赋予的权利和义务参与环境保护的制度，是政府或环境行政主管部门依靠公众的智慧和力量，制定环境政策、法律、法规，确定开发建设项目的环境可行性，监督环境法律的实施，调处环境事故，保护生态环境的制度。公众参与环境管理是指公众根据国家宪法和环境法律制度履行公民权利的一种过程，是公众参与环境保护立法、政策及决策、环境管理和监督、环境维权等整个环境管理活动过程的行为。公众参与环境保护是公众参与社会公共事务在环境保护领域的延伸和拓展。从参与主体看，公民或公民组成的团体是环境保护公众参与的主体；从参与范围和途径看，既有立法、政策、决策制定中的源头式参与，也有法律、政策及决策实施中的过程式参与和监督式参与，还有利益受损后的维权式参与；从权利和义务层面看，公众既享有清洁环境的权利，同时也负有保护环境的义务；从公众参与的目标看，是为了实现环境治理和善治。

1. 公众参与环境管理的内容

公众参与环境管理的内容主要从环境影响评价、环境规划、环境标准制定、环境政策、环境立法以及环境行为等方面进行。

我国于 2006 年 2 月 22 日颁布的第一部环保领域公众参与的规范性文件《环评公众参与办法》，使公众参与环境影响评价制度进一步完善和具有可操作性。在环境规划中实施公众参与，主要是让公众充分了解规划的具体内容，切实维护公众的环境知情权，并对有关决策提出自己的见解和意见，以确保公民对于规划中的具体措施给予协助。在环境政策中实施公众参与，是让公众参与到环境政策的制定、执行、评估、监测、终结等环境政策的各个主要环节中，实行全过程的公众参与。在环境行为方面，公众作为消费者，可通过改善自己的消费行为来改善自己的环境行为，例如绿色消费、绿色购买、垃圾分类回收等形成对环境友好型的生活行为；而企业作为污染者，迫于公众力量的监督和评价，通过实施 ISO14000 环境管理体系标准，发展循环经济等，形成资源节约型、低污染、低排放的环境友好型生产方式；政府作为整个社会的领导者和组织者，要积极引导全社会良好的环境行为，通过行政、法律、经济、科技与教育等手段改善政府、企业、公众的环境行为，例如我国政府提倡节能减排，建设环境友好型社会和生态文明建设等，从生产、生活的方方面面引导着企业和公众有益于环境的行为。

2. 公众参与环境管理的途径

随着社会经济的快速发展，公众参与环境管理的途径进一步拓宽，不断趋于多元化和广泛化。

(1) 征求公众意见建议

通过多级人民代表大会参与(包括人大立法活动和监督政府行政活动),通过各级政治协商会议和民主党派,通过政府环保监督管理部门、地方人民法院、居民委员会和村民委员会、职工代表大会都可以实现公众参与。一般采取调查问卷的方式进行,但是适用于影响范围较小的环境决策,(如建设项目环境影响评价等)。对于影响范围较大的环境政策(如环境立法等),则可以通过网络、媒体向公众征求意见,公众则可以通过信件、电话、电子邮件等表达自己意见。针对环境问题的专业性和技术性较强的特点,咨询专家意见也是公众参与的一个重要途径。

(2) 举行有关环保会议

通过举行听证会、民主评议、公示、接触公众代表人物、民意调查、公民社会组织、社区参与、公民论坛、政府网站、网络论坛和虚拟社区等都可拓宽公众参与环境管理的内容和渠道。举行听证会是公众参与环境管理的一个极为重要的途径。听证是指行政机关在行使行政权作出影响行政相对人权利和义务的决定前,就有关事实问题和法律问题听取利害关系人意见,为行政相对人提供陈述自己主张的机会。召开座谈会和论证会是广泛听取公众意见的有效途径,也是公众参与环境管理的一种更加深入的方式。会议过程中,可以就整个参与的事项进行座谈和论证,也可以就某一个议题作深入探讨,同时,会议过程中实现政府对公众意见的反馈。

(3) 提起环境公益诉讼

环境公益诉讼是指以保护公共环境利益为目的提起的诉讼,一方面,公民、法人、社会团体可以针对环境污染者造成或可能造成的环境损害提起诉讼。另一方面,可以对国家行政机关损害公共环境利益的行为提起诉讼。提起公益诉讼,是公众参与环境保护的最后屏障,通过诉讼,既可以弥补国家在环境管理和环境决策上产生的漏洞,保证环境法律的有效实施,同时,也可以有效地预防环境损害的发生,或使环境损害降到最低。

3. 公众参与环境管理的推进

针对我国公众参与环境管理存在的问题和不足,尽快解决与完善,可以更好地推动我国公众参与环境管理朝着更加制度化、程序化、普遍化、可操作化等方向发展,从而促进我国环保事业质的提高。

(1) 完善环境法律体系

环境保护的公众参与需要有良好的社会、经济、组织、渠道等条件,而这些条件只靠在环境保护专门法规中加入有关条款是不够的,需要在国家的整个法律体系中统筹规划，以宪法为主导，各项法规之间互为依托、互为补充，真正建立公众参与民主决策，参与国家管理的有效机制，激励和引导公众正确参与，赋予并明确公民和民间团体合法参与环境保护的地位。目前，我国关于公众参与环境保护的制度安排散落在不同的法律法规和规章里，涉及环境意识、环境立法、环境信息公开、环境监察、环境管理的新主体等方面，但主要集中在提高公众的环境意识、加强环境信息的公开和促进公众参与环境监察等方面。主要的不足是：对公众要求过多，对政府要求过少；原则性规定过多，操作性规定过少；公众的参与没有融入环境管理过程；对公众参与的主体、形式、评估等方面缺乏规定；与公众对环境的知情权和监督权相比较对表达权关注不够。因此，应从以下几个方面入手。

一是通过立法将公民在环境保护方面的各项基本权利和义务法律化、制度化。要在宪法中明确规定公民的环境权，保障公民的生命健康权、财产安全权、生活和工作环境舒适权，以及与之相关的参与环境管理权、环境监督权、环境知情权、环境索赔权和环境议政（决策）权、司法救济权、诉讼权等。公民环境参与权的制度化不仅是公民环境权的实现途径，也是政府达到环境善治的必然选择。完整意义上的公民环境参与权，应该是全方位的参与，包括对环境立法、环境行政决策和环境执法的参与，需要从国家层面予以制度支撑。例如，将环境权作为公民的一项基本权利纳入宪法规范，为公众参与环境治理提供最高依据；建立环境决策民主机制，鼓励公众通过听证、书面建议、制度性协商等方式参与环境治理。

二是拓宽公众参与环境管理的途径与方式，规范公众参与的制度性渠道和法定程序。用法律的方式明确公民参与环境保护的权利与义务，明确规定公民参与环境决策和环境管理的合法程序，确保可操作性，包括明确公民可以什么方式、渠道参与环境保护，明确参与的方向和界限，在参与过程中的行为规范，等等。鼓励和支持环境保护团体开展各项环境保护活动。

三是建立完善的环境诉讼的法律机制。环境公益诉讼是指由于自然人、法人或其他组织的违法行为或不作为，使环境公共利益遭受侵害或即将遭受侵害时，法律允许其他的法人、自然人或社会团体为维护公共利益而向人民法院提起的诉讼。通过建立和完善环境公益诉讼制度，鼓励公民通过民事或行政诉讼途径来维护自身合法的环境权益；使公众在面对环境侵害行为时有权通过法律途径提出诉讼，从而阻止环境侵害行为，保障公众在环境权利受到损害时及时获得法律救济。通过建立和完善环境信息公开制度来保证环境信息的公开性和透明性，保障公众对政府、企业的环境信息有充分的知情权，从而降低公众参与的成本。

（2）培育公民环境文化

继续推进学校基础教育、专业教育、成人教育、家庭教育、社会教育等在内的环境教育，传播和普及环境知识，提高公众环境素养；充分利用媒体这一舆论传播工具，加大环保传播广度和深度，尤其要注重对农村社区公众环保知识和技能的普及与宣传，让他们学会用法律武器维护自己的环境权益。充分运用多元文化所蕴含的环保理念和环境伦理道德来加大本土化环境教育，促进公众环境价值观和环保行为朝着环境友好型方向发展。倡导资源节约型、环境友好型、节能减排等新时期环保理念在社会经济生活中的实践，倡导绿色生产、绿色消费、绿色学校、绿色社区等绿色创建活动，追求环境文化和生态文明，营造公众关爱环境的社会风尚和文化氛围。

（3）形成公众参与机制

公众参与环境管理，就是要积极参加有关环境管理的决策、宣传、教育和培训活动，并承担相应的义务，建立可持续发展的道德观和价值观，进而用符合可持续发展的方法来改变自己的行为方式。首先，要形成一批有较高环境意识和行为能力，对社会有较大影响作用的社会团体。其次，要组织开展经常、持久的公众参与的活动。引导公众参与多种形式的环境保护活动，既是开展环境保护社会宣传的重要途径，也是公众进行自我教育的有效形式。最后，公众参与的最重要的途径是社区的生态环境共建。根据群众的愿望，在社区内组织各类环境志愿者活动，也可以让群众组织一些环境方面的社区团体，夯实城市生态环境建设最坚实的社会基础。

重视建立社会公众参与的监督机制，强化环境执法的群众基础。目前，我国已初步形成了基本完善的环境法律法规体系。各级政府要善于引导和保护公众参与的积极性，提供参与的机会，给民众以环境知情权。政府在制定环境政策和法规过程中，要充分听取公众的意见，保证决策的科学和民主。此外，舆论监督是社会监督的重要形式。要进一步发挥新闻舆论的作用，及时报道和表彰保护环境的先进典型，公开揭露和批评破坏环境的违法行为，以真正体现新闻舆论的监督作用。

环境保护是一项复杂的社会系统工程，既需要合理的政策、严格的法规、规范的程序和高素质的执法队伍，更需要公众的热忱参与和社会舆论的有效监督，切实发挥公众参与的功能与效益，才能提高公众参与环境管理的有效性，最大限度地发挥环境管理的综合效益和长远效益。

【扩展阅读】

钟祥殡仪馆搬迁的网络推手①

钟祥殡仪馆的搬迁动议历时已久。"3年时间内，已经经历了5次选择与否定。"钟祥市建设局人士说，为殡仪馆这样一个小项目举棋不定，确实比较罕见。

让钟祥建设部门忐忑不安的因素来自于网络，就殡仪馆迁址一事，当地市民在民间自行发起的"钟祥论坛"上，提出了种种不同的意见。

"钟祥是历史文化名城，钟祥市民的素质普遍较高，在很多方面都体现出了较高的参与热情。"钟祥市委宣传部一官员对此如是评价。

因为网民在论坛上的争论太过激烈，钟祥相关部门决定借助当地电视台来出面解释，但节目播出之后，网上反对的声音仍然没有平息。

"无论将来的结果如何，这都将是网络民意的一次胜利。"一位钟祥市人大代表说。

时间回溯到今年1月25日，钟祥网友应邀参加钟祥净化绿化城市迎新春茶话会，钟祥市委书记田文彪发表热情洋溢的讲话，对广大网民在城市建设中的作用给予了充分的肯定。这位钟祥市的最高领导以上一番讲话，或许是此次钟祥殡仪馆搬迁的一个有力注脚。

历时十余年的搬迁动议

钟祥殡仪馆的搬迁从动议到现在已历时十余年。

"按照目前的钟祥市城市规划，殡仪馆已处于市区范围之内。"钟祥市建设局有关人士介绍，20世纪70年代，殡仪馆兴建在一片荒芜的土地上，周边鲜有人烟。而目前，钟祥无论是城区面积还是人口均翻了十几番。昔日的荒山野岭，现已密布民居和厂房，当前殡仪馆如不搬迁，将影响城市的发展。

早在1991年该市城市总体规划第二次修编时，就已开始考虑殡仪馆搬迁问题。2003年修编的《钟祥市城市总体规划》则显示，该市远期规划截止到2020年，规划城市建成区面积30平方千米，城区人口30万人，城市建设的重点向东转移。

"现殡仪馆所处地带为集商贸、旅游、教育科研等为一休的城东新区，现殡仪馆规划仍然为商贸居住用地。"钟祥市建设局规划管理处负责人说。

钟祥建设局人士分析，该市是个旅游业很突出的城市，现在的殡仪馆正处在南湖及北湖中间，区位优势突出，南湖、北湖开发后，不仅成为市民休

---

① http://news.sina.com.cn/o/2008-08-08/081414285101s.shtml.

闲娱乐的重要场所，也将成为境外游客观光旅游的重点。同时，殡仪馆附近西有国家重点职业高中，东有大型公共设施火车站，所以，殡仪馆搬迁实为上策。

三年五易其址

殡仪馆究竟搬迁何处？钟祥有关部门经历了长期的斟酌。

"3 年时间内，竟然经历了 5 次选择与否定。"钟祥市建设局人士说，自 2006 年来，市建设局、民政局、文体局等部门先后选了五个地址，但前四个地址因种种原因被否定。

该局规划管理处负责人举例说，最初选址的地点位于钟祥城北洋梓镇双堰村。然而经过长期考察后发现，该处地形复杂，周边近距离内又有部分居民，会对居民生活环境有影响。同时，该地段距城区太远，完全背离了便民的原则；加上地址偏北，影响对城南旧口、柴湖等人口大镇的辐射能力。

在随后的三个选址方案也被最终否决后，今年上半年，经多个部门商议后的第五个搬迁地点再次出台。这次选址经过了多家单位的多次论证，符合殡仪场馆建设的各项原则。选择的这个新址，既符合殡仪馆建设的相关要求，也不会大量占用耕地，更不会对网民所关心的显陵造成影响。

然而，得知这一方案后，长期关注殡仪馆搬迁的众多钟祥网友并不体谅政府部门的"良苦用心"。在他们看来，这一方案与目前的殡仪馆相隔不远，"这样还不如不搬"。

网上争议开放而理性

今年 5 月底，钟祥市建设局以开放的姿态，将新定的第五个殡仪馆搬迁方案在网上发布，供网民讨论。消息一传出，"钟祥论坛"的网友即蜂拥而至。

钟祥建设部门统计，在很长一段时间之内，有关殡仪馆选址的问题，成为"钟祥论坛"的热门话题。短时间内，发表主题帖多达十余个，点击人数更是超过 3 万余人。

"钟祥论坛"的创办者 webmaster 在接受本报记者采访时表示，此次有关殡仪馆搬迁的讨论，是论坛自创办以来，最为热烈的一次讨论。

"这也是我创办这个论坛的初衷，希望广大的网民通过网络这个平台，向外表达自己的意见。"远在北京的 webmaster 接受本报记者采访时说。同时他说，此次有关殡仪馆搬迁的讨论，网民们也体现出了前所未有的理性：有网友甚至专程到政府提出的搬迁方案的现场去实地考察，通过自身的体会增强自己的说服力。

讨论从网络走上电视

当网民就殡仪馆迁址的话题在"钟祥论坛"上争得不可开交之时，钟祥相关部门决定借助钟祥电视台来出面解释并尽量说服网友达成一致意见。

2008年6月23日下午2时至5时，钟祥电视台演播厅，有关殡仪馆搬迁问题的《有话好说》节目在此紧张录制。参加此次节目的有该市建设局规划管理处和民政局殡管所负责人，现场观众有建设局、民政局、文体局、人大和政协代表、网友代表等共约50人。

参加了此次节目录制的网友代表"9407"向本报记者介绍，当天的节目录制现场，气氛异常活跃。"节目中，面对网友的发难，相关领导也表现得很理性，更多的是摆事实讲道理。"

"最终，他们也未能说服我们同意目前既定的搬迁方案。"让"9407"感到欣慰的是，到场的也有几个以网民身份出现的政府部门的代表，他们也实事求是地站到了网民的这边，反对目前的搬迁方案。

"网络民意的胜利"

大多网友在论坛殡仪馆搬迁时，都绕不开当地著名的旅游景点——明显陵。

一位网友在论坛上的总结赢得了很多人的尊重："大家所说保护显陵，不是单单保护文物、保护设施，是保护钟祥的旅游环境。……殡仪馆不是其他的公共设施，有其特殊性，所以重视些许避讳是人之常情。便民不单是考虑丧葬费用，更应该考虑人文情怀。"

更有热心的网友经过自身的考察后，提出了一个新的搬迁地址：市区以东九里回族乡肖店村六组。他甚至颇为专业地总结出以下优点：一是馆址较远离市区和镇区，对城市建设与发展的环境影响较小；二是馆址周边及通道两侧无居住区建设，避免了扰民和对村民生活环境的影响；三是靠近公路，有方便的交通和水电基础设施利用条件；四是占用农田较少，有利土地征用。

"这个网民提出的新方案已纳入了我们的考虑。"钟祥建设局规划科负责人说，前几日，建设局也专门派员去当地进行了实地考察，并将结果报送了市政府。

"无论将来的结果如何，这都将是网络民意的一次胜利。"一位一直关注这场网络争论的钟祥市人大代表如此评价。（本报记者　刘飞超　李海夫）

三、环境管理模式

环境管理模式是在一定的环境管理体制之下形成的，是指在特定的环境管理组织中所确定的环境管理系统的运行模式。环境管理模式受环境管理组织模式的影响和制约，是特定的环境管理组织模式的反映。

（一）环境管理模式的类型

1. 传统的环境管理模式

（1）区域环境管理模式

又称"块块管理"模式，这种模式是世界各国最早普遍采用的，它是将同一区域的环境问题，不分行业、不分领域、不分类别均纳入该区域环境管理的范围，以行政区划为特征的管理模式。在我国，地方政府的环境管理、资源环境管理、城市环境管理、农业环境管理等均适用区域环境管理模式，其环境管理体制的设计主要遵循要素式管理模式，即针对生态系统的不同要素和生态系统的不同服务功能，将环境管理权分别授予土地、水利、建设、环境保护、林业、农业、渔业、交通、旅游等多个政府部门，而上述部门均有权在各自的管辖范围和职权范围内独立地进行环境管理。

（2）行业环境管理模式

又称"条条管理"模式，这是跨越行政区范围，以行业作为管理对象，以行业环境问题作为管理内容的一种管理模式。这种管理模式是为弥补"块块管理"模式的不足而出现的。在"块块管理"模式下，地区经济社会发展水平的不均衡会导致环境管理力度的不均衡，造成不同地区的同一行业在环保投入上存在很大差异，进而影响生产成本和经济效益，不同地区、同一行业的企业产品进入物质流通领域以后必然形成不公平的市场竞争环境。这最终会给环境管理工作带来阻力和难度，不利于国家整体环境目标的实现。

（3）综合环境管理模式

这种区域与行业相结合的模式是为解决行业管理模式与区域环境管理模式之间的协调而出现的。"条条"和"块块"模式都有自身的优势与不足，尽管"条条"模式对"块块"模式有补充作用，但是如何实现两者有效衔接和正常运转就成为现实问题，所以，这种模式是一种新型的较为完善的模式选择，对完善我国的条块分割的环境管理模式是一种借鉴。

2. 生态化环境管理模式

基于实现人与自然和谐发展的目的，必须运用主流化的理念对当前的环境管理模式加以修改完善，打破传统的条块分割式的环境进管理模式，将环境保护纳入环境管理的全过程，使环境管理的各项制度、规划和具体措施都要充分考虑环境因素，特别是环境管理核心制度和设计要将环境保护作为整体性考虑。环境管理组织体系的设置、职权划分和各项管理制度、措施必须充分考虑环境的生态系统特征，使各级政府、部门不仅贯彻环境保护，而且在制定各项政策、法规、规划时对环境保护作整体性考虑，以改变条块分割式的环境管理模式造成的环境管理有效性不足的局面。

环境管理模式的生态化要求管理者从生态系统的角度整体处理人与自然的关系以及人与其他生命之间的关系，并将其转化为一种思维方式、思想境界、价值取向和行动准则。建立生态化的环境管理模式，应当遵循生态系统方法所蕴含的基本原则，即通过运用生态系统方法和综合生态系统管理的理念来设计环境管理体制。在生态化的环境管理模式下，环境管理体制的设计主要遵循生态系统方法，将生态系统看作一个综合的整体，多个政府部门之间的协调管理均属于综合生态系统管理必不可少的环节。在各部门的综合协调管理活动中，全部管理活动均在谋求人类社会发展的同时充分尊重生态演变规律，并将生态规律作为技术规范加以运用。在生态化的环境管理模式下，政府不再是环境保护的唯一主体，企业、非政府组织、社区、公众都应当参与到环境管理当中去。地方政府的主要任务是进行宏观环境管理，主要致力于环境与发展的综合决策、落实政府部门的环境责任、综合协调政府部门的环境管理活动、提供公众参与的平台、加快产业结构的调整和经济发展方式的转变等重大问题。而地方政府环境管理部门则结合地方环境保护工作重点进行微观环境管理，开展环境规划管理、建设项目环境管理、专项环境管理和环境执法监督等活动，确保环境保护战略、方针、政策、对策和措施的具体贯彻与落实。

3. 西方的环境管理模式

20世纪中后期以来，西方面临着工业化以来极其严峻的环境污染，这种态势不仅影响到社会生活，更影响到工业生产和文明发展。为了实现包括程序正义、地理正义和社会正义在内的环境公正，西方学术界提出了环境治理理论与框架，形成了政府控制型、市场机制型和社会机制型三种环境治理模式。西方环境治理正从政府、市场与社会单向度治理，转向将个人、社会和环境纳入同一治理系统的整合性治理模式，对于我国环境污染治理具有借鉴意义。

（1）政府控制型环境治理模式

合作的环境治理即公共和私人当事方，提供了一个有用的评价的长处和局限性，现有的伙伴关系和协定。在合作的环境治理的各方承诺，通过或多或少的有约束力的协议，以解决具体的环境问题。当合作是嵌入环境政策，它成为一种手段实现环境目标的状态。对于政府控制型环境治理基本从开始时的单线依靠权力，到后来加入公众合作，但是，最终起决定作用的仍是政府权力，其中包括政府对于环境政策的制定、环境污染的评估、环境污染的监督和环境污染的治理等各个环节。公众在其中只是参与者，在环境污染治理的各个核心环节无法发挥制度制定与效率评估功能。

（2）市场机制型环境治理模式

环境污染是基于外部不经济性的市场失灵而展开的。家庭成员的行为影响未来环境政策的走向，可以通过相关价格体系的改变去影响他们行为，或使用能够利用的力量去改变社会习俗和规范。市场强调个人、家庭、媒体、企业等各种个人或组织对于规范的遵循和对于市场失灵的校正。网络和市场治理是目前环境问题的主要解决办法，转型管理和自适应治理解决环境问题的方法非常有效，由政府主导的环境管理应向多重参与者的环境治理。市场机制强调通过企业和家庭等市场主体以技术和竞争机制进行环境治理，其中相关的技术信息必须被公民掌握，尤其是污染排放标准和企业治理机制、决策等全过程，公民应全权参与其中。20 世纪 70 年代工业污染危害性被欧美国家认识之后，许可交易证制度、排污收费制度、降低市场壁垒、削减政府补贴等市场导向政策工具逐步出台。这些制度均只涉及政府与企业的权力，公民的权利仍未显现。市场治理更深层意味着各类市场主体同等权力地参与环境治理，否则这种治理在很大程度上会忽略公民与社会的利益。

（3）社会机制型环境治理模式

环境问题的社会建构侧重研究特定环境状况是如何被建构成公共环境问题的，强调一系列具体社会过程在建构环境问题中的重要作用，特别是大众传媒的传播作用。社会伦理是实现国家行为者、民间和社会在环境治理互动中应遵循的规则，社会需要有组织地参与其间，权力下放、建立第三方环境管理审核体系和公民充分获取污染排放标准信息，都有利于形成公众和社会组织参与评估和决策的环境治理民主化制度。社区政策模型利用社会与国家的协同挑战传统观念的中央控制的环境规制，深刻说明社区组织与企业互动共同治理环境治理的重要性。

总体上说，在政府、企业、个人边界清晰和公民社会发育良好的背景下，西方环境治理从政府控制型、市场机制型逐步转向社会机制型，并将个人、社会和环境纳入同一治理系统，出现了整合性治理范式。西方环境治理模式从重视治理技术、价格竞争机制等向注重培育环保组织、社区、公民环境权等方向发展，从权力服从、利益分配向责任共担方向发展，这对于我国环境污染治理具有借鉴意义。

（二）环境管理模式的变迁

环境管理模式的选择取决于经济发展水平、公众环境意识和监督管理能力等因素。我国经济社会发展的不平衡性和环境问题的复杂性决定了我国环境管理模式选择的多维性。我国目前的环境管理基本属于以污染控制为目标导向的模式，正在向以环境质量改善为目标导向转变。这种环境管理的新模式是经济健康发展、改善民生、缓解环境压力不断加大的必然选择。

人们对环境问题认识得到逐步深化：从污染问题、环境问题到生态问题（社会问题）。对环境问题形成的原因考虑也在深入：从废物、规划和人的行为等要素。对参与环境保护的主体也在扩大：从政府、企业到公民与国家组织。对解决环境问题的方案也在完善：从技术解决、管理解决到行为约束。

表4–1　中国环境治理模式变迁

模式 项目	治理污染 （1949—1978）	环境管理 （1979—2005）	统筹治理 （2006— ）
问题定义	污染问题	环境问题	生态问题/社会问题
形成原因	1. 承认污染问题 2. 废弃物没有利用	1. 规划不足和缺乏 2. 技术条件落后	1. 人口与人类行为所致 2. 伦理观念错误
行动主体	政府（尤其中央政府）	政府（中央和地方）、行业和专门环保机构、企业	党、各级政府、企业、公民和国际组织
行动方式	1. 依靠有限奖金和技术治理污染 2. 鼓励对废弃物利用	1. 分配环境保护责任 2. 确定政府与机构职能 3. 加快立法、依法监管	1. 制定战略目标 2. 经济结构转型 3. 重建伦理守则
制度环境	计划经济 革命政府	成长的市场经济 全能政府	成熟中的市场经济 有限政府
绩效评价	群众满意	经济效益、社会效益和环境效益的统一	生态文明、和谐社会

生态管理意味着一种管理理念的转变，即从传统的线性管理向非线性管理（网络管理）的转变。生态管理强调整体性和系统性，要求生态系统内各组成部分之间相互联系、相互依存，互利共生，谋求社会经济系统和自然生态系统协调、稳定和持续的发展。生态管理是环境管理未来发展的主要方向之一。生态管理是在"环境–经济–社会"复合生态系统内的管理，这就要求对各类生态系统以及复合生态系统的结构、运行过程与功能进行深入的研

究，研究不同区域生态系统的特点和相互联系，为生态管理提供科学可靠的生态学依据。

（三）环境管理模式的创新

针对环境污染的末端治理而产生的传统的环境管理，强调生产过程的末端治理，而忽视系统功能的理念管理；重视工业生产的物理过程，而忽视其生态过程；重视产品的社会服务功能，而忽视其生态服务功能；注重经济成本而忽视生态成本；社会的生产、生活与环境管理职能相分割，生态意识低、管理方法落后，都是环境持续恶化的重要原因。多年来形成的以末端治理为主的管理方式，其种种弊端不可避免。因此，如何尽快地转变传统的环境管理思想和模式，找寻适应我国的有效的环境保护与管理模式，是一项迫切而有必要现实意义的工作。

1. 环境管理的生态实质

环境管理的实质是协调人与自然的关系，达到人类生存与发展的理想状态。从环境管理的价值内涵、经济内涵、技术内涵和制度内涵等方面分析环境管理的实质，可以推动生态文明建设的发展，实现可持续发展战略。

（1）价值内涵

生态环境建设是环境管理的价值内涵。生态文明是人们在遵循自然规律的前提下，促进人与自然和谐相处，要求人们在改造世界的同时还要保护世界，缓和人类生存、发展与自然环境之间的矛盾。生态文明把"以人为本"作为建设的核心，在生态文明发展的过程中，人应当遵循客观规律，将环境管理融入生态建设中，以体现环境管理的价值。

（2）经济内涵

环境管理的经济内涵是推动经济可持续发展。生态文明以尊重和维护自然为前提，以生态环境生产力为根本动力，以人类社会良性循环发展为根本宗旨，最终实现可持续发展的经济模式、健康合理的消费模式以及人与自然和谐相处的共生模式。环境管理的目的已经逐渐成为社会经济发展的导向，生态文明建设与环境管理相吻合，共同指引了新时期社会经济发展的方向。为此，我国的环境管理应围绕经济规模效应与结构效应、环境服务的需求与收入的关系和政府对环境污染的政策与规制三大主题，实现经济发展方式的根本转变。

（3）技术内涵

环境管理的核心内容之一是生态系统综合管理。随着人们意识形态的转变，在环境管理中，不断通过提高环境管理的科技含量，完善技术手段，通过更加科学有效的环境管理，引领生态化的生产方式，从而最大限度地减少对能源的消耗和对环境的破坏，维护良好的生态环境，已经成为全社会的共识。在环境管理中，要将产业生态关系、城乡生态关系、地区间生态关系与上、下游之间的生态关系处理好，完成环境管理的技术目标。在生态文明建设中，要处理好产业生产关系，科学、合理地调整产业结构，促进循环经济的发展，利用科学技术建立清洁生产产业，最大限度地利用自然资源，从源头减轻环境污染，缓解环境压力。要理顺城乡生态关系的垂直生态链。在城市中要积极建设新型工业化和新型城市化，改善城市工业污染向农村转移的现状。进一步推进新农村建设，为城市地区提供安全产品，实现我国城乡生态建设一体化进程，同时，还要利用相关科学技术对已被污染的环境进行处理，改善城市工业污染和农村水污染的现状。在环境管理中，推行流域生态工程建设，用生态工程建设带动城乡生态文明建设。在农村地区，要积极采用生态技术控制养殖业造成的污染，并对已经出现的环境污染进行有效治理，减少河流上流污染对下流造成的影响。

2. 生态化环境管理要点

（1）明确生态化环境管理目标

人类的管理活动最终意义就是为了调整人与自然的关系，而人类作为生态系统的一部分，应当遵循生态系统的运作法则，即在生态系统自我调节难以生效的情况下，人类活动可以进行适当干预。这就要求在选择环境管理手段方面注重生态化要求，从实现人与自然和谐共处的视角出发，对我国目前环境管理模式下诸多问题进行思索和评析。将生态化因素引入环境管理中，是充分考虑生态规律和尊重生态完整性的必然结果。

完善适合我国国情的生态化环境管理模式涉及我国立法、政府管理体制、社会生活等各个方面，要求在指导理念上突破原有管理模式受经济牵制的藩篱，将生态环境的保护提高到文明的高度。在环境立法上加强生态化环境管理立法研究的研究工作，完善相关立法，确保环境管理有法可依。针对目前我国环境行政管理机构设置中的不合理现象进行调整和补充，使政府环境管理机制顺利运行。改变以往环境管理手段单一的弊端，重视非强制性管理手段的运用，适当引入间接管理于段，丰富生态化环境管理模式内容，使自然资源和环境保护得到最优配置和管理。同时，适应社会多元化需求，充分调动社会所有力量保护环境、重视生态文明建设，明确政府、公众、企业等在环境管理中的地位和角色，最终实现经济与环境、人类与自然的和谐发展。

（2）协调生态化环境管理关系

生态化环境管理模式和生态文明是相互渗透、相互影响的。一方面，生态化环境管理模式是人类生存与发展过程中维持良好生态状况的必然选择，而生态文明则是完善这一模式的指导理念。随着建立和谐社会发展目标的提出，生态文明成为指导我国环境管理工作的必然理念，我国环境管理模式的完善自然也离不开它的生态导向。另一方面，生态化环境管理模式的完善又是生态文明建设基础性工作的重要一环，积极推进着生态文明建设的进程。生态文明建设主要表现为社会生态意识的增强、生态的制度的完善、生态经济的发达和生态环境的改善等。而环境管理对环境和人类行为能产生直接影响，环境管理制度的生态重建也必然成为生态文明建设的重中之重。

生态文明建设与环境管理之间是相辅相成的。生态文明建设是环境管理的导向。环境管理工作应该服务于社会文明建设，而生态文明是社会文明中重要的组成部分，因此，环境管理工作要最大限度地服从于生态文明建设。环境管理是生态文明得以实现的重要工具。生态文明的实现，尤其是在社会经济发展未达到高度发达的时期，人类综合素质没有达到足够高的程度时，仍然需要有一定的制度和工具来进行约束和指导，才能实现一种文明的建设。生态文明需要有环境管理中若干细化的措施作为工具进行指导。生态文明建设与环境管理共同承载了人类社会可持续发展的理念。生态文明就是人与自然和谐，是一种人与自然和谐发展的文明境界和社会形态；而环境管理涉及经济、社会、政治、自然、科学技术等方面，目的就是使人与生活环境和谐发展，制度与社会紧密吻合。

（3）完善生态化环境管理模式

当前环境管理模式的生态化程度较低，主要表现在：环境立法不完善，缺乏生态导向，不能满足当前生态化要求，环境行政管理体制忽视生态系统整体性特点，在静态机构设置方面按行政区划条块分割，造成管理职能重复、政出多门。在动态运行方面背离生态化诉求，协调机制运作不良，环境管理手段僵化，严重背离了环境管理的生态化方向；公众参与程度低和企业追逐短期经济利润而罔顾长远环境利益的行为也阻碍了管理模式生态化进程。

为了解决目前环境管理模式中存在的上述问题，应当完善我国生态化的环境管理模式。具体做法是：加强生态化环境管理立法的研究工作，完善环境立法，实现对生态环境的全面保护；在环境管理体制的静态设置上，尊重生态系统的整体性，重新整合环境管理机构，明确各部门责任，按照生态区合理配置管理职能；在环境管理运行机制中充分体现生态化特性，科学处理各类生态关系，引入绿色政绩考核机制、完善环境责任追究制，从而实现政府工作的生态化转向，合理运用强制性和非强制性等多种管理手段，促使生态系统的正常运转。此外，在政府的引导下，鼓励各类社会主体积极参与环境管理，提高公众参与环境管理的广度和深度，保障公众参与的相关权利，实现对政府的有效监督，重新定位企业角色，把生态化要求深入生产和管理的各个环节，使企业成为环境保护的主力。

3. 环境治理理念的创新

随着公众对环境的日益关注及愈演愈烈的环境冲突，带有计划经济色彩的政府大包大揽的传统环境管理模式失灵，取而代之的是以环境治理为核心的多元主体共同参与的新型治理模式。环境治理是指在对自然资源和环境的持续利用中，环境福祉的利益相关者们谁来进行环境决策以及如何决策，谁来行使权力并承担相应的责任，以达到一定的环境绩效、经济绩效和社会绩效，并力求绩效最大化和可持续发展。环境治理包括参与环境活动的所有利害相关的利益主体及各种类型的组织和机构，是一种多元组织或网络的互动模式，某种程度上意味着分权和授权，更加强调自下而上的参与过程。由于环境仍然具有公共事务的特点，需要政府从自身开始转变职能，以多元主体参与治理的理念，引导多元的社会主体广泛参与到环境治理中，从而构建一套多主体、多维度的协同治理合作体系，对环境进行全方位、低成本、高质量的治理。

环境善治（Good Environmental Governance）指政府部门、企业部门和社会组织根据一定的治理原则和机制进行更好的环境决策，并力求环境绩效、经济绩效和社会绩效最大化和可持续发展性，公平和持续地满足生态系统和人类的目标要求。环境善治是指良好的环境治理，是指政府与公民对环境的共同合作管理，是生态环境利益最大化的公共管理过程，是政府与公民社会致力于实现人类与自然和谐共处和可持续发展的共同目标而形成的一种新型关系，是二者的最佳状态。它的实质表现为一种多中心的环境治理，强调环境治理的主体不能单单只有政府，也应该让市场和公民社会参与到环境治理中来，发挥他们的积极作用来共同治理环境。

环境善治要求政府、市场及公民对环境进行共同合作管理，追求的最终目的是追求人类与自然和谐共处和可持续发展，并且使得生态环境利益最大化。环境善治是对传统环境管理的一种突破，它强调进行环境治理的主体不再是政府这一单一主体，而应该是多主体的，即政府、市场和公民社会来共同治理，并且三者在整个的治理活动过程中主体地位是平等的，力量也是均衡的，不存在谁领导谁的问题，相互之间是互助合作的伙伴关系，是政府、市场和公民社会三者相互合作、相互补充、相互协调所达到的一种最佳状态。

4. 多元主体的协同治理

随着经济的发展，利益格局趋于多元化，社会主体也向着多元化方向发展，这就决定了环境管理模式中管理主体的多元性，作为生态系统的组成部分，政府、公众、企业等都将承担起环境管理的责任。只有调动一切社会力量，积极有效地处理好人与自然的关系，才能实现人与自然的和谐发展。

（1）重视政府在环境管理中的主导作用

政府是国家公共行政权力的象征，负有维护公共利益的义务，能够有效组织、管理和实施国家公共事务。政府是环境治理的主体，在环境治理中应有以下几方面的作为：一是制度体系的建立和完善，政府应当建立环境保护的基本框架，约束各种参与主体的行为；二是经济手段的辅助使用，运用价格、成本、利润、信贷、税收、收费、罚款等经济杠杆调节各方面的经济利益关系，规范人们的经济行为，以实现环境和经济协调发展；三是政府投资环保产业，引领环境保护事业科学发展。企业与政府、公众必须相互协调、配合共同负担环境保护这一社会责任。政府应当出台相应政策进行引导，引入经济激励政策，对走循环经济的企业进行激励，从根本上激发企业在环境保护中的积极性。

（2）重视企业在环境管理中的积极作用

企业作为环境治理的主要承接方，在日益增加的环境压力下，需要更好地将环境诉求与利益诉求相结合。将外在的环境治理诉求与内在的利益诉求相结合，甚至利用日益增加的环境关注度，形成企业环境治理的收益。要强化企业环保意识，提高企业在环境管理方面的责任感，积极树立企业的环保形象，成为环境保护的倡导者。企业的社会责任，是企业在创造利润、对股东承担法律责任的同时，还要承担对员工、消费者、社区和环境的责任。要转变传统粗放型的经济增长模式，节约生产、清洁生产，积极发展循环经济，使企业成为环境保护的实践者。

（3）提高公众在环境管理中的自律作用

政治权力下放，促进公众参与环境治理，进而建立完整的政府、企业、公众的环境治理多元参与主体，是中国环境治理改革的方向。

一是扩大公众参与的广度。要鼓励环保非政府组织参与环境管理。政府要以立法的形式确立环保非政府组织的地位、功能、作用、参与环境管理的方式等；赋予环保非政府组织参与某些政府决策的参与权与监督权，例如对直接涉及环境权益和可能造成不良环境影响的决策；完善政府环境信息公开制度，确保环保非政府组织及时履行其职能；政府加大对环保非政府组织的资金支持，提高环保非政府组织的专业化水平；等等。要鼓励社区参与环境管理。完善相关立法，在法律上确认社区在环境管理中的地位以及保障社区参与环境管理的各项权利，提供激励机制，促进社区参与管理的积极性，例如直接提供资金支持、提供公共设施建设的物资、提供社区教育的资助等。要鼓励公民参与环境管理。为保障公民作为公众参与的主体地位，应当通过宪法和环境基本法确立公民的环境权，从公民权这一基本权利出发，在立法中细化环境知情权、环境参与权等，从而明确公众参与环境保护的内容和途径。

二是增强公众参与的深度。要鼓励公众参与环境立法和环境政策的制定，进一步完善在环境政策的制定过程中公众参与的程序和制度保证。在环境立法的工作过程中，要听取、收集公民、法人和其他组织对立法的意见、建议，并对这些意见、建议进行综合整理、采纳吸收与反馈的活动。在我国，公众参与环境管理最广泛的一个领域就是参与环境影响评价，对规划和建设项目实施后可能造成的环境影响进行分析、预测和评估，提出预防或者减轻不良环境影响的对策和措施并进行跟踪监测。要鼓励公众参与环境管理执法的监督。对环保许可证的审批过程，应当有公众代表参加，以弥补政府在利益偏向和信息不完全方面的局限；在环境标准的执行和环境标准的认证以及清洁生产制度的实施等过程中应当有公众的参与或监督；对环境纠纷的处理要充分听取群众的意见和要求，处理意见和结果要以听证会的方式与公众见面。

三是建立公众环境知情权的保障机制。公众参与环境管理的前提是全面、真实、充分了解政府或企业的环境信息，因此，完善环境信息公开制度也是完善新型环境管理模式中不可偏废的一环。环境信息公开是指政府和企业依据法律规定以适当的形式向公众公开环境信息的行为。作为公众参与环境管理的前置条件，环境信息公开制度为公众环境知情权的实现提供了信息基础，是公众参与环境保护的一项基础性制度。

5. 合作管理的环境治理

我国环境治理体系的形成以 1973 年 8 月第一次全国环境保护会议召开为标志。会议通过的《关于保护和改善环境的若干规定》明确了我国环境管理实行的是"统一监督管理与分级分部门管理相结合的管理体制"，具有高度分权化的特点。行政主导环境治理体系由管制者（环境专家）、被管制者、关注公共利益的社会组织三方构成。

从 20 世纪 80 年代以来，行政主导的环境治理体系在国际上受到了一系列的挑战，美国、欧盟等开始寻求环境治理的变革。我国环境治理体系面临的挑战有：环境治理的经济、社会和文化价值观等影响因素发生了变化，出现一系列新的环境问题，行政主导的环境治理体系内在弊端显现。行政主导的环境治理体系不能有效地应对区域、流域污染问题、不能有效地应对生态系统管理问题、不能有效地解决涉及多个行动主体的环境问题。合作管理的环境治理体系力图解决复杂的环境问题，整合行政、市场和社会参与三种机制的力量。从社会资源动员角度看，合作管理强调利益相关者之间的博弈与合作，强调环境问题不仅仅是工程技术问题，而且更是社会问题从行政主导向合作管理转变是环境治理变革的趋势之一。合作管理的环境治理体系的构建围绕着两个维度进行：环境行政机构内的行动者合作，体制内行动者和体制外行动者之间的合作。体制内的行动者包括国务院相关部、委、局、地方政府、地方环境行政机构等；体制外的行动者包括环保社会组织、企业、国际组织等。根据合作的行动者地位、性质等，合作管理又可以分为垂直性合作和水平性合作。垂直性合作强调多层次行动主体的合作（国际组织、中央政府、地方政府等），水平型合作强调的是同一层次的行政部门以及行政部门、私营部门、第三部门之间的合作。合作管理的环境治理体系主要用来解决单个部门、单个组织、单个地方政府难以有效解决的复杂环境问题。合作管理与行政主导模式相比，能够有效地解决跨界污染的防治、生态系统管理等复杂的环境问题。从治理工具的丰富性角度看，合作管理提供了管制、市场、参与等综合工具。从社会资源动员角度看，合作管理强调利益相关者之间的博弈与合作，强调环境问题不仅仅是工程技术问题，而且更是社会问题。行政主导与合作管理之间是相互支撑的关系，合作管理代表了新的治理体系。我国环境治理体系的转型已成为公共治理整体变革的最前沿领域。

四、殡葬环境管理

殡葬环境是城乡环境的一部分。一般来说，殡葬环境包括广义环境的第二环境、第三环境和第四环境。殡葬环境指殡葬活动所处区域或殡葬服务设施所在区域内的情况和条件。

（一）殡葬环境管理的内容

殡葬环境管理主要是调控殡葬从业人员和客户与环境保护的关系，组织并管理殡葬从业人员和客户的生产与相关活动，限制他们损害环境质量、破坏自然资源的行为。一般来说，殡葬环境管理主要包括以下几个方面的内容。

1. 治理环境污染

主要从殡葬活动对环境产生的污染进行有效控制，包括大气污染、水体污染、固体废弃物污染、噪声污染等。

2. 减少环境破坏

一是加强公用设施管理。殡葬设施内的公共设施是殡葬设施内的重要组成部分，一旦遭到破坏或损坏，便会影响人们正常活动。因此，加强公用设施的管理也是殡葬环境管理的一项重要工作。

二是抓好治安管理工作。殡葬设施内的治安管理工作是指殡葬服务机构为防盗、防破坏、防意外及突发事故而对所管区域内的一系列管理活动。治安管理防治的对象主要是人为造成的事故与损失，其目的是避免所管区域内财物受损失、人身受伤害，维护正常的工作、生活秩序。

三是抓好消防管理工作。消防管理工作在殡葬设施管理中占有头等重要的地位。殡葬服务机构应做好殡葬园区内消防设施和器材的配置与管理、消防宣传教育等工作，要预防火灾的发生，最大限度地减少火灾损失，为人们提供安全环境，增强其安全感，保卫其生命和财产的安全。

3. 降低环境干扰

一是加强殡葬环境卫生管理工作。殡葬环境卫生管理是殡葬设施环境管理中一项经常性的管理服务工作，其目的是净化环境，给人们提供一个清洁宜人的工作、生活的优良环境。良好的环境卫生不但可以保持园区容貌的整洁，而且对于减少疾病、促进身心健康十分有益，同时，对社会生态文明建设也具有很重要的作用。

二是加强殡葬活动车辆交通管理。车辆是人流、物流的载体。殡葬设施内的交通道路是殡葬活动的通道。相对于其外部环境，车辆交通是对外联系的主要载体与通道，在殡葬设施发挥功能方面有着特殊的重要性。车辆交通管理的目的是为了建立良好的交通秩序、车辆停放秩序，确保车辆不受损坏和失窃。

三是做好殡葬环境园林管理工作。尽量扩大殡葬园区绿化面积，调节殡葬设施区域小气候，保持水土、防风固沙，消声防噪，达到净化、美化环境的目的。

四是建立生态化的人文殡葬环境。生态化的人文环境应该是和睦共处、互帮互助的殡葬活动环境；互利互惠、温馨文明的殡葬服务环境；融洽和谐、轻松有序的殡葬办公环境；安全舒适、相互协作的殡葬生产环境等。

（二）殡葬环境管理的目标

殡葬环境管理的实质，就是要遵循社会经济发展规律和自然规律，采取有效的手段来影响和限制相关人群的行为，以使其活动与环境质量达到较佳的平衡，保证殡葬设施正常良好的工作秩序，创造优美舒适的工作、活动环境，最终达到殡葬设施经济效益、社会效益和环境效益的统一。按照这个总目标，殡葬环境管理的具体目标，主要有以下几个方面。

1. 适度开发与综合利用

合理开发和利用园区的自然资源，维护区域的生态平衡，防止区域的自然环境和社会环境受到破坏和污染，使之更好地适合于人类殡葬活动和自然界生物的生存与发展。要达到这一目标，就必须把殡葬环境的管理与治理有机地结合起来，也就是合理利用资源，防止环境污染；在产生环境污染后，做好综合治理的补救性工作。这是防止环境污染和生态破坏的两个重要方面。在实际工作中，更应该注意以防为主，把环境管理放在首位，通过管理促进治理，为人们创造一个有利于殡葬活动的优良环境，一个既能保证技术的合理发展，又能防止污染的健康、舒适、优美的殡葬环境。

2. 遵守法规与制定标准

有效贯彻国家关于殡葬环境保护的政策、法规、条例、规划等，具体制订殡葬环境管理的方案和措施，选择切实可行的能够保护和改善殡葬环境的途径，正确处理好社会和经济可持续发展与环境保护的关系。

由于不同的殡葬设施环境保护的要求或标准有所不同，这就需要殡葬服务机构根据自身特点，客观地拟定所管区域的环保标准与规范。同时，殡葬管理机构还应组织有关部门定时进行殡葬环境监测，掌握所管区域的环境状况和发展趋势。有条件的还应该会同有关部门开展对所管区域的环境问题进行科学研究。

3. 宣传教育与文化培育

积极开展保护环境的宣传教育，引导公众参与殡葬环境管理，构建殡葬环境文化。殡葬环境管理的提出与发展，孕育了一种新型环境文化，这种环境文化代表了人与自然关系的新的价值取向，认为人与自然本质上是一个整体，人与自然应当和谐相处。这种新型的环境文化，标志着人类在现代社会中高文化水平的意识觉醒，提高和普及公众的环境意识，是现代文明进步的标志和尺度。这种环境意识使传统的伦理学、道德标准都会发生变化。现代环境伦理学认为，人的正当行为必须扩大对自然的关心，道德标准必须扩大到人类维护环境质量的实体和过程，必须以维护基本生态过程和完善生命保障系统为标准，保护遗传的多样性和保证人类对环境资源的持续利用，由此，人类发展途径只能选择社会、经济、环境全面综合发展的途径。殡葬环境是一个局部区域的环境，但它直接影响着一个城市、乃至整个国家的整体环境，最终涉及人类自身的切身利益。

普及环境意识，引导人们自觉遵守和维护殡葬环境保护的有关政策、法律，唤起人们关心殡葬环境、社会公共利益与长远利益，把殡葬环境管理方面的要求和标准变成人们自觉遵守的行为准则和道德规范，是实施殡葬环境管理的根本和基础。

（三）殡葬环境管理的原则

环境作为资源，是以各种形式直接向生产者和消费者提供服务的。因此，环境管理属于资源管理，具有经济属性，要充分运用价值规律进行殡葬环境管理，通过加强经济核算等方法，调节生产效益与环境效益，把殡葬环境管理工作定量化、科学化。

1. 效益最优的原则

殡葬环境管理具有生态属性，殡葬环境管理必须遵循生态规律，既要把殡葬环境问题作为社会经济建设中的一个有机组成部分，又要把殡葬环境问题作为一个有机联系的整体，从殡葬环境本身固有的各个方面、各种联系上去认识和研究，进而揭示殡葬环境总体发展趋势和运动规律，正确处理全局与局部、局部与局部之间的关系，取得最大的全局和整体效益。

在制订殡葬环境方案和组织实施方案时，要对殡葬的各组成要素或功能性群体进行定性和定量分析，把不同层次与不同部门的管理工作有机联系和协调起来，避免决策失误和管理不善等情况的发生，促进环境管理的整体效益与全面效益不断提高。

加强殡葬环境规划和园区内的综合治理工作，要综合研究区域内的资源、自然条件、环境污染和破坏程度等因素，合理安排区域内的建设、商业、殡葬服务等活动，制订园区内的环境规划，统筹解决环境问题，运用多种管理手段来加强对环境的管理，实现殡葬环境管理的最佳整体效益。

2. 综合平衡的原则

环境问题始终是关于保护生态与发展经济的协调性问题。环境管理具有生态经济属性，环境管理必须遵循生态经济规律，力求生态与经济的协调和平衡。在殡葬环境管理中，遵循综合平衡原则具体表现在以下几个方面。

把殡葬设施内的生态保护和环境管理纳入社会经济发展规划来协调和综合平衡城乡社会经济发展与环境保护的关系，推动殡葬设施的环境管理。

殡葬环境管理要有预见性和长远性，要密切注视殡葬设施内的经营、活动和消费等，根据社会经济发展动向可能对殡葬设施环境保护带来的影响，及时提出环境保护对策，防患于未然；同时，还要开展殡葬环境评价和环境预测工作，尤其要开展经济建设中的环境影响评价工作，并使之制度化和规范化。

要制定和实施综合有效的制度和规范，强化殡葬环境管理。在制定环境管理制度与措施时，既要考虑诸如大气、水体、土壤、生物和非生物之类的环境因素，又要考虑社会、政治、经济、文化、科学技术、法律等方面的情况，并对这些情况进行综合考虑，统一决策，分工协作，协调发展。

3. 社会治理的原则

政府是环境管理的主体，殡葬环境管理要由政府依据相关法律、政策和方针进行。政府在制定政策时要兼顾公平与效率两个方面，公平包括代内公平和代际公平，效率则涉及管理成本与实际效果。在环境管理中，把政府的干预和公众参与结合起来，通过开发环境教育，增强公众对环境价值的认识和对开展环境保护工作的紧迫感，激发人们自发保护环境的热情，才能有效地监督政府避免决策失误。可见，政府干预与公众参与原则对殡葬环境管理方案的实施有着十分重要的意义。

第二节　殡葬环境管理体系建设

殡葬活动作为人类社会活动的重要组成部分，是人类文明的产物，其基本目的是更好地保护人类生存空间。殡葬活动应以尊重自然规律、顺应自然为前提，以实现和谐共生为原则的生存哲学和人类价值观为基础，殡葬改革的目标是正确分析和处理殡葬与自然环境之间的关系，建立可持续发展的殡葬体系和保持与之相适应的可持续利用资源和环境基础。随着社会的发展、改革的深入、文化的交融、人口的剧增、资源的锐减以及环境的恶化，殡葬与生态环境的矛盾日益突出，殡葬对环境的影响已经威胁到人们的日常生活，一些地方出现了与殡葬改革不和谐的现象。如何从构建生态文明社会的高度来重新定位殡葬改革和管理，解决殡葬领域一系列的人口、资源和环境问题，使生者、故人与环境能友好和谐地相处，成为以生态文明为主要特征的和谐社会新时期提出的新要求。

我国是一个历史悠久的多民族国家，不同民族、多种文化的交织，使得几千年遗留下来的殡葬陋习成为困扰当今殡葬事业的一大难题。加之当前我国处于社会转型期，殡葬所涉及的多种经济利益与社会公益的矛盾，使得当前的殡葬服务与管理存在诸多问题。因此，从构建生态文明社会的高度来重新定位殡葬改革和管理，把生态文明的全新理念融入新时期殡葬改革和管理中来，充分关照中国传统文化的殡葬观念和习俗，继承发扬殡葬改革和管理的经验，顺应社会管理、公共服务和生态文明建设大趋势，化解殡葬改革和管理深层次的矛盾，切实保护人类生存环境，确立一个既由政府强力推进又有全民自觉参与、既实现殡葬改革确定的社会效益又充分体现对逝者和殡葬活动者人文关怀的殡葬管理和改革新理念，在我国殡葬法律体系架构中做到既尊重历史传统和现实国情，又在宪法等相关法律的框架内规范地界定殡葬相关者的权利与义务、殡葬管理的相关机构及其职能、殡葬服务行业的标准，选择合理的多级殡葬法律模式来提高殡葬管理、推进殡葬改革、构建和谐社会，更好地继承和发展我国的传统文化，成为当前亟待解决的问题。

一、殡葬环境法律体系的建立

（一）我国古代的殡葬环境立法

在我国，殡葬历来是社会生活中很重要的一个方面。早在西周，统治阶级创设了"礼"。"安上治民，莫善于礼。"（《孝经》）"礼"构成了西周社会的基本行为规则，起着调整社会关系维护社会秩序的重要作用，这开创了中国漫长的"礼""法"不分，"礼""法"合一的历史。在西周，有所谓的"六礼"（冠、婚、丧、祭、乡、见面）和"九礼"（冠、婚、朝、聘、丧、祭、宾主、乡饮酒、军旅）之说，丧礼、祭礼都是其中不可或缺的重要组成部分。

到了战国时期，各诸侯国先后开始了发展巩固封建生产关系、建立封建政治法律制度的变法运动。这时，虽然没有环境保护法的概念和相应的专门法律，但当时人们对人与自然的关系、对殡葬的特殊性有了更明确而深刻地认识。

《秦律·田律》："春二月，毋敢伐材木山林及壅堤水，不夏月，毋敢夜草为灰，取生荔、麛□（卵）鷇，毋□□□□□□□毒鱼鳖，置□罔，到七月而纵之。唯不幸死而伐绾（棺）享（椁）者，是不用时。邑之近皂及它禁苑者，麛□时毋敢将犬以之田。百姓犬入禁苑中而不追兽及捕兽者，勿敢杀；其追兽及捕兽者，杀之。"这是我国目前发现于文献中的最早的、完全意义上的自然保护法。这一规定把因死亡需要砍伐树木制作棺椁作为一个特例进行例外性规定，既体现了人们对殡葬活动带给自然环境的影响有清楚的认识，也体现了朴素的人本思想。

到了汉代，随着经济的恢复，出现了"文景之治"，社会安定，人们对环境保护很重视。汉文帝二年诏："其吾诏书数下，劝民种树。"汉景帝三年诏："其令郡国务劝农桑，益种树，可得衣食物。"说明汉朝时人们已经认识到保护自然环境和人类生存的密切关系，给人们的殡葬习俗带来了不小的影响，在墓穴周围植树成风。"陵成宇立，捌列既就"（《汉北海相景君碑阴》）；"今富者积土成山，列树成林"（《盐铁论·散不足篇》）。而且所选树种丰富，除了常有的松柏，还有梧桐、杏树等品种。在《孔雀东南飞》中"两家求合葬，合葬华山旁，东西种松柏，左右种梧桐"就是这一情形的生动描述。

在宋元时期，社会生产力的发展和佛教的世俗化，使得佛教的火葬传统开始在民间流行。火化后的骨灰，或埋入墓中，或存放寺院和家中，有的抛弃在野外或撒放在河流里。

在殡葬思想方面，中国很早便有成体系的薄葬思想理论，并随着历史的发展而不断得到发展。在百家争鸣中，以孔子为代表的儒家最早主张薄葬。儒家的孝道思想客观上为中国封建社会的厚葬风气提供了理论依据，但在实际行动上，孔子却是一个坚定的薄葬论者。"礼，与其奢也，宁俭。丧，与其易也，宁戚。"到了魏晋南北朝时期，在曹操、诸葛亮等为代表的封建统治者的倡导下，社会薄葬风气盛行。从一定意义上说，薄葬理论的内核，包含了朴素的唯物思想和予民休养生息的人本意识。薄葬的施行，客观上也减轻了人给予自然环境的压力。中国传统的薄葬思想，一定意义上与现在殡葬改革倡导的"文明节俭办丧事"一脉相承。

（二）我国现代的殡葬环境立法

1972年，联合国在斯德哥尔摩召开"人类环境会议"，产生了可持续发展概念和思想，预示着人类环境时代的开始。

1979年，我国颁布了环境保护法（试行），确立了经济建设、社会发展与环境保护协调发展的基本方针。1982年，环境保护写入我国宪法："国家保护和改善生活环境和生态环境，防治污染和其他公害。"此后，水污染防治法、大气污染防治法、噪声污染防治法、固体废弃物污染防治法、海洋环境保护法等许多环境保护专门法律以及水土保持法、水法、土地管理法、森林法、草原法等与环境保护相关的资源管理法律相继出台。《环境噪声污染防治条例》《征收排污费暂行办法》等一大批有关环境与资源保护的单项法规、行政规章颁布施行。各地方人大和地方政府也制定和颁布了大量环境保护的地方性法规。以污染物排放标准、环境基础标准、样品标准和方法标准为基础的各类国家环境标准相继出台，我国环境标准法律体系得到建立并不断完善。

改革开放以来，随着我国法制建设的不断加强，殡葬立法工作得到了推进，殡葬环保立法上也取得了很多的成绩。1997年，国务院《殡葬管理条例》颁布实施。在这部我国现行效力最高的殡葬法规中，就有很多规定蕴含和体现了保护环境和维护公共卫生安全的精神，例如，在殡葬管理方针中关于节约殡葬用地的规定（第二条）；关于人口稠密、耕地较少地区应实行火葬的规定（第四条）；关于倡导以少占或不占土地的方式安置骨灰的规定（第五条）；关于严格限制墓穴占地面积和使用期限的规定（第十一条）；关于殡葬服务单位应加强对殡葬设施的管理和更新改造火化设备防止污染环境的规定（第十二条）；关于运输遗体应进行必要的技术处理以确保卫生、防止污染环境的规定（第十三条）；关于办理丧事活动不危害公共安全的规定（第十四条）；等等。这些规定适合我国人口众多、人均自然资源少、生态环境脆弱的国情，对我国殡葬业的科学发展发挥了很好的作用。

我国人口基数巨大，每年都有近 900 多万人亡故，每天都有大量的殡葬活动在进行。而我国悠久的厚葬传统和殡葬攀比心理，使得这些殡葬行为对环境和资源构成了不可忽视的压力。但是，相对于发达国家，我国的殡葬环保立法总体上还比较落后。人们还没有全面从环保的角度去审视殡葬管理和殡葬活动的各个方面和各个环节，保护环境还没有成为殡葬法规的基本原则。殡葬法规现有涉及环保的规定还比较松散，未能形成严密的体系。在殡葬设施、殡葬设备、殡葬用品、殡葬活动等方面的环保立法还很不完善，有的还处于空白状态。

目前，我国已基本上形成了以宪法为核心，以环境保护法为基本法，以环境与资源保护的有关法律、法规为主要内容和以我国缔结参加的有关国际环境与资源保护的条约、公约、协定为辅的较为完备的环境与资源法的法律体系。同时，还存在一个包含传染病防治法等法律法规在内的公共卫生健康安全法律体系。在各类殡葬活动中，这些无疑是应首先遵守的。在建设殡仪馆、火葬场等殡葬设施时，按照环境保护法的相关规定，环保设施与其他设施应该同时设计、同时施工、同时投入使用。在进行海撒时，要注意海洋环境保护法、水污染防治法等相关法律的要求。在火化遗体和燃烧祭奠用品时，要注意避免造成大气污染。在殡葬活动的过程中，要避免对公共卫生造成危害和带来声音、视觉污染。在殡葬生前患有传染病的人的遗体时，应该严格执行传染病防治法等相关专业法规的规定。在建设公墓时，要注意保持自然植被，防止水土流失。

殡葬活动是一项永恒的人类活动。殡葬因死亡而开始，以遗体的处理为中心。如何有尊严地、安全卫生地处置亡人的遗体，确保不对公共卫生造成危害，不带来环境污染，应该成为各殡葬行为中所应考虑的首要的、基本的问题。除了注意遵守环境保护和公共健康卫生方面的法律法规外，应该针对殡葬涉及的特殊问题和具体情况，加强殡葬环保立法。

（三）我国殡葬环境立法的完善

经过 50 多年的殡葬改革实践和改革开放以来的殡葬法制建设经验，我国已经取得一定的殡葬环保立法成果，但同国外一些比较成熟的殡葬立法相比较，还存在一定的差距。同殡葬业发展的现实需要相比较，也还存在不少的空白。

1. 殡葬环境立法的基本原则

殡葬环境立法原则是指在殡葬环保立法活动中必须遵循的准则，也就是对殡葬环保立法、司法和殡葬活动具有普遍指导意义和约束功能的基本行为准则。

(1) 促进生态文明的原则

殡葬法律法规是对人们殡葬活动加以规范制约的。制约是为了达到一定目的的，在制约规范中又包含着倡导，具有导向性。我国《殡葬管理条例》体现了这种制约与倡导的辩证统一。殡葬活动很大程度上受到意识层面（文化层面）的影响。殡葬文化的传承性决定了即使在新中国成立60多年后，落后的殡葬文化仍然对现今的很多人尤其是偏远落后地区人们的思想产生着极大的影响。我国一直以来非常重视殡葬活动中的精神文明建设，《殡葬管理条例》的第一条就开宗明义地规定："为了加强殡葬管理，推进殡葬改革，促进社会主义精神文明建设，制定本条例。"树立科学的生态文明观和殡葬观，是搞好殡葬改革、移风易俗的前提和关键，在构建社会主义和谐社会实现中华人民共和国伟大复兴的新时期，应当把"精神文明"的内涵扩大到"生态文明"层面。

(2) 实现科学发展的原则

《殡葬管理条例》第二条规定了"积极地、有步骤地实行火葬，改革土葬，节约殡葬用地，革除丧葬陋俗，提倡文明节俭办丧事"的殡葬管理的方针。第四条规定了"人口稠密、耕地较少、交通方便的地区，应当实行火葬"，表明了"实行火葬、节约殡葬用地"的殡葬改革方针的着眼点正在于可持续发展，"实行火葬"是手段，"节约殡葬用地"是目的。随着中国经济的迅速发展，资源紧缺日益成为遏制国家经济发展的瓶颈。但中国的传统殡葬观念同现代可持续发展观念严重背离甚至发生严重的冲突。"入土为安"是中国人难以磨灭的殡葬观念，然而，土地是人类赖以生存的基础，我国人多地少，自然资源匮乏，若对土葬不加限制，对土地的侵蚀势必日趋严重。针对殡葬对土地资源的侵占与浪费，我国从新中国成立伊始就逐步开展殡葬改革，主张推行火葬、改革土葬，其目的在于通过保护资源环境，实现经济社会的可持续发展。

(3) 强化政府监管的原则

《殡葬管理条例》作为规定殡葬管理的行政法规，突出体现了国家监管原则。《殡葬管理条例》第三条规定："国务院民政部门负责全国的殡葬管理工作。县级以上地方人民政府民政部门负责本行政区域内的殡葬管理工作。"殡葬活动具有鲜明的社会性，这就决定了国家需要对殡葬活动加强监管，尤其是殡葬活动中涉及公益和民生的事项必须坚持国家监管。根据我国《殡葬管理条例》，政府对殡葬活动的监管范围广泛，包括了殡葬设施的管理、遗体处理和丧事活动的监管等方面。殡葬业作为一个特殊行业，通过法律法规实施国家监管成为必要。最基本的殡葬服务，包括火化服务、骨灰存放和公墓的安葬等，涉及公共利益的事项必须继续强化国家监管。这就要求严格依照法律、法规进行监管，分清行政权力干预的范围和服务机构自主经营的范围，依法正确使用许可权、处罚权。政府要做到不缺位（该政府管的一定要管好）、不越位（不该政府管的一定不要管）、不扰民，确保管理有法可依，严格按照行政许可法、行政处罚法的规定，对殡葬领域的事项进行监督和管理。只有通过政府部门依据有关法律、法规实施强有力的监管，才能有效遏制了殡葬服务业中种种违规现象和损害公众利益的事件。

（4）卫生安全高效的原则

我国在制定《殡葬管理条例》时，主要关注的是"节约土地"。在生态文明建设的新时期，"保护环境、推进可持续发展"已成为殡葬立法基本原则与核心价值，是殡葬立法、执法的总原则。遗体的处理涉及社会公众重大的公共利益即公共卫生安全问题，如何保障遗体在运输、存放、火化、安葬等环节符合卫生安全的要求，是大多数国家法律介入殡葬领域的原因之一，大多数国家的殡葬立法也充分体现了该原则。

（5）符合市场经济的原则

随着殡葬改革的推进，殡葬行业部分领域的市场化逐步明晰。殡葬服务的市场化与国家对殡葬活动的监管两者之间可以协调，殡葬服务的市场化并不意味着国家对殡葬活动不加干涉。即使像美国这样殡葬服务市场化程度非常高的国家，对殡葬服务的监管也是非常严格的，尤其是殡葬行业的准入制度非常健全和严格。例如，殡葬服务的许可制度，申请人需依照法定程序，向管理机构提出经营殡葬服务的请求并根据法律规定提供相关的材料，在管理机构审核批准取得许可证后，申请人方可经营殡葬服务业务，殡葬从业人员必须具有专业知识和相应的职业资格。符合市场经济的原则也是《殡葬管理条例》等相关法规修订时应遵循的原则。随着殡葬行业的垄断被打破，民间资本和社会力量陆续进入殡葬行业，延伸殡葬服务领域的市场化逐步形成。殡葬法应顺应这一趋势，根据市场经济的要求进行制度设计，为各类殡葬经营者提供公开、公平、公正的竞争环境。同时，殡葬管理主体应按照市场经济的要求，转变监管模式，变主管型监管为中立型监管，变行政本位为市场本位，实现市场监管与公共服务的有效衔接，引导殡葬市场健康发展。

2. 殡葬环境立法的基本架构

殡葬环保立法目标的达成主要是通过规范殡葬行为来完成的。如果殡葬行为得不到合理的国家法律等规范，殡葬环保立法的目标就难以实现。因此，殡葬环保立法应当围绕殡葬行为规制而进行。

（1）殡葬环境管理体制机制

殡葬环境管理体制是规定中央政府、地方政府、相关部门、社会组织在殡葬环境管理方面的职责权限及其相互关系的准则，也就是政府实行公共管理的依托，是为实现组织任务和目标，采取一定的手段和方法，将组织的各要素整合成为一个合理的有机系统。它不但反映了管理组织结构的组成方式，而且规定了政府部门、非政府组织、服务单位及个人在各自领域的活动范围、权限职责、利益及其相互关系，其核心是管理机构的设置。各管理要素的职权分配以及各要素间的相互协调，直接影响到政府公共管理的效率和效能。从某种意义上说，殡葬环境管理体制就是以公共权力为中心，调整政府与殡葬服务单位、市场、行业组织、公民之间社会关系的总和。

殡葬环境管理的主体是履行殡葬环境管理职能的公共管理部门。公共部门是指被国家授予公共权力，并以社会的公共利益为组织目标，管理各项社会公共事务，向全体社会成员提供法定服务的政府组织，分为政府、公共企业、非营利性组织及国际组织四类。在我国，殡葬管理机构是自上而下层级设置的。公共企业是以为社会提供具有公共性质的产品和服务为其主要经营活动的，具有一定营利目标的、受到政府特殊管制措施所制约的、组织化的经济实体。就殡葬公共企业而言，例如殡仪馆、火葬场以及国有公益性公墓等，也包括提供公共服务的部分非国有企业，如为困难群众提供的免费或廉价墓地的经营性公墓等。非营利组织是指从事非营利性活动，满足志愿性和公益性要求，独立于政府和企业之外的社会组织，具有自治性、志愿性、公益性或互益性等特征。我国1989年9月成立了中国殡葬协会，在民政部的指导下，负责向政府部门提出殡葬行业改革、发展的建议，协助政府实施殡葬行业的行政许可及有关法规、政策，制定殡葬行业技术标准规范，组织开发并推广先进技术和科研成果，维护殡仪职工的合法权益，促进中外殡葬文化的交流等工作，在一定程度上发挥了殡葬管理的桥梁和纽带作用，促进了行业自律管理与殡葬文化交流。国际组织是为了促进在政治、经济、科学技术、文化、宗教、人道主义及其他人类活动领域的国际合作而建立的一种国际联合体。它既包括政府间国际组织，也包括非政府间国际组织。例如，国际殡葬组织等跨国的组织，它们所从事的许多活动都有公益性，但它们的活动多数属于国际间的非政府行为。民政部门主要承担推进殡葬改革、加强殡葬管理、监督殡葬服务等方面的职能，协调配合有关部门制止乱埋乱葬，加强市场监管。应进一步明确各相关部门在殡葬改革、殡葬管理、殡葬服务、殡葬价格和殡葬用品生产销售等方面的工作职责，形成政府领导、民政协调、各部门齐抓共管的管理体制。

殡葬环境管理对象包括殡葬行为、殡葬观念、殡葬习俗。既包括了对殡仪馆、火葬场、公墓、殡仪服务机构等殡葬服务单位及个人的丧葬活动，又包括了政府为广大公众提供殡葬公共服务，指导公众进行殡葬消费，引导殡葬习俗，更新殡葬观念等活动。殡葬涉及对遗体的处理，与公共安全和公共健康关系很大。我国《殡葬管理条例》将殡葬管理职能部门明确为民政部门，对公共卫生和环境保护等职能部门的殡葬管理责任则没有明确涉及。在不少国家主管殡葬事务的机关往往也是主管社会公共卫生和公共健康安全的机关。有的国家虽然不是由卫生健康机关负责殡葬事务，但作出涉及殡葬相关决定的过程中，这些部门的意见具有举足轻重的影响。在荷兰，清理坟墓和挖掘遗体坟墓要征得本地区的公共卫生官员的同意。在很多国家，提前或延迟殡葬期限，必须事先征得卫生部门的同意。这些制度设计，对于防止殡葬过程中可能发生的公共卫生安全事故和避免污染环境很有意义。

为实现殡葬环境管理目标，殡葬环境管理主体主要运用法律、行政、经济等手段对殡葬管理对象实行规范、控制、监督。通过立法，规制殡葬服务单位的经营活动，规范公众的丧葬行为；通过行政手段，对违法行为进行查处，纠正不法行为；通过价格手段，干预或引导殡葬服务和殡葬消费；运用市场经济规律，调节、控制殡葬资源配置，提供殡葬公共服务产品。非政府组织还通过制定行业服务规范，实行行业自律管理，促进殡葬市场发展。由于我国政府专门设置了环境管理部门，因而，殡葬环境管理需要殡葬管理部门与环境管理部门的密切合作。

（2）殡葬设施规划管理

殡葬设施是为了进行殡葬改革、殡葬管理、殡葬服务等与殡葬相关的工作，满足人们殡葬活动需要而建立的机构、系统、组织、建筑等。殡葬设施规划管理制度主要规定殡葬设施规划审批权限及程序。《殡葬管理条例》明确：省、自治区、直辖市人民政府民政部门应当根据本行政区域的殡葬工作规划和殡葬需要，提出殡仪馆、火葬场、骨灰堂、公墓、殡仪服务站等殡葬设施的数量、布局规划，报本级人民政府审批。同时规定了建设各类殡葬设施的审批权限和程序，并就公墓的审批和选址等作出了规定。我国现有的殡葬设施立法是粗线条的，内容限于确立具体殡葬设施建设的审批机关。对殡葬设施的设立条件，尤其是对殡仪馆、火葬场、公墓的建设和经营许可中应考虑的环保因素缺乏具体规定。随着行政许可法的实施，明确殡葬设施建设和经营许可的相关具体条件，细化殡葬设施立法，已成为殡葬管理和殡葬行政许可工作的迫切需要。可以借鉴国外相关经验，在殡仪馆、火葬场、公墓等殡葬设施的建设和经营许可中，以获取相关环保认证为前提；在日常监管中，将殡葬设施中相关环保设施的状况和运转情况，作为延续、中止或终止许可的一个重要条件。同时，应根据环保和公共卫生安全的需要，对殡葬设施所应配备的环保设备设施的种类、数量、技术标准进行具体规定。

（3）遗体骨灰处理规制

根据《殡葬管理条例》的规定，目前我国的遗体处理方式主要有三种：一是遗体土葬，即遗体不火化而入殓后葬入土壤中的殡葬方式；二是遗体火化，即遗体火化后对骨灰进行处理的殡葬方式；三是为尊重少数民族丧葬习俗，允许少数民族公民（自然人）根据民族传统采取的遗体处理方式。这种类型化的立法模式，虽然总体上对遗体处理规定比较明确，但是由于受到传统殡葬文化的影响和现代殡葬技术的制约，基于此种类型的殡葬国家立法难以平复不同意见，执法遭遇越来越大的困扰，并导致现有《殡葬管理条例》的正当性不断受到越来越多、越来越强烈的质疑。对于遗体处理行为进行规范，是殡葬国家立法中无法回避的问题，在殡葬法律体系建设过程中应对科学技术因素进行深入论证，对各种效益因素进行详细的核算、考量，设计出在现有技术条件下，对环境保护、良好生态影响最小，又充分尊重殡葬文化传统的遗体处理方式及其标准，并将其作为遗体处理的国家法律规范。骨灰是遗体火化后的遗存。殡葬立法应强化骨灰管理，推行骨灰安葬备案制，同时积极推广树葬、草坪葬等节地葬法，鼓励倡导深埋、撒散、海葬等不保留骨灰方式，实现骨灰处理多样化，降低占地安葬比例，推动生态殡葬。

（4）殡葬活动管理规制

随着社会的发展和多元文化的传播，公众的殡葬活动呈现出个性化的趋势。民主法治社会要求政府尽可能减少对公民行为的干涉，但公民的殡葬活动应当遵循基本的行为准则。《殡葬管理条例》关于"办理丧事活动，不得妨害公共秩序、危害公共安全，不得侵害他人的合法权益"的规定，基本保障了公民行使殡葬权利的自由，提出了殡葬活动的底线。在殡葬立法过程中要紧紧依靠公众，充分相信公众，广泛发动公众，认识和把握殡葬传统文化的历史意义和现实价值，积极探索和推广能够满足公众缅怀先人、慎终追远的愿望和需求，与当代社会相适应、与现代文明相协调的殡葬习俗和文化形式，大力倡导殡葬新观念、新风尚，弘扬先进殡葬文化，提倡文明节俭办丧事，引导公众破除丧葬陋俗，树立殡葬改革新风。充分培育、挖掘和保护公众中蕴藏的主动实行殡葬改革的愿望和要求，不断增强公众参与殡葬改革的自觉性。

（5）建立及时殡葬规制

人死亡后，随着时间的推移，各类细菌将在遗体上呈几何级数增长。因此，确定遗体殡葬的最长期限，确保遗体能够及时进行殡葬，对于保护公共卫生安全具有特殊的意义。在很多国家的殡葬法中，对殡葬期限都有明确规定。从国外殡葬立法实践看，及时殡葬制度主要包含如下内容。

一是禁止殡葬期间。一般在死亡后的最初的一段时间（一般是24～36小时）禁止将遗体火化或埋葬，其目的是确保有一定的死因调查确定时间。对存在一些法定特殊情况，可以在禁止殡葬期间内或最迟殡葬时间截止后进行殡葬。

二是最迟殡葬时间。一般是死亡后的第五六天，遗体必须在此时间到来之前被火化或埋葬。

三是严格审批程序。提前或推迟殡葬期限，必须符合法定的条件并经过法定程序批准确认。例如在荷兰，市长在听取医生的意见后，可以改变尸体的火化和埋葬日期，但对于批准在死亡36小时内提前对尸体进行埋葬或火化申请时，必须先征得司法部门官员的同意。对市长的相关决定，还可上诉到省长。

在这一方面，目前我国仅在传染病防治法等特定的公共健康卫生法规中，有个别规定涉及殡葬期限的内容。近年来，一些省市出台的地方性殡葬法规中，也开始出现类似的制度。但在国家层面的殡葬法规中还没有确立这一制度。

殡葬活动是人类社会生活不可或缺的重要组成部分。环保和公共健康安全的维护是从殡葬设施到殡葬活动，从殡葬从业人员培训课程设计到殡葬流程的各个环节都必须注意的基本问题。

【扩展阅读】

佛山市殡仪馆搬迁问题引起市民极大关注[①]

连日来，本报关于佛山殡仪馆搬迁的报道在市民中引起了广泛反响，也引起了佛山市相关部门的高度重视。在市民对殡仪馆搬迁进行广泛讨论的同时，也形成了几个关注焦点：为何佛山殡仪馆不是原址改建扩建而要考虑搬

① http://china.huanqiu.com/roll/2009-12/650530.html.

迁？为何殡仪馆要等到现在骨灰饱和、拜祭厅都不够用了，"积重难返"了才考虑搬迁？殡仪馆搬迁方案如何，有没有可能禅城、南海共用一个殡仪馆？昨日，佛山市民政局等相关部门就市民普遍关心的焦点问题作出了回应。相关部门表示，殡仪馆搬迁将充分考虑市民的情感因素，不会一蹴而就。

焦点一：早知如此，何必当初？

市民：为何"积重难返"才考虑搬？

佛山殡仪馆搬迁在市民中引起广泛关注。不少市民昨天也发出"早知如此，何必当初"的疑问。"早知会影响禅城区经济发展，以及城市规划的实施，为何殡仪馆当初还要建在这里？这不是说当初的决策是欠考虑的吗？早知如此，何必当初？"网友"远程教育"昨天在论坛中表示。

此外，部分网友还提出，佛山殡仪馆为何之前一直未能搬迁，而要等到骨灰越来越多、积重难返的时候才搬迁。

网友"柠檬香草"昨天在帖中指出，佛山殡仪馆现在对周边居民生活造成影响已是不争的事实，村民要求殡仪馆搬迁的要求并不过分；而且，佛山殡仪馆周围的交通状况实在糟糕，殡仪馆内设施陈旧、空间狭窄，每年祭拜时"殡仪馆外排长龙停车、殡仪馆内排长队祭拜"的现象相信大家都深有体会。但为何等到现在骨灰都有6万份了，搬迁难度越来越大时才搬。"早些时候相关部门干吗去了？现在搬会不会太晚了？"

回应：不能因现状否定当初。

禅城区政府副秘书长陈良表示，40多年前，佛山的城区主要集中在石湾一带。张槎东南是弼塘、西北是大沙、西面是青柯村，当时张槎这一带全部是农田，属于佛山的郊区。佛山殡仪馆选址时，考虑到当时交通不便，让市民拜祭先人时不能跑得太远，同时又不至于对市民生活造成影响，所以选址在五峰山。经过40多年的发展，五峰山一带已经发展成为佛山中心组团的重要部分。

由于殡仪馆是个历史存在，所以不能因为现在它对禅城区土地升值和招商引资产生影响，就否定当时决策的正确性。

焦点二：为何不改建扩建？

市民：搬迁会不会成本更高？

网友"aurora13"昨天表示，搬迁又牵涉到搬迁、选点等费用，亏的是百姓，羊毛出在羊身上。网友"飞车挡"也表示，就算实现了整体的搬迁，腾空了的地方，无论做什么的用场，始终会对市民有心理上的影响，很难有所发展，还不如原址重建。

已经使用了40多年的殡仪馆，服务人口超过100万人，寄托着禅城人的哀思。为何不在原址进行改建、扩建，而要劳民伤财重新扩建？很多市民连日来不禁发出这样的疑问。

回应：改建省钱但空间有限。

昨天，佛山市民政局相关负责人算了一笔经济账：佛山市殡仪馆属国家一级馆，十几年来累计投入上亿元资金用于更新设备、修缮馆舍和绿化改造，目前有可分别容纳800人和500人的大、中型追悼堂，2座业务大楼和接待大楼。一座建筑面积2000平方米可容纳5万~6万个骨灰盒的蓬莱阁骨灰楼，和一座配有2台环保焚化炉的遗物焚化间。如迁往别处，按照国家一级标准建造新馆，需购买新设备、建造新馆舍，"这方面的花费上亿元"。

殡仪馆不论迁址还是扩建修路，都需资金支持。该负责人称，其实殡仪馆一直都有出钱修路的计划。为方便群众使用，经2年时间的争取，殡仪馆曾于去年出资50万元修建一条从殡仪馆门口通往五峰四路的水泥路，这条路本可缓解殡仪馆门前小路的拥挤问题，但当地政府出于各种考虑，要求此路只能在清明拜祭高峰期开放。

而佛山市殡仪馆负责人表示，佛山殡仪馆占地面积仅60多亩，拜祭厅就占了1/4，扩建、改建的空间十分有限。

焦点三：搬迁是"跑马圈地"？

市民：搬迁因地块商业价值大？

由于殡仪馆周围的村居都提出殡仪馆搬走后将推动该地区物业升值，当地可建高档商住区。这也让不少市民陡增遐想：是不是某个房地产商又看中了这块地？要在此处进行开发。

网友"香饽饽"昨天表示，五峰山公园风景秀丽，如果殡仪馆搬走后，此处肯定是一块"风水宝地"，对于房地产商来说无疑是一块"肥肉"。因此，担心殡仪馆搬迁照顾了开发商的利益，而忽略了老百姓的情感。

回应：将充分考虑市民情感因素。

市政府负责人表示，殡仪馆搬迁是从长远考虑，从发展的角度考虑的。当前，禅城区正结合江浙一带经验，大力推进以"两分两换"为主要内容的"三旧改造"。就是要实现土地更集中利用开发，促进土地增值，通过"腾笼换鸟"让农村旧貌换新颜。

但佛山殡仪馆带来的 些问题也是随着禅城区的经济发展而形成的。所以，殡仪馆的搬迁将充分考虑到市民的感情因素，需要一个过程，需要分步实施，不会一蹴而就，肯定会保证市民有祭拜先人的地方。

焦点四：禅桂共用殡仪馆？

网友：三种方案可选择。

佛山殡仪馆若搬迁，将有哪些可能的方案？佛山市民昨天也积极建言献策。网友基本形成三种方案：第一，佛山殡仪馆的骨灰由南海殡仪馆接收，禅城、南海共用一个殡仪馆；第二，将佛山市殡仪馆的骨灰分散到佛山五区殡仪馆，每个区接收一部分，由禅城居民就近拜祭；第三，选址确定后，将佛山殡仪馆的骨灰整体搬到新址。

网友"开心小屁孩"表示，禅城、南海距离较近，情感上的距离也比较近。禅城人跑去南海祭拜，也不是很远，还是可以接受的。

回应：南海殡仪馆接收近 6 万份骨灰有难度。

南海有没有可能接收佛山殡仪馆的骨灰？禅城、南海有没有可能共用一个殡仪馆？记者昨天咨询了南海区民政局相关负责人。该负责人表示，南海殡仪馆的条件较好，除了该殡仪馆外，南海还有很多经营性公墓可以容纳骨灰。但禅桂共用殡仪馆、南海殡仪馆接收佛山殡仪馆的骨灰，需要上级主管部门的批准。若得到上级主管部门的意见，可以考虑。

记者随后咨询了南海殡仪馆。工作人员表示，南海殡仪馆建有一座可以同时存放 2.8 万个骨灰位的骨灰楼，但目前使用率已超过五成，接收近 6 万份骨灰有难度。

部门有话说：支持搬的六成网友没考虑便民

"如果你的家人骨灰存放于佛山市殡仪馆，你建议搬还是不搬？"对于六成网友认为殡仪馆该搬迁，佛山市民政局相关科室负责人昨天表示，年轻人可能更希望殡仪馆搬，而老年人则更不希望殡仪馆搬。毕竟，老年人对拜祭比较重视，如果搬远了也不方便。他认为，市民设身处地进行考虑，殡仪馆如真的迁出禅城，禅城区就无一家殡仪馆，市民送葬、拜祭都要长途跋涉，很不方便，这样一来对年长、喜怀旧的老人更不方便。该科室负责人分析说，很多网民只觉得殡仪馆不吉利而讨厌它，而没有从方便市民角度考虑问题。如考虑到方便市民拜祭这一因素，统计数据可能还有变化。

"殡仪馆做到了无臭无味还要其搬迁，归根结底是观念问题"，该负责人表示，香港九龙殡仪馆、万国殡仪馆就位于闹市区，而在美国，公墓大多位于市中心，这些地方在市区建造殡仪馆的初衷都是方便市民。而在中国，凡是与死人有关系的地方都不吉利的观念深入人心，很多人下意识地讨厌殡仪馆，这也是很多网友支持殡仪馆搬迁的原因之一。

佛山市殡仪馆相关人员昨天表示，建新馆要遵循两条原则：一是尊重新馆址附近群众的意见，如群众强烈反对，新馆就建不成，坦率地说，没人愿意殡仪馆就在自己家附近；二是方便群众原则，殡仪馆距离市区不能太远，要让市民方便前往。从这两个条件看，佛山市殡仪馆现址是符合条件的。从目前国内外的先进经验来看，殡仪馆不是越建离市民越远，而是要遵循方便市民出行原则。

"殡仪馆目前能做到无烟、无尘、无臭，这样附近居民仍不满意，说到底是观念问题。"该负责人表示，真正对附近居民造成影响的是传统观念，而不是殡仪馆。(记者肖欢欢　见习记者张学斌)

二、殡葬环境标准体系的建立

国际标准化组织（International Standardized Organization，简称 ISO）对标准的定义是："标准是经公认的权威机关批准的一项特定标准化工作的成果。"我国对标准的定义是："对经济、技术、科学及管理中需要协调统一的事物和概念所作的统一技术规定。这个规定是为了获得最佳秩序和社会效益，根据科学、技术和实践经验的综合成果，经有关方面协商同意，由主管机关批准，以特定形式发布，作为共同遵守的准则。"环境标准（environment standard）是国家环境保护法律、法规体系的重要组成部分，是开展环境管理工作最基本、最直接、最具体的法律依据，是衡量环境管理工作最简单、最准确的量化标准，也是环境管理的工具之一，是为了执行各种环境法律、法规而制定的必要技术规范。环境保护法第九条规定："国务院环境保护主管部门制定国家环境质量标准。"第十条规定："国务院环境保护行政主管部门根据国家环境质量标准和国家经济、技术条件，制定国家污染物排放标准。"

（一）环境标准概述

环境标准是为了保护人群健康、社会财富和促进生态良性循环，在综合考虑本国自然环境特征、科学技术水平和经济条件的基础上，对环境要素的布局、组成以及对环境保护工作的技术要求加以限定或规定，对环境中的污染物（或有害因素）水平及其排放源的限量阈值或技术规范，是控制污染、保护环境的各种标准的总称。《中华人民共和国环境保护标准管理办法》中的环境标准的定义为：环境标准是为了保护人群健康、社会物质财富和维持生态平衡，对大气、水、土壤等环境质量、对污染源的监测方法以及其他需要所制定的标准。环境标准主要回答两方面的问题：一是与人群健康及利益有密切关系的生态系统和社会财物不受损害的环境适宜条件是什么？二是为了实现这些条件，又能促进生产的发展，人类的生产、消费活动对环境的影响和干扰应控制的限度和数量界限是什么？前者是环境质量标准的任务，后者是排放标准的任务。

从管理角度说，环境标准是环境管理的技术手段，是环境评价的技术基础和环境科学的重要组成部分，是环境管理的前提。从立法角度说，环境标准又是环境资源立法的科学基础和环境资源法规的重要组成部分。环境标准是环境资源保护的技术规定和法律规范有机结合的综合体，是实现规划目标的重要依据。具体来说，环境标准是为了对大气、水、土壤等环境质量进行管理，对污染源、监测方法以及根据其他需要所制定的标准。它一般包括环境质量标准、污染物排放标准、环境基础标准和环境方法标准等。其中环境基础标准和环境方法标准只有国家标准，环境质量标准和污染物排放标准分为国家标准和地方标准两级。

1. 环境标准的主要作用

环境标准是以环境保护为主，针对环境保护活动和环境保护产业发展过程的统一。环境标准同环境法规相配合，在国家环境管理中起着重要作用。从环境标准的发展历史来看，它是和环境法规相结合同时发展起来的。最初，是在工业密集、人口集中、污染严重的地区，在制定污染控制的单行法规中，规定主要污染物的排放标准。如今工业发达国家环境污染发展已成为全国性公害，在加强环境立法的同时，开始制定全国性的环境标准，并且逐渐发展成为具有多层次、多形式、多用途的完整的环境标准体系，成为环境法律体系中不可缺少的部分。环境标准工作是以技术性规定为主的环保立法工作，是依法制定实施的规范性文件，在国家的经济社会发展和环境保护工作中发挥着重要而独特的作用。中国的环境保护工作正是以环境保护标准作为起步的标志，1973 年的《工业"三废"排放试行标准》启动了全国部分行业和地区的环境污染治理工作。截至 2013 年年底，中国累计发布各类国家环境保护标准超过 1714 项，在推进产业技术进步、促进结构优化等方面发挥了重要支撑作用。

（1）环境标准是制定环境规划的重要依据

国家在制订环境计划和规划时，必须有一个明确的环境目标和一系列环境指标。它需要在综合考虑国家的经济、技术水平的基础上，使环境质量控制在一个适宜的水平上，这个目标应当使环境质量和污染物排放控制在适宜的水平上，也就是说要符合环境标准的要求，根据环境标准的要求来控制污染，改善环境。环境标准便成为制订环境计划与规划的主要依据。

（2）环境标准是衡量环境保护工作的准绳

评价一个地区环境质量的优劣、评价一个企业对环境的影响，只有与环境标准比较才有意义。在各种单行环境法规中，通常只规定污染物的排放必须符合排放标准，造成环境污染者应承担何种法律责任，等等。怎样才算造成污染？排放污染物的具体标准是什么？则需要通过制定环境标准来确定。而环境法的实施，尤其是确定合法与违法的界限，确定具体的法律责任，往往依据环境标准。

（3）环境标准是环境法治建设的重要基础

环境标准用具体数字体现环境质量和污染物排放应控制的界限和尺度。违背这些界限，污染了环境，即违背环境保护法规。环境法规的执行过程与实施环境标准的过程是紧密联系的，如果没有环境标准，环境法规将难以具体执行。

（4）环境标准是提高环境质量的重要手段

国家的环境管理，包括环境规划与政策的制定、环境立法、环境监测与评价、日常的环境监督与管理都需要遵循和依据环境标准，环境标准的完善程度反映一个国家环境管理的水平和效率。通过实施环境标准可以制止任意排污，促进企业进行治理和管理，采用先进的无污染、低污染工艺，积极开展综合利用，提高资源和能源的利用率，使经济社会和环境得到持续发展。

2. 环境标准的主要类型

根据《环境标准管理办法》的规定，我国的环境标准主要如下。

（1）环境质量标准

环境质量标准是指为保护自然环境、人体健康和社会可持续发展，促进自然生态系统良性循环，限制环境中的有害物质和因素在一定时间和空间内的允许含量而制定的环境标准。该类标准体现了人群健康、动植物和生态系统对环境质量的综合要求，是国家环境保护追求的目标，也是制定污染物排放标准进行监督管理，评价环境是否受到污染和制定污染物排放标准，审查环境影响报告的重要依据之一。环境质量是各类环境标准的核心，环境质量标准是制定各类环境标准的依据。环境质量标准对环境中有害物质和因素作出限制性规定，它既规定了环境中各污染因子的容许含量，又规定了自然因素应该具有的不能再下降的指标。我国的环境质量标准按环境要素和污染因素分成大气、水质、土壤、噪声、放射性等各类环境质量标准和污染因素控制标准。国家对环境质量提出了分级、分区和分期实现的目标。

（2）环保排放标准

即污染物排放标准，是指以实现区域环境质量达标为目标，根据环境质量标准、污染治理技术、区域技术经济条件和环境特点，为限制排入环境中的污染物的浓度、总量或限制对环境造成危害的其他因素而制定的环境标准。污染物排放标准的作用是控制各类污染源污染物排入环境的量，实现区域环境质量达标，是实现环境质量标准的重要保证，是控制污染源的重要手段。排放标准包括浓度标准和总量标准两类，也可以是综合性排放标准和行业性排放标准两类。由于各地区污染源的数量、种类不同，污染物降解程度及环境自净能力不同，事实上存在着即使达到了排放要求，也不一定达到环境质量标准的现象，因而制定污染物的总量指标，可将一个地区的污染物排放与环境质量的要求联系起来。

（3）环保基础标准

环保基础标准是对环境质量标准和污染排放标准所涉及的技术术语、符号、代号（含代码）、制图方法及其他通用技术要求所作的技术规定，这些标准是制定其他环境标准的基础，在环境标准体系中处于指导地位。

（4）环境方法标准

环境方法标准是为统一环境保护工作中的各项试验、检验、采样、统计、计算和测定方法所作的技术规定，是制定和执行环境质量标准和污染排放标准，实行统一管理的基础。方法标准与环境质量标准和污染排放标准紧密联系，每一种污染物的测定均需有配套的方法标准，而且必须全国统一，才能得出正确的具有可比性和实用价值的标准数据和测量数值。

（5）环境标准样品

环境标准样品是指用来标定仪器、验证测量方法、进行量值传递或质量控制的材料或物质。它可以用来评价分析方法，也可以评价分析仪器、鉴别灵敏度和应用范围。在环境监测质量控制中，它是分析质量考核中评价实验室各方面水平、进行技术仲裁的依据。目前，我国环境标准样品的种类有水质标准样品、大气标准样品、生物标准样品、土壤标准样品、固体标准样品、放射性物质标准样品、有机物标准样品等。

随着经济发展和技术进步以及环境保护工作不断深化，中国还颁发一些其他环境标准，如环保仪器设备标准、环境标志产品标准等。《关于加快完善环保科技标准体系的意见》（环发〔2012〕20号）要求通过强化标准对环境管理的支撑和引领作用，推动环境管理从污染物排放控制逐步走向环境质量控制，并最终实现风险防范控制的战略转型。

3. 制定环境标准的原则

环境标准是为了防治环境污染、维护生态平衡、保护人体健康，依照法律规定的程序，由立法机构或政府环保部门对环境保护领域中需要统一和规范的事项所制定的含有技术要求及相关管理规定的文件总称。环境管理最基本、最重要的职能就是依据法律和法规进行监督管理。环境的科学管理包括环境立法、环境政策、环境规划、环境影响评价和环境监测等方面，所有这些都离不开环境标准。环境管理的目的和效果在于达到环境标准的要求，其中最突出的是污染源必须达到排放标准的要求，最终目标是环境质量达到规定标准。

（1）贯彻政策，遵守法律

国家的法律法规和政策是维护全体人民利益的根本保证，是国家政策的具体体现。制定标准是一项技术复杂、政策性很强的工作，直接关系到国家、企业和广大人民群众的利益，环境标准体现国家技术经济政策，因此，制定环境标准应遵守合法性、可行性、先进性、统一性、协调性的基本原则，凡属国家颁布的有关政策和法律法规都应严格遵守，标准中的所有规定均不得与现行法律法规和政策相违背，充分体现科学性和现实性相统一，既保护环境质量的良好状况，又促进国家经济技术的发展。

（2）整合资源，满足使用

资源是发展经济最基本的物质基础。立足于国内资源，合理开发和利用国内各种资源，是我国一项很重要的经济技术政策。因此，在制定标准时，应该从我国的实际情况出发，结合我国的资源条件，适应我国的气候、地理自然环境条件，适合我国生产、使用、流通等方面的实际情况，符合我国政治、经济以及人们的生活习惯等。必须密切结合资源情况，注意节约资源和提高资源的利用效率，以及稀有资源的替代。如用耗能低的产品代替耗能高的产品，充分利用富矿资源，用普通资源和富矿资源代替稀有资源和贵重资源，节约稀有资源和贵重资源的使用等。

（3）采用国标，协调配套

积极采用国际标准和国外先进标准，是我国的一项重大技术经济政策，是促进对外开放、实现与国际接轨提升国际竞争力的重要措施。国际标准通常是反映全球工业界、研究人员、消费者和法规制定部门先进经验的结晶，包含了各国共同需求的大量的先进科学技术成果和先进经验。采用国际标准是一种廉价、快捷、方便的技术引进，可使现成且成熟的科技成果为我国经济建设服务。采用国际标准和国外先进标准的根本目的是使我国的标准技术先进、经济合理、安全可靠。技术先进，就是标准中各项规定能够反映创新的科学技术的先进成果和经济建设中的先进经验，使标准起到促进生产、指导生产的作用，使产品或工程的质量不断提高。要求标准技术先进，必须同时考虑经济性，考虑我国用户和消费者的经济水平，做到经济合理。劳动安全和产品使用中的安全，直接关系到人民的生命和财产，因而，安全可靠更重要，对一些易燃易爆产品和电工电器产品标准以及涉及劳动者、消费者身体健康的标准，都必须制定严格的安全指标及可靠性指标，以保证机器设备的正常运转、产品的正常使用，防止伤亡事故和职业病的发生。

在积极采用国际标准时，应根据国家安全、保护人身健康和安全、保护环境以及基本气候、地理或技术问题的原因等正当理由充分考虑我国国情。

企业采用国际标准时也要从实际出发，采用国外标准尤其是某些企业或团体标准时，一定要认真研究，谨防专利陷阱。

国际标准主要是指国际标准化组织（ISO）、国际电工委员会（IEC）和国际电信联盟（ITU）三大国际标准化组织发布的标准，以及 ISO 认可并在 ISO 网站上公布的其他国际组织所制定的标准。国际标准一般都经过科学验证和生产实践的检验，反映了世界上较先进的技术水平，并且是在协调各国标准的基础上制定的。因此，我国把采用国际标准和国外先进标准作为一项重要的技术经济政策，也是制定（修订）标准必须遵循的一项原则。

相互关联的标准要协调一致、衔接配套，并符合我国标准体系的需要。质量标准与排放标准、排放标准与收费标准、国内标准与国际标准之间应该相互协调才能贯彻执行。相互关联的标准之间的一致性和配套性是制定（修订）标准时必须认真注意的问题。一致性主要表现在三个方面：一是凡需要而又可能在全国若干个专业范围内统一的标准化对象，应制定为国家标准，而不能制定成行业标准，凡需要在一个专业范围内统一的标准化对象，则应制定为行业标准，而不能制定成地方标准或企业标准。二是下层标准不能与上层标准相抵触，同一标准化对象，有了上层标准后，只能对上层标准作进一步具体补充或制定质量指标更高、技术更先进的下层标准。三是各类标准中对同一标准化对象的术语、符号、代号，对同类产品的抽样方法、试验或检测方法规定要一致，可以采取引用标准或引用条文的方法。配套性主要包含六个方面内容：一是尺寸参数或性能参数之间要协调配套。二是连接、安装尺寸之间要协调配套。三是整机和零部件、元器件之间的协调配套。四是同一类产品的原材料、半成品、成品、检验方法、检测设备、包装、工艺、工装等标准协调配套，相互有关的标准要衔接、协调、配套、齐全，形成一个以产品标准为龙头的标准群体。五是同一企业的企业标准协调配套，同一个企业的技术标准、管理标准和工作标准内的各项标准应衔接配套，标准之间相互协调配套。六是各个行业、地方乃至全国的各类各级标准应协调配套，全国的各类各级标准都要衔接配套，门类齐全，以尽快形成一个健全的标准体系，充分发挥标准化的最佳整体效益。

（4）技术先进，经济合理

标准中指标值的确定，要以科学研究的结果为依据，如环境质量标准是以环境质量基准为基础。所谓环境质量基准，是指经科学试验确定污染物（或因素）对人或生物不产生不良或有害影响的最大剂量或浓度，例如，经研究证实：大气中 SO_2 年平均浓度超过 0.115 毫米/立方米时对人体健康就会产生有害影响，这个浓度值就是大气中 SO_2 的基准。制定监测方法标准要对方法的精确度、精密度、干扰因素及各种方法的比较等进行试验。制定控制标准的技术措施和指标，要考虑它们的成熟程度、可行性及预期效果等。

制定标准应力求反映科学、技术和生产的先进成果，将成熟的科学技术成果加以推广，以体现出较高的标准水平。在标准内容上，要求宽严适度，繁简相宜；在技术指标上，既要从现有基础出发，又要充分考虑科学技术的发展；在使用性能上，既能满足当前主产的需要，又能适应参与国际市场竞争的要求。

制定标准的根本目的是为了"获取最佳秩序和社会效益"，制定标准时，既要适应科学技术发展的要求，也要充分考虑经济上的合理性；既能适应参与国际市场竞争的需要，也能适应当前生产实践的需要，把提高技术标准水平、提高产品实物质量和取得良好的经济效益统一起来，以取得全社会的综合效益为主要目标。环境质量基准是由污染物（或因素）与人或生物之间的剂量反应关系确定的，不考虑社会、经济、技术等人为因素，也不随时间而变化。而环境质量标准是以环境质量基准为依据，考虑社会、经济、技术等因素而制定，并具有法律强制性，它可以根据情况不断修改、补充。污染控制标准制定的焦点是如何正确处理技术先进和经济合理之间的矛盾，标准要定在最佳实用点上。环境污染从根本上讲是资源、能源的浪费，因此，标准应促使工矿企业技术改造，采用少污染、无污染的先进工艺，按照环境功能、企业类型、污染物危害程度、生产技术水平区别对待。

（5）发挥民主，保护利益

标准是以科学技术和实践经验的综合成果为基础的，为了使标准制定得科学合理，尽可能避免片面性，应当充分调动各方面的积极性，发挥行业协会、科学研究机构和学术团体的作用，广泛吸收有关的专家参加标准的起草和审查工作。制定标准要从全局出发，充分考虑国家、社会和经济技术发展的需要，以取得全社会的综合效益为主要目标。在制定标准时，要把提高使用价值和使用户满意作为主要目标，正确处理好生产和使用的关系。要从社会需要出发，充分考虑使用要求，根据标准对象可能遇到的不同环境条件，对其必须具备的各种特性作出合理规定，使其在所处环境条件下能正常工作，充分发挥设计效能，并保证具有较好的使用价值。

制定标准是一项涉及面较广、相关因素较多的工作，关系到国家、部门、企业和广大人民群众的利益。因此，必须从全局出发，在做好全面的技术经济分析基础上，充分考虑使用要求，根据不同需要作出合理的质量分级分等规定，使全社会和广大人民群众获益。在制定一项标准时，既要考虑标准制定部门的利益，更要考虑使用部门和使用者的利益。如家用电器产品标准中，安全性能指标、可靠性指标，对用户来说是必不可少的指标，但对生产企业来说，则意味着要增加成本、减少利润，但在制定家用电器标准时，就不能迁就生产企业的低标准要求，而要保证使用者的安全和利益。有些标准如环境保护标准、安全卫生标准及包装标准等，都要遵循局部利益服从整体利益，使全社会和人民群众获益的原则。

4. 制定环境标准的程序

制定标准不仅有大量的技术工作，而且还有大量的组织协调工作，必须采取有效的形式，把有关方面的专家组织起来，严格按照统一规定的工作程序和要求开展工作，才能保证和提高标准的质量和水平，加快制定标准的速度。标准是一种技术法规，法规的产生有其一定的法定程序，制定标准也有规定的工作程序，每一个过程都要按部就班地完成。同时，为适应经济的快速发展，缩短制定周期，除正常的制定程序外，还可采用快速程序。只有严格地遵循这些程序，才能保证标准的质量。

我国依据《ISO/IEC 导则 第 1 部分：技术工作程序（1995 年版）》颁发了《国家标准制定程序的阶段划分及代码》（GB/T 16733—1997），该标准将国家标准的制定程序划分为 9 个阶段，其他各级标准亦可参照使用。制定（修订）标准的一般程序如图 4-1 所示。

（1）预备阶段

该阶段的任务是标准制定的前期研究，对将要立项的新工作项目进行研究及必要的论证，并在此基础上提出新工作项目建议，包括标准草案或标准大纲（如标准的范围、结构及其相互关系等）。

（2）立项阶段

对新工作项目建议的必要性和可行性进行充分论证、审查和协调的基础上，提出新工作项目，直至下达《国家标准制订（修订）项目计划》，时间周期不超过 3 个月。制定标准的对象即需要统一规定的重复性事物或概念很多，它们遍及经济、技术、科学及管理等社会实践活动的一切领域。一般来说，这些事物具有普遍性、多样性、关联性、重复性和稳定性 5 个特性。标准项目的确定，应运用科学的方法来研究决定，根据国内外标准化工作的实践，一般应从满足经济社会的客观需要、符合标准体系建设的要求、符合标准化战略发展的要求三个方面考虑。

（3）起草阶段

标准起草阶段是制定标准的关键阶段，该阶段的主要工作内容是：组织标准制定工作组，编制标准制订工作方案，在试验验证基础上编写好标准草

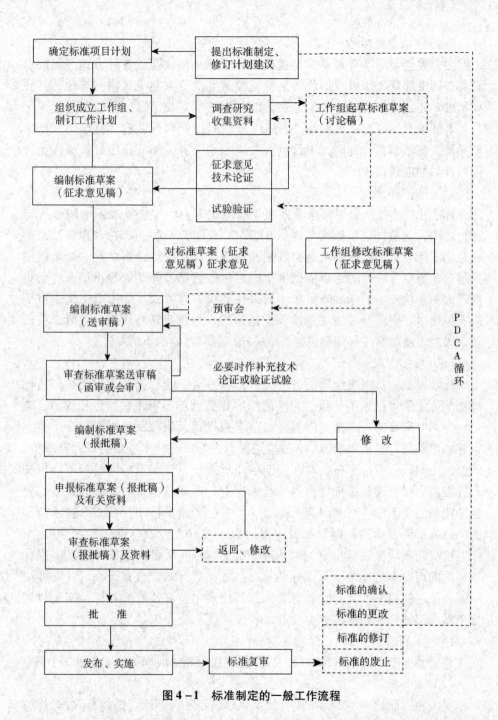

图 4 – 1　标准制定的一般工作流程

案（征求意见稿）、编制说明和有关附件。项目负责人组织标准起草工作直至
完成标准草案征求意见稿。时间周期不超过 10 个月。

（4）征求意见阶段

向标委会委员和有关单位发送标准征求意见稿，通过各种方式广泛征求意见。标准起草工作组根据收集到的反馈意见对征求意见稿进行修改，并在此基础上完成回函意见处理汇总表并编制标准送审稿。时间周期不超过 5 个月。若征求意见稿作了重大修改，则应分发第二征求意见稿（甚至第三征求意见稿）征求意见。此时，项目负责人应主动向有关部门提出延长或终止该项目计划的申请报告。

（5）审查阶段

标准化技术委员会对标准草案送审稿组织审查（以会审或函审的形式），进行表决（一般同意票数在全体委员的 2/3 以上方可通过），在（审查）协商一致的基础上，形成标准草案报批稿和审查会议纪要或函审结论。时间周期不超过 5 个月。通过的送审稿根据审查意见进行修改并编制报批稿。对于难度较大和争议较多的标准送审稿一般采用会议审查方式。如标准草案送审稿没有被通过，则应分发第二标准草案送审稿，并再次进行审查。此时，项目负责人应主动向有关部门提出延长或终止该项目计划的申请报告。

（6）批准阶段

标准报批稿及报批所需的各项文件准备好后，应根据标准的层级，按标准化法规定的审批权限，报送相应的标准化管理部门审批、编号和发布，确定标准的实施日期。主管部门对标准草案报批稿及报批材料进行程序、技术审核。对不符合报批要求的，一般应退回有关标准化技术委员会或起草单位，限时解决问题后再行审核。时间周期不超过 4 个月。国家标准技术审查机构对标准草案报批稿及报批材料进行技术审查，在此基础上对报批稿完成必要的协调和完善工作。时间周期不超过 3 个月。若报批稿中存在重大技术方面的问题或协调方面的问题，一般应退回部门或有关专业标准化技术委员会，限时解决问题后再进行报批。国务院标准化行政主管部门批准、发布国家标准。时间周期不超过 1 个月。标准批准、发布后，就要公布于众，并立即组织发行，尽快把标准发行到各有关实施部门和单位，使它们在标准实施日期之前做好实施标准的各项准备工作。

（7）出版阶段

将国家标准出版稿编辑出版，提供标准出版物。时间周期不超过 3 个月。

（8）复审阶段

对实施周期达 5 年的标准进行复审，以确定是否确认（继续有效），修改（通过技术勘误表或修改单），修订（提交一个新工作项目建议，列入工作计划）或废止。

（9）废止阶段

对于经复审后确定为无存在必要的标准，通过一定形式宣布标准废止。

5. 环境标准的有效实施

环境标准是环境管理目标和效果的表示，是环境管理的基础性数据，是环境管理由定性转入定量、更加科学化的标志。环境标准由各级环保部门和有关的资源保护部门负责监督实施。环保部门设有专门机构负责环境标准的制定、解释、监督和管理。

执行标准属于执法的范畴。环境标准颁布后，各省、自治区、直辖市和地（市）、县环保局负责对本行政区域环境标准的实施进行监督检查，并通过环保局监测站具体执行。为保证环境标准的实施，需要制定一整套实施环境标准的条例和管理细则，把环境标准的实施纳入法律，构成法律的组成部分。同时制订具体的实施计划和措施，做到专人负责，有章可循，以便更好地监督和检查环境标准的执行情况。

对新建、改扩建和各种开发项目，以及区域环境，及时或定时聘请和配合持证单位进行环境质量评价和环境影响评价，确定环境质量目标，并制定实现该目标的综合整治措施，以求维护生态平衡、保障人民健康，促进经济持续发展。

组织专门人员深入环境和污染源现场，定期或不定期采样监测，摸清污染物排放的达标、违标情况，并要求各排污单位提供生产和排污的有关数据，根据法规标准进行奖罚处理。处罚违反环境标准的个人和单位，进行批评教育和限期治理、排污收费。严重污染者追究行政与经济责任，法规相应的法律追究刑事责任。

环境标准工作的发展趋势主要体现在以下四个方面：一是标准制定（修订）工作由数量增长型向质量提升型转变，推动环境管理从污染物排放控制逐步走向环境质量控制，最终实现风险防范控制的战略转型；二是由侧重发展国家标准向国家与地方标准平衡发展转变，加强流域、区域等地方标准的制定；三是由各个标准单元建设向针对解决重点环境问题的标准体系建设转变，以解决重点环境问题，实现环境质量控制；四是由以标准制定（修订）为主较单一的工作模式向包括标准制定（修订）、推进落实、实施评估等全过程工作模式转变，强化标准对环境管理的支撑和引领作用。

（二）环境标准体系

《标准体系表编制原则和要求》（GB/T 13016—2009）对标准体系的定义是："一定范围内的标准按其内在联系形成的科学的有机整体。""一定范围"

是指标准所覆盖的范围，可以指国际、区域、国家、行业、地区、范围，也可以指产品、项目、技术、事务范围。"内在联系"包括三种联系形式：一是系统联系，也就是各分系统之间及分系统与子系统之间存在着相互依赖又相互制约的联系；二是上下层次联系，即共性与个性的联系；三是左右之间的联系，即相互统一协调、衔接配套的联系。"有机整体"是指标准体系是一个整体，标准体系内各项标准之间具有有机的内在联系，"科学的有机整体"是指为实现某一特定目的而形成的整体，它不是简单的叠加，而是根据标准的基本要素和内在联系所组成的，具有一定集合程度和水平的整体结构。标准体系是一定时期整个国民经济体制、经济结构、科技水平、资源条件、生产社会化程度的综合反映。标准体系可以按照不同范围划分为国家、行业、专业、门类、企业等不同层次的标准体系，也可以按照不同的具体对象划分为不同产品的标准体系。

1. 环境标准体系的概念

环境问题的复杂性、多样性决定了环境标准的复杂性、多样性。环境标准体系就是根据环境标准的特点和要求，按照它们的性质功能、内在联系进行分级、分类，构成一个有机联系的整体。体系内的各种标准相互联系、相互依存、相互补充，具有良好的配套性和协调性。根据中国的国情，总结多年来环境标准工作经验，参考国外的环境标准体系，中国目前的环境标准体系分为三级、五类。三级是指国家标准、行业标准和地方标准；五类是指环境质量标准、污染物排放标准、环境基础标准、环境监测方法标准和环境标准样品标准。国家环境标准和行业标准是由国家标准管理部门和国务院环境行政管理部门制定，具有全国范围的共性，针对普遍的和具有深远影响的重要事物，具有战略性意义，适用于全国范围内的一般环境问题。地方环境标准是由地方各级人民政府制定，带有区域性特点，适用于本地区的环境状况和经济技术条件，是对国家标准的补充和具体化。地方环境标准只有环境质量标准和污染物排放标准两种。

2. 环境标准体系的要素

我国的环境标准体系由主体结构和支持系统两大部分组成。环境标准的主体结构含环境质量标准和污染物排放标准。环境质量标准是为保障人体健康、维护生态良性循环和保障社会物质财富，并考虑技术、经济条件，对环境中有害物质和因素所作的限制性规定。污染物排放标准是根据环境质量标准，污染治理的技术、经济条件，对排入环境的有害物质和产生危害的各种因素所作的限制性规定，是对污染源进行控制的标准。显然，由环境质量标准和排放标准构成的环境标准体系的主体部分是进行环境监督管理的重要依据，而环境质量标准是环境标准体系的核心。环境质量标准和污染物排放标准是环境标准体系的主体，它们是环境标准体系的核心内容，从环境监督管理的要求上集中体现了环境标准体系的基本功能，是实现环境标准体系目标的基本途径和表现。

环境基础标准是环境标准体系的基础，是环境标准的"标准"，它对统一、规范环境标准的制定、执行具有指导作用，是环境标准体系的基石。

环境检测方法标准、环境标准样品标准构成环境标准体系的支持系统。它们直接服务于环境质量标准和污染物排放标准，是环境质量标准与污染物排放标准内容上的配套补充以及环境质量标准与污染物排放标准有效执行的技术保证。

3. 环境标准体系的特征

环境标准体系是一个由环境标准组成的系统，具有系统的一切特征。

（1）目的性

每个确定的标准体系都是围绕着一个特定的标准化目的而形成的。标准体系的目的决定了由哪些标准来构成体系，以及体系范围的大小，而且还决定了组成该体系的各标准以何种方式发生联系。标准体系实质上是标准的逻辑组合，是为使标准化对象具备一定的功能和特征而进行的组合。从这个层面上讲，体系内各个标准都是为了一个共同的功能形成的，而非各子系统功能的简单叠加。建立标准体系有其自身的目标或特定功能，如促进体系所在领域的标准组成科学完整，促进达到最佳秩序和获得最佳效益，同时也方便管理方编制标准制订（修订）计划时使用。

（2）整体性

标准体系是由两个以上的可以相互区别的单元有机地结合起来完成某一功能的综合体。随着现代社会的发展，标准体系的集合性日益明显，任何一个孤立标准几乎很难独自发挥效应。标准体系是由一整套相互联系、相互制约的标准组合而成的有机整体，具有整体性功能。在一个标准体系中，标准的效应除了直接产生于各个标准自身之外，还需要从构成该标准体系的标准集合之间的相互作用中得到。在这个整体中的每一个标准都起着别的标准所不能替代的作用，因而体系中的每个标准都是不可缺少的。构成标准体系的各标准，并不是独立的要素，标准之间相互联系、相互作用、相互约束、相互补充，从而构成一个完整统一体。即标准体系组成的完整性、一体性和均衡性，如在功能配置、数量分布、总体发展等各个方面，都应保持平衡。

（3）协调性

标准体系内各单元相互联系而又相互作用，相互制约而又相互依赖，它们之间任何一个发生变化，其他有关单元都要作相应地调整和改变。协调性是指标准体系内的标准在相关的内容方面互相衔接和互为条件的协调发展。为保证标准体系的有效性，这就要求体系的可分解性。标准在大多数情况下只是某一技术水准、管理水平和经验的反映，具有一定的先进性。对于标准体系的维护，除了标准个体的维护之外，还需要从系统的角度出发，以保证体系内标准之间的协调一致。

（4）动态性

标准体系存在于一定的经济体制和社会政治环境之中，它必然要受经济体制和社会政治环境的影响、制约，因此，它必须适应其周围的经济体制和社会政治环境。随着科技的进步、人类对自然界认识的加深、经验的不断积累，标准体系内的标准会得到修订、补充。因此，标准体系是一个随时间的推移而变化、发展和更新的动态系统，为了达到标准体系的目标性，标准体系应具备环境适应性，标准体系应与所在的国际、国内的社会、经济、生产等环境相适应。随着各方面情况的发展，标准对象的变化、技术或者管理水平的提升都要求制定或修订相关标准，这就要求对标准进行可持续地维护，包括修改、修订、废止。

（三）环境质量标准

1. 制定环境质量标准的原则

（1）保证环境的生态性

要综合研究污染物浓度与人体健康和生态系统关系的资料，并进行定量的相关分析，以确定符合保证人体健康和生态系统不被破坏的环境质量标准容许的污染物浓度。

（2）考虑标准的经济性

要合理协调与平衡实现标准的代价和效益之间的关系，对制定的环境质量标准要进行尽可能详细的损益分析，剖析代价和效益之间的各种关系，加以合理的处置，以确定社会可以负起并有较大的收益，努力做到为实施环境质量标准投入费用最小，而收益最大，进行数学模拟求取最优解。

（3）遵循区域的差异性

各地区人群构成和生态系统的结构功能不同，因而对污染物敏感程度会有差异。不同地区技术水平和经济能力也会有很大差异。为此，制定环境质量标准中要充分注意这些地域差异性，因地制宜地制定环境质量标准。环境质量标准因其功能和适用范围不同而具有不同的类型。对于环境质量评价标准和环境质量基本标准，全国应实行统一的标准，不应考虑地区和行业的差异。这两种标准只能制定国家标准，而不能制定地方标准和行业标准。标准的分级方式和限值水平应与国际接轨，没有执行时限上的要求，即使有执行时限上的要求，也应是不确定的，或者执行的时段应是比较长的。这两种质量标准应是强制性环境标准。对于不同功能、不同区域的环境介质的环境质量标准，主要应以介质为基础分别制定。如水环境质量标准、大气环境质量标准等。当以介质为基础制定的标准还不能体现其特殊性时，还可以介质的不同地域特性和功能分别分类制定环境质量标准。如空气质量标准可制定空气质量评价分级标准，并以此为依据制定不同功能区域的空气环境质量标准（包括室内和室外空气环境质量标准等）。

2. 环境质量标准体系的框架

环境质量标准是评价环境质量优劣的尺度，也是衡量环境技术措施和管理措施取得实际成效的具体体现。因此，建立一个科学实用的环境质量标准体系是十分必要的。

（1）环境质量标准体系框架的构成

环境质量标准按其功能和适用范围不同，可分为三种类型：一是环境质量评价分级标准。这类标准主要起"度量衡"的作用，用于评判环境质量的优劣程度。由于这类标准是作为环境质量优劣的基本评判尺度，因此它的分级指标应该是与国际接轨的。二是环境质量基本标准。这类质量标准是以保证人体健康不受到环境污染损害为基本原则制定的。这是一个最基本的环境质量条件，这类标准也应与国际同类标准接轨，但这类标准不是自成体系，而是包含在环境质量评价分级标准之中，作为环境质量分级标准的中间分级指标。三是不同功能不同区域环境介质的质量标准。这类质量标准是根据不同功能和不同区域的环境介质而提出的环境质量要求，以环境质量评价分级标准为基础，但不等同于分级标准，而是根据情况对分级标准有选择性地组合。这三类标准均应由全国统一制定，统一实行。地方应根据各地经济、技术、管理水平的高低，以国家环境质量评价分级标准为基础，确定地方的环境质量管理目标。环境质量管理目标主要用于政府部门制订环境保护规划或计划。实现地方环境质量管理目标也主要是通过浓度控制和总量控制相结合的手段来实现。

（2）环境质量标准体系框架的形成

环境质量标准体系在制定中应重点突出体系的系统性、规范性和公众参与的民主性。要在对环境质量标准的类别、名称、用途、特点和相互关系等问题充分调查研究和分析的基础上，提出其框架方案，明确各类环境质量标准中包括的具体标准名称，形成标准体系的初步框架。对环境质量标准体系初步框架，应充分征求有关单位和部门的意见，进行修改后，提交国家环境标准技术委员会审查，然后在媒体全面公布，向社会公开征求意见，得到公众认可后再批准发布，正式形成环境质量标准体系框架。这样可以大大提高环境质量标准体系的科学性、配套性和可操作性。同时，可以指导环境质量标准的制定工作，为环境质量标准的有效实施创造条件。要结合环境标准工作的调整改革，在充分调查研究、分析对比的基础上，根据环境质量标准体系的现状、存在的问题以及将来发展的需要，建立和完善环境质量标准体系框架，使其更好地为环境管理服务。

（3）环境质量标准的环境管理作用

第一，环境质量标准是评价环境质量的标尺。环境质量标准是评价环境质量好坏，或者衡量环境介质被污染程度轻重的一把尺子，起到"度量衡"的作用。因为现有的环境质量标准基本上是以环境介质中污染物含量多少为依据把环境介质的质量分为若干级，如污染物含量多、污染重、其介质的质量就差，如污染物含量少、污染轻，其介质的质量就高。第二，环境质量标准是确定环境质量的目标。环境质量标准是确定区域性环境质量管理目标的参照系。不同环境质量级别标准反映的是环境质量的好坏程度，环境管理的目的也是要改变环境质量使之由坏变好并达到一定的环境质量要求，因此，环境质量标准为确定阶段性环境质量管理目标提供了一个参照依据。由于阶段性环境质量管理目标的实现又受到一个地区一定时期内客观的、现实的经济和技术发展水平的制约，所以，环境质量管理的目标只能是根据实际情况分段来达到的，环境质量标准中规定的不同级别的环境质量要求就可以发挥作为确定自己的阶段性环境质量管理目标时的参照物。第三，环境质量标准是环境质量管理的依据。环境质量标准是环境影响评价的依据，也是环境监督管理的依据。当建设一个对环境有影响的工业或生活项目时，首先要进行环境影响评价，根据产生的环境影响大小来决定这个项目是否该建或不该建，或者该建在什么地方，采取什么措施来减小或消除对环境质量的影响。如果被评价的建设项目建成后可能产生的环境影响超过了该区域的环境质量标准，在采取尽可能的防治措施后仍然不能满足其环境质量要求时，此项目就应改变建设地址。如果影响环境的项目是早已经存在的老项目，后来该区域改变了环境使用功能时，即应按该区域的环境质量标准对项目进行评价，如满足不了环境质量要求时，一是应要求该项目采取措施治理，减轻污染物排放，以达到该区域相应的环境质量要求；二是在即使采取污染治理措施的条件下也达不到该区域相应的环境质量要求时，应根据具体情况，或考虑这个项目搬迁，或受到影响的一方搬迁。所以，环境质量标准在环境影响评价和实施环境管理，以及采取环境治理措施中起着十分重要的作用。

3. 殡葬环境质量体系认证

国际标准化组织（ISO）于 1993 年 6 月成立了 ISO /TC 207 环境管理技术委员会，正式开展环境管理系列标准的制定工作。ISO14000 环境质量管理体系标准是国际标准化组织（ISO）为保持全球环境，促进世界经济的持续发展而制定的第一套关于组织内部坏境管理体系建立、实施与审核的通用标准。该体系主要用于通过组织经常性的、规范化的管理活动，实现对减少污染和环境保护的承诺以及应尽的义务；其目的在于指导组织建立和保持一个符合要求的环境质量管理体系（Environmental Manage System，简称 EMS），再通过不断的环境评价、管理评审、体系审核活动，推动体系的有效运行和环境质量的不断改进。ISO14000 环境管理体系是组织生产经营的同时，承诺关注和参与保护环境的行动，它帮助组织建立环境管理体系，通过体系的运行和持续改进、规范组织的环境管理，达到改善环境的目的，以协调组织与社会需求和经济发展的关系。

（1）ISO14000 系列标准的主要特点

一是全员参与。ISO14000 系列标准的基本思路是引导建立起环境管理的自我约束机制，从最高领导到每个职工都以主动、自觉的精神处理好与改善环境绩效有关的活动，并进行持续改进。

二是广泛适用。ISO14001 标准在许多方面借鉴了 ISO9000 族标准的成功经验，适用于任何类型与规模的组织，并适用于各种地理、文化和社会条件，既可用于内部审核或对外的认证、注册，也可用于自我管理。

三是灵活合理。ISO14001 标准除了要求组织对遵守环境法规、坚持污染预防和持续改进作出承诺外，再无硬性规定。标准仅提出建立体系，以实现方针、目标的框架要求，没有规定必须达到的环境绩效，而把建立绩效目标和指标的工作留给组织，既调动组织的积极性，又允许组织从实际出发量力而行。标准的这种灵活性中体现出合理性，使各种类型的组织都有可能通过实施这套标准达到改进环境绩效的目的。

四是兼容通用。对体系的兼容或一体化的考虑是 ISO14000 系列标准的突出特点，也是正确实施这一标准的关键问题。如 ISO14000 标准的引言中指出："本标准与 ISO9000 系列质量体系标准遵循共同的体系原则，组织可选取一个与 ISO9000 系列相符的现行管理体系，作为其环境管理体系的基础。"

五是全程预防。"预防为主"是贯穿 ISO14000 系列标准的主导思想。在环境管理体系框架要求中，最重要的环节是制定环境方针，要求组织领导在方针中必须承诺污染预防，并把该承诺在环境管理体系中加以具体化和落实，体系中的许多要素都有预防功能。

六是持续改进。ISO14000系列标准总的目的是支持环境保护和污染预防，协调它们与社会需求和经济发展的关系。一个组织建立了自己的环境管理体系，并不能表明其环境绩效如何，只是表明这个组织决心通过实施这套标准，建立起能够不断改进的机制，通过坚持不懈地改进，实现自己的环境方针和承诺，最终达到改善环境绩效的目的。

实施并通过了ISO9000认证的组织在建立其环境管理体系的过程中，从形式上更容易接受ISO14001标准的要求。殡葬行业实施ISO14000系列标准，有利于企业改进和降低成本，满足殡葬消费者的需要，是殡葬管理自身可持续发展和增强竞争力的需要。

（2）殡葬服务机构环境管理体系的建立

一是建立组织机构。殡葬服务机构应在原有组织机构的基础上，组建一个由各有关职能部门负责人组成的领导班子对此项工作进行协调和管理，明确各个部门的职责，形成一个完整的组织机构，保证该工作的顺利开展。

二是相关人员培训。对殡葬服务机构有关人员进行培训，包括环境意识、标准、内审员和与建立体系有关的，如初始环境评审和文件编写方法和要求等多方面的培训，使殡葬服务机构人员了解和有能力从事环境管理体系的建立实施与维护工作。

三是初始环境评审。对组织环境现状的初始调查，包括正确识别企业活动、产品、服务中产生的环境因素，并判别出具有和可能具有重大影响的重要环境因素；识别组织应遵守的法律和其他要求；评审组织的现行管理体系和制度，如环境管理、质量管理、行政管理等，以及如何与ISO14001标准相结合。

四是体系总体策划。在初始环境评审的基础上，对环境管理体系的建立进行策划，以确保环境管理体系的建立有明确要求。

五是体系文件编制。ISO14001环境管理体系要求文件化，可分为手册、程序文件、作业指导书等层次。殡葬服务机构应根据ISO14001标准的要求，结合自身的特点和基础编制出一套适合的体系文件，满足体系有效运行的要求。

六是体系初步运行。体系文件完稿并正式颁布，该体系按文件的要求开始运行。其目的是通过体系实际运行，发现文件和实际实施中存在的问题，并加以整改，使体系逐步达到适用性、有效性和充分性。

七是机构内部审核。殡葬服务机构应对体系的运行情况进行审核，由经过培训的内审员通过殡葬服务机构的活动、服务和产品对标准各要素的执行情况进行审核、发现问题，及时纠正。

八是组织管理评审。在内审的基础上，由最高管理者组织有关人员对环境管理体系从宏观上进行评审，以把握体系的持续适用性、有效性和充分性。

（3）殡葬服务机构环境管理体系的审核

殡葬服务机构的环境管理体系完成了一轮 PDCA 循环，也就完成了环境管理体系的建立。环境管理体系审核是由第三方认证机构判定一个组织的环境管理体系是否符合 ISO14000 标准的审核准则，殡葬服务机构申请第三方审核认证，首先要提出审核申请，并提交体系文件和有关资料，根据体系文件和有关资料，审核机构开始进行文件预审以及有关的准备工作。根据审核准备情况开始现场审核，然后对审核结果进行评审，评审通过后即可颁发证书。取得认证证书后，在第一年内进行两次监督审核，以后每年进行一次。ISO14001 认证证书有效期为三年，三年后要对殡葬服务机构的环境管理体系进行重新审核以保持其认证资格。

（四）环保排放标准

1. 环保排放标准的功能

排放标准以减少单位产品或单位原料消耗量的污染物排放量为目标，根据行业工艺的进步和污染治理技术的发展，适时对排放标准进行修订，逐步达到减少污染物排放总量，实现改善环境质量的目标。排放标准的作用对象是污染源，污染源排污量水平与生产工艺和处理技术密切相关，必须采取综合整治措施才能达到环境质量标准。

（1）环保排放标准是环境管理的依据

环保排放标准是根据一定时段的经济技术发展水平而确定的排污企业的最高允许排污量。违反排污标准即是违法行为，应当受到相应的处罚。环保部门进行环境管理，判断企业是否违反环境保护法，一个重要的判别标准就是企业是否达到环保排放标准的要求。因此，各级环保部门的环境管理活动都是围绕实施环保排放标准来开展的。环保排放标准针对企业提出具体要求，是企业必须要遵守和执行的技术性法规。企业超标排放污染物是违法行为，将承担相应的经济和法律责任。因此，环保排放标准是强制性标准，有具体的实施主体。

（2）环保排放标准是环境保护的工具

环保排放标准只要制定得适当，能紧密地与一定时期内的经济技术发展水平相结合，不但有利于保护环境，而且还能限制落后的生产技术和生产工艺，促进产业结构的调整和技术进步，提高经济发展质量和水平。达不到环保排放标准要求的企业将会被淘汰，这样将有利于符合环保要求的企业迅速成长壮大，既发展了经济，又保护了环境，可以实现环境和经济的双赢。环保排放标准是密切与经济技术发展水平相关的，具有一定的生命周期，要适时进行修改，以体现技术、经济的进步，环境要求的提高。

（3）环保排放标准是环境质量的标尺

环境质量标准与环保排放标准是我国环境标准体系中两大重要的标准系列。明确环境质量标准和环保排放标准各自的作用、相互关系、适用情况，对制定环境标准，完善环境标准体系，加强环境标准实施的适用性，强化环境管理和监督执法都具有十分重要的意义。在一般情况下，排污企业只要符合环保排放标准的要求排污就是合法排放，不会存在法律方面的责任问题。但是在向有特殊的环境质量要求的区域排放污染物时，企业的排污仅满足环保排放标准的要求是不够的，还必须满足该地区的相应环境质量标准的要求。环境质量标准和环保排放标准经常配合起来使用。环保排放标准主要是根据经济技术发展的水平来确定的。因此，达到排放标准要求，只表明排放合法，并不表明排污满足环境质量要求，也不表明合法的排污没有造成对人群的污染损害。在一些敏感的环境质量区域内，尽管企业排污达标了，是合法排污，但在达不到环境质量要求仍然造成环境损害的情况下，企业同样有责任和义务进一步采取措施消除污染，减轻环境损害，以达到环境质量的要求。在满足环保排放标准合法排污的情况下造成的环境损害的消除，应该通过法律诉讼的方式来解决。

2. 环保排放标准的制定

（1）以满足环境质量标准要求为出发点

控制污染物排放的最终目的是保护人体健康和生态体系不被破坏，因此，环境质量标准应成为制定环保排放标准的依据。

（2）充分考虑技术可行性与经济合理性

环保排放标准应与目前技术发展水平和经济能力相适应，只有采取最佳的控制技术和合理的经济费用才可以达到。最佳控制技术的含义是指这种技术在现阶段是最好的，并且在同一类型污染源中是可以推广采用的。

（3）充分考虑区域污染系统的构成特点

在制定标准时，要周密地考虑区域污染源的密集程度，污染源所处位置、排放特征，所排放污染物的物理、化学、生物特征，气象气候、地质地形、地表地下径流的水文状况等环境条件特征，并要充分研究环保排放与环境自净能力的对立统一关系。

环保排放标准要求控制的只是在当地环境条件下不能自净的那部分污染

物，而不是生产和消费活动中产生的全部污染物。过分地追求高级处理，不仅在技术上有困难，经济上费用巨大，而且往往会造成社会财力物力的极大浪费。

【扩展阅读】

广州火化将告别大烟囱　亲属能亲眼观看遗体入炉①

本报讯（记者王丽凤　见习记者吴璇）昨日，殡葬部门的有关负责人向记者透露，位于银河园的世界上最先进的广州市新的火化机已完成试点火，并将在 6 月份正式投入使用。新火化机的材料全部从德国进口，并将实现尸体火化的无烟、无尘、无味功能。外观设计也异常美观，一改过去大烟囱冒黑烟的形象，远远望去就像是一个别致的建筑。它的投入使用，意味着广州市最后的两个黑烟囱——火化烟囱将在不久的将来从广州消失。

亲属能亲眼观看遗体入炉。据悉，新的火化机比旧炉的规模大出很多，共有 16 个火化机，平均每天处理尸休能力达到了 200 多具，该炉最大的特点，就是通过数层的除烟除尘设计，实现了无烟排放，气体无尘、无味，无任何污染。该火化机约有两层楼高，设计独特，没有烟囱，在二楼内设观看台，透过大型的弧形玻璃以满足部分丧户欲看着亲人入炉的要求；另外，为了提供更周到的服务，新火化机有专门轨道，将骨灰从炉内通过专用轨道运到特设的骨灰回收间。以前家属在旧火化机收骨灰时不仅噪声大，而且灰尘多，但特设的骨灰回收间却格外安静、干净。殡葬部门的有关负责人透露，新的火化机不仅没有环境污染，而且还与殡仪馆建在一起，实行殡葬"一条龙"服务，家属在殡仪馆进行完悼念活动之后，可以直接将尸体送到这里的火化机焚烧，而不用送到远处的火葬场。这就省去了几十元的运尸费，大大降低了成本，使得亡者家属所出的火化费也大大降低。另外，遗体从冷藏间到告别厅到火化机均是下降到地底运送的。

目前，新的火化机已完成试点火和试烧尸，将在 6 月份正式投入使用。广州市火葬场的有关负责人表示，也为了保证新火化机的顺利使用，火化机将在开始阶段时先烧无名尸体，在其性能完全稳定、运转完全正常之后才会正式接受有主尸体。而在新的火化机还没有完全投入使用之前，火葬场中的旧火化机还将继续使用。

火葬场将变骨灰寄存处。广州市火葬场中旧的火化机有 8 个，其中 6 个炉相互连接，共用 2 个大烟囱；另外两个用较小的新式铁制烟囱。两个大烟囱

---

① http://news.163.com/2004w04/12512/2004w04 __1081103228189.html.

于 1958 年正式投入使用，每天都会有大量的黑烟从中冒出，因为对环境的污染较大，近年来引起了很多人的关注，曾有人大代表在市人大会议上提出拆除这两个烟囱的议案，也有附近商家表示愿出资 500 万元将两个烟囱拆除。但由于新的火葬场没有建好，这两个烟囱一直保留到现在。而新的火化机完全投入使用之后，烟囱及旧的火化机将被拆除。

旧的火化机拆除之后，火葬场也将进行全面规划和改造，建成新的骨灰寄存处，将目前骨灰的存储量从 13 万增加到 15 万。

将开通网上直播拜祭业务。殡葬服务中心有关负责人透露，殡仪馆将于近期开展网上直播拜祭的业务。目前，整个殡仪馆共装有 109 个摄像头，分布于每个厅和礼堂。自从去年新馆开通录制告别仪式场景的业务后，已有不少群众要求录像。而且殡仪馆目前已由提供录像带发展到了直接提供 DVD。目前，殡仪馆在网上直播拜祭业务已准备就绪，只要有亡者家属提出需要，随时可以开通。到时，远在外省、港澳台地区和海外的亡者家属就可以通过网上直播，看到亲人的遗体告别仪式。

（五）殡葬环境标准

我国殡葬环境标准的制定工作起始于 1984 年，《燃油式火化机通用技术条件》（MB 1—1984，于 2003 年升级为国家标准 GB 19054—2003）是我国殡葬领域的第一个行业标准，也是民政部成立后的第一号标准。截至 2014 年度，殡葬领域已经发布了 15 项国家标准，其中《火葬场卫生防护距离标准》《殡仪场所致病菌安全限值》《火葬场大气污染物排放标准》3 项环境保护和卫生标准。民政部、国家质量监督检验检疫总局等部门发布的《入出境棺柩消毒处理规程》《入出境遗体、棺柩、骸骨卫生检疫查验规程》《入出境遗体和骸骨卫生处理规程》3 项殡葬环境行业标准。多年来，殡葬领域的国家标准和行业标准在殡葬设施规范化建设、国家等级殡仪馆评定、火化机等殡葬产品的质量检验、国际运尸、殡葬环境监测评价与治理等主要工作中，都起到支撑和依据的作用。

殡葬服务机构虽然从严格意义上讲不属于工业企业，但由于其服务产品的特殊性，在殡葬服务过程中也会产生大量废气、废水、废物，如果不加以规范，会对环境产生较大的影响。所以，殡葬服务机构的环境保护考核内容也应以环境保护法规定的环境标准达标情况为主。

1. 大气排放标准

（1）环境的空气质量标准

环境质量标准是评价环境质量优劣的尺度，也是衡量环境技术措施和管理措施取得实际成效的具体体现。《环境空气质量标准》（GB 3095）由国家环境保护总局于 1996 年 1 月 18 日批准，从 1996 年 10 月 1 日正式实施。《环境空气质量标准》（GB 3095—2012）根据地区功能不同分为三类，分别执行不同等级标准：一类区为自然保护区、风景名胜区和其他需要特殊保护的地区，执行一级标准；二类区为城镇规划中确定的居住区、商业交通居民混合区、文化区、工业区和农村地区。根据不同的分类分别执行不同的污染物浓度限值。

（2）大气污染物排放标准

污染物排放标准以减少单位产品或单位原料消耗量的污染物排放量为目标，根据行业工艺的进步和污染治理技术的发展，适时对排放标准进行修订，逐步达到减少污染物排放总量，实现改善环境质量的目标。排放标准的作用对象是污染源，污染源排污量水平与生产工艺和处理技术密切相关，必须采取综合整治措施才能达到环境质量标准。大气污染物排放标准有国家排放标准和地方排放标准两种。

《大气污染物综合排放标准》（GB 16297）由国家环境保护总局于 1996 年 4 月 12 日批准，于 1997 年 1 月 1 日起实施。标准规定了 33 种大气污染物的排放限值，其指标体系为最高允许排放浓度、最高允许排放速率和无组织排放监控浓度限值。适用于现有污染源大气污染物排放管理，以及建设项目的环境影响评价、设计、环境保护设施竣工验收及其投产后的大气污染物排放管理。按照《大气污染物综合排放标准》的规定，殡葬服务机构根据所处区域、污染源设立时间、排气筒高度的不同分别适用不同的标准值。标准规定了最高允许排放速率。现有污染源分一、二、三级，新污染源分为二、三级，一级标准最严格，三级标准最宽松。按污染源所在的空气质量功能区类别，执行相应级别的排放速率标准。即位于一类区的污染源执行一级标准（一类区禁止新、扩建污染源，一类区现有污染源改建执行现有污染源的一级标准），位于二类区的污染源执行二级标准，位于三类区的污染源执行三级标准。

《恶臭污染物排放标准》由国家环境保护总局 1993 年 7 月 19 日批准，于 1994 年 1 月 15 日起实施。其中恶臭污染物是指一切刺激嗅觉器官引起人们不愉快及损坏生活环境的气体物质。臭气浓度是指恶臭气体（包括异味）用无臭空气进行稀释，稀释到刚好无臭时所需的稀释倍数。排入一类区的执行一级标准，一类区中不得建新的排污单位；排入二类区的执行二级标准；排入三类区的执行三级标准。一级标准最严格，三级标准最宽松。1994 年 6 月 1 日起立项的新、扩、改建设项目及其建成后投产的企业执行二级、三级标准中相应的标准值。以殡葬服务机构为例，假设建在一般工业区，其排气筒高度为 15 米，污染源设立时间为 1998 年 2 月，其执行的环境标准指标为：硫化氢排放量限值 0.33 千克/小时，氨排放量限值 4.9 千克/小时；恶臭浓度不高于 2000。

2. 水环境标准

水污染物排放国家标准由国务院环境保护部门根据国家水环境质量标准和国家经济、技术条件制定。如果执行国家水污染物排放标准还不能保证达到水环境质量标准的水体，省、自治区、直辖市人民政府可以制定更加严格的地方水污染物排放标准。

《污水综合排放标准》由国家技术监督局于 1996 年 10 月 4 日颁布，于 1998 年 1 月 1 日起实施。标准按照污水排放去向，分年限规定了 69 种水污染物最高允许排放浓度及部分行业最高允许排水量。适用于现有单位水污染物的排放管理，以及建设项目的环境影响评价、建设项目环境保护设施设计、竣工验收及其投产后的排放管理。标准根据排放去向规定不同的执行标准。

地方标准是指各省、自治区、直辖市人民政府为保证水环境质量而制定的水环境保护标准。如北京市制定了《水污染物排放标准》（DB 11/307—2005），标准规定了 75 种污染物的排放限值，其中一类污染物 13 项，二类污染物 62 项，比《污水综合排放标准》（GB 8978—1996）多设立 8 项。标准对污染指标控制的总体水平严于《污水综合排放标准》（GB 8978—1996），其中 44 项指标的限值与《污水综合排放标准》（GB 8978—1996）相当，23 项指标的限值严于国家标准；对于有毒有害有机污染物的排放控制，不设单位建设年限区分。

3. 噪声标准

噪声标准分为国家标准和地方标准两大类。国家环境噪声排放标准由国务院环境保护部门，根据国家环境噪声质量标准和国家经济、技术条件制定。省、自治区、直辖市人民政府可根据当地需要，在执行国家环境噪声排放标准的基础上，制定地方环境噪声排放标准。对国家标准已作出规定的项目，因特殊需要，又具有经济、技术条件的，可以制定严于国家标准的地方环境噪声排放标准。凡是在已有地方标准的生活区域排放噪声的，应当执行地方环境噪声排放标准。

为贯彻《中华人民共和国环境保护法》和《中华人民共和国环境噪声污染防治法》，防治工业企业噪声污染，改善声环境质量，制定了《工业企业厂界环境噪声排放标准》（GB 12348—2008）。标准规定了工业企业和固定设备厂界环境噪声排放限值及其测量方法，适用于工业企业噪声排放的管理、评价及控制。机关、事业单位、团体等对外环境排放噪声的单位也按本标准执行。该标准是对《工业企业厂界噪声标准》（GB 12348—90）和《工业企业厂界噪声测量方法》（GB 12349—90）的第一次修订且合并为一个标准。标准规定，夜间频发噪声的最大声级超过限值的幅度不得高于 10dB，夜间偶发噪声的最大声级超过限值的幅度不得高于 15dB。工业企业若位于未划分声环境功能区的区域，当厂界外有噪声敏感建筑物时，由当地县级以上人民政府确定厂界外区域的声环境质量要求，并执行相应的厂界环境噪声排放限值。当厂界与噪声敏感建筑物距离小于 1 米时，厂界环境噪声应在噪声敏感建筑物的室内测量，并将相应限值减 10dB 作为评价依据。对于结构传播固定设备室内噪声排放限值，标准规定，当固定设备排放的噪声通过建筑物结构传播至噪声敏感建筑物室内时，噪声敏感建筑物室内等效声级不得超过规定的限值。

为贯彻《中华人民共和国环境保护法》和《中华人民共和国环境噪声污染防治法》，防治社会生活噪声污染，改善声环境质量，制定了《社会生活环境噪声排放标准》（GB 22337—2008）。该标准根据现行法律对社会生活噪声污染源达标排放义务的规定，对营业性文化娱乐场所和商业经营活动中可能产生环境噪声污染的设备、设施规定了边界噪声排放限值和测量方法，适用于对营业性文化娱乐场所、商业经营活动中使用的向环境排放噪声的设备、设施的管理、评价与控制。《社会生活环境噪声排放标准》规定，社会生活噪声排放源边界噪声不得超过规定的排放限值。在社会生活噪声排放源边界处无法进行噪声测量或测量的结果不能如实反映其对噪声敏感建筑物的影响程度的情况下，噪声测量应在可能受影响的敏感建筑物窗外 1 米处进行。当社会生活噪声排放源边界与噪声敏感建筑物距离小于 1 米时，应在噪声敏感建筑物的室内测量，并将相应的限值减 10dB 作为评价依据。《社会生活环境噪声排放标准》专门规定了社会生活噪声排放源位于噪声敏感建筑物内情况下，噪声通过建筑物结构传播至噪声敏感建筑物室内时，噪声敏感建筑物室内噪声的限值。

三、殡葬环境治理格局的重构

环境治理直接关乎经济与社会的持续发展，环境治理格局是决定环境治理是否有效的重要因素之一。通过治理理论演绎出基本的多元主体参与的治理框架，再根据环境治理中的弊端和多元利益主体的发展判断治理格局的演化趋向，结合治理理论重构环境治理格局，分析多元主体环境治理格局的关系结构，可以推动环境治理进程。随着环境危机和风险的扩大，环境治理日益成为现代社会发展中的核心任务。改革政府单一行政管理的环境治理模式，重构环境治理格局，提升环境治理效率，直接关系到经济与社会的可持续发展。

（一）环境治理格局重构的理论框架

治理理论是针对 20 世纪 90 年代以来许多社会问题出现不可治理性，导致政府失灵或市场失灵而兴起的一种理论。治理可用"多元、互动、协调、合作"四个关键词加以概括，治理是具有共同目标的多元主体之间为了实现其目标而进行的上下互动、协调合作的过程。治理理论的基本内容包括三个方面：一是治理主体的多元化，即社会管理主体多元。政府并不是唯一的社会管理主体，志愿组织、企业等社会主体同样可以参与政治、经济与社会事务的管理与调节，分担政府的部分职能。二是政府角色的重新定位。政府在当代社会发挥着重要功能，但并不意味着政府是全能政府。政府应致力于自身改革，集中力量"掌舵"，而不是"划桨"。政府在社会管理网络中虽不具有最高绝对权威，却承担着规范协调其他社会组织行为的重任。三是治理体系中多元主体间的相互依存性。在社会管理领域，政府与其他组织共同构成了相互依存的管理体系。在这个管理体系中，各主体独立运作又相互依存，通过沟通与合作，形成伙伴关系，共同参与管理、共同承担责任。治理理论为分析公共事务治理提供了新的视角和范畴，为公共治理开辟新的途径。

（二）多元主体环境治理格局的转变

1. 政府单一行政环境治理的弊端

政府单一行政的环境治理，将企业和公众排除在外，由于治理主体单一性，政府资源有限，政府的治理能力和治理方式都十分有限，直接导致了治理效果的不理想。在这种环境治理格局下，中央政府具有对环境治理的绝对统辖权，通过自上而下推行的一统性环境法令和从环境治理效果出发来制约地方政府环境治理行为，导致地方政府环境治理动力不足。政府与企业基于经济利益的合谋现象在环境治理中十分突出。以 GDP 增长为主要目标的晋升刺激是地方政府推动经济发展的核心动力，而它们发展经济的常规手段通常是将"污染权"赋予一些企业，通过企业的发展带动地方的经济提升。由于缺乏公众的参与和监督，在环境侵权发生后或存在环境风险时，公众的利益集结与表达往往无法及时获得政府的认同和支持，公众环境维权极易演化为大规模社会事件。而公民的环境权利得不到实现，将会产生巨大的社会负面效应。

2. 多元利益主体环境管理的发展

(1) 政府职能的转变

服务型政府建设成为政府改革的必然要求，它的首要任务就是政府职能转变。政府职能转变的主要内容体现在政府把市场能调节的、企业能经营的、社会能提供的公共服务事务采用行政手段和法律、经济手段相结合的方式，让权给第三部门，赋予其充分的自主权。而政府主要起着引导、催化和促进作用。政府职能转变将改变政府单一的环境治理格局，吸纳市场、社会主体参与环境治理。

(2) 企业责任的要求

提高环境保护和治理是企业不可推卸的社会责任。企业社会责任的履行是企业形象、企业竞争力提升的基石。随着社会经济的持续发展，绿色经济、绿色贸易的呼声越来越高。越来越多的企业通过各种环保质量体系的认证，提升产品竞争力，扩大发展空间。为了获得消费者的青睐，顺应消费市场，我国很多企业已经投入环境治理中，具有很高的积极性和主动性，为企业参与到环境治理中提供了契机。

(3) 公众参与的意识

随着民主政治的发展和思想观念的变化，公众对自己作为社会公民的权利、义务的意识越来越清晰，并在日常社会生活中显现出来。在环保方面，具体表现为近年来许多公众环保诉求事件的发生。许多环保组织的发展壮大，成为推动环境治理的重要力量。这些环保组织通过宣传教育、公益活动等多种形式，提升公众环保意识，通过实际行动在环境治理中发挥自身的影响力，是环境治理中不可忽视的一维。可见，随着市场经济的发展和政治体制改革的推进，环境问题的多元利益主体已经出现，环境治理也日益出现多元主体参与的趋向，正走向共同治理的格局。

（三）多元共治环境治理格局的重构

当前，我国环境治理格局的弊端及多元利益主体的发展，需要政府在环境治理中将企业和公众吸纳进来，形成新的格局。"多元共治"的环境治理格局，是以政府力量为主导、企业为辅助、公众广泛参与为基础的多元主体共同参与的治理结构。

1. 治理理论导向下的环境治理格局

政府、企业和公众是环境保护与治理的三个基本利益主体，从社会经济、政治的发展，及政府改革的趋势来看，政府必须弱化行政管制以转变职能，与此同时，企业竞争与社会责任、公民意识成熟，又成为一股推动力，增强企业和公众参与环境治理的积极性。治理理论主张主体的多元化和政府角色的重新定位。政府管制的弱化与企业和公众的强化，使得多元主体的环境治理格局油然而生。政府职能转变使政府弱化了部分职能，但政府的主导地位不变，政府仍然是环境治理的引导者和协调者。基于治理理论的环境治理格局，强调的是"政府－企业－公众"三位一体的治理，政府、企业和公众是相互依赖、行动协调的利益主体，各司其职、发挥不同的功能与作用，共同推动环境的有效治理。治理理论为打破现有政府单一行政的环境治理、重构环境治理格局提供了理论指导和依据，而环境治理格局的优化又完善和丰富了治理理论的实践内容。

2. 多元共治环境治理的结构和功能

（1）多元共治环境治理格局主体结构和相互关系

在多元共治的格局中，政府、企业和公众都是治理的主体，共同参与环境治理。能否形成良好的政府、企业和公众的结构关系，是实现环境有效治理的关键。多元治理格局强调通过形成以政府为主导的合作框架，采取联合行动的方式来处理公共环境事务。在环境共同治理结构中，政府仍然是环境治理主导者；企业作为市场主体，能够对政府治理作有力补充，是环境治理的辅助者；而公众是实践环境治理的基础力量。"多元共治"的环境治理格局最终是以互动、协调与配合的行动方式来发力的。为了保证环境治理的有效性，政府、企业和公众之间在联合行动的基础上，还需要相互约束。在环境治理中，"政府失灵"和"市场失灵"需要公众对政府和企业的监督，而企业的行为需要政府的引导、干预和调节。

（2）多元共治环境治理格局相关主体作用的发挥

一是政府在环境治理格局中的主导性作用。在环境治理中，政府不再是依靠行政权威发号施令，而是为企业和公众参与提供制度平台并进行战略指导，通过相关法律法规以及政策规划实施环境治理监管，并协调各主体之间的关系，以达成治理主体间的对话和协作，进而推动各行动者之间的合作和集体行动，发挥集体治理公共环境的力量。环境公共治理离不开政府主导。作为公权力代表的政府所扮演的是一个引导、规划、调节、促进者，政府不再借助行政的力量，而是采用法律、经济等方式。

二是企业在环境治理格局中的辅助性作用。按照市场运行基本规则，由企业承担起相应的环保责任，企业的清洁生产、污染防治由自身负责并计入成本。企业可以通过发展循环经济，倡导绿色消费理念推动环境治理。企业往往是技术的先驱，通过绿色能源、绿色科技的研发，从源头上改善环境污染，同时作为政府环境治理的辅助力量，为环境治理提供技术支持。当然，企业作用的发挥，离不开政府的宏观经济调节与干预。

三是公众在环境治理格局中的基础性作用。公众治理的前提是公众参与。公众参与环境治理有赖于相应的环境表达诉讼机制、监督机制的完善，在公众参与的制度渠道畅通的基础上，公众以个人和组织的形式投入环境治理过程。公众个人以主人翁身份积极投入环境保护与治理行动中，切实履行环保义务和环境监督义务。公众也可以借助环境治理的社团组织等集体形式，积极配合环境治理活动的开展和推进。公众治理的作用在于它为环境治理营造了意识氛围，凝聚了群众力量，奠定了社会基础。

第三节　殡葬环境的监测与评价

根据《中华人民共和国环境保护法》第十一条明确的"国务院环境保护行政主管部门建立监测制度，制定监测规范，会同有关部门组织监测网络，加强对环境监测的管理"。民政部于 1992 年 6 月 29 日建立了环境监测中心站，1993 年 2 月正式加入全国环境监测网络，成为国家环境监测一级网的成员，负责开展本行业的环境保护工作。全国殡葬行业的环境监测是国家环境专业监测的组成部分。

一、殡葬环境监测技术

环境监测（environmental monitor）是指环境监测机构按照有关法律法规、标准和技术规范的要求，对影响人类和生物生存发展的环境质量状况及排污情况进行监视性测定的活动或过程。环境监测的基本目的是全面、及时、准确地掌握人类活动对环境影响的水平、效应及趋势。环境监测制度是实施环境保护法律的重要手段，也是环境保护执法体系的基本组成部分。

（一）环境监测的基本概念

环境监测是运用现代科学技术手段对代表环境污染和环境质量的各种环境要素（环境污染物）的监视、监控和测定，从而科学评价环境质量及其变化趋势的操作过程。环境监测是为了特定目的，按照预先设计的时间和空间，用可以比较的环境信息和资料收集的方法，对一种或多种环境要素或指标进行间断或连续地观察、测定、分析其变化对环境影响的过程。环境监测机构按照规定的程序和有关标准，全方位、多角度连续地获得对污染物、生物、生态变化等各种监测信息，实现信息的捕获、传递、解析综合及控制。

环境监测作为一门注重理论与实践相结合的学科，是环境保护工作的重要组成部分，是连续或者间断地测定环境中污染物的性质、浓度，观察、分析其变化及对环境的影响。环境是一个非常复杂的综合系统，人们只有获取大量的环境信息，了解污染物的产生过程和原因，掌握污染物的数量和变化规律，才能制定切实可行的污染防治规划和环境管理目标，完善各类环境标准、规章制度，使环境管理逐步实现从定性管理到定量管理、浓度控制向总量控制转变，而这些定量化的环境信息，只有通过环境监测才能得到，因而环境保护离不开环境监测。

1. 环境监测的目的

环境监测的目的是准确、及时、全面地反映环境质量现状及发展趋势，为环境管理、污染控制、环境规划等提供科学依据。

一是根据环境质量标准评价环境质量。主要是通过提供环境质量现状数据，检验和判断环境质量是否合乎国家规定的环境标准，也可以通过环境监测评价污染治理的实际效果。

二是根据环境污染物的污染现状（时空分布特点），追踪、寻找污染源，确定污染物发展趋势和发展速度，掌握污染规律；研究扩散模式，为实施监督管理、预测预报、控制污染提供依据。

三是收集环境本底值，积累长期监测资料，为研究环境容量、实施总量控制、目标管理、预测预报环境质量提供科学数据。

四是结合病理和生态调查资料，为保护人类健康，保护环境和合理利用自然资源，制定、修订环境法规、环境标准、环境规划提供科学依据和服务。

五是揭示新的环境问题，确定新的污染因素，为环境科学研究提供科学数据。

总之，环境监测可为环境管理、环境统计、环境规划、环境监理、环境评价和环境治理提供直接的服务和间接的技术服务。

【扩展阅读】

松花江污染事件[①]

2005 年 11 月 13 日，吉林省吉林市的中国石油吉林石化公司双苯厂发生连续爆炸。这一事故造成了 8 人丧生，70 人受伤，同时导致了 100 吨苯类污染物倾泻入松花江中，造成长达 135 千米的污染带，给下游哈尔滨等城市带来严重的"水危机"。

事故产生的主要污染物为苯、苯胺和硝基苯等有机物。事故区域排出的

---

① http://www.xinhuanet.com/society/zt051124/.

污水主要通过吉化公司东 10 号线进入松花江；超标的污染物主要是硝基苯和苯，属于重大环境污染事件。国务院对爆炸事故引起的松花江污染事件极为重视，指示环保等部门和地方政府采取有效措施保障饮用水安全，加强监测，提供准确信息。

爆炸事故发生后，国家环保总局立即启动应急预案，迅速实施应急指挥与协调，协助吉林、黑龙江两省政府落实应急措施，派专家赶赴黑龙江现场协助地方政府开展污染防控工作，会同当地水利、化工等专家迅速对环境污染影响范围及程度进行评估，为当地政府防控决策提出建议。

吉林省政府立即召开紧急会议，启动应急预案，部署防控工作，并于 11 月 18 日向黑龙江省进行了通报。有关部门及时封堵了事故污染物排放口，加大丰满水电站下泄流量，加快污染稀释速度。吉林省政府通知直接从松花江取水的企事业单位和居民停止生活取水，并对工业用水采取预防措施。环保部门通过增加监测点位和监测频率，加强了对松花江水质的监测。黑龙江省政府接到吉林省的通报后，立即启动了应急预案，成立了以省长为组长的应急处置领导小组，对松花江沿岸市县，特别是哈尔滨市的应急工作进行统一部署。环保部门增加了松花江水质的监测点位和监测频次。黑龙江省还从省长基金中拨出 1000 万元专款用于事故应急。目前，国家环保总局、水利部、建设部均已派出专家到现场协助当地政府共同应对此次环境突发事件，力争将污染损失降到最低。

根据环保部门监测结果，松花江吉林段水质于 22 日 18 时全面达到国家地表水标准。在黑龙江段，哈尔滨市取水口上游 16 千米的苏家屯断面，在 24 日凌晨 3 时硝基苯开始超标。24 日中午 12 时，最新监测数据显示，硝基苯超标 10.7 倍，苯未超标。这个污水团长度约 80 千米，在目前江水流速下，完全通过哈尔滨市需要 40 小时左右。污水团的下泄过程始终处于两省环保部门的严密监控之下。截至 24 日 14 时，松花江哈尔滨段四方台水源地断面苯未检出，硝基苯浓度为 0.0034 毫克/升，达到国家标准。18 时，哈尔滨市开始恢复供水。

2. 环境监测的分类

环境监测可按监测目的或监测介质对象分类，也可按专业部门分类。

（1）按监测日的分类

监视性监测指对指定的有关项目进行定期的、长时间的监测，以确定环境质量及污染源状况，评价控制措施的效果，衡量环境标准实施情况和环境保护工作的进展。这是监测工作中量最大、面最广的工作，监视性监测包括对污染源的监督监测（污染物浓度、排放总量、污染趋势等）和环境质量监测（所在地区的空气、水质、噪声、固体废物等）。特定性监测是根据特定目的而进行的，可分为污染事故监测、仲裁监测、考核验证监测和咨询服务监测四种。研究性监测又称科研监测，是针对特定目的科学研究而进行的高层次的监测，如环境本底的监测及研究，有毒有害物质对从业人员的影响研究，为监测工作本身服务的科研工作的监测。

（2）按监测内容分类

物理指标的测定包括环境噪声监测，环境振动监测，环境光、热监测，环境电磁污染监测，环境放射性污染监测。化学指标的测定包括各种化学物质（气态、液态和固态的化学污染物）在空气、水体、土壤和生物体内污染水平的分析和监测。生态系统的监测指对人类活动引起的各种生态变化的监测。如滥伐森林或草原过度放牧所引起的水土流失和土地沙漠化的监测；污染物在食物链中的作用引起生物品质变化和生物群落改变的监测；温室效应和臭氧层破坏的生物效应监测及其各种致病菌的监测等。

（3）按监测对象和环境要素分类

可分为水质监测、空气监测、土壤监测、固体废物监测、生物与生态因子监测、噪声和振动监测、电磁辐射监测、放射性监测、热监测、光监测、卫生（病原体、病毒、寄生虫等）监测等。

3. 环境监测的特点

（1）综合性

环境监测的综合性主要表现在：监测手段包括化学、物理、生物、物理化学、生物化学及生物物理等一切可以表征环境质量的方法；监测对象包括空气、水体（江、河、湖、海及地下水）、土壤、固体废物、生物等客体，只有对这些客体进行综合分析，才能确切描述环境质量状况。对监测数据进行统计处理、综合分析时，需涉及该地区的自然和社会各个方面情况，因此必须综合考虑才能正确阐明数据的内涵。

（2）连续性

由于环境污染具有时空性等特点，因此只有坚持长期测定才能从大量的数据中揭示其变化规律，预测其变化趋势，数据越多，预测的准确度就越高。因此，监测网络、监测点位的选择一定要有科学性，而且一旦监测点位的代表性得到确认，必须长期坚持监测。

（3）追踪性

环境监测包括监测目的的确定、监测计划的制订、采样、样品运送和保存、实验室测定到数据整理等过程，是一个复杂的、有联系的系统，任何一步差错都将影响最终数据的质量。特别是区域性的大型监测，由于参加人员众多、实验室和仪器的不同，必然会产生技术和管理水平上的不同。为使监测结果具有一定的准确性，并使数据具有可比性、代表性和完整性，需有一个量值追踪体系予以监督。

（二）环境监测的主要方法

迄今为止，我国环境监测的空气和废气监测项目有 80 项，计 149 种监测方法。水和废水监测项目有 91 项，计 216 种监测方法。

1. 环境监测的基本方法

从技术角度来看，环境监测方法多种多样，大体可分为物理方法、化学方法和生物方法。

（1）化学监测方法

对污染物的监测，目前使用较多的是化学方法，尤其是分析化学的方法在环境监测中得到广泛应用。如容量分析、重量分析、光化学分析、电化学分析和色谱分析等。

（2）物理监测方法

物理方法在环境监测中的应用也很广泛，如遥感技术在大气污染监测、水体污染监测以及植物生态调查等方面显示出其优越性，是地面逐点定期测定所无法相比的。

（3）生物监测方法

生物监测方法主要包括大气污染物的生物监测和水体污染的生物监测两大类。大气污染物的生物监测方法有：利用指示植物的伤害症状对大气污染作出定性、定量的判断；测定植物体内污染物的含量；观察植物的生理生化反应，如酶系统的变化、发芽率的变化等，对大气污染的长期效应作出判断；测定树木的生长量和年轮，估测大气污染的现状；利用某些敏感植物，如地衣、苔藓等作为大气污染的植物监测器。水体污染的生物监测方法有：利用指示生物监测水体污染状况；利用水生生物群落结构变化进行监测，同时可引用生物指数和生物种的多样性指数等数学手段；水污染的生物测试，即选用水生生物受到污染物的毒害作用所产生的生理机能变化，测定水质的污染状况。

【扩展阅读】

利用动物监测环境污染[①]

蚯蚓：监测土壤污染最好的指示动物。在农药厂附近，由于土壤中含有较多的有机磷农药，使蚯蚓发生明显变化，体形卷曲，表皮硬化、皱缩，形

---

① 曹刚. 利用动物监测环境污染［N］. 大河报，2003－03－25（B08）.

成若干肿块，严重的甚至死亡。所以，人们只要见到这种变形的蚯蚓，便会对土壤中的有毒物质产生感性认识。对这样的蚯蚓进行有毒物质的检测分析，便可知土壤受污染的程度。

蜜蜂：环境污染的"报警器"。任何与蜜蜂活动有关的植物、水、尘埃和空气中别的污染物质，都会被带入蜂巢，为取样分析提供了便利条件。环保监测人员还可以从蜜蜂体内发现与周围环境污染物相一致的有毒化学物质，如蔬菜中的砷、草本植物中的氟化物、空气中的铅等。

金鱼：水生动物中十分灵敏的"水质监测器"。人们要想知道所在地区水体是否受到污染，只需取抽样水稀释 10 倍后注入金鱼缸便可知晓。如果金鱼平静无反应，表明水质合格；否则，水体已受污染。

椎实螺：长期生活在水中的软体动物。椎实螺对水体中的洗涤剂十分敏感，只要对螺壳进行检测分析，便可知水体中洗涤剂含量的多少，因为洗涤剂可使椎实螺对钙的摄取量减少 1/3。因此，只要检测螺壳状况，便可知洗涤剂对水的污染程度。

此外，鸟类活动范围广且对环境中的有毒物质反应迅速。如金丝鸟对一氧化碳极为敏感，人们可以把它带到矿井下，用于监测一氧化碳含量，一旦超标，人们必须马上撤离矿井。

2. 主要项目的监测方法

(1) 空气和废气污染物分析监测。主要环境监测方法可在有关出版物中查得（见表 4-2）。常见的空气和废气分析监测项目及各自采用的方法和仪器见表 4-3。

表 4-2 部分环境监测方法出版物一览表

出版物名称	出版单位（年份）
1. 环境监测分析方法	城乡环境建设保护部环保局（1983）
2. 污染源统一监测分析方法（废水部分、废气部分）	技术标准出版社（1983）
3. 水和废水监测分析方法（第 3 版）	中国国家环境保护局（1989）
4. 空气和废气监测分析方法（第 3 版）	中国国家环境保护局（1990）

表4-3　常见的空气和废气分析监测方法或仪器明细表

分析监测项目	空气分析监测方法或仪器	废气分析监测方法或仪器	采样器
二氧化硫	紫外脉冲荧光仪 定电位电解仪 分光光度法	紫外脉冲荧光仪 定电位电解仪 滴定分析法	大气采样器 烟气采样器
氮氧化物	化学发光仪 定电位电解仪 分光光度法	化学发光仪 定电位电解仪 分光光度法	大气采样器 烟气采样器
一氧化碳	非分散红外仪 定电位电解仪 气相色谱仪	非分散红外仪 定电位解仪 半自动滴定仪 奥氏气体分析器	大气采样器 烟气采样器
氟化物	离子选择电极 离子色谱法	离子选择电极 离子色潜法 滴定分析法	大气采样器 烟气采样器 颗粒物采样器
硫化氢	分光光度法 离子色谱法	分光光度法 离子色谱法 滴定分析法	大气采样器 烟气采样器
氯化氢	离子色谱法 分光光度法	分光光度法 离子色谱法 滴定分析法	大气采样器 烟气采样器
氰化物	离子色谱法 分光光度法	离子色谱法 分光光度法	大气采样器 烟气采样器
氯	分光光度法	分光光度法	大气采样器 烟气采样器
氨	离子色谱仪 分光光度法	离子色谱仪 分光光度法	大气采样器 烟气采样器
硫酸雾（H_2SO_4）	离子色谱仪 分光光度法	离子色谱仪 分光光度法	烟气采样器 颗粒物采样器
铬酸雾（H_2CrO_4）	离子色谱法 分光光度法	离子色谱法 分光光度法	烟气采样器 颗粒物采样器

分析监测项目	空气分析监测方法或仪器	废气分析监测方法或仪器	采样器
铅	原子吸收分光光度法 原子发射光谱法（IcP）	原子吸收分光光度法 原子发射光谱法（ICP）	烟气采样器 颗粒物采样器
汞	冷原子吸收分光光度法 冷原子荧光分光光度法	冷原子吸收分光光度法 冷原子荧光分光光度法	大气烟气采样器
苯系物（苯、甲苯、二甲苯）	气相色谱法	气相色谱法	大气烟气采样器
苯并（a）芘	高压液相色谱仪 荧光光度计	高压液相色谱仪 荧光光度计	颗粒物采样器
甲醛	离子色谱仪 气相色谱法 分光光度计	离子色谱仪 气相色谱法 分光光度计	大气采样器 烟气采样器
甲醇	气相色谱法 分光光度计	气相色谱法 分光光度计	大气采样器 烟气采样器
汽车尾气		非分散红外仪	连续采样、分析
烟气黑度		林格曼黑度仪	目视、对比

（2）水体污染物环境监测方法

水是一种"万能"溶剂，存在于水中的污染物多得不可胜数。表4-4给出了14种国家标准监测方法。

表4-4　水体污染物常用环境监测方法

序号	参数	测定方法	检测范围（毫克/升）
1	pH 值	玻璃电极法	1～14
2	硫酸盐	硫酸钡重量法	10 以上
		铬酸钠比色法	5～200
		硫酸钡比浊法	1～40
3	氯化物	硝酸银滴定法	10 以上
		硝酸汞滴定法	可测至 10 以下
4	总铁	二氮杂菲比色法	检出下限 0.05
		原子吸收分光光度法	检出下限 0.3

序号	参数	测定方法		检测范围（毫克/升）
5	总锰	过硫酪锭比伊法		检出下限0.05
		原子吸收分光光度法		检出下限0.1
6	总铜	原子吸收分光光度法	直接法	0.05~5
			螯合萃取法	0.001~0.05
		二乙基二硫代氨基甲酸钠（铜试剂）分光光度法		检出下限0.1
7	总锌	二硫腙分光光度法		0.005~0.05
8	硝酸盐	酚二磺酸分光光度法		0.02~1
9	亚硝酸盐	分子吸收分光光度法		0.003~0.20
10	非离子氨（NH$_3$）	纳氏试剂比色法		0.05~2（分光光度法） 0.20~2（目视法）
		水杨酸分光光度法		0.01~1
11	氟化物	氟试剂比色法 茜素磺酸锆目视比色法 离子选择电极法		0.50~1.8 0.50~2.0 0.50~1.9
12	总砷	二乙基二硫代氨基甲酸银分光光度法		0.007~0.5
13	总镉	原子吸收分光光度法（螯合萃取法）		0.001~0.05
		取硫腙分光光度法		0.001~0.05
14	总氰化物	异烟酸-吡啶啉酮比色法		0.004~0.25

（3）土壤污染物的监测项目及方法

土壤污染物主要是重金属和农药。表4-5列出了10种常见的土壤污染物测定项目及其测定方法。

表4-5 常见的土壤污染物测定项目及其测定方法

序号	项目	测定方法
1	镉	土样经盐酸-硝酸-高氯酸（或盐酸-硝酸-氢氟酸-高氯酸）消解后：（1）萃取-火焰原子吸收法（2）石墨炉原子吸收分光光度法
2	汞	土样经硝酸硫酸五氧化二钒或硫、硝酸-高锰酸钾消解后，冷原子吸收法测定

续表

序号	项目	测定方法
3	砷	（1）土样经硫酸－硝酸－高氯酸消解后，二乙基二硫代氨基甲酸银分光光度法测定 （2）土样经硝酸－盐酸－高氯酸消解后，硼氢化钾－硝酸银分光光度法测定
4	铜	土样经盐酸－硝酸－高氯酸（或盐酸－硝酸－氢氟酸－高氯酸）消解后，火焰原子吸收分光光度法测定
5	铅	土样经盐酸－硝酸－氢氟酸高氯酸消解后：（1）萃取－火焰原子吸收法测定（2）石墨炉原子吸收分光光度法测定
6	铬	土样经硫酸－硝酸－氢氟酸消解后：（1）高锰酸钾氧化、二苯碳酰二肼光度法测定（2）加氯化铵液，火焰原子吸收分光光度法测定
7	锌	土样经盐酸－硝酸高氯酸（或盐酸－硝酸氢氟酸－高氯酸）消解后，火焰原子吸收分光光度法测定
8	镍	土样经盐酸－硝酸－高氯酸（或盐酸－硝酸－氢氟酸－高氯酸）消解后，火焰原子吸收分光光度法测定丙酮石油醚提取，浓硫酸净化，用带电子捕获检测器
9	pH	玻璃电极法（土∶水＝10∶2.5）
10	阳离子交换量	乙酸铵法

（4）危险废物焚烧排放污染物及其分析方法（见表4－6）

表4－6　危险废物焚烧排放污染物及其分析方法

序号	污染物	分析方法
1	烟气黑度	林格曼烟度法
2	烟尘	重量法
3	一氧化碳	非分散红外吸收法
4	二氧化硫	分光光度法
5	氟化氢	滤膜·氟离子选择电极法

序号	污染物	分析方法
6	氯化氢	硫氰酸汞分光光度法、硝酸银滴定法
7	氮氧化物	盐酸萘乙二胺分光光度法
8	汞	冷原了吸收分光光度法
9	镉	原子吸收分光光度法
10	铅	火焰原子吸收分光光度法
11	砷	二乙基二硫代氨基，甲酸银分光光度法
12	铬	二苯碳酰二肼分光光度法
13	锡	原子吸收分光光度法
14	锑	分光光度法
15	铜	原子吸收分光光度法
16	锰	原子吸收分光光度法
17	镍	原子吸收分光光度法
18	二噁英类	色谱－质谱联用法

3. 环境监测技术的创新

目前，环境监测技术的发展较快，许多新技术在监测过程中已得到应用。如气相色谱质谱联机（GC－MS），可以用作有机物的定性分析，也可以用作定量分析；对区域甚至全球范围的监测和管理，在监测网络及其点位的研究、监测分析的标准化、连续自动监测系统、数据传送和处理的计算机化等方面都取得了新的进展；同时，小型便携式、简易快速的监测技术也受到人们的重视。

（1）连续自动监测技术与简易监测方法

环境中污染物质的浓度和分布是随时间、空间、气象条件及污染源排放情况等因素的变化而不断改变的。定点、定时的人工采样测定结果不能确切反映污染物质的动态变化，不能及时反映污染现状和预测发展趋势。为了及时获得污染物质在环境中的动态变化信息，正确评价污染状况，并为研究污染物扩散、转移和转化规律提供依据，必须采用和发展连续自动监测技术。采用精密的分析仪器和自动监测仪器测定环境中的污染物质，具有准确、灵敏、选择性或分辨好等优点，但这些仪器的结构一般比较复杂，价格昂贵，有些精密仪器工作条件要求较高，维护量大，并需安装在固定实验室中。因而难以普及应用，特别是不适宜于生产现场、野外和广大农村、边远地区应急监测。这就需要在发展精密仪器和自动监测技术的同时，积极开发和发展操作简便、测定快速、价格低廉、便于携带、能满足一定灵敏度和准确度要求的简易监测方法和仪器，促进环境监测工作的广泛开展。

（2）"3S"技术在环境监测中的应用

目前，以 3S（Remotesensing System，简称 RS）、全球定位系统（Global Positioning System，简称 GPS）、地理信息系统（Geographic Information System，简称 GIS）等技术建立的城市环境监测与管理系统由硬件、软件、数据、用户四部分构成。硬件是整个系统的基础，包括 GPS 接收机、常规监测仪器、计算机及其外围设备、工作站等；软件是系统的核心，包括环境信息处理、分析评价、决策支持等方面的应用模型及应用的遥感图像处理系统、GIS 软件等；数据包括各种背景数据及环境监测数据，如卫星资料及经处理产生的相关信息，常规监测获得的信息及其他与环境相关的数据信息等；用户则是系统的使用者，可建立基于客户机、服务器体系的系统，在网络的基础上实现信息与资源的共享。系统的一些基本的应用包括城市大气监测、水体监测、固体废弃物监测、土地覆被研究等。

（三）环境监测的质量保证

提供服务环境监测必须严格地执行《环境监测分析人员合格证制度》《环境监测质量保证管理规定》《全国环境监测报告制度》《环境监测系统优质实验室评比制度》《全国环境监测管理条例》《环境监测系统仪器设备管理办法》《污染源监测管理办法》《全国环境监测网络管理规定》《环境监测为环境管理"八项制度"服务的若干规定》《环境监测奖励办法》等制度。殡葬行业的环境监测除了执行国家的有关制度外，还要执行《民政部环境监测章程》，实现环境监测"完善一个网络，掌握两个动态，抓好三个建设"的总体目标。"完善一个网络"是指完善全国环境监测网络；"掌握两个动态"就是及时、准确地掌握环境质量变化动态和污染源动态；"抓好三个建设"是指环境监测机构要抓好制度建设、技术建设和队伍建设。

环境监测对象成分复杂，时间、空间、量级上分布广泛且多变，不易准确测定。特别在大规模的环境调查中，常需要在同一时间内由多个实验室同时参加、同时测定。这就要求各个实验室从采样到监测结果所提供的数据有规定的准确性和可比性，以便得出正确的结论。环境监测由多个环节组成，只有保证各个环节的质量，才能获得代表环境质量的各种标志数据，才能反映真实的环境质量。因此，必须加强环境监测过程的质量保证。质量保证工作贯穿环境监测的全过程、从现场调查、布点设计、样品采集、运送保存、实验室分析测试、数据处理、统计评价等，都要进行全面的质量管理，以保证监测数据具备准确性、精密性、完整性、代表性和可比性。

1. 质量保证的目的

质量保证的目的是为了使监测数据达到以下五个方面的要求：一是准确性，表示测量数据的平均值与真实值的接近程度。二是精确性，表示测量数据的离散程度。三是完整性，要求测量数据与预期的或计划要求的符合。四是可比性，不同地区、不同时期所得的测量数据与处理结果能够进行比较研究。五是代表性，要求所监测的结果能表示所测的要素在一定的空间内和一定时期中的情况。

2. 质量保证的内容

(1) 采样的质量控制

采样的质量控制包括以下几方面的内容：审查采样点的布设和采样时间、时段选择；审查样品数量的总量；审查采样仪器和分析仪器是否合乎标准，经过校准运转是否正常。

(2) 样品的质量控制

样品运送和储存中的质量控制主要包括样品的包装情况、运输条件和运输时间是否符合规定的技术要求。防止样品在运输和保存过程中发生变化。

(3) 数据的质量控制

数据处理的质量控制主要包括数据分析、数据精确、数据提炼、数据表达等一系列的过程是否符合技术规范要求。

3. 实验室质量控制

监测的质量控制可分为采样系统和测定系统两部分。实验室质量控制是测定系统中的重要部分，它分为实验室内质量控制和实验室间质量控制，目的是保证测量结果有一定的精密度和准确度。实验室质量保证必须建立在完善的实验室基础工作之上，实验室的各种条件和分析人员需符合一定要求。

(1) 实验室内质量控制

实验室内部质量控制是实验室分析人员对分析质量进行自我控制的过程。一般通过分析和应用某种质量控制图或其他方法来控制分析质量。

(2) 实验室间质量控制

实验室间质量控制是针对使用同一种分析方法时，由于实验室与实验室之间条件不同（如试剂、蒸馏水、玻璃器皿、分析仪器等）和操作人员不同引起测定误差而提出的。进行这类质量控制通常采用测定标准样品或统一样品、测定加标样品、测定空白平行等方法。

（四）殡葬环境监测的程序

环境监测的直接产品是监测数据。准确可靠的监测数据是环境科研和环境管理的基础，是制定环境标准、环保法规和政策的重要依据。因此，环境监测是一项严肃而复杂的工作。开展环境监测工作，要耗费大量的人力、物力和财力，要得到准确可靠的监测数据，必须周密计划，精心设计，科学安排，严格按照程序组织实施，以获取有效的结果，达到预期目的。

【扩展阅读】

高雄市议员王龄娇要求改善火葬场空气品质①

高雄市殡葬所长期因火葬场造成空气污染，一直无法有效解决，市议员王龄娇在议会中，严正提出质询要求改进，尤其是刚新建的 4 个火化机，已完工却因技术问题迟迟无法验收通过，议员抨击浪费公款，并质疑是否有弊端要求调查。

殡葬所共有 18 个火化机都已老旧不堪，燃烧后所排放出的空气都乌烟瘴气，对附近居民的空气都造成极大的污染。多年来，尽管在议会中很多议员提出改进，但迟迟不见成效。民政局苏局长表示每年编列改建两个火化机，期盼在年底完成改善火葬场的品质。但是王龄娇怀疑要在年底前完成改善空气是不可能的任务。所以，要求在殡葬所装置一个空气品质监测站，以确保空气品质在安全范围。另外，如果新建的火化机无法验收通过，那么对于已付的 375 万元如何追讨，孙所长表示会采取法律诉讼方式，王龄娇抨击市府的无能又再一次地浪费公款的案例，要求调查。

殡葬环境监测由以下五个先后相连的工作步骤组成。

1. 确定监测目标

根据不同的监测目的确定该次监测的实现目标。监测目的不同，监测范围和内容也不相同。对于殡葬设备和用品，要确定鉴定性环境监测或验收性环境监测。对于国家等级殡仪馆创建中的环境监测，要根据不同等级确定所执行的标准等级。

2. 现场调查分析

按照所确定的环境监测目标进行现场调查。现场调查与资料收集主要调查收集区域内各种污染源及其排放规律和自然与社会环境特征。自然与社会环境特征包括地理位置、地形地貌、气象气候、土壤利用情况以及社会经济发展状况。

现场调查内容一般包括：主要污染物的来源、性质和排放规律；污染受体（居民、机关、学校、农田、水体、森林、土壤及其他）的性质和受体与

---

① http://www.mmlnews.com/shownews.asp? pid = P961025013.

未污染的相对位置（方位与距离）；水文、地理、气象等环境条件及有关历史情况等。

3. 制订监测计划

根据环境监测目标和现场调查资料列出单次环境监测计划。监测项目主要根据国家规定的环境质量标准、本地主要污染源及其主要排放物的特点来选择，同时还需要测定一些气象及水文项目。采样点布设得是否合理，是能否取得有代表性样品的前提。因而，需要确定采样点数和位置、采样时间和频次、调配采样人员和运输车辆、安排实验室分析测定人员、现场监测和实验室联系方式，并明确对环境监测报告的特殊要求等。不同介质样品的采集有相应的技术规定，应按规定要求采集能反映真实状况的样品。如对大气污染监测，采样点的位置一般应包括整个监测地区的高浓度、中浓度和低浓度三种不同地方；采样时间尽可能在污染物出现高、中、低的时间内采集；采样方法则根据大气中污染物浓度的高低及测定方法灵敏度不同，分别选择直接采样或浓缩采样。

总之，环境监测计划中要体现出测什么？怎么测？用什么测？什么人测？测定结果如何加工处理等方方面面。

4. 实施监测计划

（1）样品采集。将采样装置安装在指定的监测点位，按环境监测计划和有关技术规范确定的采样时间及采样频次，如实地记录采样实况和现场有关状况，将采集到的样品和记录及时送到化验室备测。

（2）样品保存。如果需要现场固定的样品要及时固定，需要处理的要及时处理（包括保温、恒温、培养等）。环境样品在存放过程中，由于吸附、沉淀、氧化还原、微生物作用等影响，样品的成分可能发生变化而引起较大的误差。因此，从采样到分析测定的时间间隔应尽可能缩短，如不能及时分析测定样品，应采取适当的方法存放样品。目前较为普遍的保存方法有冷藏冷冻法和加入化学试剂法。

（3）分析测定。根据样品特征及所测组分特点，选择适宜的分析测试方法，按照国家规定的方法和技术规范进行样品的分析测定，并根据分析记录计算污染物的浓度和总量，然后整理，填入报告表。目前，用于环境监测的分析方法有化学分析和仪器分析两大类。化学分析法包括滴定法和重量法，选用于常量组分测定；仪器分析法选用于微量、痕量甚至超痕量组分的分析。

5. 评价结果报告

将所测结果进行处理和统计检验，整理后输入数据库。依据国家规定的有关标准，进行单项或多项评价，并结合现场调查资料对数据作业进行合理的解释，写出评价报告。

由于监测误差存在于环境监测的全过程，只有在可靠的采样和分析测试的基础上，运用数理统计的方法处理数据，才可得到符合客观要求的数据。如果经检验符合预期要求，按规定的上报程序及时上报或给委托单位出具环境监测报告书并技术存档。若不符合要求，或做补充监测，或总结前次教训后另行监测。

【扩展阅读】

成都市东郊火葬场迁建项目竣工环境保护验收监测公示[①]

1. 项目基本情况

2004 年 6 月该项目由四川省发展计划委员会以川发改社会〔2004〕349 号批准立项，2004 年 10 月成都市环境保护科学研究院编制完成了该项目的环境影响报告表，2004 年 12 月四川省环境保护局以川环建函〔2004〕307 号对项目进行了批复。该项目于 2006 年 10 月开工，2008 年 2 月建成，2009 年 2 月四川省环境保护局以川环建函〔2009〕53 号同意其投入试生产。工程设计能力为年火化尸体 11500 具，目前实际建成规模与设计火化能力一致，主体设备和环保设施运行正常。四川省环境监测中心站承担了该项目的竣工环境保护验收监测工作。

2. 环境保护执行情况

该项目建设过程中，执行了相关环保法律法规。基本完成了环评报告书中提出的污染防治措施，并对环保设施的运行和维护进行统一管理，有相应的环境管理制度。该项目总投资 13000 万元，其中环保投资 415 万元，占总投资的 3.2%。

3. 验收监测结果

2008 年 6 月 17 日至 18 日四川省环境监测中心站对该项目进行了验收调查及监测，其结果如下。

3.1 废气

现场监测结果表明，抽测的豪华炉、普通炉、高档炉外排废气中烟尘、二氧化硫、氮氧化物、NH_3 和 H_2S 的排放浓度及排放速率以及烟气黑度均满足《燃油式火化机污染物排放限值及监测方法》（GB 13801—1992）表 1 及表 3 二级标准的要求。焚烧炉除尘器出口外排废气中烟尘的排放浓度及烟气黑度均满足《工业炉窑大气污染物排放标准》（GB 9078—1996）表 2 其他炉窑二

---

① http：//www.sc.gov.cn/zwgk/zfjd/hjzf/200910/t20091015＿832394.shtml.

级标准的要求。项目无组织排放的氨和硫化氢浓度符合《恶臭污染物综合排放标准》（GB 14554—1993）表 1 二级标准的要求。

3.2 废水

验收监测期间，成都市东郊火葬场迁建项目总排口废水的 pH、SS、COD、动植物类、LAS 及甲醛的排放浓度均满足《污水综合排放标准》（GB 8978—1996）表 4 一级标准的要求。

3.3 噪声

1#、2# 监测点昼间厂界噪声测定值满足《工业企业厂界环境噪声排放标准》（GB 12348—2008）2 类标准的要求。

3.4 固体废弃物

该项目固废有污水处理站污泥、除尘器灰尘及生活垃圾等，都得到妥善处置。

3.5 环境管理检查

本项目在建设过程中，严格按照环评和环评批复的要求，环保设施与主体工程同时设计、同时施工、同时投入使用，试生产以来，环保设施运行稳定、正常。环保设施由殡仪馆行政办公室负责管理，各车间、班组进行日常使用、保养、维护。

3.6 公众意见调查

验收期间对成都东郊火葬场迁建项目周围居民进行调查，发放公众意见调查表 30 份，收回公众意见调查表 29 份，有效调查表 29 份。经统计，公众对成都东郊火葬场迁建项目的环保工作表示满意或基本满意占 100%。

（五）殡葬环境监测的方法

殡葬环境监测的对象主要为殡仪场所和殡葬设备用品。监测的范围越来越广，既有大气污染监测、水体污染监测、噪声污染监测，也有微生物污染监测、固体废弃物污染监测等。

1. 殡仪馆火化间的污染监测（见表 4-7）

表 4-7 殡仪馆火化间的污染监测项目与方法

序号	监测项目	测定方法
1	总悬浮微粒（TSP）	重量法 GB/T 15432—1995
2	一氧化碳	非分散红外法 GB 9801—1988
3	氮氧化物	盐酸萘乙二胺比色法 GB 8969—1988 Saltznlan 法 GB/T 15436—1995

续表

序号	监测项目	测定方法
4	硫化氢	气相色谱法 GB/T 14678—1993
5	氨气	纳氏试剂比色法 GB/T 14668—1993 离子选择电极法 GB/T 14669—1993
6	异味嗅觉	直接描述法、三点比较式臭袋法 GB/T 14675—1993
7	噪声	声级计法 GB 12349—1990

2. 火化机排放污染物的监测

根据火化机污染物排放限制的国家标准和殡葬行业的现实情况，火化机排放污染物的必测项目为8项（见表4-8）。

表4-8 火化机排放污染物的必测项目与方法

序号	监测项目	测定方法
1	烟尘	重量法 GB 13801—1992
2	一氧化碳	非分散红外法 GB 13801—1992
3	二氧化硫	四氯汞盐-盐酸副玫瑰苯胺比色法 GB 13801—1992
4	氮氧化物	盐酸萘乙二胺比色法 GB 13801—1992
5	硫化氢	亚甲基蓝分光光度法 GB 13801—1992
6	氨气	纳氏试剂比色法 GB 13801—1992
7	排烟黑度	格林曼黑度仪法 GB 13801—1992
8	噪声	声级计法 GB 12349—1990

火化机排放污染物的选测项目有：总碳氢化合物、苯并（a）芘、二噁英类、氯化氢、氟化氢、汞及其化合物、铝及其化合物、镉及其化合物、砷及其化合物、镍及其化合物、铬及其化合物、锡及其化合物、锑及其化合物、铜及其化合物、锰及其化合物。它们的主要分析方法是原子吸收法、气相色谱法和分光光度法。

3. 遗体废水中污染物的监测

《殡仪馆建筑设计规范》第8.2.7条规定，"遗体处置用房和火化间等的污水排放应符合国家标准《医院污水排放标准》（GBJ 48）的规定"（见表 4 - 9）。

表 4 - 9　污水排放标准

序号	监测项目	测定方法
1	总余氯量	比色法
2	大肠菌群	多管发酵法、滤膜法
3	结核杆菌	镜检法

《医疗机构水污染物排放标准》（GB 18466—2005）颁布后，相关标准应及时修订。

4. 焚烧炉排放污染物的监测

遗物焚烧炉在通常运行条件下应执行《生活垃圾焚烧污染控制标准》（GB 18485—2001）。遗物焚烧炉排放污染物的监测项目和方法列于表 4 - 10。

表 4 - 10　遗物焚烧炉排放污染物的监测项目和方法

序号	项目	监测方法	方法来源
1	烟尘	重量法	GB/T 16157—1996
2	烟气黑度	林格曼烟度法	GB 5468—91
3	一氧化碳	非色散红外吸收法	HJ/T 44—1999
4	氮氧化物	紫外分光光度法	HJ/T 42—1999
5	二氧化硫	分光光度法	①
6	氯化氢	硫氰酸汞分光光度法	HJ/T 27—1999
7	汞	冷原子吸收法分光光度法	①
8	镉	原子吸收分光光度法	①
9	铅	原子吸收分光光度法	①
10	二噁英类	色谱 - 质谱联用法	②

注：①暂时采用《空气和废气监测分析方法》（中国环境科学出版社，北京，1990 年）。
②暂时采用《固体废弃物试验分析评价手册》（中国环境科学出版社，北京，1992 年）。

5. 其他环境监测项目和方法

近年来，大量的监测和研究工作推动了殡葬行业在环保方面的进步，但与其他行业相比还处于被动监测的状况，很多方面的工作仍然处于空白。比如，遗体有着自身的特殊性，遗体在火化过程中和排放的烟气中不但含有无机污染物，同时还含有许多复杂的有机污染物，对这些污染物的监测和研究还有待开展。遗体是一个很大的生物污染源，尤其带有强烈传染性病菌、病毒的遗体，必须采取相应的处理措施。国内对遗体的生物污染状况的研究刚刚起步，国家强制性标准《火葬场卫生防护距离标准》（GB 18081—2000）、《殡仪场所致病菌安全限值》（GB 19053—2003）、《燃油式火化机污染物排放限值及监测方法》（GB 13801—2009）已经颁布，国家环境保护标准《火葬场大气污染物排放标准》已于2011年3月7日公开征求意见，2015年4月16日由环境保护部发布，于2015年7月1日起正式实施，该标准实施之日起，将替代《燃油式火化机大气污染物排放限值》。因此，殡葬行业需要大力拓展殡葬行业的监测和研究领域。殡仪车、遗体冷藏设备等的有关环境指标的测定采用国家相应的标准方法或统一方法。骨灰中有毒重金属含量的测定方法采用国家固体废物方面的系列标准方法。殡仪场所的温度、湿度、大气压力、风向和风速，烟气中的含氧量、温升、动压、静压、全压、流量和流速等均采用国家或行业的标准方法进行。

二、殡葬环境质量评价

（一）环境质量评价的分类

环境质量评价（environmental quality assessment）是按照一定的程序和方法，对环境质量现状进行的定性和定量的分析、评估和描述。它应客观地反映环境质量现状，为环境规划和管理提供科学的依据。环境质量评价以国家标准或本底值为依据，通过环境质量评价工作可以准确反映污染水平状况，指出将来的变化趋势，并划分出环境质量等级。

1. 按时间因素划分

可分为环境质量回顾评价、环境质量现状评价和环境质量影响评价三种类型。

环境质量回顾评价是指根据有关资料对区域过去一定历史时期环境质量的历史性变化的评价。通过回顾评价可以揭示区域环境污染的变化过程和变化规律。也就是根据历史资料对某一区域过去较长时间的环境质量进行评价，了解环境问题发展过程。

环境质量现状评价一般是根据近几年的环境监测资料对某地区的环境质量进行评价。通过现状评价，可以阐明环境污染现状，为区域环境污染综合防治、区域规划提供科学依据。

环境质量影响评价是指对区域今后的开发活动将会给环境质量带来的影响进行评价。不仅要研究开发项目在开发、建设和生产中对自然环境的影响，也要研究对社会和经济的影响。可以了解环境状况的发展趋势，环境容量的

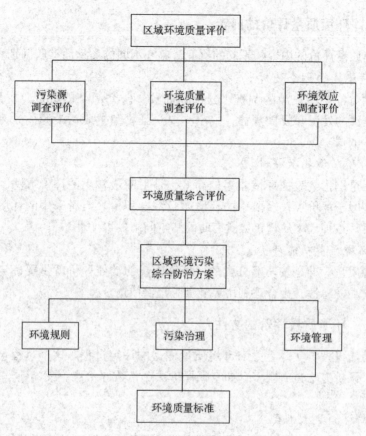

图 4 - 2　区域环境质量评价的内容

情况，并制定防止环境破坏的对策为项目的设计和管理部门提出科学依据。

2. 按研究部门划分

可分为单项工程环境质量评价、城市环境质量评价、区域环境质量评价和全球环境质量评价。

3. 按环境要素划分

可分为大气环境质量评价、水环境质量评价、土壤环境质量评价和噪声环境质量评价等。

4. 按评价内容划分

可分为健康影响评价、经济影响评价、生态影响评价、风险评价和美学景观评价等。

在实际工作中，目前环境质量评价的重点是对环境现状的研究、评价和探讨改善环境质量的方法与途径。

（二）环境质量评价的内容

环境质量评价的内容随不同的研究对象和不同的类型而有所区别。

1. 污染源的调查分析

通过对各类污染源的调查、分析和比较，研究污染的数量、质量特征，研究污染源的发生和发展规律，找出主要污染物和主要污染源，为污染治理提供科学依据。

2. 环境质量指数评价

用无量纲指数表征环境质量的高低，是目前最常用的评价方法，包括单因子和多因子评价以及多要素的环境质量综合评价。当所采用的环境质量标准一致时，这种环境质量指数具有时间和空间上的可比性。

3. 环境质量功能评价

环境质量标准是按功能分类的，环境质量的功能评价就是要确定环境质量状况的功能属性，为合理利用环境资源提供依据。

（三）环境质量评价的方法

环境质量评价实际上是对环境质量优劣的评定过程。这个过程包含有许多层次，评价方法也有很多，如专家评价法、指数评价法、模糊数学评价法、经济分析法等。

1. 指数的基本形式

根据不同评价的需要，环境质量指数可以设计为随环境质量提高而递增，也可以设计为随污染程度的提高而递增。

在只有一种污染物作用于环境因素的情况下，其环境质量指数的公式可写作：

$$I = C/S$$

式中 I——环境质量指数；

　　 C——该污染物在环境中的浓度；

　　 S——该污染物对人类影响程度的某一数值或标准。

如果一个地区某一种环境因素中的污染物是单一的，或某一种污染物占明显优势时，上述计算求得的环境质量指数大体可以反映出环境质量的概况。

2. 评价的主要环节

（1）收集整理相关数据和资料

在收集和整理资料的基础上分析所要评价的区域环境要素背景的监测数

据和资料。在现有监测数据不足时，要组织环境背景特征的调查，设计监测网络系统，确定本地区环境中污染物和各种有关参数的背景值。监测计划的内容、网点的设置，应根据区域环境质量现状评价的目的、任务及评价区域自然环境特点、污染源分布的具体情况来确定。

（2）确定环境要素与评价因子

评价因子是指进行环境质量评价时采用的对环境有主要影响的污染物。评价因子是从所调查的污染参数中选取，选择其中与建设项目有关的重要污染物和对环境危害较大或国家、地方控制的污染物为评价因子。评价因子的数量应该能够反映环境质量评价范围的环境质量现状。环境质量评价中的主要评价因子见表 4 - 11。

表 4 - 11　环境质量评价的主要评价因子

评价类型	污染参数中的评价因子	备注
大气质量评价	①颗粒物：总悬浮颗粒、飘尘 ②有害气体：二氧化硫、氮氧化物、氧化碳、臭氧 ③有害元素：镉、铅、汞、氟等 ④有机物：碳氢化合物	一般多选二氧化硫、氮氧化物、飘尘
水体环境评价	①感官形状因子：味、嗅、颜色、pH 值、透明度、混浊度、悬浮物等 ②氧平衡因子：溶解氧（DO）、生化需氧量（BOD）、化学需氧量（COD）、总有机碳（TOC） ③营养盐类因子：氢氮、硝酸盐氮、总磷、总氮 ④毒物因子：酚、氰化物、砷、有机氯、镉、铅、汞、铬等 ⑤微生物因子：大肠杆菌等	一般选用 10 项左右
土壤质量评价	①重金属及其他无机毒物：氰化物、砷、氟、有机氯、镉、铅、汞、铬、锌、铜等 ②有机毒物：滴滴涕、六六六、石油类、酚、多氯联苯等 ③酸度	

（3）评价指数的选用及其综合

选用的评价指数要有可比性。进行环境质量评价应尽可能选择国内或地区范围内外使用较多、较成熟的指数，在必要的情况下才自行设计指数。新设计的指数要求物理概念明确、易于计算。可以从指数的基本形式变成分指数，再从分指数转成总指数，都有一个指数综合的问题。综合的基本目的在于能从整体上描述环境质量。综合的方法常用的有以下三种。

一是代数叠加，即把每个分指数的权值按 1 考虑叠加，即算术均数：

$$I = \frac{1}{n} \sum_{i=1}^{n} I_i = \frac{1}{n} \sum_{i=1}^{n} \frac{C_i}{S_i}$$

二是加权平均，即用分指数和权值的乘积加和取平均，即加权平均数：

$$I = \sum_{i=1}^{n} W_i \frac{C_i}{S_i} \quad (\sum_{i=1}^{n} W_i = 1)$$

三是其他方法，如平方和的平方根：

$$I = \sqrt{\sum_{i=1}^{n} I_i^2}$$

3. 环境质量的分级

为了评价环境质量的现状，需将指数值与环境质量状况联系起来，建立分级系统。分级系统是依据环境质量评价的目的，根据历史和现在的环境质量状况，经过汇总分析，在找出环境质量指数与实际环境污染的定量关系的基础上建立起来的。环境质量分级系统应在实用中不断检验、修订、逐步完善，使之较为客观地反映环境质量状况。

一个环境质量分级系统是评价方法的重要组成部分，实际上是如何使评价结果更准确地反映环境质量的一种手段和标准。一般均按一定的指标对环境指数范围进行客观分段。其分段依据通常是污染物浓度超标倍数、超标污染物的种数，以及不同污染物浓度对应的环境影响程度等。

环境质量高低主要是从生态状况，尤其是人群健康状况出发进行评价。环境质量分级应力求使划分的质量级别与生物、人群健康受环境污染影响的程度相联系。

（四）污染源的调查与评价

污染源是引起环境污染的主要原因。要了解环境污染的历史和现状，预测环境污染的发展趋势，污染源调查与评价是一项必不可少的工作。污染源调查的目的是为了弄清污染物的种类、数量、排放方式、途径及污染源的类型和位置，在此基础上判断出主要污染物和主要污染源，为环境评价与环境管理提供依据。

1. 污染源调查的内容

污染源的调查包括自然污染源和人为污染源的调查，其中人为污染源的调查又包括工业污染源、农业污染源、生活污染源和交通污染源的调查等。

2. 污染源调查的方法

污染源调查的基本方法是社会调查，包括印发各种调查表，召开各种类型的座谈会，进行调查、访问、采样测试等。在污染源调查工作中应做到"了解一般，抓住重点"，因此，调查工作可分普查和详查两种方法。

（1）污染源的普查

污染源的普查工作首先从有关部门查清调查范围内的工矿企事业单位名称，然后通过发放调查表的方法对这些单位的规模、性质和排污量进行一次概略的调查，在此基础上筛选出重点污染源，以备进行评查。

（2）污染源的详查

在污染源普查的基础上，选择规模大、污染物量大、影响范围广、危害程度大的污染源作为详查对象。污染源详查要求工作人员深入污染源现场，进行污染状况的实地调查、污染源的实际采样监测，并配合必要的计算。经过详查，要完成污染源调查的全部内容，并总结出行业的排污系数，通过同行业之间排污系数的比较，就可以了解本企业的经营管理水平和经济效益。

3. 污染源的评价技术

（1）污染源评价的概念

污染源评价是在污染源和污染物调查的基础上进行的。污染源评价的目的是要确定主要污染物和主要污染源，提供环境质量水平的成因；为环境影响评价提供基础数据，为污染源治理和区域治理规划提供依据。因此，污染源评价是环境影响评价和污染综合防治重要的基础工作。

污染源评价是指对污染源潜在污染能力的鉴别和比较。潜在污染能力是指污染源可能对环境产生的最大污染效应。它和污染源对环境产生的实际污染效应是不同的。污染源对环境产生的实际污染效应，不仅取决于污染源本身的特性（排放污染物的种类、性质、排放量、排放方式等），还取决于环境的性质（背景值、自净能力、扩散条件），接受者的性质，以及各种污染物之间的作用和协生效应等。潜在污染能力取决于污染源本身的性质。因此，用潜在污染能力评价污染源是合适的。

（2）污染源评价的程序

计算等标污染指数，也称超标倍数，即某种污染物的浓度与污染源排放标准的比值；计算等标污染负荷，即等标污染指数与介质（载体，如污水、废气）排放量的乘积；反映污染物总量排放指标；计算污染物或污染源的污染负荷比，即某个污染源或某种污染物在总体中的分数；按污染负荷比的大小对污染源和污染物排序，位于前面的为主要污染源或主要污染物，通常给定一特征百分数（如 70%），按污染负荷比由大至小叠加，当其达到或超过该数时的污染源和污染物称为主要污染源或主要污染物。

（3）污染源评价的方法

污染源潜在污染能力主要取决于排放污染物的种类、性质、排放方式等。这些具有不同量纲的量是很难进行比较的。污染源评价的关键在于把具有不同量纲的量进行标准化处理，使其具有可比性，然后进行分析比较。进行标准化处理的方法不同，产生了不同的评价方法。

根据污染源调查的结果进行污染源评价有两类方法。

一是类别评价。类别评价是根据各类污染源某一种污染物的排放浓度、排放总量（体积或质量）、统计指标（检出率、超标倍数、标准差）等项指标，来评价污染物和污染源的污染程度。各种污染物具有不同的特性和不同的环境效应，为了使不同的污染物和污染源能够在同一个尺度上加以比较，需要采用特征数来表示评价的结果，也就是需要对污染物和污染源进行标准化比较。污染源评价要确定等标污染指数、等标污染负荷和污染负荷比三个特征数，在此基础上，可进一步确定主要污染源和主要污染物。主要污染物的确定，是将污染物按等标污染负荷的大小排列，从小到大计算累计百分比，将累计百分比最大的污染物列为主要污染物。主要污染源的确定，是将污染源按等标污染负荷排列，计算累计百分比，将累计百分比最大的污染源列为主要污染源。

二是综合评价。污染源综合评价方法不仅考虑污染物的种类、浓度、排放量、排放方式等污染源性质，还要考虑排放场所的环境功能。

三、殡葬环境影响评价

一个拟议中的工程、计划、项目或立法活动，可能会对物理化学环境、生物环境、文化环境和社会经济环境产生潜在的影响，因此有必要对这个事件进行系统性的识别和评估，其根本目的在于鼓励在规划和决策中考虑环境因素，使得人类活动更具有环境相容性，这就是环境影响评价。因此，环境影响评价是一种预断性的评价。环境影响评价（Environmental Impact Assessment，简称 EIA）是指对拟议中的建设项目、区域开发计划和国家政策实施后可能产生的影响（后果）进行的系统性识别、预测和评估，制定出减轻不利影响的对策、措施，其根本目的是鼓励在规划和决策中考虑环境因素，使得人类活动更具环境相容性，从而达到人类行为与环境的协调。

（一）环境影响评价概述

人们对环境影响的认识逐渐加深，很多国家把环境影响评价作为一种法律制度确定下来。1969 年，美国首先在《国家环境政策法》中把环境影响评价作为联邦政府在环境管理中必须遵守的一项制度规定下来。我国的环境影响评价制度始于 1979 年的《中华人民共和国环境保护法（试行）》，其中规定企业在进行新建、改建和扩建工程时，必须提交对环境影响的报告书，经环境保护部门和其他有关部门审查批准后才能进行设计。2002 年 10 月 28 日，九届全国人大常委会第三十次会议审议通过了《中华人民共和国环境影响评价法》。该法首先在评价范围上突破了过去仅对建设项目的环境影响评价，增添了对发展规划的环境影响评价，并且规定了评价规划的范围，包括土地利用、城市建设和区域、流域、海域的建设开发利用，以及工业、农业、交通、林业、能源等的开发，这大大提升了环境保护参与综合决策的程度。其次，把环境影响评价列为各项发展规划和建设项目的重要依据，未经过环境影响评价，这些规划和建设项目不能审批；同时还规定了环境影响评价从审查到批准的一整套程序，使环境影响评价更加规范。最后，把听取公众、专家的意见明确写进了法律中，并且规定，公众和专家的意见如果不被采纳，规划编制或项目建设单位要说明理由，确保环境保护的透明度。为保证环境影响评价制度得到切实执行并产生效果，环境影响评价法中增添了规划实施或项目建设后的跟踪评价，将有利于提高环境影响评价的质量。

1. 环境影响评价的类型

环境影响是指人类活动（经济活动、政治活动和社会活动）导致环境变化以及由此引起的对人类社会的效应。人类活动对环境产生的影响可以是有害的，也可以是有利的；可以是长期的，也可以是短期的；可以是潜在的，也可以是现实的。要识别这些影响，并制定出减轻对环境不利影响的对策、措施，是一项技术性极强的工作。

环境影响评价这一术语出现于 20 世纪 70 年代，又称为环境预断评价或环境事前影响评价。环境影响评价是指对规划和建设项目实施后可能造成的环境影响进行分析、预测和评估，提出预防或减轻不良环境影响的对策和措施，把环境影响限制到可以接受的水平并进行跟踪监测的方法和制度。这种在人类行动没有改变环境以前，记载该地区的自然环境现状，预测它将产生的变化，并对预测的结果进行评价的方法制度，既为决策部门提供环境影响防治对策的科学依据，又为设计部门提供优化设计的建议，因而不仅可以防止其可能带来的环境污染和生态破坏，还可大大减少事后治理所带来的经济损失和社会矛盾，为环境保护与社会、经济同步协调发展提供有力的保证。

根据目前人类活动的类型及其对环境的影响程度，可以将环境影响评价分为四种类型。

(1) 单个建设项目的环境影响评价

这是环境影响评价体系中的基础，具有评价内容和评价结论针对性强的特点。如根据某一建设项目的建议书，开始对建设项目的选址进行评价、鉴定项目的性质、规模，以及提出减缓不利影响的措施。它与建设项目的可行性研究同时进行。

(2) 区域开发项目的环境影响评价

区域开发的环境影响评价更具有战略性，它着眼于在一个区域内合理进行建设，强调把整修区域作为一个整体来考虑，评价的重点在于该区域内未来的建设项目的布局、结构和时序，同时也根据区域环境的特点，对区域的开发规划提出建议，并为开展单个建设项目的环境影响评价提供依据。如根据地方规划，在一定的时期内，在某个区域中将进行一系列开发建设活动，这些项目的建设与运行将对本地区的环境产生相当大的复合影响。因此，需要对区域内建设项目的合理布局、性质、规模、排污总量的控制以及发展的时序进行分析和评价。

(3) 生态环境影响评价

生态环境影响评价是通过定量揭示和预测人类活动对生态环境以及对人类健康和经济发展的影响，确定一个地区的生态负荷或环境容量。或通过许多生物和生态的概念和方法，预测和估计人类活动对自然生态系统的结构和功能所造成的影响。主要评价内容有生态环境影响评价的级别和范围、生态环境影响识别、生态环境现状调查、生态现状评价、生态影响预测和生态影响的减缓措施和替代方案。

(4) 社会经济环境影响评价

社会经济环境影响评价是为了避免人类活动对社会经济环境的不良影响，或者改善社会经济环境质量，在待建项目或计划、政策实施之前，通过深入全面的调查研究，对被影响区域社会经济环境可能受到的影响内容、作用机制、过程、趋势等进行系统的综合模拟、预测和评估，并据此提出评价意见和预防、补偿与改进措施，从而为科学决策和管理提供切实依据的一整套理论、方法、手段等。主要包括社会经济环境影响及主要环境问题、社会经济效果、美学及历史学环境影响分析。

2. 环境影响评价的程序

环境影响评价工作大体分为三个阶段。第一阶段为准备阶段，主要工作为研究有关文件，进行初步的工程分析和环境现状调查，筛选重点评价项目，确定各单项环境影响评价的工作等级，编制评价大纲；第二阶段为正式工作阶段，其主要工作为进一步作工程分析和环境现状调查，并进行环境影响预测和评价环境影响；第三阶段为报告书编制阶段，其主要工作为汇总、分析第二阶段工作所得的各种资料、数据，给出结论，完成环境影响报告书的编制。环境影响评价工作程序如图 4 – 3 所示。

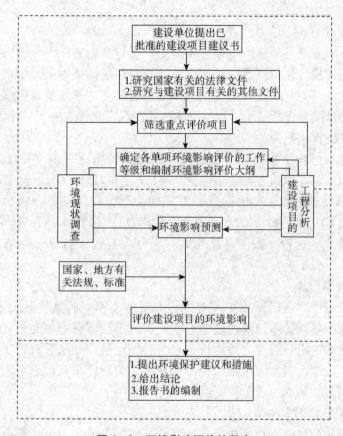

图 4 – 3　环境影响评价的程序

（1）科学性原则

在评价方法的选择和模式选取时要讲究科学性，在环境评价的过程中要有严肃认真的态度，在处理个人、集体和国家三者关系时要讲究科学性。

（2）综合性原则

要全面考虑，在环评工作中不仅要注意开发活动对单个环境要素和过程的影响，还要考虑对整个环境的影响（如大气、水、生物、植物、经济、社会、美学等）。要考虑各环境要素之间的密切联系，在目前对环境的单个要素在工程开发过程中造成的影响有了一定认识，但对于环境个要素之间的相互关系及它们之间的关系还缺乏认识。

（3）实用性原则

要根据不同的工程项目来确定环境影响评价的内容。

（二）环境影响评价技术

1. 环境影响评价的方法

（1）定性分析方法

定性分析方法是环境影响评价工作中广泛应用的方法，这种方法主要用于不能得到定量结果的情况。该法优点是相对简单，可用于无法进行定量预测和分析的情况，只要运用得当，其结果也有相当的可靠性。但该法不能给出较精确的预测和分析结果，其结果的可靠性程度直接取决于使用者的因素，使其应用受到较大限制。

定性分析方法主要用于不能定量得到结果的情况下或小型无污染的建设项目以及社会、文化、古迹文物等。此法也是环境影响评价中广泛应用的方法，如民意测验、类比调查和专家预测等。其优点是方法简单，可用于无法进行定量预测分析的环境要素；周期短、耗资少、上马快。缺点是没有量的概念，这种方法所得结果的可靠性程度直接取决于评价者的主观因素。

（2）数学模型方法

数学模型方法是把环境要素或过程的规律用不同的数学形式表示出来，得到反映这些规律的不同数学模型，由此就可得到所研究的要素和过程中各有关因素之间的定量关系。该法优点是可得到定量的结果，有利于对策分析的进行。但数学模型方法只能用于那些规律研究比较深入、有可能建立各影响因素之间定量关系的要素和过程。

（3）系统模型方法

环境系统模型就是在客观存在的环境系统的基础上，把所研究的各环境要素或过程以及它们之间的相互联系和作用，用图像或数学关系式表示出来。该法优点是可给出定量的结果，能反映环境影响的动态过程。但建立系统模型是费时长、花钱多的工作。

（4）综合评价方法

综合评价是指对开发活动给各要素和过程造成的影响作一个总的估计和比较，勾画出开发活动对环境影响的整体轮廓和关系。综合评价方法目前有矩阵方法、地图覆盖方法、灵敏度分析方法等。

2. 环境影响评价的成果

根据环境保护部《建设项目环境保护分类管理名录》（环境保护部令

2008 年第 2 号）对建设项目确定其应编制环境影响报告书、报告表或登记表的种类。一是对新建或扩建工程对环境可能造成重大的不利影响（这些影响可能是敏感的、不可逆的、综合的或以往未有过的），编写环境影响报告书的项目。二是对新建或扩建工程对环境可能造成有限的不利影响（这些影响是较小的或者减缓影响的补救措施是很容易找到的，通过规定控制或补救措施可以减缓对环境的影响），编写环境影响报告表的项目。三是对环境不产生不利影响或影响极小的建设项目，编写环境影响登记表的项目。

环境影响评价工作最终以报告书的形式反映出来，国家对报告书的内容有详细的规定。

（1）环境影响报告书的编写原则

环境影响报告书是评价工作的最终成果，在编写方法上要注意下列原则：在主要内容上，应根据项目的行业特点、厂区自然环境条件以及环境规划要求来确定，应符合已经批准的评价工作大纲的要求。在纲目安排上，应按照下文所叙述的环境影响报告书的内容提要选取部分或全部进行编写。总报告的编写应做到取材翔实，结论明确，防治对策具体，内容精练，文字通俗。

（2）环境影响报告书的主要内容

为贯彻《中华人民共和国环境保护法》《中华人民共和国环境影响评价法》和《建设项目环境保护管理条例》，指导建设项目环境影响评价工作，环境保护部于 2012 年 1 月 1 日起实施了《环境影响评价技术导则 总纲》（HJ 2.1—2011），规定了建设项目环境影响评价的一般性原则、内容、工作程序、方法及要求。环境影响报告书的主要内容包括以下几个方面：总论包括环境影响评价项目的由来，编制环境影响报告书的依据、评价标准以及控制污染与保护环境的主要目标；建设项目概况包括建设项目的名称、地点、性质、规模、产品方案、原料、燃料及用水量、污染物排放量、环保措施，并进行工程影响环境因素分析等；环境现状（背景）调查；污染源调查与评价，包括污染源排放污染物的种类、数量、方式、途径及污染源的类型和位置，直接关系到它危害的对象、范围和程度，可以结合环境特征和环境容量提出科学合理的总量控制要求；对坏境影响预测与评价，包括对大气、水、噪声、土壤及农作物、人群健康、振动及电磁波等环境影响作出预测与评价，对周围地区的地质、水文、气象可能产生的影响以及景观生态的综合环境影响作出分析；环保措施的可行性分析与建议，遵循"污染者承担"和"环境成本内部化"的基本原则并考虑生态与循环经济的可行条件，提出相应的建议与措施方案；环境影响经济损益简要分析，主要提出建设项目的经济效益、环境效益和社会效益如何。结论及建议要明确、客观地阐述评价工作的主要结论，从综合效益协调统一的角度，综合提出建设项目的选址、规模、布局等是否可行。

（三）殡葬环境影响评价

殡仪馆、火葬场、骨灰安置处、殡葬服务中心（站）、公墓等殡葬园区，不仅是人民群众办理丧事活动不可或缺的公共服务设施，而且也是社会主义精神文明建设的重要阵地。近年来，随着殡葬事业的发展，殡葬园区污染以及对周边环境影响等问题大量凸显出来。按照我国现阶段实际情况，认真分析评价殡葬建设各阶段对环境的作用和影响，采取相关措施减少或杜绝殡葬环境污染，恢复殡葬园区生态损失，在着力解决现有殡葬服务设施环境污染问题的同时，如何吸取教训，对新的殡葬建设项目的环保问题进行事前评价，有效地遏制环境污染，成为摆在人们面前的一项长期而艰巨的任务。

我国是最早实施建设项目环境影响评价制度的发展中国家之一。环境影响评价有利于实施可持续发展战略，预防因开发建设活动对环境造成的不良影响，促进环境与发展的综合决策，实现经济、社会和环境的协调发展。长期以来，由于种种原因，殡葬建设项目进行环境影响评价并未得到有效实施，甚至有的殡葬建设项目根本不进行环境影响评价，不但对环境产生一定的影响，而且给国家和殡葬服务机构造成经济损失，更重要的是因对周边区域造成环境污染而使殡葬园区这一为民服务的场所在人民群众中产生了不良影响，进而影响到殡葬改革的进程。

1. 殡葬环境影响评价的依据

环境影响评价是环境保护的一项重要工作，它是决策和开发建设活动中实施可持续发展战略的一种有效的手段和方法。殡葬对环境的影响是多方面的和深刻的，因而要对拟建殡葬园区可能对区域环境质量产生的影响、影响的程度进行预测和评价，提出科学的清除或减轻不良环境影响的措施和对策。殡葬建设项目环境影响评价目的在于：通过对殡葬建设项目活动可能带来的各种环境影响进行定性和定量分析，预测并评价其未来影响范围和程度，为科学合理建设殡葬园区提供科学依据；通过损益分析，提出可行的环保措施并反馈于设计，以减轻和补偿殡葬建设项目活动所带来的不利影响；为殡葬建设项目的生产管理和环境管理提供依据，为殡葬园区周围地区经济发展规划、环保规划提供依据，为决策者提供协调环境与发展关系的科学依据。通过"先评价，后建设"，可以推进殡葬产业合理布局和殡葬服务设施的优化选址，预防因开发建设活动可能产生的环境污染和生态破坏，以取得良好的环境效果。

环境影响评价制度是环境影响评价工作的法定化、制度化和程序化，是通过环境资源法调整人与自然关系的重要机制。环境影响评价法律制度对于促进我国经济和社会的可持续发展具有法律保障作用。我国的环境影响评价法律制度主要是在建设项目环境管理实践中不断发展起来的。从《中华人民共和国环境保护法（试行）》（1979 年 9 月）的颁布到《建设项目环境保护管理办法》（1986 年 3 月）颁布前，是环境影响评价法律制度的试验、探索阶段。从颁布《建设项目环境保护管理办法》（1986 年 3 月）至颁布《建设项目环境保护管理条例》（1998 年 11 月），是环境影响评价法律制度逐步建立健全的阶段。《中华人民共和国环境影响评价法》（2002 年 10 月）的颁布实施，将我国的环境影响评价法律制度推进到一个新的发展阶段。

我国的殡葬法规也逐渐增加和完善了有关环境影响评价的内容。如 1997 年国务院颁布的《殡葬管理条例》第九条要求"任何单位和个人未经批准，不得擅自兴建殡葬设施"，为实行殡葬设施建设项目审批制度提供了法律依据。第十二条规定"殡葬服务单位应当加强对殡葬服务设施的管理，更新、改造陈旧的火化设备，防止污染环境"，第十六条规定"火化机、运尸车、尸体冷藏柜等殡葬设备，必须符合国家规定的技术标准"等，对殡葬设施、设备提出了环保要求。《殡葬管理条例》正在修订之中，拟增加有关对殡葬设施进行检测、鉴定和专家评审等程序和内容，要求建立殡葬服务机构须经国家认可的技术检测部门出具的殡葬设备检验报告和殡葬场所环保验收报告，殡葬服务机构使用的殡葬设备应当进行定期监测和评价，不符合国家技术标准和环保要求的应当限期整改，这就进一步明确了殡葬服务机构不仅要在立项时进行环境影响评价，而且在运营过程中也应当定期进行环境影响评价。随着环境保护和殡葬管理有关法律法规的进一步实施，可以最大限度地减少决策的盲目性、随意性，最大限度地消除污染和破坏的隐患。

2. 殡葬环境影响评价的内容

殡葬建设项目是指以固定资产投资方式进行的一切殡葬建设活动，可分为基本建设、技术改造、殡葬开发（包括新建、改造项目）等的工程和设施建设。殡葬作为一种特殊的产业，其建设项目具有一定的特殊性。但也应遵循我国殡葬建设项目环境影响评价的原则，如预防原则、综合原则、科学性原则、公开公正原则、公众参与原则等。

环境影响评价内容主要包括：社会经济环境影响评价，生态环境影响评价，大气环境影响评价，噪声环境影响评价，交通环境影响评价及公众参与等。

（1）殡葬建设项目周围环境状况

殡葬建设项目名称、建设情况；建设项目地点；建设规模（扩建项目应说明原有规模）；殡葬活动方案和主要工艺方法；废水、废气、废渣、粉尘等的种类、排放量和排放方式；废弃物和污染物处理方案、设施和主要工艺原则等。殡葬建设项目所在地区的环境特征，主要有自然环境特点、环境敏感程度、环境质量现状及社会经济环境状况等。包括殡葬建设项目的地理位置，周围地区地貌与地质情况、江河湖海和水文、气象情况，周围地区大气、水的环境质量状况，周围地区的生活居住区分布情况和人口密度、地方病等情况。

（2）殡葬建设项目环境影响评价

殡葬建设项目的环境影响评价通常可进一步分解为大气、水、噪声、土壤与生态、人群健康状况等环境要素（或称评价项目）。包括对周围地区的这些因素可能产生的影响以及防范与减少这些影响的措施，尤其是各种污染物最终排放量，对周围大气、水、土壤的环境质量影响范围和程度、噪声、振动等对周围生活居住区的影响范围和程度。对专项环境保护措施的投资要进行估算。

（3）殡葬建设项目环境保护论证

环境影响评价要以殡葬建设项目为核心，围绕建设项目的流程，产生污染的种类，对外环境的影响，治理对策等进行影响评价。工程分析应以殡葬工艺过程为重点，并不可忽略污染物的不正常排放。

对殡葬建设项目可能遇到的与可能解决的环境和生态问题，在环境影响评价报告书中，应提出方向性和综合性的意见。殡葬建设项目环境影响评价的主要内容还应包括建设项目对环境影响的经济损益分析，对建设项目实施环境监测的建议，环境影响评价的结论等。

3. 殡葬环境影响评价的程序

我国目前环境影响评价的工作程序是：凡新建或扩建工程，由建设单位将建设计划向环境保护部门提出申请，由环境保护部门会同有关专家确定该建设项目是否应进行环境影响评价，如需要进行环境影响评价，则由建设单位委托有关单位承担。当为殡葬建设项目环境影响评价提供技术服务的机构在接到评价任务之后，应根据工程的性质和评价区域的环境特点组织技术领导小组，尽快熟悉拟建工程的有关情况，并进行现场勘查，全面收集当地自然环境、社会环境方面的资料。在此基础上，分析工程的环境影响及主要影响敏感点，并编写环境影响评价大纲。经审查通过后，即可开展评价工作，编制环境影响报告书。

（1）殡葬环境影响评价设计

首先要确定环境影响评价的范围。我国殡葬建设项目环境影响评价一般以"殡葬建设项目可行性研究报告"中确定的拟建殡葬园区四周5千米为范围，特殊情况下，可根据实际情况扩大或缩小。如《火葬场卫生防护距离标准》规定：火葬场的卫生防护距离按其所在地区近5年平均风速和年焚尸量确定，还应考虑风向频率及地形等因素的影响，以尽量减少其对居住区大气环境的污染。我国殡葬环境影响评价可分为施工期和运营期两个阶段，预测评价以项目竣工投入使用后第5年和第10年为特征年。

（2）殡葬环境质量现状分析

在人类生产建设活动较少，生态破坏及污染不严重的地区，应开展环境本底及环境背景值的研究。而在城区扩建或新建殡葬项目，就必须开展环境现状评价研究。此外，还要包括对建设项目周围地区社会生活环境的调查与评价，为评价建设项目对未来社会及环境影响创造条件。

（3）殡葬环境影响预测分析

鉴于环境的整体性及其功能的共同性，环境影响预测要用系统分析的方法，着眼于殡葬建设项目周围地区的全环境综合预测，以便得出环境系统行为的结论。例如，可根据殡葬建设项目排出的主要污染（包括视觉污染）或其主要影响面开展环境影响评价研究。建设项目对自然环境影响的预测，归根结底是通过系统分析，预测它将会对区域环境系统这个动态非平衡系统可能带来什么样的影响，应该采取什么样的补偿措施，使其对当地的生态影响最小，以利于建立环境质量优良的新的环境系统。预测环境影响使用较多的预测方法有数学模式法、物理模型法、类比调查法和专业判断法。为了使预测结果接近环境的真实情况，应尽量使建立的模型能反映建设项目所在地区环境的综合特点。建设项目对社会环境的影响，应该分析它可能对当地社会环境质量的影响（包括对生活环境质量、社会历史环境、服务环境质量等）和区域经济发展带来的影响。

（4）殡葬环境影响效益分析

殡葬建设项目对周围地区生态系统的影响，一般采用生态模拟的方法，通过建立生态系统的数学模型，模拟生态系统的行为和特点。环境质量变化对人体的影响是慢性的、长期的，故应选择某种环境问题的产生可能引起人体健康变化的灵敏性的指标，及早发现人群亚临床变化以便进行预测。

殡葬建设项目所造成环境资源的损失，可以用环境经济损益分析法尝试着进行货币计算，并与建设项目的经济效益进行比较，为环保主管部门决策提供依据。

（5）编写环境影响评价报告书

环境影响评价报告书，除阐明工程建设、环境状况对环境影响的预测和评价结论外，还应提出具体的环境保护目标和各项控制标准，对殡葬建设项目工程中存在的各项有关问题应进行认真的分析，提出解决问题的对策，包括更合理的替代方案和必要的补充措施，从而使环境影响评价工作对工程起到积极的补充作用。

【扩展阅读】

市环保局关于汉口殡仪馆整体搬迁建设项目环境影响报告书的批复①
武环管〔2011〕8 号

武汉市民政局汉口殡仪馆：

你单位报送的《武汉市汉口殡仪馆整体搬迁建设项目环境影响报告书》（以下简称《报告书》）及其评估报告收悉，经研究，现批复如下：

一、你单位拟在武汉市黄陂区滠口街桃源集村实施汉口殡仪馆整体搬迁建设项目。该项目规划总用地面积 266667 平方米，总建筑面积 19642 平方米。项目拟建殡仪馆主楼、冷藏库、火化车间、业务综合服务楼、灵堂、骨灰寄存楼、行政综合楼、追悼楼、辅助用房及污水处理设施等。项目总投资 18653.33 万元，其中环保投资 1282 万元。该项目符合武汉市城市总体规划，在全面落实《报告书》中提出的各项污染防治措施及资金的前提下，所产生的环境影响能够得到有效控制，从环境保护角度，原则同意你单位在拟定地点按拟定内容实施该项目的建设。

二、同意《报告书》采用的评价标准。该《报告书》可作为此项目环保设计和环境管理的依据。

三、在项目实施过程中，你单位应严格执行需配套建设的环保设施与主体工程同时设计、同时施工、同时投入使用的环境保护"三同时"制度，全面落实《报告书》提出的各项防治污染和生态保护措施，并重点做好以下环保工作：

（一）项目排水实行雨污分流制。遗体清洗废水、活化机喷淋废水、焚烧炉喷淋废水应经消毒处理后与生活废水一起汇入项目自建污水处理站进行深度处理，各类废水经有效处理达到《城市污水再生利用城市杂用水水质》（GB/T 18920—2002）要求后回用，严禁排入项目周边地表水体。在远期项目污水可接入城市集中式污水处理厂的情况下，项目废水可经处理达到《污水综合排放标准》（GB 8978—1996）表 4 中三级标准后排入市政污水管网。

（二）加强对各类废气的治理。火化机焚烧废气、焚烧炉废气应经尾气净化处理系统处理达到《燃油式火化机大气污染物排放限值》（GB 13801—2009）中二级标准限值要求后经排气筒高空排放。餐饮油烟应经油烟净化装

---

① http：//www.whepb.gov.cn/gcXmsp/98492.jhtml.

置处理达标后经内置烟道引至行政办公楼楼顶排放。切实做好焚烧尾气净化处理系统及油烟净化设施维护工作，保证废气处理效率达到标准要求。建设单位还应按国家有关要求在排气筒上设置永久性监测采样孔，并创造环境监测条件。

（三）项目使用的风机、压缩机组、备用柴油发电机以及污水处理站电机等噪声源应选用优质、低噪声设备，同时采取隔声、减振等措施，确保厂界噪声达标排放。

（四）加强固体废弃物管理。项目产生的固体废弃物应分类集中存放在指定地点，不得随意倾倒、抛撒或者堆放。焚烧废渣、污水处理站污泥和生活垃圾应及时交由当地有关部门清运处理。废活性炭滤布等危险废物应定期交由有资质的单位无害化处置，并严格落实危险废物转移联单制度。除尘灰渣应严格按照《报告书》中提出的要求进行固化处理后运至指定场所。

（五）项目应严格控制600米的卫生防护距离，在卫生防护距离内严禁新建医院、学校、住宅等环境敏感目标。对卫生防护距离内现有的居民住宅应进行拆迁安置。

（六）加强环境教育与管理。按照文明施工、清洁生产要求，制订并落实施工期间环境管理方案措施，杜绝违章作业，严格控制扬尘污染，避免施工过程中粉尘、污水、噪声对环境敏感目标造成影响；项目施工污水应经隔栅沉淀池、化粪池处理达标；应严格执行建筑施工噪声申报登记制度，在工程开工建设前15天内填写《武汉市建筑施工场地噪声管理审批表》，报送黄陂区环保局审批。该项目大气污染和水污染治理设计方案应报我局备案。

四、施工期间的环境监督管理工作由市环境监察支队和黄陂区环保局负责。

五、项目竣工试运行须报我局同意，试运行期内（不超过3个月）向我局申请竣工环境保护验收，经我局验收合格后，方可正式投入使用。

本批复自审批之日起五年内有效；如项目性质、规模、地点和污染防治及生态保护措施发生变化，应重新报批环境影响评价文件。

4. 殡葬环境影响评价的对策

环境影响评价虽然被法律规定为必须遵守的制度，但尚未达到普遍实行，尤其是殡葬业的环境影响评价亟待加强。切实有效地普及殡葬建设项目的环境影响评价，应该成为我国殡葬改革和环境保护工作的一个重要课题。在进行殡葬建设项目环境影响评价时，应该提供两个以上的建设项目方案，以便通过环境影响评价确定对环境影响最少的最优方案。能定量表达的确定性影响，可以运用各种模拟预测模型，预测未来的环境质量，然后用各种评价模型进行评价。不能确切表达的环境影响，目前常用的评价方法有列表清单法、判别法、矩阵法和网络法等。列表清单法和判别法多用于影响评价的初期，以筛选和确定必须考虑的影响因素。矩阵法和网络法是对筛选出的因素进行综合分析，提出环境影响评价结果。对大气、噪声环境采用模式计算和类比分析法，对生态环境、水环境、社会经济环境则采用调查分析法。根据殡葬建设项目的特点，应该突出环境敏感点、敏感区域的评价方法。

（1）坚持正确的殡葬改革方向与环境保护相结合

建立健全并执行环境影响评价法律制度是一个不断改进和完善的发展过程，必须坚持正确的殡葬改革和发展方向并与环境保护相结合。一是在环境影响评价对象和范围方面，应坚持从具体殡葬建设项目评价到殡葬设施规划等宏观活动评价、从具体行政行为评价到抽象行政行为评价的转变的方向。二是在环境影响评价法律制度的监督管理手段方面，应该逐步实现从末端控制到源头控制和全过程管理，从浓度控制到总量控制，从着重行政手段到全面采用经济、法律、科学技术、公众参与等手段的监督管理的转变。三是在环境影响评价的审查、监督管理机构方面，要建立审、批分离制度，坚持政府审批监督管理与专家审查相结合、政府环保行政主管部门与专门性的环境影响评价审查委员会相结合的改革方向。

（2）加强殡葬环境影响跟踪评价和监督管理制度

环境影响评价是一个从开展调查研究，组织编制环境影响报告，审查和审批环境影响报告，到落实有关环保措施，开展跟踪评价及相关后续监督管理的完整过程。定期对殡葬建设项目的实际影响进行监测，是整个环境影响评价的重要过程，通过监测，可以判断项目的环境影响是否符合环境标准，进而改进工程的环境措施和管理手段；同时，把监测结果与预测结果相比较，可以提高将来类似项目的环境预测的准确性。

（3）加强殡葬环境影响评价技术服务机构的管理

由于殡葬建设项目具有一定的特殊性，而目前我国尚未有专门为殡葬建设项目环境影响评价提供技术服务的机构，所以有必要建立以殡葬业专家为主要成员，配备工程分析、水环境、大气环境、声环境、园林生态环境、固体废物、环境工程、环境经济等方面的专业技术人员的具有建设项目环境影响评价资质的机构，按照规定的评价范围，承担有关环境保护行政主管部门负责审批的殡葬建设项目环境影响评价工作。民政部门积极配合环保部门，加强对殡葬建设项目环境影响评价的管理，保证环境影响评价工作质量，共同维护环境影响评价工作秩序。

殡葬服务业作为人类永恒的产业，为了满足人们不断增长的殡葬消费需求，需要新开发服务项目，有必要建立环境影响评价制度。一是在开发新的服务项目时必须严格按照环境保护的要求进行环境影响评价，设计出物耗能耗低、环境友好的服务产品，并确定可能产生的环境因素；二是新开发的服务项目必须经过服务项目的策划、设计、评审、验证和环境影响评价，经过严格的论证主可推出；三是在开发新的服务项目时必须考虑环境投资、环境费用和环境效益，并将这部分成本核算纳入财会统计中。

附录 1

殡仪场所致病菌安全限值（GB 19053—2003）

1 范围

本标准规定了各类殡仪场所致病菌安全限值、卫生要求及监测检验方法。

本标准适用于殡仪馆、火葬场、骨灰堂、公墓、殡仪服务站、殡仪车等固定和流动殡仪场所。

2 规范性引用文件

下列文件中的条款通过本标准的引用而成为本标准的条款。凡是注日期的引用文件，其随后所有的修改单（不包括勘误的内容）或修订版均不适用于本标准，然而，鼓励根据本标准达成协议的各方研究是否可使用这些文件的最新版本。凡是不注日期的引用文件，其最新版本适用于本标准。

GB 9663—1996 旅店业卫生标准

GB 9666—1996 理发店、美容店卫生标准

GB 16153 饭店（餐厅）卫生标准

GB/T 17217 城市公共厕所卫生标准

GB/T 17220 公共场所卫生监测技术规范

GB/T 18203—2000 室内空气中溶血性链球菌卫生标准

GB/T 18204.1 公共场所空气微生物检验方法 细菌总数测定

GB/T 18204.6 理发用具微生物检验方法 大肠菌群测定

GB/T 18204.7 理发用具微生物检验方法 金黄色葡萄球菌测定

灭鼠、蚊、蝇、蟑螂标准 1997－01－31 全国爱国卫生运动委员会

3 安全限值

3.1 各类固定殡仪场所（殡仪馆、火葬场、骨灰堂、公墓和殡仪服务站等）的客户休息室、业务室，悼念厅及守灵间等殡仪用户的菌类安全限值按表 1 执行。

表 1　殡仪用房菌类安全限值

项目		安全限值
空气细菌总数	a）撞击法 /（cfu/m³）	≤3000
	b）沉降法 /（cfu/Ⅲ）	≤35
空气溶血性链球菌	撞击法 /（cfu/m³）	≤36

3.2　固定殡仪场所停尸间、冷藏间、火化间、整容室、解剖室、消毒室和防腐室等遗体处置用房内空气和常用器具的菌类安全限值按表 2 执行。

表 2　遗体处置用房菌类安全限值

项目		安全限值
空气细菌总数	a）撞击法 /（cfu/m³）	≤2000
	b）沉降法 /（cfu/Ⅲ）	≤20
器具上大肠菌群	（个/50cm²）	不得检出
器具上金黄色葡萄球菌	（个/²）	不得检出

3.3　殡仪车内空气和器具菌类安全限值按表 2 执行。

4　卫生要求

4.1　殡仪车等流动殡仪场所必须定期消毒，尸舱密闭，严禁特种尸体血液和体液等外溢。

4.2　火化冷却后骨灰及火化废渣中细菌总数、大肠菌群和乙肝表面抗原均不能检出。

4.3　遗体防腐、理发、整容及整形工具的使用应符合 GB 9666—1996 中3.2.3 和 3.2.7 要求。

4.4　固定殡仪场所内设置的公共厕所应为水冲方式并符合 GB /T 17217 相应的卫生标准值。

4.5　殡仪场所内茶具、毛巾和坐垫的清洗消毒应符合 GB 9663—1996 中表 2的规定。

4.6　殡仪场所内职工食堂和营业性餐厅应符合 GB 16153 要求。

4.7　固定殡仪场所各功能区内的蚊、蝇、蟑螂等病媒昆虫指数及鼠密度均应达到《灭鼠、蚊、蝇、蟑螂标准》的规定。发现四害，及时杀灭。所用消毒灭菌、杀虫灭鼠药品，不得有损于人体健康。

4.8　遗体应及时消毒，停尸间、整容间、告别厅、火化间、职工休息室、客户休息室应有消毒设备和消毒操作规程。

5 监测检验方法

5.1 监测布点和现场采样应按 GB/T 17220 执行。

5.2 细菌总数、大肠菌群和金黄色葡萄球菌检验应分别按 GB/T 18204.1、GB/T 18204.6、GB/T 18204.7 中规定的方法执行。

5.3 空气溶血性链球菌检验应按 GB/T 18203—2000 中附录 A 执行。

附录2

火葬场卫生防护距离标准（GB 18081—2000）

1 范围

　　本标准规定了火葬场与居住区之间所需卫生防护距离。

　　本标准适用于地处平原、微丘地区的新建火葬场及现有火葬场扩建、改建工程。现有火葬场可参照执行。地处复杂地形条件下的火葬场卫生防护距离，应根据大气环境质量评价报告，由建设单位主管部门与建设项目所在省、市、自治区的卫生、环境保护主管部门共同确定。

2 定义

　　本标准采用下列定义。

2.1 卫生防护距离（health protection zone）

　　产生有害因素的部门（车间或工段）的边界至居住区边界的最小距离。

3 标准内容

3.1 火葬场的卫生防护距离，按其所在地区近五年平均风速和年焚尸量规定如表1所示。

表1　平均风速和年焚尸量

规模年焚尸量，具	所在地区近五年平均风速，m/s		
	<2	2~4	>4
>4000	700 m	600 m	500 m
≤4000	500 m	400 m	300 m

3.2 本标准规定的火葬场与居住区的位置还应考虑风向频率及地形等因素的影响，以尽量减少其对居住区大气环境的污染。

附录3

火葬场大气污染物排放标准
（GB 13801—2015）

1　适用范围

本标准规定了火葬场区域内遗体处理、遗物祭品焚烧过程中所产生的大气污染物排放限值、监测和监控要求，以及标准的实施与监督等相关规定。

本标准适用于现有火葬场大气污染物排放管理，以及火葬场建设项目的环境影响评价、环境保护设施设计、竣工环境保护验收及其投产后的大气污染物排放管理。

本标准适用于燃油式火化机、燃气式火化机、其他新型燃料火化机及遗物祭品焚烧设备。

本标准适用于法律允许的污染物排放行为。新设立污染源的选址和特殊保护区域内现有污染源的管理，按照《中华人民共和国大气污染防治法》《中华人民共和国水污染防治法》《中华人民共和国海洋环境保护法》《中华人民共和国固体废物污染环境防治法》《中华人民共和国环境影响评价法》等法律、法规、规章的相关规定执行。

2　规范性引用文件

本标准内容引用了下列文件或其中的条款。

GB/T 16157　固定污染源排气中颗粒物测定与气态污染物采样方法

GB 16297　大气污染物综合排放标准

HJ/T 27　固定污染源排气中氯化氢的测定　硫氰酸汞分光光度法

HJ/T 42　固定污染源排气中氮氧化物的测定　紫外分光光度法

HJ/T 43　固定污染源排气中氮氧化物的测定　盐酸萘乙二胺分光光度法

HJ/T 44　固定污染源排气中一氧化碳的测定　非色散红外吸收法

HJ/T 55　大气污染物无组织排放监测技术导则

HJ/T 56　固定污染源排气中二氧化硫的测定　碘量法

HJ/T 57　固定污染源排气中二氧化硫的测定　定电位电解法

HJ 77.2　环境空气和废气二噁英类的测定　同位素稀释高分辨气相色谱－高分辨质谱法

HJ/T 373　固定污染源监测质量保证与质量控制技术规范（试行）

HJ/T 397　固定源废气监测技术规范

HJ/T 398　固定污染源排放烟气黑度的测定　林格曼黑度图法

HJ 543　固定污染源废气汞的测定　冷原子吸收分光光度法（暂行）

HJ 629　固定污染源废气二氧化硫的测定　非分散红外吸收法

《污染源自动监控管理办法》（国家环境保护总局令第 28 号）

《环境监测管理办法》（国家环境保护总局令第 39 号）

3　术语和定义

下列术语和定义适用于本标准。

GB 13801 – 2015

3.1　火葬场

指从事遗体处理和遗物祭品焚烧的专用场所。本标准中"火葬场"包括从事遗体处理和遗物祭品焚烧业务的"殡仪馆""殡葬服务中心"等单位。

3.2　遗体处理

对遗体进行消毒、清洗、更衣、冷冻、冷藏、解剖、防腐、整容、整形、塑形、火化等活动的统称，通常指遗体的消毒、防腐、整容、火化的过程。

3.3　遗物祭品焚烧

将死者遗留下来的衣物、生活用品（包括其他物品）及祭奠死者所用的全部物品进行灰化的过程。

3.4　现有单位

指本标准实施之日前已建成运行或环境影响评价文件已通过审批的火葬场。

3.5　新建单位

指本标准实施之日起环境影响评价文件通过审批的新建、改建和扩建的火葬场建设项目。

3.6　无组织排放

指大气污染物不经过排气筒的无规则排放，主要包括遗物或祭品露天焚烧，或在无排气筒（包括低矮排气筒）的简易装置内焚烧等。

3.7　二噁英类

指多氯代二苯并－对－二噁英（PCDDs）和多氯代二苯并呋喃类（PC-

DF_S）物质的统称。

3.8 二噁英类毒性当量（TEQ）

各二噁英类同类物质量浓度折算为相当于 2，3，7，8 - 四氯代二苯并 -对 - 二噁英毒性的等价质量浓度，毒性当量（TEQ）质量浓度为实测质量浓度与该异构体的毒性当量因子的乘积。

3.9 排气筒高度

指自排气筒（或其主体建筑构造）所在的地平面至排气筒出口计的高度。

3.10 标准状态

指温度为 273.15K，压力在 101325Pa 时的状态。本标准规定的大气污染物排放浓度限值均以标准状态下的干气体为基准。

4 大气污染物排放控制要求

4.1 自 2015 年 7 月 1 日至 2017 年 6 月 30 日止，现有单位遗体火化执行表 1规定的大气污染物排放限值。

表 1 现有单位遗体火化大气污染物排放限值

单位：mg/m^3（二噁英类、烟气黑度除外）

序号	控制项目	排放限值	污染物排放监控位置
1	烟尘	80	
2	二氧化硫	60	
3	氮氧化物（以 NO_2 计）	300	烟囱
4	一氧化碳	300	
5	二噁英类（$ng - TEQ/m^3$）	1.0	
6	烟气黑度（林格曼黑度，级）	1 烟囱排放口	

4.2 自 2017 年 7 月 1 日起，现有单位遗体火化执行表 2 规定的大气污染物排放限值。

4.3 自 2015 年 7 月 1 日起，新建单位遗体火化执行表 2 规定的大气污染物排放限值。

表 2　新建单位遗体火化大气污染物排放限值

单位：mg/m³（二噁英类、烟气黑度除外）

序号	控制项目	排放限值	污染物排放监控位置
1	烟尘	30	
2	二氧化硫	30	
3	氮氧化物（以 NO₂ 计）	200	
4	一氧化碳	150	烟囱
5	氯化氢	30	
6	汞	0.1	
7	二噁英类（ng – TEQ/m³）	0.5	
8	烟气黑度（林格曼黑度，级）	1	烟囱排放口

4.4　2017 年 6 月 30 日之前，现有单位无组织排放应按照 GB 16297 的规定执行。自 2017 年 7 月 1 日起，现有单位应配置带有烟气处理系统的遗物祭品焚烧专用设施，取消无组织排放源，执行表 3 规定的大气污染排放限值。

4.5　自 2015 年 7 月 1 日起，新建单位应配置带有烟气处理系统的遗物祭品焚烧专用设施，执行表 3 规定的大气污染物排放限值。

表 3　遗物祭品焚烧大气污染物排放限值

单位：mg/m³（二噁英类、烟气黑度除外）

序号	控制项目	排放限值	污染物排放监控位置
1	烟尘	80	
2	二氧化硫	100	
3	氮氧化物（以 NO₂ 计）	300	
4	一氧化碳	200	烟囱
5	氯化氢	50	
6	二噁英类（ng – TEQ/m³）	1.0	
7	烟气黑度（林格曼黑度，级）	1	烟囱排放口

4.6　产生大气污染物的生产工艺和装置必须设立局部或整体气体收集系统和集中净化处理装置。对新建单位专用设备（含火化间）的排气筒高度不应低于 12m。排气筒周围半径 200m 距离内有建筑物时，排气筒还应高出最高建筑物 3m 以上。

4.7 实测的各大气污染物排放浓度，须折算成基准含氧量为11%的大气污染物基准含氧量排放浓度，并与排放限值比较判定排放是否达标。大气污染物基准含氧量排放浓度按公式（1）进行折算：

$$c = \frac{21-11}{21-O_S} \times c_s \qquad (1)$$

式中：c——大气污染物基准含氧量排放浓度，mg/m^3；

O_S——实测的干烟气中氧气的浓度，%；

c_s——实测的大气污染物排放浓度，mg/m^3。

4.8 在现有单位生产、建设项目竣工环保验收后的生产过程中，负责监管的环境保护行政主管部门，应对周围居住、教学、医疗等用途的敏感区域环境质量进行监控。建设项目的具体监控范围为环境影响评价确定的周围敏感区域；未进行过环境影响评价的现有单位，监控范围由负责监管的环境保护行政主管部门，根据现有单位排污的特点和规律及当地的自然、气象条件等因素，参照相关环境影响评价技术导则确定。地方政府应对本辖区环境质量负责，采取措施确保环境状况符合环境质量标准要求。

5 大气污染物监测要求

5.1 火葬场应按照有关法律和《环境监测管理办法》等规定，建立监测制度，制订监测方案，对污染物排放状况及其对周边环境质量的影响开展自行监测，保存原始监测记录，并公布监测结果。

5.2 新建单位和现有单位安装污染物排放自动监控设备的要求，按有关法律和《污染源自动监控管理办法》的规定执行。

5.3 火葬场应按照环境监测管理规定和技术规范的要求，设计、建设、维护永久性采样口、采样测试平台和排污口标志。

5.4 对排放废气的采样，应根据监测污染物的种类，在规定的污染物排放监控位置进行，有废气处理设施的，应在该设施后监测。排气筒中大气污染物的监测采样按 GB/T 16157、HJ/T 373 或 HJ/T 397 规定执行，二噁英类采样的采气量可根据现场实际监测对象进行控制，以整具遗体火化过程为单位进行；大气污染物无组织排放的监测按 HJ/T 55 规定执行。

5.5 对烟气中二噁英类的监测应当每年至少开展 1 次，其采样要求按 HJ 77.2 的有关规定执行，其浓度为连续 3 次测定值的算数平均值。对其他大气污染物排放情况监测的频次、采样时间等要求，按有关环境监测管理规定和技术规范的要求执行。

5.6 大气污染物浓度的测定采用表 4 所列的方法标准。

表4 大气污染物监测分析方法

序号	控制项目	方法标准名称	方法标准编号
1	烟尘	固定污染源排气中颗粒物测定与气态污染物采样方法，重量法	GB/T 16157
2	二氧化硫	固定污染源排气中二氧化硫的测定，碘量法	HJ/T 56
		固定污染源排气中二氧化硫的测定，定电位电解法	HJ/T 57
		固定污染源废气二氧化硫的测定，非分散红外吸收法	HJ 629
3	氮氧化物（以 NO_2 计）	固定污染源排气中氮氧化物的测定，紫外分光光度法	HJ/T 42
		固定污染源排气中氮氧化物的测定，盐酸萘乙二胺分光光度法	HJ/T 43
4	一氧化碳	固定污染源排气中一氧化碳的测定，非色散红外吸收法	HJ/T 44
5	氯化氢	固定污染源排气中氯化氢的测定，硫氰酸汞分光光度法	HJ/T 27
6	汞	固定污染源废气汞的测定，冷原子吸收分光光度法（暂行）	HJ 543
7	二噁英类	环境空气和废气，二噁英类的测定，同位素稀释高分辨气相色谱高分辨质谱法	HJ 77.2
8	烟气黑度	固定污染源排放烟气黑度的测定，林格曼烟气黑度图法	HJ/T 398

5.7 火化机运行工况应满足遗体入炉前炉膛温度（含再燃室）在 850℃以上，火化烟气在再燃室中的停留时间≥2s，遗体火化结束后关闭主燃烧器。

5.8 火化烟气单个样品采样测试应从遗体入炉开始，到遗体火化结束后主燃烧器关闭结束，即对火化全过程进行采样测试。

6 实施与监督

6.1 本标准由县级以上人民政府环境保护行政主管部门负责监督实施。

6.2 在任何情况下，火葬场均应遵守本标准的污染物排放控制要求，采取必要措施保证污染防治设施正常运行。各级环保部门在对设施进行监督性检查时，可以现场即时采样或监测的结果，作为判定排污行为是否符合排放标准以及实施相关环境保护管理措施的依据。

主要参考文献

1. 盛连喜. 现代环境科学导论 [M]. 北京：化学工业出版社，2002.

2. 程发良，常慧. 环境保护基础 [M]. 北京：清华大学出版社，2003.

3. 黄显智. 环境保护实用教程 [M]. 北京：化学工业出版社，2004.

4. 张征. 环境评价学 [M]. 北京：高等教育出版社，2004.

5. 陈凤臻，于显双. 环境问题与可持续发展 [M]. 呼和浩特：内蒙古教育出版社，2004.

6. 徐汝琦. 环境与资源概论 [M]. 北京：中国环境科学出版社，2005.

7. 杨京平. 环境生态学 [M]. 北京：化学工业出版社，2006.

8. 张凯. 当代环境保护知识 [M]. 北京：中国环境科学出版社，2006.

9. 魏振枢，杨永杰. 环境保护概论 [M]. 北京：化学工业出版社，2007.

10. 何强，井文涌，王翊亭. 环境学导论 [M]. 北京：清华大学出版社，2008.

11. 周集体. 环境工程概论 [M]. 大连：大连理工大学出版社，2008.

12. 叶文虎. 环境管理学（第 2 版）[M]. 北京：高等教育出版社，2010.

13. 朱留财. 应对气候变化：环境善治与和谐治理 [J]. 环境保护，2007（6A）.

14. 林美萍. 环境善治：我国环境治理的目标 [J]. 重庆工商大学学报（社会科学版），2010. 27（2）.

15. 曾晓云. 基于低碳经济背景的殡仪馆遗体处理中污水的防治 [J]. 长沙民政职业技术学院学报，2011. 18（4）.